U0351257

梨科研与生产研究进展

LI KEYAN YU SHENGCHAN YANJIU JINZHAN

王少敏 主编

山东科学技术出版社

前　言

梨是世界性重要果品之一，深受消费者喜爱。梨在我国农业生产中占有重要地位，对促进区域经济发展和生态建设发挥了重要作用，是梨产区农民的主要经济来源。中华人民共和国成立以来，尤其是改革开放以来，我国梨产业发展迅速，目前梨栽培面积和梨果产量均居世界首位，在世界梨果产业中占有举足轻重的地位。

山东是我国梨主产区之一，产量位居全国第二位。但山东省梨产业整体水平与世界先进国家和地区相比尚有一定差距，主要表现在果品质量和经济效益等方面。随着经济的发展，梨生产成本不断上升，对劳动效率的要求越来越高，同时山东省梨产业中存在的品种结构不尽合理、劳动者科技素质不高且栽培管理水平落后、农药化肥过量使用、果实品质不高、生产成本攀升、总体经济效益降低等问题日益突出。

山东省果树研究所梨研究团队在国家梨产业技术体系项目的支持下，系统开展了梨优质高效关键技术研究，在种质资源收集与评价、新品种选育、栽培技术、病虫害防治、贮藏保鲜等方面取得了一系列新成果，并在生产实践中广泛应用，使得梨栽培管理水平显著提升。本书选录了研究者在2015年前发表的科研论文，结集出版。为便于阅读，本书共分五部分，分别为概述、品种资源、栽培与管理、贮藏与保鲜、病虫害防治。本书理论结合实践，内容丰富，希望通过全面的总结和整理，科学呈现梨优质高效生产关键技术和经验，可供读者参考。

由于研究水平有限，不妥之处敬请读者指正！

编著者

2018.3月

前　言

目　录

一、概述

山东省梨果套袋存在的问题及建议

赵峰，王少敏

梨果套袋具有提高果面光洁度、改善外观品质、防止病虫危害、降低农药残留、增加优质果率等优点，是当前生产无公害优质高档梨果的主要措施之一。目前，我国梨果套袋栽培技术已被广泛应用，对果袋制作、套袋时期和方法、病虫害防治和配套技术方面的研究日渐深入并取得了很好的效果，使梨果的总体质量水平不断提高，同时也促进了出口创汇。但梨果套袋后存在含糖量降低、风味变淡、某些特殊病虫害发生严重等问题，而纸袋种类选择和套袋时期不当、操作方法不规范、配套技术不完善等，又往往使套袋效果不能充分体现，甚至造成较大损失，这些都制约了这一技术的推广应用。为了更好掌握梨果套袋技术，根据多年研究和生产实践，结合国内外梨果套袋先进经验，针对存在问题提出以下解决方法和建议。

一、存在问题及解决办法

1. 注意套袋前的树体管理

梨果套袋栽培要在树体结构合理、枝量分布均衡和病虫害防治有保障的前提下进行，否则效果差。首先要通过修剪调整树体结构，达到树冠稀疏，通风透光良好，生长季树冠下有"花影"，果园覆盖率严格掌握在75%左右，并做到合理负载，保证树势健壮。其次，应在套袋前全面均匀喷布2~3遍杀虫、杀菌剂，以防止病、虫在袋内滋生，蔓延危害。另外，套袋前应进行合理的疏花疏果，一般每隔20~25厘米留1个果，不留双果，疏除顶果、畸形果和病虫果，并增施有机肥，加强土壤管理，合理施肥浇水，以保证生产优质大果，提高经济效益。

2. 注意纸袋种类的选择

目前，可供选择的进口纸袋、外资或中外合资生产的纸袋及国产纸袋种类繁多，进口纸袋质量好，但价格昂贵。国内梨产区有些还应用大量的不规范纸袋，甚至采用纸质低劣的纸袋，不仅不能达到防病要求，还会引起某些喜阴害虫入袋危害，以及发生日烧、水锈等，造成一定的损失。因此，应加强对纸袋的研制与开发，降低成本，生产出适宜不同品种、不同气候条件、多类型的梨果专用袋，满足生产需求。标准梨果专用袋是由国家法定机构认定、具一定耐候性及适宜透光光谱并能防治果实病虫害的梨果防护袋。果袋质量取决于用纸,一是纸质应具备强度大,风吹雨淋不变形、不破碎等特点,为增强果袋的抗雨水冲刷能力,采用防水胶处理;二是要有较强的透隙度,具有通气、通水孔,保证袋内水气畅通;三是果袋袋内湿度小,温度不过高或升温过快;四是果袋应涂布杀虫、杀菌剂,以防治进入袋内的害虫及病菌。

3. 注意套袋方法与套袋时期

(1)套袋方法:袋口绑扎不严,会为梨木虱、黄粉虫、康氏粉介等害虫入袋提供方便,并造成危害;绑扎不严也会使雨水、药水流入袋内,造成果面污染,影响外观品质。正确的套袋方法是,果柄短的品种,按苹果套袋方法操作,果柄处于果袋开口处的缺口,把捆扎丝绑在横向折叠的袋口处;果柄较长的品种,果袋不易固定,风吹果袋摆动易损伤果面,并且果柄处的开口易被撕裂,为此,可以让果柄从果袋开口处的缺口通过,在把捆扎丝绑在横向折叠的袋口处的同时,要把附近的1片叶子夹在袋口处以固定果袋。另外,套袋时要把纸袋撑开,使幼果处于纸袋中央,不要让幼果贴住纸袋,以免划伤果面或发生日烧。

(2)套袋时期:梨果皮的颜色和光洁度与果点和锈斑的发育密切相关。果点主要是由幼果期的气孔发育而成,幼果茸毛脱落部位也形成果点。果树生理落果后即可定果套袋,套袋过早,由于纸袋的遮光性过强,幼果角质层、表皮层发育不良,果个变小,果实发育后期若果个增长过快会造成表皮龟裂;套袋过晚,由于气孔大部分已木栓化变褐,易形成果点,达不到套袋的预期效果。适宜的套袋时期一般在落花后15天左右开始,10天内完成。

4. 注意病虫害的防治

梨果套袋后,果实处于一个特殊的微域环境,这就需要特殊的技术对入袋病菌引起的黑点病、黑斑病及水锈、日烧病等病害和梨木虱、康氏粉蚧、黄粉虫等虫害严加防治。

(1)果实病害:黑点病和水锈病主要在雨水多的年份发生严重,通风条件差、土壤湿度大、排水不良的果园以及果袋通透性差的果园发生亦较重。选用透气性良好的优质袋,合理修剪,保持梨园通风透光,规范操作,加强管理,套袋前喷布杀菌、杀虫剂,待药液完全干后再套袋,可以避免黑点病和水锈病的发生。

黑斑病。在通风透光不良、树势衰弱、地面积水及偏施氮肥的梨园均易发病。黑斑病具再侵染特性,因此整个生长季均应定期喷药杀菌。

"疙瘩梨"。套袋梨果由于缺硼或蝽象隔袋刺果而导致果面凹凸不平，形成"疙瘩梨"。防治"疙瘩梨"的形成除增施土壤有机肥外，还可叶面喷施硼肥。套袋后期应加强对蝽象的防治。

日烧。高温干旱地区套袋果易发生，应根据当地气候条件，套袋后及除袋前梨园浇一遍透水，可有效防止日烧病的发生。有日烧现象发生时应立即在田间灌水或树体喷水。

（2）果实虫害：黄粉蚜喜阴暗，袋口扎得不严，易从袋口、通气放水口钻入袋内危害，应加强黄粉蚜入袋前的防治，降低虫口密度。

康氏粉蚧。以刺吸式口器吸食梨树枝干、果实的汁液，果实受害后呈畸形，萼洼、梗洼处受害最重。防治方法：冬春季细致刮皮或用硬毛刷刷除越冬卵，集中烧毁；抓住3个关键时期（3月上旬，5月下旬至6月上旬和10月下旬）喷药防治。

梨木虱。喜阴暗环境，在高温高湿条件下分泌的黏液易被杂菌寄生产生黑霉，渗入果实表皮则产生凹陷型黑斑。防治方法：应抓好梨园清洁工作；3月份越冬成虫出蛰期，在清晨气温较低时，于树干下铺设床单，振落越冬成虫，收集捕杀；及时进行药剂防治。

5. 套袋梨果含糖量降低问题

梨果套袋后，果实可溶性固形物含量下降，风味变淡，其原因是多方面的，主要与果实长期在遮光袋内生长发育，光照不良有关。套袋降低了果实的自我保护机能，糖分等有机物质积累减少；套袋后降低了果皮叶绿素的含量，导致果实光合作用减弱，使光合产物积累减少，以及套袋后抑制了梨果早期淀粉的积累等，都可能是套袋梨果碳水化合物含量降低的原因。为提高套袋果实的可溶性固形物含量，改善果实风味，应加强套袋梨园的土肥水管理，增施有机肥，减少氮肥施用量，及时喷布叶面微肥，以增强叶片光合作用和改善叶片营养，减轻含糖量的降低程度。

二、几点建议

1. 选用标准果袋

对进口纸袋和国产纸袋，各地应根据本地区各种类型果园的不同自然条件、栽培条件和不同品种进行试验和筛选，确定适用的果袋，然后推广应用，以免造成不必要损失。目前，我国果实套袋技术基础较差；原产梨品种专用纸袋尚在研制中；不同品种以及不同立地条件下所要求的纸袋种类不同；同一纸袋在不同区域，套袋效果也有差异。因此，为充分发挥套袋的良好作用，果袋的开发和研制应与试验推广同步进行，推广应用技术监督部门认定的、符合果袋质量标准、有国家商标局注册商标的果袋。

2.建立商品化生产基地

根据各地区的自然、社会和经济条件，制定适合本地区的梨果套袋栽培技术体系和发展规划，围绕发展内销和外销果品生产，建立产供销一体化生产基地，从小到大，逐步扩展基地规模。对以外销为主的套袋果品生产基地，政府要采取扶持政策，及时提供科研、市场信息，实行严格的技术管理，采用优质高标准纸袋；以内销为主的套袋果品生产基地，采用低成本优质纸袋，并加快梨果套袋配套技术的推广。

3.增加科技投入，完善梨果套袋栽培技术

各科研、生产部门应增加财力和人才投入，积极组织多学科、多部门协作攻关，开展技术培训、学术交流，提高梨果套袋栽培技术水平；在总结经验、推广已有科技成果和国内外先进技术的基础上，制定不同立地条件、品种（特别是红皮梨）等套袋栽培技术规程；在确定不同品种的梨果专用果袋的基础上，重点进行提高套袋梨果食用品质和病虫害防治技术的研究；全方位进行与套袋有关的土肥水管理、整形修剪、花果管理技术的研究，建立一套完整的有别于无袋栽培的套袋栽培技术体系。

（落叶果树2009（2）：7-9）

山东梨业发展的现状、问题及建议

王少敏

梨是山东省的传统水果，栽培历史悠久，是山东省果树栽培的重要树种之一。近年来，梨果产业已成为发展农村经济、增加农民收入的主导产业之一。在当前农业产业结构调整当中，充分认识梨果产业现状、优势，深入分析梨果产业中存在的问题，制定积极的产业政策，对促进山东梨果产业持续健康发展具有现实意义。

一、生产现状

1.面积下降，产量稳定增长

1996年我省梨果栽培面积达73.3千公顷，是历史最高点，2008年为5.06万公顷，减少了31%，其中非适区老劣品种栽培面积有所下降，结构调整初见成效，适宜栽培区域渐趋合理。尽管栽培面积减少，但随着新品种幼树逐渐进入盛果期，特别是采用先

进技术加强管理，我省梨果产量由1996年的61万吨增加到2008年的120万吨，产量增加了50%，位于河北之后，居全国第二位，形成了梨果产量的稳定增长。随着我省农业结构的不断调整和市场份额的扩大，梨果产业将持续稳定发展。

2. 区域资源丰富

依据生态环境和品种栽培特点，山东形成了胶东半岛、鲁西北平原和鲁中南三大梨区，且各有优良地方品种，资源丰富，驰名中外。胶东半岛梨区：该区气候温和湿润，梨品种资源丰富，主要有茌梨、香水梨、长把梨、晚三吉梨、巴梨等品种，有龙口、栖霞、莱阳等几个产梨大市和较多丰产优质生产典型，是山东主要梨生产基地；鲁西北平原梨区：该区栽培历史悠久，地域广阔，生态条件适宜，是我国最大梨树生产基地华北平原梨区的一部分，与河北南部梨区相连，主要有鸭梨、胎黄梨等品种，阳信县、冠县已成为闻名的梨生产基地县；鲁中南梨区：该区地形复杂，梨品种多，但杂乱，有槎子梨、子母梨、池梨、金坠子梨等主栽品种，有平邑、费县等生产大县。

3. 品种结构优化，果品质量不断提高

我省梨栽培品种日趋丰富，10余年来，在传统品种鸭梨、茌梨、长把、香水梨、巴梨等基础上，从国内外大量引进和栽培砂梨品种，如丰水、黄金、大果水晶、新高、圆黄以及绿宝石、黄冠等，在栽培中所占的比例大大提高，新的品种结构逐步形成，改变了传统梨栽培的历史格局，梨果产业布局逐渐得到了优化。同时，悠久的栽培历史，使我省积累了丰富的梨生产经验，推动了我省梨生产技术的改进和提高，提高了梨果品质。

二、梨产业的优势

1. 生态条件优越

山东省地处黄河下游，山地丘陵和平原各半，地形和土壤较复杂，大体可分为半岛沿海丘陵区、鲁中南山区丘陵区和黄河平原区，属半湿润气候区，介于南方湿热气候和北方寒旱气候之间，年降水量600～950毫米，70%左右集中于6～8月，有明显的雨季；年均气温11～14℃，最低温度-20～-18℃，春季回暖快，光照充足，年日照2 300～2 800小时，极适宜梨果生长，众多的名优特产梨均得益于良好的生态气候条件。

2. 资源优势

我省具有品种和人才优势，拥有大量名产梨，如莱阳的慈梨、栖霞的大香水梨、阳

信的鸭梨、黄县的长把梨、德州的胎黄梨等均享誉国内外，近几年又大量引进国外的砂梨系统和西洋梨品种，资源丰富。我省建有两所农业院校，独立的省、市级果树所两处，配备大量科技人才。

3. 其他优势

一是区位优势，我省位于东部沿海，具有与国外交流的天然优势；二是交通优势和产业优势；三是价格优势，梨果价格远低于国际市场，这极有利于出口；四是加入WTO后，政府极为重视果品发展，加大了农业资金的投入，刺激了梨果种植者加快生产优质梨果的积极性。

三、存在的主要问题

1. 品种结构有待进一步调整

我省梨的品种结构存在较大问题，一是目前栽培的传统名产梨，尽管适合我国人民的口味，但是普遍存在果心大、石细胞多、外观欠佳等问题，很难适应国际市场要求，且缺乏市场竞争力；二是近年来所引进的大量梨品种，如绿宝石、丰水、黄金、新高、爱宕梨等，尽管前几年销售价格高，是普通品种的几倍，但由于发展过大，价格回落，主因是早、中、晚熟梨果比例失调。

2. 梨果质量总体不高

品质不高是当前我省梨果效益低、在国内外市场缺乏竞争力的主要原因。一是受前几年梨果价格高的影响，大量建园栽培，缺乏对市场的全面了解；二是种植者为争夺市场，往往早采，导致劣质果充斥市场；三是种植者大量施用化肥，引起梨果内在品质降低；四是先进的栽培管理技术推广缓慢；五是建园的土壤肥力差，我省梨果出口近几年仍较少。

3. 产业化水平不高，组织化程度低

梨果产业化远未形成，小生产与大市场矛盾突出。我省梨园多为个体经营，分散管理，规模小，成本高，且生产和技术手段差异很大。加之受经济条件的限制，分散的生产经营无法提高梨果的质量标准。分散的家庭经营不利于新品种、新技术的推广，无法组织标准化生产，造成大路货多，品质降低，贮藏、保鲜技术落后，缺乏正规的包装和筛选分级设备，缺乏自己的流通组织，市场竞争力差，市场信息不灵，生产盲目性大，一旦市场发生变化，价格波动，常使果农损失惨重。

另外，我省果品产销企业、公司规模小，缺乏营销人才，市场竞争力较低。

四、发展建议

1. 生产优质精品梨果，走品牌发展之路

山东具有得天独厚的生态、资源等条件优势，应该充分利用优势，加快产业升级，生产优质精品梨果，打造属于自己的品牌。良种是获得梨果业最大效益的基础，也是调整梨品种结构的关键。我省名优梨品种众多，但由于株系老化、管理不善、环境改变，这些传统品种的优良品质有所下降。以振兴名优老品种为契机，注重提高品质，打造品牌，提倡规模化发展、标准化管理生产优质精品果。

2. 加快梨新品种选育与引进

利用我省现存的优良品种资源，加快选育进程，针对我省原有梨品种特点，达到选育既耐贮又品质优良的育种目标，以适应国内外市场需求。我省近几年引进国外许多优良品种，但与国际发达地区相比，还有许多潜力可挖，应继续积极引进国外新品种，经过科学试验，筛选培育适合我省的良种。就我省目前而言，应重点培育和发展优良晚熟品种，使早、中、晚熟梨品种比例合理；其次可适当发展抗性强、耐贮运的梨品种，进一步提高我省梨品种优势，为品种结构调整奠定良好的基础。

3. 加大新技术推广力度，提升果品质量

首先，建立一批高标准的示范园。为发展优质名牌梨果，应对加入 WTO 后的国内外激烈竞争，应加强优质无公害生产高新技术的研究和引进，推广国外先进的生产管理技术，将其组装配套，如研究和推广果实套袋、花果管理、平衡施肥、节水灌溉、果园覆盖、树体改造、无公害生产和采后商品化处理等技术，抓好产品质量，提高优质果率，大力发展无公害梨果。其次，科技进步是推动梨果业增长方式转变，实现增产增收的关键，发展高效梨果业，最终要通过高素质的人才来实现。提高果农技术水平，培养高素质果业管理人才。第三，增加推广部门资金扶持力度，健全推广体系，充分发挥地方技术推广部门的作用，担当起技术推广"二传手"作用，全面提升果农技术素质。第四，建立健全质量监测体系和市场信用体系，用质量和信誉开拓果品市场。

4. 加强采后商品化处理

目前，我省梨果的分级和包装技术远未达到发达国家水平。今后，要在引进国外先进设备和先进技术的同时，研究开发商标注册、各种设备和产品。另外，我省梨果加工还比较落后，除加工梨罐头以及"一支笔"梨汁和"汇源"梨汁外，其他深加工产品还比较少。因此，大力发展梨果加工系列产品，是增加果品附加值、提高综合产值的关键。

5. 推进梨果产业化进程

以市场为导向，以效益为目标，推进梨果产业化进程。一是搞好品牌建设，二是组建行业协会，三是建立土地流转机制，这是实现规模经营、参与或利用跨国公司的营销网络、建立健全各类合作经济组织、提高梨果生产组织化程度的重要举措。从小农分散生产到规模化集中生产，改变单一经营形式，做到一、二、三产业连通，产品多次转化增值。在加强商品化基地建设的基础上，把贮藏、保鲜、深加工等环节作为梨果业的增长点。同时，把加工流通和果农结成利益共同体，走出一条具有我省实际的产业化道路，实现梨果业的可持续发展。

（科技致富向导2010，5，8-9）

山东省梨产业发展趋势及对策

王少敏

我省地处东部沿海、黄河下游，属暖温带季风气候区，四季分明，是北方落叶果树最适栽培区域之一，是全国水果主要产区之一。我省果树栽培面积基本稳定，果品的产量和质量不断提高，果农收入不断增加，经济效益显著。梨是我省的重要果树之一，栽培历史悠久，品种资源丰富，分布广泛，梨产业对促进农村经济发展发挥了重要作用。

一、产业现状

山东省梨栽培面积和产量仅次于苹果、桃，位居大宗水果第三位。我省梨产业形成了胶东半岛、鲁西北平原和鲁中南三大主产区，各具优势。胶东半岛梨区气候温和湿润，梨品种资源丰富，梨产量约占全省的40%，主要有黄金梨、莱阳茌梨、巴梨等品种，有莱阳、龙口、栖霞等几个梨主产县（市）和众多丰产优质梨生产典型，是山东主要梨生产基地；鲁西北平原梨区栽培历史悠久，地域广阔，生态条件适宜，是我国最大梨生产基地华北平原梨区的一部分，与河北南部梨区相连，主要品种有鸭梨等，梨产量约占全省的30%，阳信县、冠县是该区主要的梨生产基地县。鲁中南梨区地形复杂，梨品种资源丰富，有子母梨、金坠子梨、槎子梨、酥梨等品种，有费县、滕州等梨生产大县。

山东省农业厅统计数据显示，2012年全省梨园面积63.72万亩，其中聊城、烟台、滨州分列全省前三位，面积都在10万亩以上。2012年全省梨果产量119.09万吨，其中滨州、烟台产量最高，均在20万吨以上。我省梨品种构成以黄金梨、鸭梨、丰水、新高、长把梨、酥梨、巴梨为主，其中，黄金梨占29.46%，鸭梨占13.9%，丰水占10.61%，新高占5.79%，长把梨占4.46%，酥梨占2.86%，巴梨占1.43%。目前全省梨贮藏量约为梨总产量的15%，加工量约为梨总产量的11%，加工产品主要包括梨汁、梨罐头、梨脯、梨醋等。从国内市场来看，我省梨产量的60%～70%销往全国20多个省区，占据了国内一定的市场份额。

二、主要问题、发展趋势及对策

1.存在的主要问题

(1)品种结构不尽合理：缺乏品种区划，发展品种存在盲目性。在品种结构上，与市场需求不适应。目前，我省品种结构以黄金梨、鸭梨、丰水等为主，大部分是中晚熟品种，早熟品种比例相对较少，致使成熟期过于集中，果品采后市场销售压力大。栽培制度落后，果园基础设施差。密植梨园占的比例大，栽培制度落后，管理困难，技术复杂，生产成本高，经济效益低；果园基础设施差，水、电、路、渠不配套，机械化管理水平低，抵御自然灾害能力薄弱，亟须省力化的综合配套技术与机械装备。

(2)梨产业化程度比较低：目前，我省的梨果生产多以家庭为主，规模小，缺乏有效的组织。分散的生产经营，难以形成规模效益，不利于新品种、新技术的推广，无法组织标准化生产，造成大路货多，市场竞争力差，果农持续增收难度大。此外，龙头企业数量少、规模小、市场竞争力差。

(3)果实品质低，市场竞争力差：目前我省梨果实品质差的主要原因是标准化生产水平低，梨果生产中普遍存在以下问题：树体过高，主枝量过大，影响树冠内的光照，造成树冠郁闭、结果部位外移。片面追求产量，大量施用化肥，导致梨果实含糖量降低、风味变淡、耐贮性下降。授粉不良，果个偏小、果形不标准。采收过早，表现不出品种原有风味，影响果实品质；多数果园土壤肥力降低，造成树势衰弱，产能下降。另外，良种苗木繁育体系不健全也是造成果品质量不高的原因。

(4)社会化服务体系不健全，生产成本不断攀升：目前，我省的农业技术推广服务体系尚不健全，原有的农业技术推广模式被打破，产业基地农户所需的信息、技术主要靠龙头公司、各类合作经济组织提供，技术供求通过利益关系进行。但是，目前龙头企业与农户之间大多是一种松散型关系，由于各方利益取向不同，使得合同不能得到很好履行，实施过程中难度较大。

另外，我省梨果的各类协会和合作经济组织为企业和果农服务的作用尚待加强。果园管理属于劳动密集型，用工多，人工成本持续增加和果农老龄化严重制约果园技术的推广；施肥、浇水、病虫防治等技术不规范，氮肥、农药等用量偏大，利用率低，增加了成本，降低了效益。商品化处理和保鲜贮运销水平低。我国梨产后商品化处理，如在保鲜、运销、出口商品优质果方面与其他发达国家相比，还有较大差距。在满足消费者常年均衡需要优质水果，特别是出口竞争高端市场方面的国际竞争力仍较弱。我省梨果加工能力有限，加工量小，加工品种单一，梨加工品尚未形成较大规模，且附加值较低，难以适应市场果品竞争的需要。

2. 发展趋势

一是梨产业生产布局向优势区域集中。我省以胶东半岛、鲁中南、鲁西及鲁西北三大区域为主，生产布局由非优势产区向最优产区转移，建立优势产业带。二是集约化栽培模式。采用大苗建园、宽行密植、支架栽培、生草免耕、轻简化修剪、病虫害综合防控等技术，实现由传统栽培制度向现代栽培制度的转变，推动果园改造升级。三是省力化栽培管理技术加快发展。实现果园建设标准化、管理规范化、生产规模化、经营产业化，逐步形成梨果生产由劳动密集型向技术密集型的转变。四是生产经营管理逐步迈向组织化。由分散经营向组织化、专业化、规模化转变，不断增强市场竞争力。

3. 对策

(1)加大品种改良与新品种选育力度，优化品种结构。一是进行现有主栽品种的品质改良，加快早熟、大果型、多抗性品种的引进与筛选，以及优良砧木资源的搜集和创新利用等方面的研究。二是采用常规杂交育种、花药培养、辐射诱变、体细胞组织培养、外源抗病虫性基因导入以及航天育种等手段，创造聚合多种优异性状于一体的梨新品种、新种质，为品种结构调整奠定良好的基础，加快梨果产业化进程。

(2)在加强商品化基地建设的基础上，通过多种途径扶持龙头企业发展，培育并发展一批龙头骨干企业，重点做好梨果贮藏和深加工产业，拉长产业链，有效地解决小生产与大市场之间的矛盾。大力发展农民合作经济组织，提高生产的组织化程度和产业化水平。重视新技术示范与推广，降低生产成本。以科研院所为依托，研究推广果园简化管理技术，减少生产用工，促进节本增效。将一些成熟的单项科技成果，如架式栽培、壁蜂授粉、合理套袋、配方(平衡)施肥、病虫综合防治和节水灌溉等组装集成，形成易被果农掌握的技术，在我省三大梨产区分别建立成果示范区。既要搞好产前信息服务、技术培训、农资供应，又要搞好产中技术指导和产后加工、营销服务。

(3)积极推进梨采后商品化处理与加工关键技术研究。采后处理滞后是目前我国梨果国际市场占有率低、销售价格低的主要原因之一，今后必须加强研究。一是新引进或育成品种的贮藏特性研究；二是新型贮藏保鲜技术研究；三是采后清洗、分级等自动化设备的引进与创新研制；四是梨传统加工工艺和设备的改进及新产品的开发。

(4)建立规范化的育苗基地。建立国家梨良种、良砧研发和标准化苗木繁育体系，以应对我国梨产业化发展的需求。在梨优势产区，依托科研院所，建立良种、良砧采穗圃和现代梨标准苗木繁育示范圃。扶持建立一批大型商业化梨苗圃，实行定点生产、专营销售。加强梨苗木生产与流通过程中的检验和检疫管理，有效控制病毒病和危险性、检疫性病虫害的传播和蔓延。

(5)突出地方特色，创立地方品牌。在扩大已有品牌宣传，提高知名度的同时，根据生产规模再注册一批高档优质无公害的果品品牌。同时，应将地方特色和地理标志结合起来，市场潜力大的果品，既要申请注册商标，又要积极申请绿色食品无公害认证和有关国际质量认证，为扩大出口创造有利条件。

(6)加快标准化技术体系的建立。目前，我省梨果生产缺乏全程质量控制体系，无法实现优质优价，也严重影响了梨果出口。梨果生产全程质量控制体系的核心内容就是标准化生产，欧洲倡导的果园综合管理技术体系(IFP)得到了欧美国家的普遍推广实施。山东作为梨果的重要产区，应尽快实施标准化生产技术，制定梨标准化生产技术规程，并大力开展标准化生产示范基地和出口基地建设，建立和实施梨果市场准入制度和产品质量可追溯制度及与国际接轨的各种质量检测体系。

(科技致富向导2013，12：4-5)

2013年山东省中西部梨产区产业调研分析

冉昆，王宏伟，魏树伟，张勇，王少敏

2013年11月，国家梨产业技术体系泰安综合试验站团队成员对山东省中西部的阳信、冠县、费县、历城、滕州等5个示范地梨的生产、销售情况进行了调研，同时调查了山亭区、岱岳区、单县、河东区以及沂南等5个县区梨的生产和销售情况。

一、产业基本情况

1. 5个示范县产业基本情况

与2012年相比，2013年5个示范地梨的栽培面积基本没有变化，其中阳信栽培面积最大，为13.59万亩，冠县次之，为7.8万亩，费县4.2万亩，历城2.0万亩，滕州1.58万亩。但受气候等因素的影响，今年5个示范地梨的产量均有所降低。其中，滕州降幅最大，产量由2012年的3.16万吨降至2.2万吨，减产30.38%；历城由4.1万吨降至3.1万吨，减产24.4%；阳信由30万吨降至24万吨，减产20%。冠县和费县的产量变化不大，其中冠县由15.6万吨降至15.0万吨，费县由6.3万吨降至6.2万吨。

调查表明，今年5个示范地主栽品种的平均市场价格较2012年均有不同程度的提高（表1）。其中，历城的市场价格最高，主栽品种秀丰梨和黄金梨均达6元/千克，这与历城的区位优势有关，梨果直接供应济南市场。其他几个示范县梨的平均市场价格也明显好于去年。从各个示范县的主栽品种来看，丰水、黄金等日韩品种最受市场欢迎，价格优势明显。

表1　　　　　　　　　　5个示范地梨主栽品种及市场价格

示范县	主栽品种	平均市场价格（元/千克）		增幅（%）
		2012年	2013年	
阳信	鸭梨	2.4	3.0	25.0
	早酥	2.2	3.0	36.4
	丰水	3.0	4.4	46.7
冠县	鸭梨	2.2	3.0	36.4
	丰水	3.0	3.8	26.7
	黄金	4.0	4.8	20.0
费县	子母梨	1.6	2.0	25.0
	丰水梨	4.0	5.0	25.0
	黄金梨	4.0	5.0	25.0
历城	秀丰梨	5.2	6.0	15.4
	黄金梨	5.6	6.0	7.1
滕州	砀山酥梨	3.0	5.6	86.7
	黄金梨	4.0	6.0	50.0

2. 其他5县区产业基本情况

与阳信等5个示范地相比,山亭区、岱岳区、单县、河东区和沂南等5个县区梨产业不是当地主要水果产业,栽培面积和产量明显减少。其中,2013年山亭区栽培面积0.23万亩,产量0.46万吨,主栽品种为砀山酥梨;岱岳区面积0.7万亩,产量1.05万吨,主栽品种为金坠子和黄金梨;单县面积0.9万亩,产量1.8万吨,主栽品种为砀山酥梨;河东区面积和产量分别为0.4万亩和0.7万吨,主栽品种为黄金梨;沂南面积和产量分别为0.2万亩和0.4万吨,主栽品种为黄金梨和车头梨。

虽然山亭等5个县区梨的亩产与阳信等5个示范县相差无几,但是梨的平均市场价格相差很多。其中河东区和沂南黄金梨的售价最高,也仅为4元/千克,远低于历城、滕州等地的售价;其他主栽品种的平均售价在2.6~3.2元/千克之间,较阳信等示范县的售价低。这主要与当地梨产业的标准化程度低,果农技术落后,果实品质差和商品果率低等因素有关。

二、产业形势分析

与2012年相比,2013年山东省中西部梨产区梨的平均市场售价有了明显提高,经济效益好于往年,极大鼓励了梨农种植管理的积极性。并且,今年梨产量的60%销往全国近20个省区,占据了国内一定的市场份额。今年梨的售价高于往年,主要与以下两个因素有关:首先,随着标准化栽培技术的推广,梨果实品质和优质果率提高,市场对梨果的认可和需求增加;其次,2013年4月份华北等地出现霜冻和降雪天气,使山西和河北大部梨树开花坐果受到影响,梨的产量降低[1]。上述地区对梨果的需求,导致山东中西部梨产区部分梨果供应省外市场,从而拉高了整体市场价格。

近几年来,山东省中西部梨产区梨的栽培面积基本稳定,产量和质量不断提高,果农收入不断增加,经济效益显著,梨产业对促进当地经济发展发挥了重要作用。但仍然存在如下问题:

(1)品种结构不尽合理:目前,我省中西部梨产区品种以黄金梨、鸭梨、丰水等为主,大部分是中晚熟品种,早熟品种比例相对较少,致使成熟期过于集中,采后市场销售压力大。

(2)栽培制度落后,单产低:当前梨果生产多以家庭为主,无法组织标准化生产,不利于新品种、新技术的推广;而且栽培制度落后,单位面积产量低,平均亩产只有1 400~2 000千克,生产成本高,经济效益低,市场竞争力差。

(3)果实品质低,市场竞争力差:多数梨园树冠郁闭严重,并大量施用化肥,果园土壤有机质含量低，导致果实的内在品质变差；为抢市场而过早采收，表现不出原有风味，影响果实品质；标准化生产体系不健全，导致果品质量的整齐度较差，市场竞争力差[2]。

三、建议

为解决上述生产中面临的问题，不断提高我省中西部梨产区梨果的质量和效益，增强市场竞争力，必须下大力气优化品种结构、推广标准化栽培技术、提高梨果的内在品质、全面提升产业化水平。

（1）进一步调整优化品种结构：本着因地制宜、突出特色的原则，进一步完善区域化布局，重点发展具竞争力的优良品种；进一步调整优化品种结构，合理配置早中晚熟品种，适当发展早熟、优质品种，如新梨七号、黄冠等[3]。

（2）加快标准化栽培技术的推广：注重推广应用疏花疏果、果实套袋、配方施肥、自然生草、病虫害综合防治和节水灌溉等标准化栽培技术，最大限度地减少劳动用工成本。加大对梨农的技术培训力度，不断提高果农的专业素质，全面提升梨产业的生产水平。

（3）提高果品质量：大力推广密植郁闭梨园改造技术，改善通风透光条件，改进产品质量；进一步完善无公害果品质量标准和生产技术规程，推广普及无公害果品病虫害综合防治技术，严禁在果品生产中使用高毒高残留农药，全面提升果品的质量安全水平；加强果园管理，增加有机肥投入，推行果园生草、覆盖栽培模式，提高土壤有机质含量和肥水利用效率。

（4）积极推进产业化进程：大力扶持和发展农村经济合作组织和行业协会，提高梨果生产的组织化程度和产业化水平。鼓励、扶持贮藏保鲜和加工龙头企业与农民合作组织、生产大户等合作建设标准化生产基地，在此基础上，做好梨果贮藏和深加工产业，拉长产业链，有效解决小生产与大市场之间的矛盾[3]。

参考文献

[1] 王莉萍，张碧辉，张小雯.2013年3～4月主要天气过程[J].天气预报技术总结专刊，2013，5（3）：1-7.

[2] 沈向，陈学森，赵静.山东梨产业发展趋势[J].山东林业科技，2009，3：149-150.

[3] 张绍玲，周应恒.2012年度梨产业发展趋势与建议[J].中国果业信息，2012，29（2）：25-27.

（山东林业科技 2014，1：85-86，68）

山东省水果产业发展现状及对策

冉昆，王宏伟，魏树伟，王少敏

水果产业是山东省重要的传统优势产业，产值仅次于粮食和蔬菜，竞争优势强，综合效益好。水果产业的快速发展，对于推动农业结构调整，促进农村经济发展，增加农民收入以及加快社会主义新农村建设具有重要作用。近年来，我省水果产业的发展取得了显著成绩，但也面临着许多问题和挑战。因此，分析我省水果产业的发展现状，探讨水果产业发展中存在的主要问题，提出水果产业发展的对策与建议，具有重大的现实意义。

一、水果产业现状

1. 全国水果产业现状

近年来，我国水果的栽培总面积和总产量均呈稳定增长态势，规模居世界第一。根据农业部公布的数据[1]，2000～2012年，全国果树总面积年均递增2.89%，水果总产量年均递增22.03%，主要大宗水果的产量均保持稳步增长态势（图1）。2012年我国果树栽培总面积1 229.0万公顷，水果总产量24 057.0万吨，分别是2000年的1.38倍和3.86倍（图1）。其中，苹果栽培面积和产量最多，分别为256.67万公顷和3 849万吨（图2）。

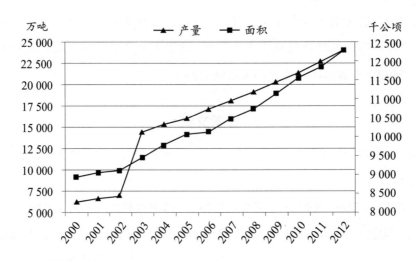

图1　2000～2012 我国果园面积和产量情况

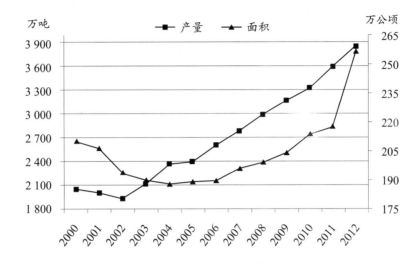

图2　2000~2012年我国苹果园面积和产量情况

2. 山东省水果产业发展现状

（1）山东历年水果生产情况：1978~2012年，山东省果树栽培面积呈先快速增长后缓慢下降的趋势，经历了一个近二十年的总体上升期和随后下降的调整期。其中，1996年栽培面积最大，达96.2万公顷，随后进入生产调整期，但总产量、单位面积产量和人均占有量则均呈增长态势（图3）。

2012年全省水果栽培面积为59.63万公顷，比上年减少5.99%，产量1 523.82万吨，比上年增加2.37%，人均占有量达到157.3千克。其中苹果面积27.96万公顷，比上年

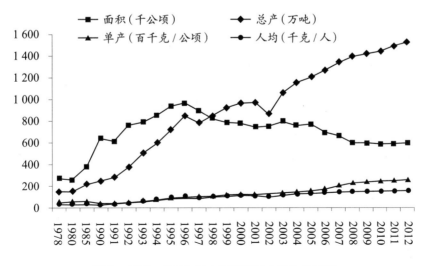

图3　1978~2012年山东省历年水果生产情况

减少5.54%，产量871.0万吨，比上年增加3.95%；梨面积4.25万公顷，产量119.09万吨，比上年分别减少9.49%和2.97%；桃面积10.02万公顷，产量238.43万吨，比上年分别减少3.01%和0.71%；葡萄面积3.75万公顷，比上年减少2.19%，产量105.02万吨，比上年增加6.61%；杏和柿子产量分别为18.00万吨和16.29万吨，分别比上年增加3.02%和0.48%[2]。

水果总产量的稳步上升，主要得益于品种改良和栽培管理技术水平的不断提升，这也表现在水果单产的不断提高上。目前，山东省水果生产正由单纯追求规模效益型向质量效益型转变，单位面积产量大幅提高，基本走上了优质高效的健康发展之路。

（2）山东主要水果发展变化：苹果是山东水果最重要的组成部分，2000～2012年，山东苹果栽培面积和产量表现出与水果整体栽培面积和产量非常相似的变化动态（图4）。其中，2002年苹果产量最低，这主要是由于当年4月一场强烈的倒春寒引发冻害，严重影响了苹果生产，再加上当年天气较为干旱，致使苹果严重减产。2000～2012年，山东梨、葡萄、桃的栽培面积也经历了先增加后缓慢减少的变化过程，近5年这三种水果的栽培面积比较稳定（图4-B），总产量基本呈现缓慢增长至基本稳定的态势（图4-A）。但四种主要水果的单位面积产量都持续增长，2012年苹果、梨、桃和葡萄的单位面积产量分别为每公顷31.15吨、28.03吨、27.99吨和23.80吨。

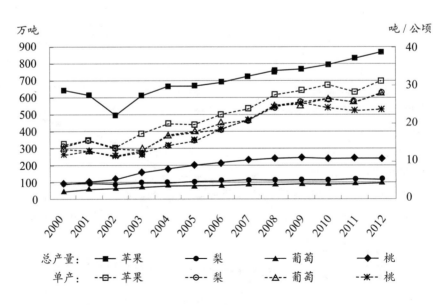

A

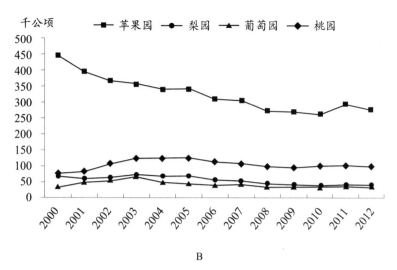

图4　2000～2012年山东省主要水果产量、单产（A）及栽培面积（B）的变化

　　2012年，我省栽培面积和产量位居前列的水果依次为苹果、桃、梨和葡萄，产量分别占水果总产量的57.16%、15.65%、7.81%和6.89%（图5-A），面积分别占水果栽培总面积的46.89%、16.80%、7.12%和6.29%（图5-B）。其中，苹果主产区是胶东半岛，2012年，烟台、威海、临沂、淄博的栽培面积居于前4位。烟台市苹果栽培面积和产量明显高于其他地区，栽培面积为11.63万公顷，占全省的41.59%；产量419.34万吨，占全省的48.14%（图6-A），成为山东苹果最具优势的产区。聊城、烟台、滨州、菏泽是梨主产区，2012年，聊城梨栽培面积和产量分别为0.87万公顷和17.36万吨，占全省栽培面积和产量的20.49%和14.58%；烟台位居第二位，栽培面积和产量分别占20.11%和20.77%（图6-B）。葡萄主产区是烟台、淄博、青岛和聊城，2012年，烟台葡萄栽培面积和产量分别为1.59万公顷和38.60万吨，均居全省首位，占全省栽培面积和产量

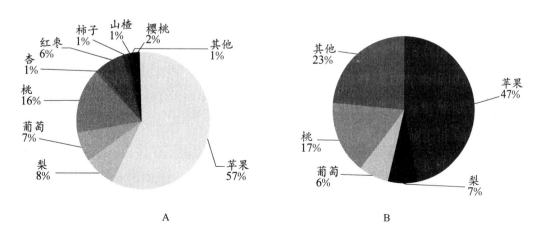

图5　2012年山东省各水果产量（A）及主要水果栽培面积（B）

的42.46%和36.75%；淄博葡萄的栽培面积和产量分别为0.39万公顷和15.71万吨，分别占全省的10.29%和14.96%（图6-C）。临沂、潍坊、淄博和泰安是桃主产区，2012年，临沂桃栽培面积和产量分别为3.73万公顷和106.84万吨，分别占全省的37.20%和44.81%；潍坊的栽培面积和产量分别为1.07万公顷和22.93万吨，分别占全省的10.73%和9.62%；淄博和泰安桃的栽培面积分别为0.91万公顷和0.76万公顷，产量分别为27.36万吨和18.82万吨（图6-D）。

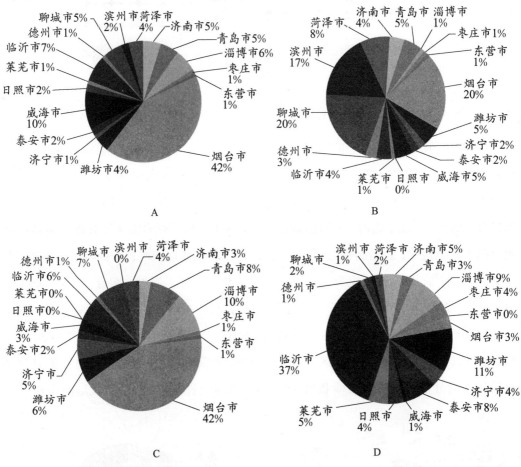

图6 2012年山东省各地市苹果（A）、梨（B）、葡萄（C）、桃（D）栽培面积比较

3. 现阶段山东省水果产业的特点

近年来，山东省果树生产关键技术发生了重大变革，栽培制度由大冠稀植发展为矮化密植，土壤管理由清耕向生草、覆盖转变，推广应用测土配方施肥以及滴灌、喷灌、小沟灌溉、穴贮肥水等节水灌溉技术，花果管理采用壁蜂授粉技术，疏花疏果、果实套袋、铺设反光膜等技术也得到了广泛应用[3]。目前，我省水果产业发展主要呈现以下几个特点：

（1）综合生产能力明显提高：山东省水果生产在经历了20世纪80年代末和90年代前期的大发展、大调整之后，基本走上了优质高效的健康发展之路，表现为面积减少的同时产量大幅度增加。与2000年相比，2012年全省水果栽培总面积减少了17.90万公顷，但总产量、单位面积产量和人均占有量分别增加557.19万吨、13.09吨/公顷和50.07千克。

（2）优势区域初步形成：初步形成了以胶东半岛和泰沂山区为主的苹果优势产区，以蒙阴、沂水、平邑和沂源等为主的沂蒙山区桃优势产区，以烟台、滨州和聊城等为主的梨集中产地，以烟台、青岛等为主的酿酒葡萄集中产区和以德州、滨州等为主的小枣和冬枣特色产区。其中，苹果优势区域的集中度明显提高，两大苹果优势区域的面积和产量分别占全省的71.69%和77.81%，苹果出口量占全省的95%以上。

（3）树种、品种结构进一步优化：降低了苹果的面积比重，提高了桃、葡萄等其他水果的比例。苹果面积由1995年的44.28万公顷降至2012年的27.96万公顷；葡萄面积由2000年的2.44万公顷升至2012年的3.75万公顷；桃面积2012年达到10.02万公顷；梨面积变化不大，2012年为4.25万公顷。

（4）产业化程度逐步提高：目前全省各种类型的果品分级流水线680条，年处理果品能力300万吨；各类果品加工企业1 000余家，其中省级龙头企业28家，国家级龙头企业3家；果品加工能力350万吨，果品贮藏能力380万吨。全省登记在册的各类果品专业批发市场33个，年流通量420万吨，交易额超40亿元[4]。

（5）促进农民增收和出口创汇能力提升：水果生产是典型的优质高效特色农业，对农业增效、农民增收和出口创汇有重要推动作用。栖霞市苹果年收入近40亿元，农民收入的85.5%来源于果业。2005年以来，全省果品出口额年递增21.5%，其中鲜苹果出口额递增23.3%。在2008年爆发世界金融危机，对外贸易严重下滑的背景下，山东省水果出口仍保持20.47%的增长率。2008年水果出口额7.1亿，占中国出口额的35.9%，净出口额6.4亿，占中国净出口额的74.3%[5]。2009年全省果品及其制品出口额14.4亿美元，占全国果品出口额的37.6%。其中，鲜苹果出口53.3万吨，出口额3.9亿美元，分别占全国的45.5%和54.8%[4]。从出口规模和出口结构上看，山东省在中国水果出口的省中具有较强的竞争力。

二、山东省水果产业存在的主要问题

1.优质果率低，果品质量差距较大

国际市场要求果品果型端正、果面光洁、果色鲜艳、风味浓郁、无农药残留和病虫

害检疫对象。山东省大部分果品质量达不到这个水平，优质果率低，生产与市场脱节比较严重。以苹果为例，即使是优势产区达到出口级别的也不足20%，比发达国家低30个百分点以上。经过近十年努力，通过套袋、摘叶、转果、地下铺反光膜等一系列技术措施，果实外观品质已基本达到国际水平，差距较大的是内在品质，包括口感、风味、营养等。这主要是因为地下管理投入不足，土壤有机质含量较低；果园严重郁闭，通风透光差；为抢市场而过早采收，标准化生产体系不健全等。另外，山东省果品安全质量与发达国家的差距也较大。日本、韩国和欧盟于2006年实行了新的食品质量安全法规，对包括果品在内的农产品质量安全提出了更加严格的要求，山东果品出口面临着严峻考验。

2. 树种、品种结构有待进一步优化

总体来看，山东水果产业布局还缺乏统一有效的规划，地方名、特、优果品优势不突出。目前山东拥有各类果树品种300多个，其中苹果所占比例最高，多达40余个，但主栽品种单一，晚熟品种所占比例近80%，早熟品种不足5%，早、中、晚熟比例失调，其他具有鲜明地方特色的优良种质资源未得到合理开发，致使成熟期过于集中，果品采后市场销售压力大，而淡季果品供给少，满足不了市场需求[6]。

另外，鲜食与加工品种比例不协调，鲜食品种所占比重大，适宜加工的品种比例偏小，加工产品的数量和质量难以适应市场的要求，限制了整个水果产业的发展。如近些年各苹果产区主推糖度高、酸度低的品种，一些酸度较高的传统品种如"国光"等，因外观不佳、口味偏酸等因素已几近淘汰，而该品种正是苹果深加工的原料[7]。

3. 采后商品化处理和深加工落后

目前，山东果品总贮藏量仅占果品总量的10%左右，与先进国家的贮藏能力（80%～90%）相差甚远。发达国家已基本做到了采后立即预冷处理，然后进入冷库或气调库，并采用冷链运输和销售，山东与此还有很大差距。山东苹果加工量只占总量的8%，与国际水平相差甚远，日本的苹果加工量占25%左右，而美国高达45%以上。我省大部分苹果加工企业都只生产一种深加工产品，加工周期短，设备利用率低，加工转化率不足10%；而欧美等国家的苹果加工企业，都是在以一种产品为主的基础上，兼做其他产品，加工转化率达40%～70%[7]。

4. 水果产业化体系薄弱

山东水果生产大部分还是以家庭为单位，规模小，投入不足，生产难以推行标准化。同时受资金能力所限，果农无力采用现代贮藏保鲜技术。果品采摘后处理程度低，

加工落后,造成"小生产与大市场"矛盾突出,难以实现产、运、贮、销一体化。水果生产销售的社会化服务体系及信息网络不健全,农户获得的市场信息不充分,在种植上存在盲从现象,极易造成产量和价格不稳定。龙头企业规模小、数量少,市场竞争能力不足,对产业的带动能力不够,没有与果农形成合作共同体,影响了水果产业健康发展。

三、山东水果产业发展的对策与建议

1. 优化区域布局,改善品种结构

制定切实可行的水果产业发展规划,明确加快振兴水果产业的目标定位、结构布局、发展重点和配套措施,进一步完善水果的区域化布局,形成一批布局合理、特色鲜明的产业带和优势产区。重点建设胶东半岛和沂蒙山区两大苹果优势产区和鲁西北、胶东、鲁中南三大梨集中产区以及泰沂山区桃产业带。同时,充分发挥资源优势,加强地方名特产的开发,重点发展具竞争力的优良品种,形成地方特色突出的生产基地。

进一步优化品种结构,合理配置早中晚熟品种,根据加工业发展需求,适当发展加工及加工鲜食兼用品种。以苹果和梨为例,苹果要适当扩大早熟、中早熟品种栽培比例,适量发展加工专用品种。梨可改接和新发展的主要是日本砂梨系统、红色洋梨系统和国内选育的良种。同时加快新优品种的选育,尽快培育出一批品质优良、具有自主知识产权的新品种,为不断调整优化结构,增加生产后劲提供和贮备资源[3]。

2. 全面提升果品质量

围绕提高产品质量,需要做好以下几项工作:一是大力推广密植郁闭果园改造、酸化土壤改良技术,改善通风透光条件,改进产品质量,增加经济效益。二是进一步完善无公害果品质量标准和生产技术规程,推广普及无公害果品病虫害综合防治技术,严禁使用高毒高残留农药,建立有效的病虫害预警机制,全面提升果品的质量安全水平。三是增加有机肥投入,推行果园生草、覆盖栽培模式,提高土壤有机质含量,扩大节水灌溉面积,提高肥水利用效率。

3. 提升水果产业化水平,积极推进产业化经营

加大对果品贮藏保鲜和加工龙头企业的扶持力度,提高技术装备水平。将水果生产和加工、流通、营销等连接起来,形成一条完整的产业链,以产业化水平的提高带动水果生产的发展。同时,改进果品加工工艺,开发果品深加工技术,扩大加工能力,最大限度地提高果品的附加值,增强市场竞争力与辐射带动能力,推动产业升级。

大力扶持发展多种形式的农村经济合作组织和行业协会,逐步提高果业生产的社会化程度。充分发挥龙头企业、农民合作组织在技术指导、技术培训和技术推广等方

面的重要作用。鼓励和扶持水果龙头企业与农民合作组织、生产大户等合作建设标准化生产基地，同时协调企业与基地、企业与农民的利益关系，建立长期的、紧密的产销合作关系。将产、学、研、企等相关单位结合在一起，实现优势互补，把山东水果产业化提高到一个新水平[4]。

4.促进水果产业科技创新

一是加快水果产业技术体系建设和完善，形成以产业技术体系为基本骨架的创新体系，围绕山东水果产业的产前、产中和产后开展相关实用技术的研究开发，提高科技创新能力和水平。二是进一步加强财政对科技创新的扶持，出台具体的政策和配套措施，推动水果产业科技创新能力的不断提升。

参考文献

[1] 中华人民共和国农业部.中国农业年鉴2012[M].辽宁教育出版社.

[2] 山东省统计局.2012山东统计年鉴[M].中国统计出版社.

[3] 山东省农业厅.山东水果产业现状及发展对策[J].中国果业信息，2009，26(8)：33-34.

[4] 苏桂林，崔秀峰，高文胜.山东省水果产业发展现状及对策[J].科技致富向导，2011.03：5-6.

[5] 张复宏，郭建卿.山东省水果出口结构及省际间竞争力比较分析[J].山东经济，2010，2：155-159.

[6] 何乃波，束怀瑞.山东水果资源及其产业发展问题与对策[J].中国人口·资源与环境，2006，16(1)：140-141.

[7] 谢云.我国苹果产业化发展中存在的问题及对策研究[J].长江大学学报(自然科学版)，2009，6(1)：85-87.

（落叶果树2014，46(3)：12-17）

提升山东梨产业竞争力的对策研究

陶吉寒，魏树伟，王少敏

我国梨产量、面积均居世界首位[1]，梨是山东省的重要果树，梨产业对促进我省农村经济发展、增加农民经济收入发挥了重要作用。但随着生产成本提高及消费者需求变革、农业信息化发展、梨产品深加工技术的进步，我省梨产业出现了一些新的问题，也面临着新的机遇和挑战，新形势下研究提升我省梨产业竞争力的策略具有重要现实意义和政策参考价值。

一、山东梨产业现状

1. 面积减少，产量稳中有升

21世纪以来，中国梨产业得到了持续发展。据FAO统计[2]，中国梨园种植面积在2000~2005年间稳定增加后，于2006年、2007年出现小幅减少（图1），2009年之后又稳定上升，全国梨收获面积在2013年达到最高，为1 270万公顷[2]。我国梨果总产量自2005年到2010年稳步上升，并于2010年达到最高的1 394.167万吨，2010~2013年产量略有回落，但2013年产量仍达到1 362.26万吨。

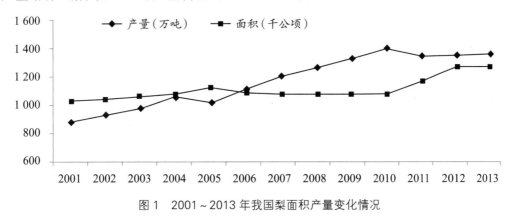

图1 2001~2013年我国梨面积产量变化情况

根据山东统计信息网的数据[3]，2003年以来山东省梨栽培面积出现了持续下滑（图2），产量则从2003年起稳中有升。截至2013年，山东梨园面积4.563 6万公顷，居全国第10位，产量127.199 2万吨，位于河北、辽宁之后居全国第3位。从图3可以看出，山东梨栽培面积占全国的比重自2003年之后呈逐年下降的趋势，已经从2003年的6.99%下降到2013年的3.59%；山东梨产量占全国的比重自2005年之后呈下降趋势，虽在2010年以后略有上升，但较2001年占全国10.94%的比重是呈下降趋势的。

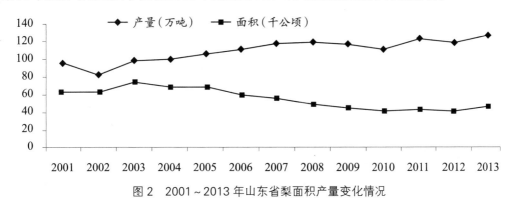

图2 2001~2013年山东省梨面积产量变化情况

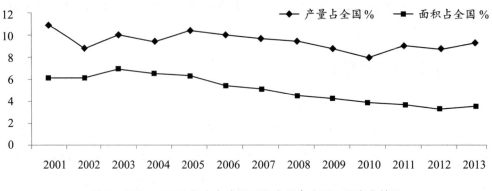

图3 2001～2013年山东省梨面积产量占全国比重变化情况

2.品种构成

山东省梨种质资源十分丰富,加之多年来对梨新品种引进的重视,我省梨栽培品种丰富多样。品种构成以黄金梨、鸭梨、丰水、新高、酥梨等为主(图4),其中黄金梨占我省梨栽培面积的29.46%,鸭梨占17.9%,丰水占10.61%,新高占5.79%,酥梨占3.86%。

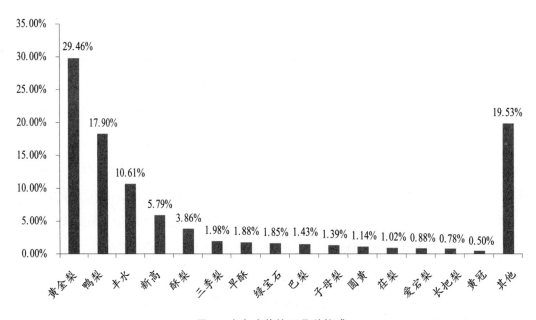

图4 山东省栽培梨品种构成

3.贮藏加工

近年来,山东省的梨贮藏加工产业得到较快发展。目前,山东省的梨果加工龙头企业有国投中鲁果汁股份有限公司、烟台北方安德利(集团)果汁股份有限公司、山东一品堂实业有限公司(一枝笔莱阳梨汁)、蓬莱园艺场、莱阳梨润堂食品有限公司等。

目前，全省梨加工量约占全省梨总产量的11%，加工产品主要包括梨汁、梨罐头、梨脯、梨醋等。贮藏加工产业化初具规模，但是，与发达国家果品总产量的40%～70%用于加工、鲜食果品的80%以上进行冷藏或气调贮藏相比，差距还很大。

4.梨果出口贸易

梨作为山东省传统优势果品，年出口量8万吨以上，出口量和出口金额均居全国第一位。近年，山东省梨出口量呈下降趋势，但出口金额呈上升趋势。据国家商务部统计[4]，2014年山东省梨出口量达8.8515万吨，出口金额为11211.7万美元，较2009年的出口量11.638万吨降低了23.94%，但出口金额较2009年的6292.998万美元增加了78.16%。

二、我省梨产业存在的问题

1.梨种植比较效益降低，导致梨栽培面积减少和产量上升缓慢

纵向比较，近年来梨果价格虽略有上升，但上升幅度不大，而上涨部分几乎被生产成本上涨所抵消；横向比较，我省梨果种植户的效益普遍低于苹果种植户，部分地区甚至低于葡萄、桃，严重影响了梨农的生产积极性，导致我省梨果种植面积下降。

2.人力成本和生产资料成本上升

随着我省经济的发展，人工费越来越高，如泰安地区2013年女工每天40元左右，2015年已经涨到60～70元，胶东沿海地区价格都在百元以上。同时，梨果生产中授粉、套袋等操作对人工的依赖性较高，生产成本很难降低。另外，化肥、农药、纸袋等价格也不断上涨，进一步推动了梨果生产成本上涨。梨生产中存在的成本高、农药用量大等问题也亟须通过节本增效技术的集成、推广进行解决。

3.品种结构仍需改善，优新品种比例少

主栽品种中晚熟品种所占比例近80%，早熟品种不足5%，早、中、晚熟比例失调，且近年来培育的优新品种如黄冠、新梨七号等所占比例较低，不能满足消费者对"新、特、优"品种的需求，销售价格难提高。

4.新技术培训及推广的有效性差

新技术培训及科技推广的有效性直接关系到新品种、新技术的推广和应用，已经引起人们重视[5，6]。果树新技术培训及推广存在一些特有的问题，如从业人员文化水平不高、年龄结构偏大等，严重制约着新品种、新技术的推广和应用，亟须进行全面

研究。

5. 水果产业化体系薄弱，抵御风险能力低

我省梨果生产大部分还是以家庭为单位，规模小，投入不足，生产难以推行标准化，"小生产与大市场"矛盾突出，难以实现产、运、贮、销一体化；水果生产、销售的社会化服务体系及信息网络不健全，农户获得的市场信息不充分，在种植上存在盲从现象，极易造成产量和价格不稳定；龙头企业规模小、数量少，市场竞争能力不足，对产业的带动能力不够，没有与果农形成合作共同体，影响了水果产业的健康发展。尚未建立完善的梨果保险制度，对应自然灾害的能力差。

6. 出口能力不足，国际市场竞争力弱

我国加入世界贸易组织以来，山东省梨出口量仅占梨总产量的2%～3%，说明我省梨绝大部分在国内销售。山东省梨产量和面积在我国占有重要地位，但是我省梨出口量在国际贸易中所占份额微不足道，需要进一步加强。

三、提高我省梨产业竞争力的对策

1. 建立消费者需求导向的梨果生产机制

消费者需求导向是决定梨产业发展的根本，必须了解梨果主要消费人群的需求变化，并以此来指导梨品种选育、栽培、加工、销售，以有效提高梨产业竞争力。研究国内外消费者对梨果消费需求的变化，借鉴日韩成功模式，研究实现优质优价的有效途径及适合我省的梨农组织化形式，利用合理的营销手段将优质梨果成功推向市场。

2. 集成与推广梨节本增效生产技术

针对梨生产中人力和物资成本上升、农药用量大、果实品质降低等问题，研究符合我国国情的省工高效技术，集成梨节本增效栽培技术体系，并示范推广，减少用工，借鉴国际模式（日本肯定列表制度、美国 HACCP、欧盟 GAP 认证体系），研究建立适合我国的安全监控体系，减少农药使用，提高肥料利用效率，最终实现降低生产成本、提高果实品质的目标。

3. 加快梨生产技术培训及推广的有效性研究

提高梨园管理技术培训的有效性，可以提高梨产业竞争力，也可以作为其他果树农技培训的参考，十分必要。调查当前我省从事梨生产人员的现状及当前农业技术培训中的问题，对梨农参与技术培训和采用新技术的意愿及其影响因素进行经济计量分析，探讨农民参加技术培训及采用新技术的行为决定因素，提出提高技术培训有效性的措施，通过新技术的推广提高梨产业竞争力。

4. 提高我省梨果的国际市场竞争力

对我省梨果的出口市场进行细分并进行计量分析，考察主要梨果消费国的需求特征；运用定性和定量的方法分析我省梨果出口的影响因素，找出制约我省梨果出口的主要原因；讨论影响我省梨果出口的贸易壁垒，有针对性地提出提高我省梨果国际竞争力的对策建议。中国梨果出口量占世界的26%，但梨果出口价格仅约为日本、韩国的十分之一[5]，有必要开展提高我省梨出口竞争力方面的研究。

5. 研究建立完善的梨果保险制度

农业保险是减轻自然灾害损失、稳定农民收入的有效手段，日本从20世纪70年代就开始推广梨果保险，效果显著，我国亟须开展这方面的系统研究。探讨适宜我省的梨果保险组织形式、适宜的保险费率及补偿标准，研究科学的灾害损失评价方法（利用遥感技术对梨果的损害进行评价），研究农业经营上的其他各种风险的化解和降低。

6. 加强梨产业专利申请及梨相关产品的研发，打造属于自己的核心竞争力

世界梨生产强国普遍重视梨果深加工，我国在梨产品开发方面还处于起步阶段[7]，应重点研发梨果深加工、酶技术、食品科学、基因技术、纳米技术及梨商品包装外观设计，为我国梨产品的研发与市场发展提供技术支撑。要充分利用好龙头加工企业规模大、实力强、发展势头良好的优势，提升深加工的档次，增加产品种类，增扩其基地规模，促进我省梨果产业发展。

7. 研究以梨园为载体的现代农业模式

以物联网为特征的智慧农业是现代农业的发展方向，契合国家农业、战略性新兴产业发展，符合农业信息化的趋势。研究以梨园为载体的现代农业存在的问题及对策，有利于智慧农业的示范和推广。研究以物联网为特征的智慧农业和都市农业在现代梨园应用中存在的问题，研究快速、多维、多尺度的果园信息实时监测技术，利用先进的技术装备，融合现代信息技术，进行产品安全与溯源、设备智能诊断管理等工作。

综上所述，提高梨产业竞争力研究在国际上已经引起人们的重视[8, 9]，但我省梨产业竞争力提升方面尚需开展大量工作，新形势下只有重视提升我省梨产业市场竞争力工作，才能更好地促进我省梨产业健康持续发展。

参考文献

［1］ 张绍铃，周应恒.2012年度梨产业发展趋势与建议［J］.中国果业信息，2012，29（2）：25-27.

［2］ http：//faostat3.fao.org/compare/E.

［3］ http：//www.stats-sd.gov.cn/col/col211/index.html.

［4］ http：//wms.mofcom.gov.cn/aarticle/Nocategory/200609/20060903269169.html.

［5］ 周全胜.关于农村劳动力的教育培训问题的思考［D］.内蒙古师范大学，2005.

［6］ 胡瑞法，黄季焜等.中国农技推广：现状、问题及解决对策［J］.管理世界，2004，（5）：50-75.

［7］ 杨琪，李节法，何建军，等.世界梨专利技术现状及未来趋势研究［J］.果树学报，2013，30（1）：127-133.

［8］ 张强.中国梨果出口竞争力和国际市场研究［D］.华中农业大学，2007.

［9］ 张岩峰，田晓霞，刘璞.河北省梨果产业国际竞争力研究［J］.商场现代化，2008（10）：194-194.

（山东农业科学2014，46（3）：12-17）

二、品种与资源

早熟梨新品种简介

王宏伟，王少敏，魏树伟，张勇

1. 绿宝石

绿宝石梨系中国农业科学院郑州果树研究所用早酥和幸水杂交育成的新品种。果实近球形，平均单果重220克，最大单果重550克。果皮绿色，套袋果乳白色；果肉白色，肉质细腻，可溶性固形物含量13.7%，味甜，富含香气，品质上等。在泰安地区果实7月下旬至8月初采收。该品种抗逆性较强，适栽范围广，抗病性强，抗轮纹病、梨黑星病、缩果病能力较强，抗蚜虫，对梨木虱有较强的抗性。绿宝石梨早果丰产性强，抗逆性强，品质上等，经济效益高，有着广阔的发展前景。

2. 黄冠

河北省石家庄果树研究所1997年以雪花和新世纪杂交育成。果实椭圆形，果个大，单果重235克，最大果重360克；成熟果实果皮黄色，果面光洁，果点小，无锈斑，萼片脱落，果柄细长，外观酷似"金冠"苹果；果肉洁白，肉质细腻，石细胞及残渣少，松脆多汁；风味酸甜适口，并具浓郁香味，果心小，可溶性固形物含量12.4%，品质上等。在泰安地区果实8月上中旬成熟。黄冠梨早熟、优质、早果、丰产，是中、早熟梨首选品种，同时高抗黑星病，生产中可降低防治成本。

3. 六月雪梨

六月雪梨是果树科研人员在重庆边远山区砂梨种植区发现的一个优良特早熟大果品种。果实近圆形，绿色，套袋后呈半透明状，平均单果重200～220克，最大果重357克；肉质细嫩，汁液多，无石细胞；果心极小，可食率达93%以上，含可溶性固形物12.4%，高抗氧化（果实削皮48小时不变色），品质极佳。早熟性强，在重庆地区比绿宝石提前12天成熟；幼树栽后第2年即可挂果，株产可达1～2千克；第3年株产可达13千克。该品种选自高温高湿、弱光照、温差小的重庆地区，适应性广，抗病力强，在砂梨适栽区表现极为优良。

4. 华酥梨

中国农业科学院果树研究所进行种间杂交育成，亲本为"早酥"和"八云"。果实

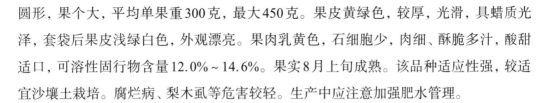

圆形，果个大，平均单果重300克，最大450克。果皮黄绿色，较厚，光滑，具蜡质光泽，套袋后果皮浅绿白色，外观漂亮。果肉乳黄色，石细胞少，肉细、酥脆多汁，酸甜适口，可溶性固行物含量12.0%～14.6%。果实8月上旬成熟。该品种适应性强，较适宜沙壤土栽培。腐烂病、梨木虱等危害较轻。生产中应注意加强肥水管理。

5. 七月酥

中国农业科学院郑州果树研究所以幸水为母本、早酥为父本杂交培育的早熟梨品种。该品种既有早酥梨早熟、个大、汁多的特点，又有幸水梨品质极优、肉质细的优点。果实卵圆形，果个大，平均单果重300克，最大600克；套袋果白色，极美观，果点不明显；果面黄绿色，光滑洁净，有蜡质，果皮薄，外观极好。果肉乳白色，肉质细嫩松脆、汁多味甜、微香，果心小，无石细胞，核小，可溶性固形物含量12.3%。果实7月上旬成熟，果实成熟后易变软变绵，果实常温下贮藏15～20天，冷藏可达2个月。该品种为目前南方地区成熟早、果个大、品质佳的特早熟梨品种，发展潜力较大。

6. 翠冠

该品种系浙江省农业科学院园艺研究所以幸水×（新世纪×杭青）杂交育成，现已有10余个省市引种栽培。果实长圆形，果形整齐，平均单果重230克，最大400克；果皮光滑、黄绿色，成熟时果皮淡黄色，有少量锈斑；果肉白色，肉质细嫩而松脆，石细胞少、汁多、味甜，可溶性固形物含量11%～12.5%；裂果少，果心小，品质极佳。果实7月下旬成熟。该品种树体强健，树姿较直立；极易形成花芽，早果丰产性好。抗干旱，适应性强，适合山地、平地以及海涂栽培，但以土层厚、肥力高、地下水位低的沙质土为佳。生产上注意疏花疏果，可提高坐果率和果实品质。

7. 早金酥

早金酥由辽宁省果树科学研究所以早酥梨为母本、金水酥为父本杂交育成。果实纺锤形，平均单果重240克，最大600克；果面绿黄、光滑，果点中密；果肉白色，肉质酥脆，汁液多，风味酸甜，石细胞极少，果心小；可溶性固形物含量10.8%，常温贮藏期为22天。在辽宁熊岳地区8月初果实成熟。早金酥梨对苦痘病抗性强，抗旱能力强，较喜肥水，采收期长达2个月，适于观光旅游园栽培。可选择华酥等早熟品种授粉。

8. 新梨七号

新梨七号以库尔勒香梨为母本、早酥梨为父本杂交选育而成。果实椭圆形，底色黄绿色，阳面有红晕。果皮薄，果点中大、圆形。果肉白色、汁多、质地细嫩，酥脆，石细胞较少，果心小，风味甜爽，清香。平均单果质量165克，可溶性固形物含量

12.33%，耐贮藏，7月中旬成熟。树体抗盐碱，耐旱力强，较抗早春低温寒流，抗病能力强，适栽地域广。

9. 初夏绿

浙江省农业科学院园艺研究所以西子绿为母本、翠冠为父本杂交育成的早熟品种。果实长圆形，果皮浅绿色，果面光滑，果锈少，果点中大。果肉白色，肉质细嫩，汁液多，果心小，可溶性固形物含量11%左右。平均单果质量250克。该品种在杭州7月中旬成熟，抗性强，丰产性好，已有江西、江苏、广西、辽宁等10多个省市引种推广。

（科技致富向导 2012.1：33）

中晚熟梨新品种简介

王宏伟，王少敏，魏树伟，张勇

1. 锦丰梨

中国农业科学院果树研究所以苹果梨为母本、慈梨为父本杂交育成。锦丰梨果实品质优良，风味极佳。果实扁圆形或近圆形，平均单果重240克左右，大果450克。果皮绿黄色，有蜡质光泽，贮藏后变黄。果点大，明显。肉质细嫩、松脆，汁液特多。可溶性固形物含量13.0%～16.0%，酸甜可口，微香，是晚熟品种中最耐贮藏的品种之一。9月中旬成熟。树势健旺，萌芽力、成枝力均强；幼树定植5～6年结果，以短果枝结果为主，并有腋花芽结果习性，每个花序坐果1～2个。锦丰梨喜肥水，缺肥少水时果实变小，但适应性强，树体耐旱和耐寒力强。该品种比较适宜的授粉树为苹果梨、砀山酥梨和早酥梨。

2. 红香酥

由中国农业科学院郑州果树研究所1980年育成，亲本为库尔勒香梨和鸭梨。果实长卵圆或纺锤形，平均单果重200克，最大500克；果面洁净光滑，果点中大，较密；果皮底色绿黄，向阳面红色，光滑，蜡质多，外观艳丽；果肉淡黄白色，肉质细脆，果心小，石细胞少；含可溶性固形物13%～14%，风味甘甜可口，香味浓，品质极佳；在郑州地区果实8月底9月初成熟，较耐贮运，常温下可贮藏2个月，贮后色泽更加鲜艳。抗性强，较抗梨黑星病、黑斑病，抗寒、抗旱。该品种是一个难得的中晚熟耐贮红皮梨

优良新品种，外观红艳，品质优良，早果丰产，具有广阔的发展前景。

3. 脆香蜜

又名苍澳6-2，由四川农业大学园艺学院于1980年用苍澳雪梨与河北鸭梨杂交育成，1990年通过评审鉴定。果实短瓢形或倒卵形，果实大小整齐，平均单果重320克；果皮浅黄褐色，有光泽，果点较小，灰褐色，萼片脱落；果心小，果肉洁白，细脆化渣，汁液多，风味浓，具香气；含可溶性固形物14%，总糖含量9.0%，总酸量0.1%，品质极佳；果实耐贮运。果实8月下旬成熟，9月完熟，发育期150天左右。该品种丰产、抗风力强，尤其在肉质、风味、耐贮和抗病性等方面表现优良。

4. 丰香梨

浙江省农业科学院园艺研究所育成的早熟品种，亲本为新世纪和鸭梨。果实长圆锥形，果形指数0.98，果肩突出，果形似元帅系苹果，有的果实具有1条纵沟；果实大，平均单果重280克，最大单果重360克，大小较均匀。果皮成熟前绿色，开始成熟后自阳面开始绿色减退，完熟后转为金黄色，酷似金帅苹果。果面较粗糙，果皮薄，果点大而密、明显，具少许放射状梗锈。果皮蜡质厚，有光泽。果肉黄白色，半透明，石细胞极少，细嫩松脆，汁液多，含可溶性固形物12.3%~14.2%，果实硬度5.5~8.8千克/厘米^2；风味浓甜，酸度极低。果心极小，香味淡。采后常温下可贮藏15天。果实8月中下旬成熟。该品种适应性强，抗寒，较抗旱，耐湿涝，抗病虫害能力强，未发现严重病虫危害现象。抗早春晚霜冻害能力强。对肥水条件要求较高，注意施足底肥，授粉品种可选早绿、绿宝石等花期相近的品种。

5. 玉露香梨

山西省农业科学院果树研究所以库尔勒香梨为母本、雪花梨为父本杂交培育成功的优质、耐藏、中熟梨新品种。该品种具库尔勒香梨所特有的优良品质，果肉细嫩、香甜爽口，品质极佳。果面光洁细腻，着红色纵向条纹，果皮薄，果实近球形，平均单果重236克，最大果重450克。果实耐贮藏。晋中地区8月下旬到9月初成熟。树体适应性广，抗性较强，对土壤要求不严，适宜我国广大酥梨适栽区栽培，被认为是目前国内外综合性状最优良的库尔勒香梨型中熟梨新品种。

6. 玉酥梨

山西省农业科学院果树研究所以砀山酥梨为母本、猪嘴梨为父本杂交培育成功的优质、耐藏、晚熟梨新品种。果实长卵圆形，果皮黄白色，果面光洁、具有蜡质；平均单果重348克，果肉白色，肉质细、松脆，汁多，味甜，可溶性固形物含量11%～13%，极耐贮藏，栽培适应性强，山西晋中地区9月下旬成熟。

7. 冀玉

河北省农林科学院石家庄果树研究所用雪花梨和翠云梨杂交而成的优质中晚熟品种。果实椭圆形，绿黄色，蜡质较厚，平均单果重260克，肉质松脆，风味酸甜，有香气，可溶性固形物含量12.3%，8月下旬至9月初成熟。综合品质上等，抗黑星病，丰产。

8. 美人酥

郑州果树研究所用幸水梨与火把梨杂交育成的红梨品种。果实卵圆形，单果质量275克，果面鲜红色，肉质酥脆，汁多，味酸甜，石细胞少，可溶性固形物含量14.5%～15.5%，总糖含量9.96%，总酸含量0.51%，维生素C含量0.072 2毫克/克，品质上等。在郑州地区9月中下旬成熟，早果，丰产，抗性强。

9. 紫巴梨

紫巴梨是山东省果树研究所1993年从美国引进材料中选出的最新优系。果实粗颈葫芦形，平均果重200克，大者可达290克。果实紫红色，果面光滑，蜡质厚，有光泽，果点细小。果肉黄白色，质地细腻，硬脆。经后熟肉质细软，汁液多，具芳香，风味酸甜，可溶性固形物含量12.8%，品质上等。7月中旬果个基本长成，果实7月下旬成熟。采收后常温下贮存4～5天后熟变软，在5℃左右的温度条件下可贮存2个月。

树冠高大，树姿开张，枝条丰满。幼树生长旺盛，结果后树势健壮稳定，萌芽率高，成枝力强。以短果枝结果为主，中、长果枝和腋花芽亦具有较强的结果能力，连续结果能力强，无大小年结果现象。早实性强，高接树2年见果，三年生树株产1.87千克，四年生树株产3.08千克，5年以后进入盛果期，平均株产66.3千克。坐果率高，每个花序坐果1～2个，双果比率20%～30%。该品种适应性强，抗旱、抗寒，耐盐碱力与红巴梨相近，抗轮纹病、炭疽病及干枯病，虫害较少。

砧木可用杜梨、豆梨、秋子梨等，平原地株行距(3～4)米×5米，丘陵山地3米×4米，也可大树高接建园，配置巴梨、红巴梨、红安久等作授粉树，比例为(5～8)：1。树形宜选用纺锤形、小冠疏层形等。饱满芽处定干，5月中旬、7月上旬各摘心一次，以促发分枝，于8月下旬拉枝开张角度。冬剪时疏除细弱枝、过密枝等，及时落头开心。秋季结合深翻每1/15公顷(1亩)施土杂肥3 000～4 000千克，萌芽前、花后、果实膨大期、采果后追肥，前期以氮肥为主，后期以磷、钾复合肥为主。

结合施肥进行灌水，每年3~4次，雨季排水防涝。主要防治轮纹病、干枯病、果实腐烂病等，发芽前喷5波美度石硫合剂和0.05%的2.5%保得乳油等杀虫剂，幼果期喷0.12%~0.17%喷克等，6月中上旬后改喷多菌灵等。

该品种果实早熟，色泽全红，外形美观，内在品质同巴梨，树势旺，结果早，丰产稳产，病虫害较少，适应性强，是已引进的西洋梨品种中较好者，具有广阔的发展前景。

（科技致富向导2012,4:32）

引进日本梨新品种性状评价

高华君，赵红军，王少敏

我国引进的日本梨新品种有新水、丰水、幸水、南水、爱宕梨、新高、新兴、新雪、新世纪、二十世纪、秋水、八里、筑水、鞍月、秀玉、新星、丰月、湘南等，现对其主要品种评价如下，供发展参考。

1. 新水

农林水产省果树试验场用菊水和君早生杂交育成，1965年发表，1966年引入我国。平均单果重150克，味甜略酸，可溶性固形物含量11.8%~14.0%，品质上等。果实7月下旬成熟，贮期1周。树势强，短果枝维持困难，早果性能好，丰产性一般，666.7米^2（亩）产2 000千克。抗黑星病，对黑斑病的抗性比二十世纪、君早生强，可以发展。

2. 幸水

静冈县用菊水和早生幸藏杂交育成，1959年命名，1967年引入我国。平均单果重165克，味浓甜，有香气，可溶性固形物含量12.0%~14.5%，品质极好，在"三水"梨中品质最好。果实8月中下旬成熟。抗黑斑病，对黑星病的抗性比长十郎强，但比云井弱，易染锈病。树势较强，早果性好，产量中等，666.7米^2（亩）产2 000千克，可以发展。

3. 丰水

农林水产省果树试验场1972年用（菊水×八云）×八云杂交育成，1976年引入我国。平均单果重200克左右，可溶性固形物含量11.0%~13.5%，味甜略酸，品质上等。幼树长势强，但易衰弱，较丰产，666.7米²（亩）产2 500千克，早果性好。抗黑斑病、轮纹病，抗黑星病比长十郎强。果实9月上旬成熟，易患糖蜜病，贮藏期半个月，可以发展。

4. 新高

菊池秋雄1915年以天之川×今村秋杂交育成，1927年命名并发表。果实圆形或圆锥形，果形端正，平均果重410～450克。果皮黄褐色，果点较大、中密，果面较粗糙；套袋果淡黄绿色，果点不明显。果肉白色，致密多汁，石细胞极少，果心小，味甘甜，无酸味、涩味和香气，品质中上。果实10月中旬成熟，耐贮性较强。本品种果个大，可以发展。

5. 爱宕梨

冈山县龙井种苗株式会社推出，用二十世纪×今村秋杂交育成，1982年被认定为新品种。果实扁圆形，平均果重415克，果个过大或树势衰弱时果形不正。果皮黄褐色，果点较小、中密，果面较光滑；套袋果果皮淡黄色，果点不明显。果肉白色，肉质细脆，汁多，石细胞少，可溶性固形物含量12.0%～16.0%，味酸甜可口，有类似二十世纪梨的香味，品质好。果实10月中下旬成熟，耐贮性强。树势健壮，枝条粗壮，树姿直立，萌芽力强，成枝力中等，以短果枝和腋花芽结果为主，早果丰产，生理落果和采前落果轻。不抗黑斑病，抗寒性差。树体矮化，宜密植，需防风。为特大果型晚熟耐贮优良品种，可以发展。

6. 南水

长野县南信农业试验场育成，亲本组合为越后×新水，1983年选出，1990年进行品种登记并命名。果实扁圆形，大小均匀，平均单果重360克。果面光洁，果皮红褐色。果肉白色，软而多汁，甜味浓，基本无酸味，可溶性固形物含量14%～15%。果实9月下旬成熟，无裂果现象，果心易感糖蜜病，常温下贮藏2周，冷藏条件下可存放2个月左右。树势中庸，新梢粗，节间长，以短果枝结果为主。对黑星病抗性强，对黑斑病抗性较差。

7. 新世纪

冈山县农业试验场以二十世纪×长十郎育成，1945年命名并发表。果实扁圆形，整齐，平均果重250克。果皮黄绿色，蜡质少，果点较二十世纪明显。果肉黄白色，脆甜多汁，果心较大，石细胞较多，肉较硬、细，无酸味和香气，可溶性固形物含量11.8%，甜味中等。果实8月中旬成熟，完熟期8月下旬，较耐贮运。对黑斑病、黑星病抗性较强。

8. 二十世纪

平均果重230克，味浓，甜度大，品质极优。果实8月下旬至9月初成熟，不耐贮藏，对黑斑病抗性弱。近几年选育出自花结实二十世纪（奥萨二十世纪，即长二十世纪）、抗黑斑病二十世纪以及既自花结实又抗黑斑病二十世纪，应选择抗黑斑病类型适当发展。

9. 新兴

1941年新潟县农业试验场从二十世纪实生苗中选出。平均果重250克，最大400克。肉质较廿世纪粗，甜味重。果实9月下旬至10月上旬成熟，室温下可贮藏至第2年3月。树势弱时，叶片易出现黄斑，果实变小，不宜发展。

（山西果树1999（2）：12-13）

梨新品种早绿在山东泰安的表现

高华君，王少敏，刘宪华

针对山东目前早熟品种较少的现状，山东省果树研究所从浙江省农业科学院引进了若干早熟梨品种，经试栽观察，早绿表现较好，现将观察结果报告如下。

一、引种经过及试验园基本情况

早绿梨是浙江省农业科学院育成的早熟梨新品种，亲本为新世纪和鸭梨。山东省果树研究所于1998年冬引进接穗，1999年春高接于三年生雪花梨树上，第2年即大量结果。试验园土壤为轻黏壤土，土壤有机质含量0.83%，pH 6.8～7.1，果园管理水平较高。

二、果实经济性状

果实椭圆形或卵圆形，果形正，酷似鸭梨。果梗长，较粗，基部膨大肉质化，近果台端稍弯曲，梗洼近于无。萼洼中深、中广、脱萼，无棱沟。平均单果重238克，最大336克，大小整齐。果皮翠绿色至淡黄绿色，完熟后转为淡绿黄色，贮后鲜黄色。果面光滑平整，果皮薄，果点细小而稀，不明显，无锈斑，蜡质层较厚，有光泽。果面洁净，似套袋果，外观美。果肉黄白色，半透明，石细胞很少，质地细脆，多汁，含可溶性固形物 11.0%~12.2%，风味甜，具浓郁的香蕉味。果心小。采后常温下可贮藏 15~20 天，贮后香味更浓，果皮变为鲜黄色，果肉不失水、不变褐，风味品质不变。

三、植物学特征及生长结果习性

叶片椭圆形、深绿色、较大、硬厚，叶表面蜡质层厚，有光泽。叶缘锯齿浅，叶先端钝尖。一年生枝红褐色，二年生枝青褐色，皮孔灰白色，大而明显，圆形至椭圆形。生长势强，枝条开张，健壮。萌芽率高，成枝力强。短枝易形成花芽，结果早，高接后第 2 年即大量结果，易形成腋花芽和短果枝，以腋花芽和短果枝结果为主，连续结果能力强，丰产稳产。需配置授粉树。

四、物候期

据 2000 年观察，早绿在泰安 3 月上旬花芽膨大，3 月 28 日花序分离，3 月 31 日花序全部分离、单花露瓣，4 月 8 日进入盛花期，持续 5~6 天，4 月 16 日为终花期，4 月底新梢旺盛生长。7 月中下旬果实加速膨大，可溶性固形物含量明显增加，7 月 20~26 日果实成熟，7 月底完熟。

五、适应性与抗逆性

该品种在山东泰安生长结果良好，果实品质较南方多雨地区好，未发现严重病虫害。2001 年 3 月 27 日花序分离期气温降至 -7℃，花蕾受冻率达 90% 以上。

六、栽培要点

该品种对肥水条件要求较高，宜选肥沃壤土或沙质壤土建园，并注意施足底肥。授粉品种可选丰香、绿宝石等花期一致的品种。矮化密植栽培时，树形采用小冠疏层形、自由纺锤形等。该品种极易成花，幼树期注意多短截，以促进生长，尽快成形。高接树第 2 年不留花，以免结果影响扩冠。进入盛果期后严格疏花疏果，保持中庸健壮的树势，延长盛果年限。注意适期采收，过早采收果小质差，过晚则果实品质降低。采前一般不灌水，以免影响果实品质。在经常发生霜冻的地区，可在萌芽前灌水或树干涂白，以推迟萌芽期，或在霜冻来临前薰烟防护。

（落叶果树 2002（1）：22-23）

红色西洋梨品种早红考密斯引种观察初报

王少敏，高华君，孙山，李长华，孙丰金

早红考密斯是原产于英国的早熟、优质西洋梨品种，山东农业大学罗新书教授于1979年引入山东。该品种适应性强，易管理，果实硬度高，是一个很有发展前途的早熟、个大、优质西洋梨品种。

一、试验园基本情况

试验园设在泰安市省庄镇，土壤为轻黏土，排灌条件良好，土壤有机质含量0.83%，pH 6.8～7.2。果园管理水平一般。

二、主要性状

1.果实经济性状

果实粗颈葫芦形，果个中大，平均单果重190克，大者可达280克。幼果期果实即呈紫红色，果皮薄，成熟期果实底色（阴面）黄绿色，果面紫红色，较光滑。阳面果点细小，中密，不明显，蜡质厚；阴面果点大而密，明显，蜡质薄。果柄粗短，基部略肥大，弯曲，锈褐色，梗洼小、浅；宿萼，萼片短小、闭合，萼洼浅、中广，多皱褶，萼筒漏斗状，中长；果肉雪白色，半透明，稍绿，质地较细，硬脆，石细胞少，果心中大，可食率高，果心线明显；经后熟肉质细嫩，易溶，汁液多，具芳香，风味酸甜，品质上等。8月上旬采收，采收时可溶性固形物含量为12.0%，后熟1周后达14%。果实在常温下可贮存15天，在5℃左右温度条件下可贮存3个月。

2.植物学特征

树冠中大，幼树期树姿直立，盛果期半开张。主干灰褐色，一年生枝（阳面）紫红色，二年生枝浅灰色。叶片深绿色，长椭圆形，叶柄长3.72厘米，叶片长7.78厘米，叶宽4.88厘米。叶面平整，质厚，具光泽，先端渐尖，基部楔形，叶缘锯齿浅钝。

3.生长结果习性

树体健壮，改接树前期长势旺盛，当年枝条生长量可达116厘米。萌芽率高达77.8%～82.8%，成枝力强，一年生枝短截后，平均抽生4.3个长枝。花芽易形成，早实性强，高接树2年见果，三年生树株产（改接于三年生金花梨树上）5.7千克，折合亩产473.1千克。进入结果期以短果枝结果为主，部分中长果枝及腋花芽也易结果。该品种连续结果能力强，大小年结果现象不明显，丰产稳产。

三、适应性及抗逆性

该品种适应性较广，抗旱、抗寒、耐盐碱力与普通巴梨相近。较抗轮纹病、炭疽病，抗干枯病。

四、栽培技术要点

平原地株行距以（3~4）米×（4~5）米为宜，丘陵山地（2~3）米×（3~4）米。授粉树以伏茄梨、巴梨等为主。树形以纺锤形或五大主枝二层开心形为宜。幼树生长势较旺，枝条直立，应采取撑、拉、压、别、拿等措施开张枝条角度，缓和枝势，促进花芽及短枝形成。成龄树应加强肥水投入，防止树体衰弱。果实套袋可明显增进外观品质，提高商品价值。

（落叶果树2001（2）：23）

早熟洋梨品种紫巴梨引种观察初报

王少敏，高华君，王家喜

紫巴梨系山东省果树研究所1993年从美国引进的早熟洋梨品种，亲本不详。经初步观察，表现为树势旺，早果、丰产、稳产、果实早熟、品质优，适应性与抗逆性强。因其果形似巴梨，果实全面紫红色，故定名为"紫巴梨"。

一、试验园基本情况

试验园为山东省果树研究所苗圃，年均温13℃，无霜期200天，年降雨量700毫米，集中于7、8月份，年平均相对湿度65%。沙壤土，土壤有机质含量0.56%，pH7.1~7.2。果园管理水平中等，排灌条件良好。品种引进后于1994年高接于六年生红巴梨树上，株行距3米×5米，纺锤形整枝，共改接8株，授粉品种为红巴梨、二十世纪、七月酥等。

二、主要性状

1. 果实经济性状

果实粗颈葫芦形，果个中大、均匀，平均单果重200克，大者可达290克。坐果后幼果即呈紫红色，成熟后果实全面紫红色。果皮较厚，果面光滑，蜡质厚，有光泽；果点细小，中密，不明显。果柄较长、粗，与果实结合处呈肉质化肥大，结合牢固，稍弯曲，锈褐色。梗洼小而浅。萼片宿存，短小，闭合，萼洼浅、中广，多皱褶，萼筒漏斗状，中长。果肉黄白色，质地细腻，硬脆，石细胞极少。果心小，可食率高，果心线较明显。经后熟肉质细软，汁液多，易溶于口，具芳香。风味酸甜，可溶性固形物含量为12.8%，品质上等。成熟采收后常温下贮存4~5天后变软，5℃左右温度条件下可贮存2~3个月。

2. 植物学特征

树冠高大，幼树树姿直立，树高4.0米，冠径4.5米。树冠层性较明显，枝条丰满。多年生枝干灰色，一年生枝阳面紫红色，新梢阴面黄褐色，阳面红褐色。发育枝节间长2.46厘米。叶片墨绿色，长椭圆形，先端渐尖，基部楔形。叶柄长3.37厘米，叶片长8.51厘米，宽4.07厘米。叶片厚，叶面平整，蜡质厚，具光泽，叶缘锯齿浅钝，叶姿平展或微下垂。

3. 生长结果习性

改接后前期生长旺盛，生长量大，当年枝条长度可达150厘米，成形快。结果后树势健壮、稳定，萌芽率高，成枝力强，一年生枝短截后平均抽生3.2个长枝。以短果枝和短果枝群结果为主，中、长果枝和腋花芽亦具有较强的结果能力，连续结果能力强，无大小年结果现象。花芽易形成，早实性强，高接树第2年结果，三年生株产8.7千克，四年生树株产30.8千克，5年以后进入盛果期，平均株产66.3千克。坐果率高，每个花序坐果1~2个，双果比率20%~30%，极少3个果。短果枝粗壮，每个短枝叶片10片左右。

4. 物候期

3月上旬花芽膨大，4月1日前后花序开始分离，4月4日花序全部分离，单花露白，4月11日进入盛花期，持续5~6天，4月30日为终花期，4月底新梢旺盛生长，果实迅速膨大。萌芽、开花期与红巴梨相同。7月中旬果个基本长成，7月下旬成熟。

5. 适应性与抗逆性

该品种适应性强，较抗旱、抗寒，耐盐碱力与红巴梨相近。未发现有严重病虫危害，抗轮纹病、炭疽病及干枯病。

三、栽培要点

该品种树冠高大，平原地株行距以（3～4）米×5米为宜，丘陵山地3米×4米。授粉树以巴梨、红巴梨、红茄梨等花期相近的西洋梨品种为宜。树形宜采用自由纺锤形、主干疏层形。幼树生长势较旺，枝条直立，应采取撑枝、拉枝、拿枝等方法开张枝条角度，缓和枝势，促进花芽及短枝形成。进入盛果期后注意加强肥水供应，特别注意萌芽前、开花后、果实迅速膨大期、采果后追肥灌水及秋施基肥。夏季及时疏除树冠内膛的徒长枝以及外围的直立旺枝，改善通风透光条件。及时采收，如采收过晚，果实易发绵。

（落叶果树2002（6）：27-28）

早熟梨新品种丰香引种观察

高华君，王少敏，张骁兵

丰香梨是浙江省农业科学院园艺研究所育成的早熟梨新品种，亲本为新世纪和鸭梨。山东省果树研究所于1998年冬引进该品种接穗，1999年春枝接于三年生雪花梨上，第2年大量结果。

一、主要性状

1. 果实经济性状

果实长圆锥形，果形指数0.98，果肩突出，果形似元帅系苹果，有的果实具有1条纵沟。果梗较短，长2.30厘米，较细，粗度0.29厘米。果梗远端稍膨大，不易产生离层，阳面红褐色，阴面绿色。梗洼深、中广，萼洼浅，萼片宿存，萼端突起。果实大，平均单果重288克，最大单果重360克，大小较均匀。果皮成熟前绿色，开始成熟后自阳面绿色减退，完熟后转为金黄色，酷似金帅苹果。果面较粗糙，果皮薄，果点较大而密、明显，具少许放射状梗锈。果皮蜡质厚，有光泽。果肉黄白色，半透明，石细胞极少，细嫩松脆，汁液多，含可溶性固形物12.3%～14.2%，风味浓甜，酸度极低。果心极小，香味淡。果实硬度5.58～8.83千克/厘米^2，耐贮藏，采后常温下可贮藏15天，果肉不失水，不变褐，风味品质不变。贮藏20天以后果实失水，稍变软。

2. 植物学特征

树冠中大，树姿直立，冠形紧凑，枝条角度直立。叶片长椭圆形，较大，长11.15厘米，宽7.66厘米，叶柄长2.75厘米。幼叶及嫩梢浅黄绿色，幼叶光滑，茸毛少，成龄叶浅绿色，质地硬而厚，蜡质厚，有光泽。叶缘锯齿深而密，先端急尖，基部楔形。叶片稍弯曲，叶姿平展或微下垂。一年生发育枝红褐色，二年生枝深红褐色。皮孔大而密，明显，微凸，灰白色，近圆形。发育枝节间距3.3厘米。

3. 生长结果习性

树势强健，生长势强旺，高接后当年枝条长度可达120厘米，易成形，结果后树势强健，萌芽率高，一年生枝拉平缓放萌芽率达95.6%，成枝力强，一年生枝短截抽生2～6个长枝，极易形成花芽，结果早，花量大，坐果率极高，高接后第2年即大量结果，株产可达9.5千克，第3年达18.6千克。易形成腋花芽和短果枝，以短果枝和腋花芽结果为主，中、长果枝也具有良好结果能力。连续结果能力强，无大小年结果现象，极丰产稳产，需配置授粉树。

4. 物候期

花芽膨大期3月上旬，3月27日为花序分离期，3月30日花序全部分离，单花露白，芽内叶半展开，4月6日盛花期，4月15日为终花期，4月下旬为新梢旺盛生长期。5月初果实迅速膨大，7月下旬至采收前果实膨大加速，可溶性固形物含量明显升高，8月初果实可采，8月16日果实完熟。

5. 适应性与抗逆性

该品种适应性强，抗寒，较抗旱，耐湿涝，抗病虫害能力强，未发现严重病虫危害现象。抗早春晚霜冻害能力强，2001年3月27日花序分离期遭遇 −7.2℃低温，坐果如常。

二、栽培要点

该品种对肥水条件要求较高，宜选肥沃壤土或沙壤土建园，并注意施足底肥，授粉品种可选早绿、绿宝石等花期相近的品种。定植后注重肥水供应，以促进树体生长，结果后加大肥水供应量，特别注意萌芽前、谢花后、果实迅速膨大期、采果后追肥灌水及秋施基肥，确保丰产稳产优质。该品种树冠紧凑，树姿直立，结果早，宜矮化密植栽培，株行距（2～3）米×（3～4）米，树形采用小冠疏层形、自然纺锤形等。该品种喜光性较强，整形过程中注意采用拉枝、撑枝等方法开张骨干枝角度。该品种极易成花，幼树期修剪注意多短截发育枝，促进幼树成形。高接树为促进成形，第2年可全疏花果，以免大量结果影响扩冠。进入盛果期后疏弱留壮留强，同时严格疏花疏果，确保果大质优，保持中庸健壮的树势，维持盛果期年限。该品种果个和品质形成的关键时期是在果实生长发育后期，应注意适期采收，过早采收果个小，品质差。果实套袋可明显改善果实外观品质。

（河北果树2003（1）：39-40）

中早熟梨良种——黄冠

高华君，王少敏

早、中熟梨是当前我国梨品种结构调整的方向之一，国内外市场供不应求。黄冠梨结果早，中早熟，丰产稳产，果个大，外观与内在品质俱佳，耐贮运，生长结果性状优良，适应性和抗逆性均强，值得在生产中大力推广。

一、品种来源

黄冠梨是河北省农林科学院石家庄果树研究所育成的中早熟梨新品种，亲本为雪花梨和新世纪，原代号78-6-102。

二、特征特性

1. 果实经济性状

果实长圆形，端正，果皮黄色，酷似"金冠"苹果。果实个大，平均单果质量313.8克，大者556克。梗洼中深、中广，萼洼深、中广，萼片脱落。果皮蜡质厚，有光泽，果面较光滑，果点较小、中密，黄褐色，不明显。无锈斑，外形美观。套袋果果面淡黄色，果肉黄白色，石细胞极少，果心小，质地细嫩松脆，汁液特多，含可溶性固形物13.8%～16.2%，风味浓甜微酸，香味较浓，品质极佳。8月初果实可采，8月20日前后果实完熟。果实耐贮藏，采后常温下可贮藏15～20天，果肉不失水、不变褐，风味及品质不变。

2. 生长结果习性

树势强健，生长势强旺。结果后树势健壮、稳定。萌芽率高，成枝力强。新梢停长早，极易形成花芽，花量大，结果早，坐果率高，栽后第3年结果，4年后进入盛果期，亩产量可达4 000千克。幼树具很强的腋花芽结果能力，成龄树以短果枝结果为主，中、长果枝亦具有良好结果能力。连续结果能力强，丰产稳产。需配置授粉树。

3.适应性与抗逆性

该品种适应性强，抗寒，较抗旱，耐湿耐涝，抗黑星病。抗早春晚霜冻害能力强，2001年3月27日花序分离期遭遇 –7.2℃低温，基本未影响坐果。

三、栽培要点

宜选土层深厚、有灌溉条件的地块建园，定植前施足底肥，授粉品种可选绿宝石、早酥梨等。定植后应注重肥水供应，以促进树体生长，结果后加大肥水供应量，特别注意萌芽前、谢花后、果实迅速膨大期、采果后追肥灌水及秋施基肥。该品种树冠紧凑，树姿直立，结果早，株行距以3米×4米为宜，树形采用小冠疏层形、自由纺锤形等。整形过程中注意采用拉枝、撑枝等措施开张骨干枝角度，但角度不可过大，以70°~80°为宜，以免内膛及背上萌生徒长枝。该品种易成花，具腋花芽结果习性，幼树期宜整形、结果并重，除骨干枝正常短截外，其余枝条缓放不剪，以形成中、短枝，充分利用腋花芽和顶花芽结果，增加早期产量。幼树期尽量不疏枝，以促进幼树生长，增加结果部位。生长季及时疏除内膛徒长枝，拉枝后间隔10~15厘米刻芽，促生中、短结果枝，背上萌发的直立枝可多次摘心，培养小型结果枝组。高接树枝条萌发后及时绑缚防风。进入盛果期后疏弱留壮留强，同时严格疏花疏果，一般间隔20厘米左右留单果。果实套袋可明显改善果实外观品质，宜用遮光双层袋，套袋时间以6月上旬为宜，过早影响幼果生长，果个变小。萌芽后主要防治蚜虫，采果后注意防治食叶害虫。

（西北园艺2004（2）：30）

二十世纪梨在梨育种上的应用

王宏伟，魏树伟，王少敏，张勇

二十世纪梨是日本传统的优良主栽品种，其栽培历史可以追溯到19世纪。1888年13岁男孩松户觉之助发现一株与其他梨不同的梨苗，经嫁接结果后取名"新太白"。1898年日本农业专家家渡濑寅次郎认为其品质优良，将成为20世纪的主栽品种，将其命名为"二十世纪梨"。二十世纪梨在日本栽培历史上有重要的作用，曾一度成为日本栽培面积最大的品种，虽然现在其栽培面积已减少，但仍占日本梨栽培面积的21.1%[1]。

二十世纪梨果形端正、果实近圆形、肉质细、汁液多、风味好，其早熟、早果、遗传能力强等优良性状十分符合日韩梨育种学者新品种选育的目标，因此在随后的一个世纪里二十世纪梨成为梨育种的一个重要的杂交亲本，并选育出了众多优良品种，其后代也有很多成为杂交亲本。20世纪30年代我国从日本引入，以其为亲本选育出了一些表现优良的品种，并得到推广应用。

一、辐射育种

二十世纪梨抗性较弱，尤其对黑斑病极不耐病。1962年日本辐射育种研究所的西田光夫通过 $^{60}Co\gamma$ 射线辐射二十世纪梨，诱变出一个抗梨黑斑病的突变体，1990年定名为"金二十世纪"。金二十世纪梨在生长结果习性方面与原二十世纪梨十分相似，但成熟期晚3天左右。

二、芽变选种

奥嘎二十世纪梨又名长二十世纪梨，是20世纪70年代在日本鸟取县发现的二十世纪梨自交亲和花柱突变体，抗黑斑病，是日本砂梨中唯一的自交亲和品种，单果重320克，套袋果实糖度11左右，成熟期和品质与二十世纪梨基本相同，在日本鸟取地区9月中上旬成熟。

三、实生选种

新兴是1941年新搞县农事试验场从二十世纪实生苗中选出的。果实长圆形，单果重500克。果皮黄褐色，肉质细，多汁，味甜。果实含糖量12%。树势中庸，短果枝多，抗病力强。果实10月中旬成熟，生育期172～186天。

四、杂交育种

二十世纪梨因其优良的品质及遗传性成为日本和韩国梨育种工作的重要种质资源，目前日韩已培育出具有二十世纪梨亲缘关系的梨品种或品系达到50余个[2~4]。以二十世纪梨及实生种为母本的杂交组合超过6个，如以长十郎为父本培育出武藏、北洋、青龙和新世纪；以太白为父本培育出明石和白王；以今秋村为父本培育出爱宕梨；以天之川为父本培育出越后锦；以新兴为母本，以丰水为父本培育出新一等10余个品种或品系（图1）。

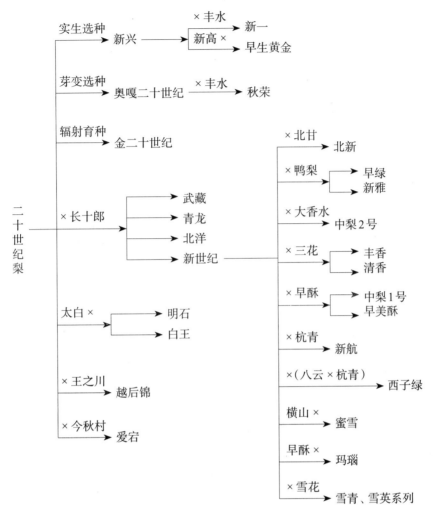

图1 以二十世纪梨为母本,其后代亲缘关系示意图

以二十世纪及实生种为父本的杂交组合超过9个,如以长十郎为母本培育出丹泽,以太白为母本培育出菊水和驹泽,以新高为母本培育出黄金,以赤穗为母本培育出八云,以石井早生为母本培育出4-33等14个品种或品系。通过一代杂交后代又培育出幸水、丰水、爱甘水等20个品种或品系。以二十世纪梨及其后代为亲本培育出的黄金、丰水、爱宕等已成为主栽品种,在世界梨产业中占有重要地位(图2)。

我国引进二十世纪梨及其后代后共培育出早冠、美人酥、绿宝石、早美酥等33个优良品种或品系[5~15],其中利用二十世纪梨直接杂交培育出2个品种,以香水为母本培育出早香1号和2号;利用其杂交后代,如八云、早白、新世纪、菊水等培育出31个品种或品系。新世纪作为亲本应用最为广泛,最为成功,分别培育出18个品种或品系,包括早美酥、翠冠、绿宝石等国内栽培面积较大的品种(图1,2)。

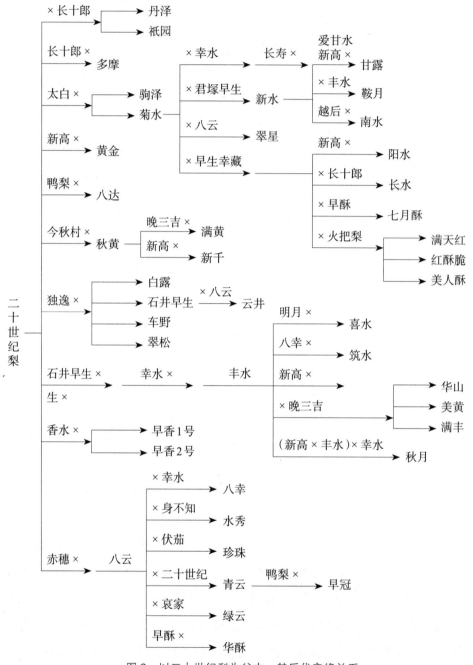

图2 以二十世纪梨为父本，其后代亲缘关系

五、二十世纪梨及其后代作为亲本的优缺点及应对措施

以二十世纪梨及其后代作为亲本选育出的新品种，在成熟期、果皮颜色等性状表现方面差异较为显著，但基本都具有果形圆整（红色梨品种除外）、石细胞少、风味好、果个较大等优良性状，因此在杂交育种中具有重要地位。但二十世纪梨的抗寒性、抗风性较弱，极易感染黑斑病、黑星病和轮纹病，耐贮性较差，因此其后代中许多品种也

出现了这些性状中的一种或多种。如爱宕梨不抗黑斑病,抗寒性较差;黄金梨、喜水梨不耐贮运等等。针对这些不良性状,众多育种学者在育种时,多采用高抗病性的品种作为另一亲本,或者采用辐射、实生选种等方法进行品种选育。如选用早酥和新世纪培育出早美酥梨,适应性强,抗病性也较强[13];选用幸水和(杭青×新世纪)培育出翠冠梨,对黑星病和黑斑病抗性都较强[14];火把梨×幸水培育出的满天红等红色品种也具有较强的抗病性[15];采用辐射育种培育出的金二十世纪梨对黑斑病具有较强抗性。

六、展望

改革开放以来,我国梨育种事业取得了长足进步,在引进了如黄金、新高、丰水等高品质的日韩梨品种或品系的同时,也培育出了绿宝石、雪青、翠冠等优良品种或品系,二十世纪梨及其后代起到了积极的推进作用,如何在今后的育种工作中利用好这些珍贵的种质资源是育种工作者应当高度重视的。因此,我们应当结合我国特异品种资源进行特色品种选育,利用我国丰富的梨种质资源与日韩梨进行种间杂交,以中国白梨系统为亲本,改善杂种后代的抗性和耐贮性,继承砂梨系统的优良外观和内在品质,培育出适宜我国地区气候特点、抗逆性较强、满足市场需求的高品质品种是今后梨育种的方向。

参考文献

[1] 渠慎春,乔玉山,常有宏,等.日本梨生产及品种发展的最新动态[J].江苏农业科学,2006,2:98-100.

[2] 张绍铃,黄绍西,吴俊.日本梨优良品种资源在梨育种上的应用[J].中国南方果树,2006,35(5):48-49.

[3] 屈海泳,张绍铃.日本梨在中国的生产现状与前景分析[J].中国南方果树,2004,33(5):92-95.

[4] 聂书海,顾巍巍.日本梨新品种及栽培技术要点[J].河北林业科技,2008,4:97-98.

[5] 戴洪义,王然,王彩虹.苹果和梨品种资源的研究利用及开发前景[J].落叶果树,1998(3):17-18.

[6] 吴同乐,罗正荣.早熟沙梨新品种华梨2号[J].园艺学报,2002,29(5):495.

[7] 方成泉,陈欣业,林盛华,等.梨新品种—华酥[J].园艺学报,2000,27(3):231.

[8] 李秀根,杨健,王龙.优质早熟梨新品种—中梨1号的选育[J].果树学报,2006,23(4):648-649.

[9] 柴明良,沈德绪.中国梨育种的回顾和展望[J].果树学报,2003,20(5):379-383.

[10] 姜卫兵,高光林,俞开锦,等.近十年来我国梨品种资源的创新与展望[J].果树学报, 2002,19(5):314-320.

[11] 施泽彬,胡征令,孙田林,等.砂梨新品种—清香[J].园艺学报,2005,32(3):557.

[12] 沈德绪,林伯年,严根洪,等.梨新品种—雪青[J].园艺学报,2002,29(2):187.

[13] 李秀根,阎志红.早熟梨新品种—早美酥[J].果树科学,1997,14(4)275-277.

[14] 施泽彬,过鑫刚.早熟砂梨新品种翠冠的选育及其应用[J].浙江农业学报,1999,11(4): 212-214.

[15] 魏闻东,田鹏,夏沙岭.优质红皮梨新品种满天红的选育[J].贵州农业科学,2009,37 (9):26-27.

(山东农业科学2012,44(2):27-29)

翠冠梨引种表现及丰产栽培技术

冉昆,王少敏

早熟梨具有成熟早、销路好、比较效益高等优势,越来越受到广大梨农的重视。目前,山东省早熟梨品种的栽培面积正在逐年增加。翠冠是浙江省农业科学院园艺研究所与杭州市果树研究所于1979年用幸水与(杭青×新世纪)杂交育成的品种,1997年命名,1999年通过浙江省农作物品种审定委员会审定[1]。果实近圆形,单果重230克,可溶性固形物含量11.5%～13.5%,在山东地区7月下旬成熟。山东省目前梨生产以黄金、丰水等中晚熟品种为主,早熟品种所占比例少。为了优化品种结构,山东省果树研究所于2009年引入了翠冠,经5年试栽,发现该品种抗性强,结果早,果个大,果形端正,果肉细嫩松脆,品质上等,高产稳产,是一个具有良好发展前景的早熟品种。

一、试验园概况

试验园位于山东省果树研究所天平湖试验基地,当地属暖温带大陆性半湿润季风气候,四季分明,雨热同季,年平均气温12.9℃,年平均降水量697毫米,年日照时数2 627.1小时,无霜期平均195天。试验园土壤为沙质壤土,土壤pH6.8～7.0,土层厚度80～100厘米,土壤有机质含量1.73克/千克,全氮0.096%,碱解氮85毫克/千克,速效磷8.2毫克/千克,速效钾48.5毫克/千克,排灌条件良好。2009年春定植,行株距为1.5米×4米,授粉品种为绿宝石和黄冠,砧木为杜梨。

二、引种表现

1. 物候期

在泰安地区，3月上旬根系开始活动，3月中旬萌芽，3月下旬至4月上旬展叶，4月上旬开花，雄蕊20~22枚，雌蕊淡黄色，5枚。新梢自4月中旬开始生长，6月中旬停止生长，期间出现2次生长高峰。果实7月下旬成熟，果实发育期110~115天。12月上旬落叶。

2. 生长结果习性

树势较强，树姿直立，四年生树干径5厘米、冠幅2.2米×2.4米，一年生枝长136.8厘米。萌芽率高，发枝力强，以短枝结果为主，易形成腋花芽；树皮光滑，成熟枝深褐色，一年生嫩枝绿色，新梢尖端红色，茸毛中等，皮孔长圆形开裂。叶芽节间距3.8厘米，花芽节间距3.6厘米。叶片长圆形，宽6.9厘米，长11.5厘米，叶柄长5.4厘米，粗0.13厘米，叶缘锯齿细、锐尖，叶端渐尖略长，叶基圆形，叶色深。

3. 果实经济性状

果实圆形或长圆形，大型果，平均单果重236克，最大果重500克，纵径6.8厘米，横径7.1厘米。果皮黄绿色，似新世纪，果面平滑，有少量锈斑，果点分布稀疏，果梗长4.2厘米，粗0.3厘米，略有肉梗，梗洼中广、扁圆形，萼洼广而深，有2~3条沟纹。萼片脱落，果心线不抱合，果心中位，心脏形。果肉白色，石细胞少，肉质细，酥脆，汁多，味甜，与母本幸水相似，含可溶性固形物11.5%~13.5%，品质上等，是目前沙梨系统中肉质最好的品种之一。

4. 丰产性和适应性

花量中等，坐果率高，丰产稳产，无明显大小年现象。一般栽后2年挂果，3年即有一定产量。二年生翠冠，最多挂果25个；三年生最高株产17.5千克，产量达350千克/亩；四年生产量可达1 200~1 500千克/亩。适应性广，山地、平原、滩涂均可种植；抗性强，裂果少，梨黑星病和黑斑病发生较少，抗病、抗高温能力明显优于日本梨。

三、栽培技术要点

1. 建园

山地丘陵区株行距一般为2米×3米，平原地区一般采用(1.5~2.0)米×4米。苗木宜选择高1.0~1.5米，嫁接口粗1.0~1.5厘米，生长健壮，枝芽饱满，根系发达，无病虫害，嫁接口愈合良好的当年苗。落叶后进入休眠至"立春"前定植。栽植前每亩撒施有机肥2 500～3 000千克、硫酸钾复合肥30千克，然后深翻30～40厘米，整平后挖直径0.8米、深0.6米的定植穴，定植穴底部填充切碎的麦秸、玉米秸等，浇水沉实后其上先填入30厘米左右厚度的表土，植入苗木后再将其余表土填入根系附近。嫁接口离表土5～10厘米，定植后浇透水，40厘米高度定干，然后用地膜覆盖。

2. 肥水管理

基肥宜在10月上旬至落叶前施入，用量以每株有机肥30千克、硫酸钾复合肥1千克为宜。同时，还要根据土壤肥力状况、树势情况及当年挂果量，适时施好花前肥、壮果肥等。花前以氮肥为主，一般株施尿素50～150克，以补充梨树因开花而消耗的大量氮素。果实开始膨大后，施肥以磷、钾肥为主，一般株施硫酸钾复合肥1.0～1.5千克。生长季节，结合防治病虫害进行根外追肥，叶面喷施0.3%尿素和0.2%磷酸二氢钾混合液，一般间隔10天左右喷施一次，连续喷施2～3次。

3. 整形修剪

树形宜采用三主枝开心形，干高40厘米，主枝3个，每个主枝着生侧枝2～3个，主、侧枝上配置结果枝组。具体整形方法为：在苗木干高60厘米处短截，待抽生新梢后选3个方位适宜、长势强的新梢作主枝培养，将其开张角度拉至70°～80°，其余枝梢及时抹去或摘心，在主枝的两侧培养2～3个侧枝。拉枝对翠冠梨的侧枝生长和结果有良好的影响，是该品种早结果、优质栽培的主要技术措施，定植后的第2年必须拉枝，以促使侧枝生长，扩大树冠，提高产量[2]。拉枝后所长出的直立枝和强旺枝，及时从基部疏除。冬剪以三大骨干枝短截为主，其余枝条一般长放不剪，以缓和树势，多抽发短枝，促进花芽形成。结果以后，长放与短截相结合，更新复壮结果枝组。随着树冠的扩大和结果增多，为控制结果部位外移，可逐年加大短截力度，使其每年都有充足的新枝，达到连年高产稳产的目的。

4. 花果管理

翠冠梨花量中等，生理落果现象不明显，坐果率高，具串状结果习性，需疏花疏果，以保持高产稳产并提高果实的外观品质。疏花应疏弱留壮、疏小留大、疏下留上、疏内留外，花量少的年份或者气候反常的情况下可以不疏花，以疏果的方式调节产量。疏果宜早，按照"留大疏小，留好疏坏"原则，一般分2次进行。第1次在谢花后15天左右进行，每个花序留果1～2个；第2次在谢花后30天左右进行，每个花序留1个果，果距保持15～20厘米，保留果形圆整、果柄粗长的果实。研究表明，第2低序位果所占产量比例最大、果形端正一致、可溶性固形物含量最高[3]，因此疏果时应尽量保留第2低序位果。

套袋可显著提高翠冠梨无锈果和少锈果的比率，增加果面亮度，改善果实外观色泽，减小果点直径，使果面光洁平滑，龟裂程度远小于未套袋果面，有利于提高商品价值。生产上黄色塑料袋、外黄内黑双层纸袋或外黄内灰白双层纸袋均可，但双层透光蜡质纸袋效果最好[4]。套袋时间一般为花后25～40天，宜在套袋当日喷布一次70%甲基托布津1 000倍液或80%大生M-45 700倍液+10%吡虫啉2 000倍液，药液干后即可套袋。套袋后果实较易缺钙，应结合喷药补加钙肥，喷布0.3%硝酸钙+0.3%硼砂效果较好。

5.病虫害防治

首先要做好冬季清园工作，每年11月至翌年2月清除园内枯枝落叶、残存的病虫果，剪除病虫枝，刮除老粗皮，集中烧毁或深埋，并进行树干涂白；3月份于萌芽前全园喷一遍3～5波美度石硫合剂；4月份谢花后喷施15%粉锈宁可湿性粉剂2 000倍液1～2次，防治梨锈病；5月上旬喷施易保100倍液、吡虫啉2 000倍液和阿维菌素3 000倍液防治蚜虫、蓟马、梨木虱等；6月上旬喷施15%杀灭菊酯2 500倍液防治刺蛾、金龟子等；喷施福星乳剂8 000～10 000倍液，每7～15天喷一次，连续喷施2次，防治黑星病、黑斑病。在生长前期尤其是5～6月份，注意甲基托布津、阿维菌素、百菌清等农药交替施用。

参考文献

[1] 施泽彬,过鑫刚.早熟砂梨新品种翠冠的选育及其应用[J].浙江农业学报,1999,11(4):212-214.

[2] 廖立安,李志光,曹建明.翠冠梨引种试验及整形拉枝对其经济性状的影响[J].中南林学院学报,2003,23(2):79-81.

[3] 黄新忠,陆修闽,张长和,等.翠冠梨果枝类型及坐果序位与产量和果实品质的关系[J].福建农业学报,2007,22(1):23-36.

[4] 黄春辉,柴明良,潘芝梅,等.套袋对翠冠梨果皮特征及品质的影响[J].果树学报,2007,24(6):747-751.

（落叶果树2015,47(2):29-31）

西洋梨红色新品种凯斯凯德的选育

舟昆，王少敏，张勇，张坤鹏

梨是世界性重要果品之一，在世界各地广泛栽培，深受广大消费者喜爱。我国作为梨的重要起源地，不仅具有悠久的栽培历史和丰富的栽培资源，更占据世界第一大梨生产国的重要地位。但目前我国梨产业存在品种结构不合理、红色品种缺乏、商品性差和效益低等问题，制约着梨产业可持续发展[1]。西洋梨在1871年即引入山东烟台，后于20世纪初又引进了数十个西洋梨品种，但由于消费习惯差异以及贮藏条件有限，西洋梨一直少有发展[2]。随着生活水平的提高和果品市场竞争的加剧，人们的消费习惯也发生了转变，果品生产正朝着多元化方向发展，优质、色艳、外形美观的红色西洋梨既适合鲜食，又适合加工，越来越受到市场欢迎。因此，筛选果实色泽浓红、早果、丰产、稳产且适合我国发展的西洋梨新品种具有重要意义。

一、引选过程

凯斯凯德（Cascade）是西洋梨红色新品种，亲本是大红把梨（Max Red Bartlett）和考密斯（Comice）。山东农业大学罗新书教授1995年从美国引入[2]，山东省果树研究所2000年引入，栽植于山东省果树研究所泰安试验基地进行引种观察。2009年在山东齐河县、泰山区、临淄区、山亭区、历城区等地进行区域试验和生产试栽，以红巴梨为对照[3]。经过十几年的连续观察、对比区试和生产试栽，该品种不仅丰产、稳产，而且果实色泽浓红、果肉细、酸甜适宜、风味佳，外观和内在品质俱佳，深受消费者喜爱，具有广阔的市场发展前景。2013年9月通过专家鉴定，同年12月通过山东省林木品种审定委员会审定。

二、主要性状

1. 果实性状

凯斯凯德果实短葫芦形，果柄粗短，果个大，平均单果重410克，最大单果重500克。幼果紫红色，成熟期果实果面深红色，果点小而明显，无锈；果肉雪白色，肉质细，可食率高，汁液多，味甜，香气浓，品质极佳。可溶性固形物含量15%，总糖含量10.86%，总酸0.18%，糖酸比60.33，维生素C含量8.65毫克/100克（表1）。果实9月上旬成熟，采后常温下10天左右完成后熟，食用品质最佳。较耐贮藏，0~5℃条件下贮藏2个月仍可保持原有风味，可供应秋冬梨果市场。

表1　　　　　凯斯凯德与红巴梨果实主要经济性状比较（泰安，2007）

性　　状	凯斯凯德	红巴梨
成熟期	9月上旬	9月上旬
平均单果重 / 克	410	225
最大果重 / 克	500	315
可溶性固形物含量 /%	15.0	11.2
总糖 /%	10.86	6.96
总酸 /%	0.18	0.19
糖酸比	60.33	36.6
维生素 C/ 毫克·100克 $^{-1}$	8.65	6.34

2. 植物学特征

树冠中大，树势强，幼树期树姿直立，盛果期半开张，萌芽力、成枝力均高，以短果枝结果为主。主干灰褐色，一年生枝红褐色，二年生枝赤灰色，多年生枝灰褐色。顶芽大，圆锥形，腋芽小而尖，发育枝节间长1.68厘米。叶片平展，先端渐尖，基部楔形，叶缘锯齿渐钝。叶片长6.05厘米，宽3.40厘米，叶柄长2.71厘米。

改接树前期长势旺盛，当年枝条生长量可达1.5米。易成花，早实性强，丰产稳产。高接树2年见果，3年折合亩产1 200千克。坐果率高，每个花序坐果1~2个，双果占30%~40%。

3. 生物学特性

（1）物候期：在泰安3月上旬花芽膨大，4月1日前后花序开始分离，4月4日花序全部分离，单花露白，4月10日进入盛花期，持续7~8天，4月18日为终花期，4月底至5月中旬新梢旺盛生长，果实迅速膨大。8月中下旬果个基本长成，9月5~10日果实成熟。

（2）抗逆性：凯斯凯德具有较好的适应性，抗旱、抗寒，耐盐碱力较强。未发现有严重病虫危害，对黑星病、褐斑病、锈病、炭疽病及干枯病抵抗力较强。

三、栽培技术要点

1. 栽植

凯斯凯德由于树冠中大，宜密植，但还应考虑采用的栽培模式和树形。如采用自由纺锤形，其株行距应为(2～3)米×(4～5)米；若采用小冠疏层形，其株行距以(3～4)米×(4～5)米为宜。授粉树以巴梨、红巴梨、安久梨等花期相近的西洋梨品种为宜。

2. 肥水管理

要注意控制氮肥用量，多施有机肥。幼树每亩施土杂肥2 500～3 000千克，盛果期每亩施土杂肥4 500～5 000千克，条状和环状沟施均可。追肥应着重在萌芽期、新梢旺长期和果实膨大期施用，以速效磷钾肥为主。浇水要与施肥相吻合，每次施肥后要立即浇水，以提高施肥效果。其他时间视天气干旱情况及时浇水，以喷灌或滴灌为主。同时夏涝时要注意排水。

3. 合理修剪

幼树建园，树形宜采用自由纺锤形，定植当年定干后，对发出的枝条于6月上旬进行摘心，促发分枝。秋季枝条木质化前进行拉枝开角。当年冬剪时根据树形要求，疏除竞争枝、徒长枝、背上枝、交叉枝，主干适当短截，其余枝尽量轻截或不截，以增加枝叶量。单株主枝数量12～15个，开张角度60°～70°。对结果枝的培养，应采取先放后缩的办法。进入盛果期应注意对枝组及时更新，利用幼龄果枝结果，以保持健旺的树势。

大树高接宜改为开心形，改接后1～2年内的修剪原则是轻剪缓放，一般不疏不截，以尽快恢复树冠，实现早期丰产。修剪时期以生长期为主、休眠期为辅，生长期主要进行拉枝、摘心、捋枝等，休眠期以疏枝为主，调整树形。第3年开始，应重点疏除过密枝、竞争枝和重叠枝，过长的结果母枝适当回缩，并不断更新三年生以上果枝。

4. 病虫害防治

重点防治轮纹病、干腐病、褐斑病、梨木虱等，彻底清除落叶、落果、僵果、病枝、枯死枝，刮除枝干粗皮、翘皮、病虫斑，将各种病虫残体清出果园外烧毁或深埋；清园后地面翻耕，破坏土中病虫越冬场所。发芽前喷一次3～5波美度石硫合剂或农抗120水剂100～200倍液，铲除部分越冬病源。开花前防治是全年的关键，喷施腈菌唑3 000倍液或50%多菌灵600倍液＋毒死蜱2 000倍液或吡虫啉3 000倍液，杀灭在芽内越冬的病菌及已开始活动的梨二叉蚜等。幼果期50%多菌灵600倍液、大生M-45800倍液、戊唑醇2 000倍液、氟硅唑5 000倍液、波尔多液等交替使用，防治各类叶、果病害，间隔期为 10～15 天。生长期间及时清除园内的病果、病梢。

四、应用前景

凯斯凯德个大，味甜，香气浓，汁液多，果面深红色，果肉雪白色，品质极佳，早实，坐果率高，丰产稳产，抗逆性强，在我国具有广阔的市场和发展前景。

参考文献

[1] 张绍铃，周应恒.2012 年度梨产业发展趋势与建议[J].中国果业信息，2012(2)：25-27.

[2] 罗新书.西洋梨栽培的品种选择[J].落叶果树，2000(6)：1-2.

[3] 高华君，王少敏，孙山，史新.红巴梨套袋试验初报[J].山西果树，2004(5)：12-13.

（中国果树 2015，4：4-6）

鸭梨育种利用及生产成本分析

陶吉寒，冉昆，王少敏

梨在我国的分布区域非常广，栽培面积和产量仅次于苹果和柑橘。梨产业对促进农村经济发展，增加农民经济收入具有重要作用。鸭梨是我国特有的梨种质资源，原产于河北省，是白梨系统的优良主栽品种，因其外形美观、肉质细脆、风味独特而享誉国内外，在育种方面具有较高的利用价值。2011 年全国梨种植面积 1 085.5 千公顷，总产量 1 579.5 万吨，其中鸭梨产量 266.1 万吨，占梨总产量的 16.8%[1]。河北省鸭梨栽培面积和产量均居全国首位，2011 年鸭梨产量 179.4 万吨，占全国鸭梨总产量的 67.4%，是当地农业经济重要的支柱产业之一[2]。此外，山东、山西等地鸭梨的栽培面积也较大，辽宁、甘肃、新疆等地均有栽培。

一、鸭梨育种利用

品种是水果生产的决定性因素，品质的优劣、产量的高低、抗逆性的强弱等决定品种的市场前途。梨育种的首要任务是解决生产中存在的各种问题，不断选育出符合市场需求的优良品种。鸭梨综合性状优良，是很好的梨育种资源。鸭梨育种始于 20 世纪 50 年代，中国农业科学院果树研究所等单位陆续开展了鸭梨育种工作，通过杂交育种、品种选优等手段，陆续选育出了五九香、中华玉梨、华幸等一批品种，并在生产中推广应用，如表1所示。

表1　　　　　　　　以鸭梨为亲本育成的品种

品种名	亲本	育成单位	主 要 性 状
五九香	鸭梨×巴梨	中国农业科学院果树研究所	果实长粗颈葫芦形，单果重272克，果皮绿黄色，部分果实阳面有淡红晕，采后即可食用，经后熟肉质变软，可溶性固形物含量12.2%，品质中上。在辽宁兴城，9月上中旬成熟[3]
晋酥梨	鸭梨×金梨	山西省农业科学院果树研究所	果实倒卵圆形或近圆形，单果重168克，果皮绿黄色，果肉白色，石细胞少，汁液多，有香气，可溶性固形物含量12.0%，品质中上。抗黑星病能力强。在山西晋中，9月中下旬成熟[4]
雅青	杭青×鸭梨	浙江农业大学	果实广卵圆形，单果重250克，果皮绿色，充分成熟后黄绿色，果肉洁白，汁多味甜，可溶性固形物含量11.0%～12.5%，品质上等。抗风能力强[5]
甘梨1号	锦丰×鸭梨	甘肃省农业科学院果树研究所	果实近圆形，单果重230克，果皮黄色，果肉乳白色，石细胞少，风味浓，具清香，可溶性固形物含量14%～16%，品质上等。在甘肃天水，9月下旬成熟[6]
早冠	鸭梨×青云	河北省石家庄果树所	果实近圆形，单果重230克，果面淡黄色，果肉洁白，石细胞少，可溶性固形物含量12.0%以上，品质上等。自花结实能力强。在石家庄地区，7月下旬至8月上旬成熟[7]
中华玉梨	鸭梨×栖霞大香水	中国农业科学院郑州果树所	又名中梨3号，果实粗颈葫芦形或卵圆形，单果重300克，果皮黄绿色，果肉乳白色，果心小，可溶性固形物含量12.0%～13.5%，品质上等，极耐贮藏。坐果率高，须疏花疏果[8]
华幸	大鸭梨×雪花梨	中国农业科学院果树研究所	三倍体品种。果实近短葫芦形，单果重295克，果皮绿黄色，贮后变黄，果肉白色，石细胞少，具芳香，可溶性固形物含量11.5%～12.5%。在辽宁兴城，9月下旬成熟[9]
新雅	新世纪×鸭梨	浙江农业大学	单果重300～400克，果皮翠绿色，果点大小中等，果肉白色，肉质细嫩松脆，石细胞少，汁多味甜。含可溶性固形物12.5%，品质上等。在杭州地区，7月下旬至8月上旬成熟[10]
新梨8号	库尔勒香梨×鸭梨	兵团第二师农科所	果实椭圆形，脱萼，单果重267.96克，果皮黄绿，阳面少有红晕，肉质松脆，风味酸甜适口，品质上等。可溶性固形物含量12.2%。在新疆地区，果实8月下旬成熟[11]
新鸭梨	鸭梨×金花梨	中国农业科学院郑州果树研究所	单果重220～300克，卵圆形，果实一侧有鸭头状突起，果皮绿黄色，肉质细脆酥松，风味酸甜适口，含可溶性固形物12%～13%。在郑州地区，果实9月中旬成熟[12]
鸭茌梨	鸭梨×茌梨	莱阳农学院	目前生产上已淘汰[6]
金玉梨	鸭梨实生后代	河北省衡水市林业局	果形与鸭梨基本相同，多数有鸭嘴，果形正，单果重210克，果皮金黄色，果锈少，甜味浓，品质优。对梨黑心病免疫，高抗梨蝽象和梨褐斑病[13]

二、鸭梨生产成本分析

成本收益情况是决定栽培面积的主要因素,研究鸭梨生产成本的构成及种植鸭梨的机会成本,可以为鸭梨生产的发展提供依据,对发展鸭梨产业具有重要意义。该研究基于河北省农村统计年鉴的数据,从鸭梨生产成本构成与生产的机会成本两方面对目前鸭梨种植中的生产成本情况进行分析。

1. 鸭梨生产的成本构成

鸭梨生产的成本构成主要包括生产成本和土地成本,其中生产成本占绝大比重。统计数据表明,生产成本呈逐年上升趋势,其中2012年和2013年鸭梨生产成本分别占总成本的86.59%和88.71%。生产成本主要由物质与服务费用和人工成本组成,由表2可知,这两项费用近年来都呈一定程度的上升趋势。其中,物质与服务费用2013年比2010年上升了30.46%,人工成本上升了37.80%;但物质与服务费用的上升幅度小于人工成本,这有利于机械化生产的推广应用。

(1)物质与服务费用:由表2可知,物质与服务费用包括直接费用和间接费用两部分,其中直接费用中化肥和农药两项费用所占比例较高,间接费用主要包括固定资产折旧费、销售费及其他间接费用等。统计数据表明,物质与服务费用占总成本的比例在2006~2013年呈逐年下降趋势,由2006年的50.72%降至2013年的42.29%。

(2)人工成本:由表2可知,人工成本是生产成本的重要组成部分,主要包括家庭用工折价和雇工费用。2013年人工成本达到1 758.71元/亩,占生产总成本的45.88%,超过物质与服务费用所占比重,而且随着劳动力价格攀升,近年来呈明显上升趋势。统计数据显示,家庭用工折价已由2006年的641.12元/亩上升到2013年的1 450.44元/亩,雇工费用由2006年的178.47元/亩上升至2013年的308.27元/亩。

表2　　　　　　2006年~2013年河北省鸭梨种植总成本及构成(元/亩)

指　标	2006	2007	2008	2009	2010	2011	2012	2013
总成本	1 989.08	1 965.06	2 376.54	2 566.42	2 800.72	3 117.25	3 521.59	3 833.50
生产成本	1 828.53	1 779.03	2 154.75	2 333.56	2 534.83	2 834.53	3 049.25	3 400.71
物质与服务费用	1 008.94	1 021.38	1 163.87	1 234.15	1 258.57	1 373.95	1 516.18	1 642.00
人工成本	819.59	757.65	990.88	1 099.41	1 276.26	1 460.58	1 533.07	1 758.71
家庭用工折价	641.12	558.45	716.80	815.21	1 079.22	1 216.22	1 310.12	1 450.44
雇工费用	178.47	199.20	274.08	284.20	197.04	244.36	222.95	308.27

2.鸭梨生产的机会成本

机会成本，又称择一成本或替代性成本，是指生产者利用一定资源获得某种收入时所放弃的在其他可能使用用途中所能够获取的最大收入。果农在选择种植何种果树时，除了考虑自身技术、品种特性和当地的环境外，更多的是考虑种植该种果树与其他果树相比收益如何[14]。

通过比较2006～2013年种植鸭梨与苹果的成本、收益情况，我们对种植鸭梨的机会成本做了分析。表3表明，2006～2013年鸭梨的种植成本明显高于苹果，其中2013年鸭梨的总成本为3 833.50元/亩，比苹果高693.97元/亩，而成本利润率则直观显示了鸭梨和苹果种植成本之间的差异。通过分析发现，2006～2013年鸭梨的净利润及成本利润率远远低于苹果，其中2013年鸭梨的净利润为1 816.52元/亩，而苹果的净利润为3 227.02元/亩，鸭梨的利润率比苹果低55.40%。通过比较2006～2013年种植鸭梨和苹果的成本利润率，可以发现鸭梨的成本利润率分别为67.79%、106.15%、62.21%、83.21%、62.17%、76.32%、46.19%和47.39%，相较于苹果的140.88%、161.61%、105.78%、104.73%、111.44%、126.81%、116.79%和102.79%，存在明显差距。在生产上，这会影响果农种植鸭梨的选择，从而限制鸭梨的栽培面积。

表3　　　　　　　　　　2006～2013年鸭梨与苹果成本收益对比

指　标		2006	2007	2008	2009	2010	2011	2012	2013
总成本/(元·亩$^{-1}$)	鸭梨	1 989.08	1 965.06	2 376.54	2 566.42	2 800.72	3 117.25	3 521.59	3 833.50
	苹果	1 251.11	1 527.29	1 778.97	1 861.11	2 302.99	2 847.51	3 031.44	3 139.53
净利润/(元·亩$^{-1}$)	鸭梨	1 348.45	2 085.84	1 478.53	2 135.62	1 741.28	2 379.04	1 626.71	1 816.52
	苹果	1 762.53	2 468.29	1 881.78	1 949.12	2 566.55	3 610.86	3 537.28	3 227.02
成本利润率/%	鸭梨	67.79	106.15	62.21	83.21	62.17	76.32	46.19	47.39
	苹果	140.88	161.61	105.78	104.73	111.44	126.81	116.69	102.79

收益状况是农民进行品种选择、决定种植面积的重要依据，销售价格更能直观地反映农民的收益状况。由图1可以看出，2006～2013年鸭梨的价格总体呈增长态势，但远低于苹果的销售价格。苹果价格由2006年的88.66元/50千克上升到2013年的168.86元/50千克，年均增长17.48%；鸭梨由2006年的50.96元/50千克上升到2013年的99.04元/50千克，年均增长18.07%，二者的年均增长率差别并不明显。通过成

本、收益和销售价格的比较，可以发现种植鸭梨的收益小于苹果。如果仅从这方面考虑，农民会选择种植苹果而放弃鸭梨。

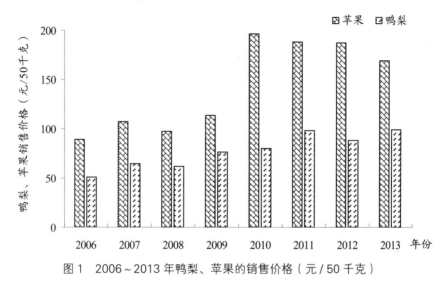

图1　2006～2013年鸭梨、苹果的销售价格（元/50千克）

三、对策建议

1. 强化果农技术培训，推行果园标准化生产

为了降低鸭梨种植的成本，提高果农收益，必须积极改革传统生产模式，推行梨园标准化生产。通过技术培训，及时把新技术、新的管理经验传递给果农，帮助果农解决生产中的实际问题，提高优质果率，使生产与市场需求紧密联系起来，从而降低生产成本，增加利润，提高果农的生产积极性[15]。

2. 加强果园机械装备攻关研究，推广省力化栽培技术

鸭梨的生产成本中，人工成本占了近一半。因此，减少人力用工，大力推广省力化栽培技术，是今后果园发展的趋势。果树科研机构要联合机械装备研究机构，积极开展果园机械和装备研究，在水肥一体化自动灌溉、自动喷药、机械修剪、机械采收和自动化施肥、除草等方面重点攻关，推广省力化栽培技术，降低人工成本。

3. 壮大合作组织，发挥"抱团"效应

鸭梨的生产成本中，约45%是物资与服务费用，其中主要是化肥和农药。通过合作组织，可以统一采购化肥和农药，从而降低采购成本。在果品销售中，可以与企业或超市签订合同，避免价格风险。在生产中对病虫害统防统治，提高防治效果。通过合作组织，可以发挥"抱团"效应，使果农既可以在生产经营中增加收入，也能从加工、销售增值服务中获得利润。

4. 强化政府职能，全心全意为果农服务

政府应颁布有利于鸭梨产业发展的优惠政策，给予合作组织必要的资金支持，并在机械购置、化肥、农药、果园农业保险等方面给予一定补贴，提高果农种植鸭梨的积极性。及时发布鸭梨产业动态信息，加强鸭梨产业市场动态监测和预警，为果农搞好信息服务和政策引导。

参考文献

[1] 张为民.中国农村统计年鉴[M].北京：中国统计出版社，2012.

[2] 曹振国.河北农村统计年鉴[M].北京：中国统计出版社，2012.

[3] 姜淑苓，王斐，欧春青，等.8个梨品种主要性状简介[J].中国果树，2012(6)：30-32.

[4] 曹玉芬.中国梨品种[M].北京：中国农业出版社，2014.

[5] 周梅，姜志峰，沈德绪.雅青梨的引种与栽培表现[J].中国南方果树，2002，31(4)：56.

[6] 张绍玲.梨学[M].北京：中国农业出版社，2013.

[7] 王迎涛，李勇，李晓，等.自花结实梨新品种"早冠"[J].园艺学报，2006，33(6)：1 401.

[8] 李秀根，杨健，王龙.优质、晚熟、耐贮梨新品种—中华玉梨的选育[J].果树学报，2005，22(4)：432-433.

[9] 王斐，方成泉，姜淑苓，等.大果优质三倍体梨新品种"华幸"[J].园艺学报，2014，41(11)：2 355-2 356.

[10] 童培银，陈斌，傅金松，等.优质梨新品种—新雅[J].农业科技通讯，2001，12：36.

[11] 李龙飞，林彩霞，吐尔逊阿依·达吾提，等.库尔勒香梨杂交品种(系)果实品质测定与综合评价[J].新疆农业大学学报，2014，2：153-158.

[12] 魏闻东.几个很有发展前途的梨品种[J].北方果树，1995，1：31-32.

[13] 鲍玉院，边秀然，王冬毅，等.梨黑星病免疫新品种金玉梨的选育[J].中国果树，2005(4)：4-5.

[14] 刘辉丽，魏园园，王帅帅.河北省鸭梨生产成本分析[J].环渤海经济瞭望，2013(1)：48-51.

[15] 张绍铃，周应恒.2012年度梨产业发展趋势与建议[J].中国果业信息，2012，29(2)：25-27.

（北方园艺2015，20：169-172）

三、栽培与管理

梨果套袋研究进展

王少敏，高华君，张骁兵

梨果套袋栽培是目前生产优质高档梨果，提高其商品价值的重要措施之一，在生产中愈来愈广泛应用。国内外对梨果套袋的效应进行了较多研究，本文概述了套袋提高梨果外在品质的机理和梨果套袋的效果。

一、果皮结构及果点与锈斑的发生

梨果皮有表皮层、木栓层、木栓形成层和栓内层，以及茸毛（只存在于幼果期）、皮孔（幼果期为气孔）、蜡质层、角质层、果点、锈斑等结构。表皮层外面是蜡质层覆盖的角质层（有的深入到表皮细胞间隙），其余部分为果点、锈斑，它们是果实抵御外界不良环境的天然屏障，不仅与梨果表面光洁程度具有最直接的关系，而且参与梨果与外界水分和气体（O_2、CO_2等）的交换，与梨果贮藏性能密切相关[1,2]。

表皮层有一层（如鸭梨）或两层（日本梨品种、慈梨等）细胞的活细胞层，随梨果生长发育，表皮层细胞不断分裂、分化，形成果皮的各级结构，角质层和蜡质层均是由表皮层细胞分裂而形成的。表皮层细胞分裂可一直持续到成熟前的1个月，在果实发育过程中遇到不良环境，表皮层细胞分裂受到影响，就会发生裂果或形成锈斑等。一般认为，木栓形成层是由下皮细胞受到外来逆境因素的刺激，发生功能及形态上的改变而形成的。木栓形成层产生后，向外分化产生木栓层，若木栓层顶破表皮层及角质层，则成为外观上可见的锈斑[3]。

梨果点形成要经过气孔皮孔期、果点形成和增大期三个阶段。果实发育初期皮孔为功能化的气孔状态，随着果实发育，气孔保卫细胞破裂形成孔洞。与此同时，孔洞内的细胞迅速分裂形成大量薄壁细胞填充孔洞，填充细胞逐渐木栓化并突出果面，形成外观上可见的果点，幼果茸毛脱落部位也形成果点。实际上果点是一团凸出果面的木栓化细胞，是在气孔保卫细胞破裂后形成的空洞内产生的次生保护组织[4]。

锈斑是由于外部不良环境条件刺激，造成梨果表皮细胞老化、坏死，或由于内部生理原因造成表皮与果肉增大速度不一致而致表皮破损，表皮下的薄壁细胞经过细胞壁加厚和栓化后，在角质层、蜡质层及表皮层破裂处露出果面而形成的。锈斑的发生经过薄壁细胞期、厚壁细胞期、木栓形成期和锈斑形成期四个阶段。果点发生的密度、大

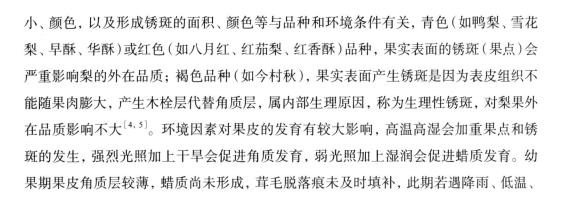

小、颜色，以及形成锈斑的面积、颜色等与品种和环境条件有关，青色（如鸭梨、雪花梨、早酥、华酥）或红色（如八月红、红茄梨、红香酥）品种，果实表面的锈斑（果点）会严重影响梨的外在品质；褐色品种（如今村秋），果实表面产生锈斑是因为表皮组织不能随果肉膨大，产生木栓层代替角质层，属内部生理原因，称为生理性锈斑，对梨果外在品质影响不大[4, 5]。环境因素对果皮的发育有较大影响，高温高湿会加重果点和锈斑的发生，强烈光照加上干旱会促进角质发育，弱光照加上湿润会促进蜡质发育。幼果期果皮角质层较薄，蜡质尚未形成，茸毛脱落痕未及时填补，此期若遇降雨、低温、潮湿、药液等，均会刺激形成木栓组织，加速气孔的皮孔化进程。

二、套袋效果

1. 套袋对梨果外在品质的影响

（1）果皮结构：梨果套袋后果实所处的微域环境（温度、湿度等）相对稳定，延缓了表皮细胞、角质层、胞壁老化，果皮发育稳定、和缓。虽然果皮变薄，但具有较大的韧性，表皮层细胞排列更加紧密，同时蜡质层变薄，角质层变薄但均匀一致，基本不进入表皮细胞间[6, 7]。梨果点、锈斑、角质层、皮孔、木栓层、木栓形成层和栓内层等的形成与果实酚类物质代谢密切相关，套袋后抑制了苯丙氨酸解氨酶（PAL）、多酚氧化酶（PPO）、过氧化物酶（POD）的活性，木质素合成减少，木栓形成层的发生及活动受到抑制，延缓或抑制了果点和锈斑的形成，果点覆盖值减小，果点变小、变浅，但不改变果点密度，锈斑面积明显减小，色泽变浅[8~11]。套袋对梨果皮结构的影响与纸袋遮光程度及套袋时期有关，遮光性越强，套袋越早，其效果越明显[4, 8, 12]。

值得注意的是，套袋梨果皮孔异常发达，贮藏中容易失水[5]。梨果套袋栽培由于纸袋的保护作用，避免了农药、灰尘等对果面的污染和枝叶磨斑、煤污斑等，果面洁净。

（2）果皮色素：梨果皮色素主要有叶绿素、类胡萝卜素、花色苷（红皮梨）等，各种色素的种类、比例、含量、分布状况和相互间的作用等形成不同的"色相"和"色调"。梨果套袋后减少了叶绿素的生成，青皮梨套袋后果面呈淡黄白色至浅黄绿色，贮藏后呈鲜黄色，色泽淡雅。褐皮梨套袋后果面色泽由黑褐色转为浅褐色或红褐色。红皮梨套袋后增加了光敏色素含量，降低了叶绿素含量，摘袋后梨果着色迅速，同时改善了花色苷的显色背景，套袋梨果呈鲜红色[13~16]。

另外，梨果套袋后果实有变小的趋势[17, 18]，而且套袋越早，纸袋遮光性越强，果实变小越明显，这也与品种有关，如西洋梨品种红巴梨套袋后果实明显变小。

2. 套袋对梨果贮藏品质的影响

梨果水分主要由皮孔和角质层裂缝散失，而角质层则是气体交换的主要通道，角质层过厚则果实气体交换不良，造成贮藏期间梨果内二氧化碳、乙醛、乙醇等积累而发生褐变；角质层过薄则果实代谢旺盛，抗病性下降[19, 20]。张华云等认为，若梨果具有封闭型皮孔，则贮藏过程中失重率较低；相反，梨果具有开放型皮孔，则贮藏过程中失重率较高，且失重率与皮孔覆盖值呈极显著正相关。过厚的角质层和过小的胞间隙可能是造成莱阳慈梨和鸭梨在贮藏期间发生果心褐变的内在原因之一[21]。梨果套袋后皮孔覆盖值降低，角质层分布均匀一致，果实不易失水、褐变，果实硬度增加，淀粉比率高，贮藏过程中后熟延缓。套袋减少了病虫侵染，贮藏病害也相应减少，显著提高了果实的贮藏性能[22]。

莱阳慈梨、鸭梨等品种的果实在低温贮藏过程中，果心和果肉的组织易发生褐变，大量研究表明这与果实中的简单酚类物质含量有关，在 PPO 的催化下，酚类物质氧化为醌，醌又通过聚合作用转化为有色物质从而引起组织褐变[23, 24]。套袋后果实中简单酚类物质及 PPO 含量均下降，从而减轻了贮藏过程中的组织褐变现象[25]。申连长等观察到套袋鸭梨在贮藏期间具有较强的抗急冷能力[2]，张玉星等报道套袋后鸭梨果皮和果肉脂氧合酶(LOX)活性显著降低，并认为这可能是套袋鸭梨较耐贮藏的原因之一[26]。但是，黄新忠等在黄花梨、杭青梨和新世纪梨上的套袋试验表明，套袋梨果果皮有机械伤及果实切开后，果肉、果心易发生褐变现象[27]，其原因尚不清。

3. 套袋对梨果内在品质的影响

梨果套袋虽然显著改善了果实外在品质和贮藏性能，但果实中可溶性固形物、可溶性糖、维生素 C 和酯类物质的含量下降，高密度袋、遮光性强的纸袋下降幅度大[10, 11, 14, 28]，而套袋鸭梨烷类和醇类物质含量增加[28]，可滴定酸含量也有增加的趋势[27, 29]。套袋降低梨果中内容物的含量，其原因是多方面的，可以推测，套袋后形成的"温室效应"降低了果实的自我保护机能，糖分等有机物质积累减少。另外，套袋降低了果皮叶绿素的含量，而果皮叶绿素光合作用制造的光合产物可直接贮存在果实中。辛贺明等观察到，套袋鸭梨果实温度增高，诱导 POD 酶的活性提高，导致果实呼吸强度升高，果实中的光合产物作为呼吸底物被消耗，同时套袋降低了己糖己酶的活性，抑制了套袋梨果早期淀粉的积累，这可能是套袋梨果碳水化合物含量降低的原因之一[26]。另外，套袋后果皮变薄，果肉石细胞减少，可食部分增加等[9]，也有利于内在品质的提高。

4. 套袋对病虫害发生的影响

套袋使得一般性果实病虫害如梨轮纹病、梨黑星病、梨黑斑病、梨炭疽病以及梨小食心虫、蛀果蛾、吸果夜蛾、梨虎象、蝽象、金龟子、蜂等的发生和危害明显减少，防虫果袋还具有防治梨黄粉虫、康氏粉蚧等入袋危害的作用。套袋果实由于不直接与农药接触，梨果中农药残留量较不套袋果大为降低。另一方面，纸袋提供的微域环境加重了具有喜温、趋湿、喜阴习性害虫及某些病害的发生，容易发生的虫害主要有黄粉虫、康氏粉蚧、梨木虱及象甲类害虫等。容易发生的病害中，生理性病害（缺钙、缺硼症）发病率比不套袋果高1倍多，物理性病害（日烧、蜡害、水锈、虎皮等）的发生程度取决于果袋质量和天气状况，真菌性病害（果面黑点、黑斑）减少[30]。

套袋能显著预防或减少梨裂果，据刘建福等研究，在南方地区套袋早酥梨裂果率7.50%，而对照（不套袋）裂果率高达63.41%，且套袋早酥梨即使发生裂果，其裂口也较短、较浅，裂果指数小。分析认为，套袋能够防止梨果发生裂果的主要原因是袋内相对稳定的微域环境防止或减轻了不良环境对果皮的刺激，同时套袋果实内钾元素含量显著增加，也有助于调节果实细胞中的水分，从而防止裂果[31]。

梨黑点病多由病原菌侵染引起，高温高湿是主要致病因素，透气性好的纸袋发病轻。徐劬等研究表明，鸭梨黑点病主要由细交链孢菌和粉红单端孢菌侵染所致，70%代森锰锌和50%福美双对这两种病菌抑菌效果均很好[32,33]。除病原菌外，梨木虱、梨黄粉虫、梨黑星病、梨黑斑病危害以及药害等也可造成梨果出现黑点（斑）。套袋后，纸袋内的温度高于外界，高温加上干旱导致日烧和蜡害，通透性不良的纸袋袋内高温高湿，果皮蜡质层和角质层被破坏，皮层裸露并木栓化，形成浅褐色至深褐色的水锈和虎皮果。套袋"疙瘩梨"是由于缺硼或蝽象危害形成的[34~36]。

三、结语

梨果套袋可显著提高果实的外在品质和贮藏性能，但套袋在一定程度上降低了梨果的内在品质。梨果套袋在防治大部分病虫害的同时，给某些病虫繁衍创造了适宜的环境，从而加重了这些病虫害的发生。因此，今后梨果套袋栽培应在完善不同立地条件、品种（特别是红皮梨）等套袋栽培技术规程，生产针对不同品种的梨果专用果袋的基础上，重点进行提高套袋梨果食用品质的研究，加强对套袋梨果病虫害的研究。

参考文献

[1] 鞠志国.酚类物质与梨果实品质的研究进展[J].莱阳农学院学报,1988,5(3):59-65.

[2] 申连长,王彦敏,傅玉瑚,等.鸭梨套袋的几个问题探讨[J].山西果树,1996(1):19-20.

[3] 郗荣庭,董启凤.梨果实外观品质研究进展.梨科研与生产进展[M].北京:中国农业科技出版社,1988.

[4] 马克元,程福厚,傅玉瑚,等.鸭梨果实果点和锈斑的发育[J].园艺学报,1995,22(3):295-296.

[5] 林真二著.梨[M].吴耕民译.北京:中国农业出版社,1979.

[6] 中国园艺学会编.中国园艺学会成立70周年纪念优秀论文选编[M].北京:中国科学技术出版社,1999.

[7] 陈敬宜,辛贺明,王彦敏.梨果实袋光温特性及鸭梨套袋研究[J].中国果树,2000(3):6-9.

[8] 张华云,王善广,牟其芸,等.套袋对莱阳茌梨果皮结构和PPO、POD活性的影响[J].园艺学报,1996,23(1):23-26.

[9] 鞠志国,刘成连,原永兵,等.莱阳茌梨酚类物质合成的调节及其对果实品质的影响.中国农业科学,1993,26(4):44-48.

[10] 王少敏,高华君,王永志,等.不同纸袋对丰水梨套袋效果比较试验.中国果树,2001(2):12-14.

[11] 王少敏,高华君.套袋对绿宝石、玛瑙梨果实品质的影响[J].山东农业科学,2001(2):12-14.

[12] 柴全喜,许栋芬,何新朝,等.不同果袋对鸭梨套袋的效果.河北果树,2001(1):7-8.

[13] 王少敏,高华君,赵红军.苹果、梨、葡萄套袋技术[M].北京:中国农业出版社,1999.

[14] 韩行久,王宏,高华君,等.果实套袋原理及其栽培技术[M].大连:大连出版社,1999.

[15] Hong K H, Kim J K, Jang H I, et al. Effect of paper sources for bagging on the appearance of fruit skin in Oriental Pears(Pyrus pyrifolia Nakai cvs. Gamchconbae and Yeongsanbae)[J]. J Korean Soc Hort Sci, 1999, 40(5): 554-558.

[16] 张琦,郭玲.套袋对香梨品质影响初探[J].塔里木农垦大学学报,2000(1):18-20.

[17] 张琦.套袋对库尔勒香梨果实品质的影响[J].北方果树,2001(5):10-11.

[18] 杨朝选,焦国利,朱伟岭.果实套袋的应用前景及相关的一些技术问题[J].果农之友,2000创刊号:21-22.

［19］梅特利茨基著.水果、蔬菜生物化学基础［M］.刘慕春，唐崇钦，贾志旺译.北京：科学出版社，1989.

［20］绪方邦安编.水果蔬菜贮藏概论［M］.陈祖钺，李克志，高燕，等译.北京：农业出版社，1982.

［21］张华云，王善广.梨果实贮藏性与果实组织结构关系的研究［J］.莱阳农学院学报，1991，8（4）：276-279.

［22］Hong J H, Lee S K. Postharvest Changes in Quality of "Niitaka" Pear Fruit Produced With or Without Bagging［J］. J Korean Soc Hort Sci, 1997, 38（4）：396.

［23］鞠志国，朱广廉.果实组织褐变研究进展［J］.植物生理学通讯，1988（4）：23-26.

［24］鞠志国，朱广廉，曹宗巽.莱阳茌梨果实褐变与多酚氧化酶及酚类物质区域化分布的关系［J］.植物生理学报，1988，14（4）：356-361.

［25］Inomata Y, Yaegaki H, Suzuki K. The effects of polyethylene bagging, calcium carbonate treatment and difference in fruit air temperatures on the occurrence of watercore Japanese pear "Housui"［J］. J Japan Soc Hort Sci, 1999, 68（2）：336-342.

［26］郗荣庭，董启凤.梨科研与生产进展［M］.北京：中国农业科技出版社，1988.

［27］黄新忠，林洪龙，张长和，等.梨果实套袋效应试验［J］.落叶果树，2000（3）：11-12.

［28］徐继忠，王颉，陈海江，等.套袋对鸭梨果实内挥发性物质的影响［J］.园艺学报，1998，25（4）：393-394.

［29］张毅.果树栽培中果实套袋的正反面影响［J］.落叶果树，1998（3）：56-57.

［30］王少敏，等.第三届中国国际农业科技年会论文集［M］.北京：中国农业出版社，1999.

［31］刘建福，蒋建国，张勇，等.套袋对梨果实裂果的影响［J］.果树学报，2001，18（4）：241-242.

［32］徐劲，齐志红，剧慧存，等.套袋鸭梨黑点病病原诊断及致病毒素研究［J］.中国果树，1999（1）：19-22.

［33］徐劲，齐志红，剧慧存，等.杀菌剂对套袋鸭梨黑点病的毒力测定及防治［J］.中国果树，1999（4）：40-41.

［34］刘承晏.我省梨果套袋存在的问题及解决途径［J］.河北果树，1998（2）：4-5.

［35］刘冬南，郝拉芳.套袋酥梨果实日烧发生原因及对策［J］.山西果树，2000，79（2）：17.

［36］陈修会，申为宝，张雷，等.套袋对苹果和梨果实病虫害的影响［J］.河北果树，2001（1）：5-7.

（中国果树 2002（6）：27-28）

套袋对绿宝石、玛瑙梨果实品质的影响

王少敏，高华君，孙山

绿宝石和玛瑙梨是两个优良的早熟梨品种，共同特点是食用品质极佳，果个大，外形美观，成熟极早（山东泰安7月下旬成熟上市），对调节我国七八月份梨果市场具有重要意义[1, 2]。但绿宝石梨果点大而密，果皮较粗糙，玛瑙梨耐贮运性能稍差，为生产高档早熟梨果，研究了套袋对果实品质的影响。

一、材料与方法

本试验于1999～2000年在山东省泰安市省庄镇西苑庄果园进行。泰安地处鲁中山区，四季明显，热资源丰富，雨热同期，年平均气温13.5℃，适宜早熟梨生长。梨园管理水平较高，株行距3米×4米，纺锤形整枝，树势中庸健壮，土壤为轻黏壤土，土层深厚，肥水供应充足。树龄3年，砧木为二年生雪花梨／杜梨。

试验设单株区组，6种纸袋及对照共7个处理，区组内每种处理选果形、大小一致的10个果，均挂牌标记。选树势、负载量一致的6株树，重复6次。

套袋日期为2000年5月6日，幼果如拇指肚大小时套袋，套袋前进行疏果，并喷一遍70%甲基托布津800倍液＋灭多威1 000倍液，待药液晾干后开始套袋。采收日期为2000年8月4日，带袋采收。

纸袋1–1、1–2、1–3、1–4由青岛青和制袋有限公司提供，2–1、2–2由山东省果树研究所纸袋厂提供，各纸袋特性见表1。

果实采收后用WYT–4型手持式糖量仪测果实可溶性固形物含量，用FT–327型果实硬度计测果实去皮硬度。果色、果点各分为5级，果色级数：淡黄白色为0级，黄白色为1级，淡黄绿色为2级，黄绿色为3级，绿色为4级；果点级数：果点全显浅褐色为0级，褐色果点在1/4以下为1级，1/4～1/2为2级，1/2～3/4为3级，3/4以上为4级[3]。

纸袋	特 点
1-1	双层袋，18.5厘米×15厘米，内袋黑色，外袋浅黄褐色
1-2	单层袋，19.5厘米×16厘米，深红褐色，纸质薄，柔软
1-3	单层袋，18.5厘米×15厘米，浅红褐色，纸质薄
1-4	单层袋，18.5厘米×15厘米，黄褐色，纸质薄
2-1	单层袋，18.5厘米×15厘米，内面黑色，外面灰色，复合纸，纸质厚
2-2	单层袋，18.5厘米×15厘米，灰色，原色纸，纸质较厚

表1   不同纸袋特点

二、结果与分析

1. 套袋对早熟梨果外观品质的影响

用新复极差法检验果实品质性状差异显著性，处理结果如表2、表3所示。结果表明，套袋与否及不同纸袋之间，绿宝石梨和玛瑙梨单果重与果形指数之间差异很小或基本无差异，但不同处理果实外观品质有很大不同。表2表明，绿宝石梨不同纸袋均明显改善了果实外观品质，表现为果皮叶绿素减少，呈淡黄白色至黄绿色，果点变小，颜色变浅，果皮较光滑，洁净，光泽度提高；而对照果实果皮粗糙，绿色，无光泽，果点大而多，颜色呈深褐色（果点、果色级数均为4），且果面有枝、叶磨斑、药迹等，商品品质低。因此，绿宝石梨套袋具有明显改善果实外观品质的效果，商品品质明显提高，纸袋种类不同对改善果实外观品质的效果显著不同。遮光性强的双层袋1-1和复合纸单层袋2-1效果最好，果点和果色级数均为0，遮光性较强、纸质薄而柔软的单层袋1-2效果也不错，其他三种纸袋与上述三种纸袋相比效果较差，但也比不套袋果有明显改善。

玛瑙梨用纸袋1-2套袋后，果实外观品质亦有明显改善（表3所示）。早熟梨绿宝石和玛瑙经套袋后虽然套袋期较短（不足90天），但均有明显改善果实外观品质，显著提高果品商品价值的效果。果皮叶绿素的形成必须有光存在，果点、锈斑本质上属于酚类物质，而苯丙氨酸解氨酶（PAL）、多酚氧化酶（PPO）、过氧化物酶（POD）是酚类物质代谢的关键酶，用优质纸袋套袋遮光后抑制了这三种酶的活性，从而抑制了酚类物质的合成，果点、锈斑发育受阻，果皮叶绿素生成明显减少，因此极大地改善了梨果的外观品质[4~6]。由此可见，就改善果实外观品质而言，纸袋遮光性强弱是关键因素，遮光性越强，效果越明显[7]。

表2　　　　　　　　　　绿宝石梨不同种类纸袋套袋效果（2000年）

纸袋	单果重（克）	果形指数	可溶性固形物（%）	硬度（千克/厘米²）	果色级数（级）	果点色泽（级）	果实外观
1-1	203	0.859	11.30	2.89	0	0	果皮光滑，淡黄白色，有光泽，果点小，浅褐色
1-2	199	0.894	11.53	2.78	2	1	果皮光滑，淡黄绿色，有光泽，果点小，浅褐色
1-3	201	0.873	11.08	2.68	3	2	果皮较光滑，黄绿色，果点较大，褐色较浅
1-4	186	0.938	11.95	2.60	3	2	果皮光滑，黄绿色，果点较大，褐色较浅
2-1	179	0.904	10.73	3.16	0	0	果皮较光滑，淡黄白色，果点中大，浅褐色
2-2	209	0.886	10.63	2.87	3	2	果皮较光滑，黄绿色，果点较大，褐色较浅
CK	168	0.908	11.70	2.77	4	4	果皮粗糙，绿色，有锈斑，果点大而多，深褐色

表3　　　　　　　　　　玛瑙梨套袋效果（2000年）

处理	单果重（克）	果形指数	可溶性固形物（%）	硬度（千克/厘米²）	果色级数（级）	果点色泽（级）	果实外观
1-2	243	0.927	12.43	4.31	2	2	果皮光滑洁净，淡黄绿色，果点小，褐色较浅
CK	260	0.964	12.70	3.27	4	4	果皮较光滑，绿色，有光泽，果点中大，褐色

2. 套袋对早熟梨果实可溶性固形物含量的影响

果实套袋后袋内光照强度极低，空气湿度大，温度变化较平稳，形成一种"温室效应"，袋内果实在这种"温室效应"的影响下，果皮叶绿素形成减少，自我保护机制减弱。因此，果实套袋在显著改善外观品质的同时，果实内在品质亦有不同程度的下降[5,8,9]。表2显示，绿宝石梨套袋后果实可溶性固形物含量与对照相比有所下降，但下降幅度较小，不同纸袋种类间有明显差别，其中纸袋1-4可溶性固形物含量甚至比不套袋果高出0.25个百分点。用青和纸袋有限公司提供的纸袋套袋后果实可溶性固形物含量下降较小，外观品质表现较好的1-1、1-2可溶性固形物含量分别下降0.40和0.17个百分点；山东省果树研究所纸袋厂生产的纸袋可溶性固形物含量下降幅度较大，约为1个百分点。

玛瑙梨用1-2纸袋套袋后可溶性固形物含量降低0.37个百分点，影响较小（表3）。因此，早熟梨用不同纸袋种类套袋后可溶性固形物含量下降幅度较小，这可能与早熟梨果实内在品质形成时间相对较短、套袋期较短有关。就不同种类纸袋而言，优质纸袋在最大限度改善果实外观品质的同时，将对果实内在品质的负面影响降低到最低限度。

3. 套袋对早熟梨果实硬度及贮藏性能的影响

套袋可提高梨果的贮藏性能[6]，果实硬度与果实贮藏性能有关。表2显示，绿宝石梨用不同种类纸袋套袋后果实硬度的变化不一致，但总体看有增大的趋势，用纸袋1-1、1-2、2-1、2-1套袋后果实硬度均大于对照果，其中遮光性最强的1-1和2-1果实硬度也最大，分别比对照高出0.12和0.39千克/厘米^2。表3表明，玛瑙梨经1-2套袋后果实硬度明显提高，比对照高出1.04千克/厘米^2。因此，套袋果果实硬度与品种及纸袋种类有关。套袋果果实硬度大小与纸袋遮光性强弱呈正相关，纸袋遮光性越强，果实硬度越大。套袋果贮藏试验表明，绿宝石梨采后常温下贮藏5天，套袋果与对照果果色及内在品质均无明显变化；贮藏10天，果皮绿色均减退，套袋果呈黄白色，果点较小，而对照果由于绿色减退果点、锈斑更加显现。玛瑙梨常温下贮藏5天，套袋果（1-2）绿色减退，呈金黄色，果点极细小，外观极美，而对照果绿色减退，果点更加显现，并且有的果实开始腐烂；常温下贮藏10天，套袋果与对照果绿色完全褪掉，果肉均已褐变。

三、小结

绿宝石梨用适宜纸袋套袋后可明显改善果实外观品质，且果实内在品质降低不明显，同时可提高果实硬度，大大增强果实商品价值，提高商品果率；玛瑙梨套袋还可显著提高果实硬度，延长货架期。适合绿宝石梨的纸袋种类为遮光性较强的优质双层袋1-1和纸质柔软的单层袋1-2。

参考文献

[1] 张连忠，罗新书，戚金亮.早熟优质梨品种绿宝石梨引种试验[J].落叶果树，1999，31(2)：1-3.

[2] 张连忠，罗新书，戚金亮.早熟优质梨品种玛瑙梨引种试验[J].落叶果树，1999，31(4)：11-12.

[3] 冉辛拓，安宗祥.套袋对鸭梨果实品质影响[J].北方园艺，1990，68(4)：33-35.

［4］ 王少敏，高华君，赵红军.苹果、梨、葡萄套袋技术［M］.北京：中国农业出版社，1999.47-49.

［5］ 高华君，王少敏，刘嘉芬.红色苹果套袋与除袋机理研究概要［J］.中国果树，2000（2）：46-48.

［6］ 张华云，王善广，牟其芸等.套袋对莱阳茌梨果皮结构和PPO、POD活性的影响［J］.园艺学报，1996，23（1）：23-26.

［7］ 鞠志国，刘成连，原永兵等.莱阳茌梨酚类物质合成的调节及其对果实品质的影响［J］.中国农业科学，1993，26（4）：44-48.

［8］ 莱阳市农技推广中心果袋研究课题组，莱阳茌梨果袋研究［J］.烟台果树，1995，50（2）：15-16.

［9］ 谌有光，王鹰，宋俭等.苹果育果袋物理性状及其应用研究［J］.果树科学，2000，17（4）：249-254.

（山东农业科学2001（2）：21-22）

不同纸袋对丰水梨套袋效果比较试验

王少敏，高华君，王永志，张继海

丰水梨果实大，汁多，味浓甜，果肉石细胞极少，质地细嫩，唯外观品质欠佳，果点大而多，果皮粗糙，青褐色，严重制约果品的商品价值。果实套袋可有效改善外观品质，显著降低农药残留量，避免病、虫、鸟类等危害，大大提高商品果率，提高经济效益。纸袋种类对套袋果果实品质产生重要影响，日本是梨套袋栽培最早和最先进的国家，目前已有各品种的专用袋[1]。本试验以不套袋果为对照，试验了7种纸袋对丰水梨套袋效果的影响，以期更好地服务于生产。

一、材料与方法

试验于2000年在山东省费县薛庄镇言店村高产优质丰水梨园进行。试验园地处鲁南山区，四季明显，热资源丰富，雨热同期；年平均气温13.4℃，无霜期197天，年降雨量856.4毫米，全年日照时数2 532.1小时，适宜丰水梨生长。梨园管理水平较高，株行距3米×4米，树势中庸健壮，土壤为细沙土，土层深厚，肥水供应充足。树龄6年，砧木为杜梨。

套袋日期为2000年5月22日，于疏花疏果后进行。套袋前喷一遍70%甲基托布津800倍液＋灭多威1 000倍液，待药液晾干后开始套袋。采收日期为2000年8月22日，带袋采收。

试验设单株区组，7种纸袋连同对照共8个处理，区组内每个处理选果形、大小一致的5个果，均挂牌标记。选树势、负载量一致的9棵树，重复9次。

纸袋1-1、1-2、1-3、1-4、1-5由山东省青岛市青和纸业有限公司提供，2-1、2-2由山东省果树研究所果袋厂提供，各纸袋特性见表1。

表1 不同纸袋特点

纸袋	特　点
1-1	双层袋，18.5厘米×15厘米，内袋黑色，外袋浅黄褐色
1-2	单层袋，纸质薄，19.5厘米×16厘米，深红褐色
1-3	单层袋，纸质薄，18.5厘米×15厘米，浅红褐色
1-4	单层袋，纸质薄，18.5厘米×15厘米，黄褐色
1-5	双层袋，19.5厘米×16厘米，内袋黑色，外袋深红褐色
2-1	单层袋，复合纸，纸质厚，18.5厘米×15厘米，内面黑色，外面灰色
2-2	单层袋，原色纸，纸质薄，18.5厘米×15厘米，灰色

果实采收后用WYT-4型手持式糖量仪测果实可溶性固形物含量，用FT-327型果实硬度计测果实去皮硬度。果色、果点各分为5级，果色级数：浅白色为0级，黄白色为1级，黄绿色为2级，淡绿色为3级，绿色为4级；果点级数：果点全显浅褐色为0级，褐色果点在1/4以下为1级，1/4～1/2为2级，1/2～3/4为3级，3/4以上为4级[2]。

二、结果与分析

1. 不同纸袋处理对果实可溶性固形物含量的影响

用新复极差法检验果实品质性状差异显著性，处理结果如表2所示。结果表明，套袋与否及不同纸袋之间，果实平均单果重与果形指数之间基本无差异。果实可溶性固形物含量不套袋果显著高于各套袋处理的果实，比2-1高接近0.6个百分点，比1-5高2.74个百分点，说明各纸袋均不同程度地对果实内在品质产生不利影响。一般认为，遮光性强的纸袋由于严重抑制了果皮叶绿素的生成，从而较大幅度地降低固形物含量[3]。但本试验中遮光性强的双层袋1-1与涂黑单层袋2-1可溶性固形物含量下降幅度较其他纸袋均低，而遮光性强的双层袋1-5可溶性固形物含量下降最大，均大于各单层袋。松沪觉之助认为，纸袋较薄会使糖度降低，若纸质较厚，会使梨果皮颜色变浅，其贮藏性能增强[4]。因此，果实可溶性固形物含量的降低不仅与纸袋内光照强度有关，还与纸袋内温度状况的变化，甚至袋内湿度有关，这与纸袋厚薄等有关。因此优质纸袋可以在最大限度改善果实外观品质的同时，将对果实内在品质的负面影响降低到最低。

表2　　　　　　　　　丰水梨不同种类纸袋套袋效果（2000年）

纸袋	单果重（克）	果形指数	可溶性固形物（%）	硬度（千克/厘米²）	果点色泽（级）	果色级数（级）	外　观
1-1	274	0.909	11.22	3.58	0	0	果皮较光滑，淡黄色，果点小，淡黄色
1-2	294	0.916	11.08	2.66	1	1	果皮较光滑，淡绿黄色，果点较大，淡黄色
1-3	296	0.916	10.51	2.29	2	2	果皮粗糙，淡黄绿色，果点大，浅黄褐色
1-4	262	0.928	9.72	3.00	2	2	果皮粗糙，淡青褐色，果点大，浅黄褐色
1-5	268	0.911	9.20	3.37	0	0	果皮较光滑，淡黄色，果点小，浅黄色
2-1	284	0.907	11.36	3.34	0	0	果皮较光滑，淡黄色，果点较小，浅黄色
2-2	254	0.911	10.28	2.65	2	2	果皮较粗糙，淡绿黄色，不均匀，果点大，浅褐色
CK	249	0.927	11.94	2.25	4	4	果皮粗糙，青褐色，果点大而多，黄褐色

2. 不同纸袋处理对果实外观品质的影响

表2表明，各套袋处理均显著改善了果实外观，表现为果点变小，颜色浅，果皮叶绿素生成减少，果皮较光滑，光泽度明显提高；而对照果实果皮粗糙，青褐色，无光泽，果点大而多，颜色深，且有梨木虱、磨斑及药迹，商品品质低，果点、果色级数均为4。不同种类的纸袋改善果实外观的效果十分明显，遮光性强的纸袋1-1、2-1、1-5显著好于其他纸袋，其他四种纸袋1-2遮光性较强，效果最好，果点与果色级数均为1，其他三种果点与果色级数均为2。就外观品质而言，上述三种纸袋1-1、1-5最好，2-1次之，但差别不明显，果点与果色级数均为0。因此可以认为，套袋丰水梨外观品质的改善纸袋遮光性强是关键因素，生产中可以采用经济实用遮光性强的优质单层袋。果皮果点、锈斑本质上属酚类物质，而苯丙氨酸解氨酶（PAL）、多酚氧化酶（PPO）、过氧化物酶（POD）是酚类物质代谢的关键酶，套袋后抑制了这三种酶的活性，从而抑制了

酚类物质的合成，也抑制了果皮叶绿素的合成，因此改善了果实的外观品质。纸袋遮光性愈强，效果愈明显[5]。

3. 不同纸袋处理对果实硬度的影响

套袋可提高梨果的贮藏性[6]，而果实硬度与果实的贮藏性能有关。表2显示，套袋处理均显著提高了果实硬度，其中硬度最大的1-1套袋果为对照果的1.59倍。不同纸袋之间，遮光性强的三种纸袋1-1、1-5、2-1不但外观品质最好，而且果实硬度也显著高于其他四种纸袋，似乎套袋后果实硬度大小与纸袋遮光性强弱呈正相关。

三、小结

本试验结果表明，丰水梨套不同纸袋后外观品质均得到明显改善，同时大大提高了果实硬度，商品果率明显增加，但套袋对内在品质的负面影响也不容忽视。比较发现，用纸袋1-1和2-1不但外观品质好，而且可溶性固形物含量下降幅度最小，1-5虽然外观品质好，但可溶性固形物含量较低。因此，适宜丰水梨的纸袋为1-1和2-1。

参考文献

[1] 冉辛拓，安宗祥. 套袋对鸭梨果实品质影响[J]. 北方园艺，1990，68(4)：33-35.

（中国果树2001（2）：12-14）

泰安果树晚霜冻害情况调查

王少敏，王家喜，高华君

2001年早春山东省大部分地区气温回升较快且高，果树萌芽开花较早，3月27日夜间全省范围内出现较大面积霜冻，冬小麦、果树等农作物出现严重霜冻。本文调查了泰安市郊区主要果树种类受害情况，并提出预防措施。调查在山东省果树研究所苗圃果树新品种示范园和省庄果树新品种示范园内进行，实测3月28日凌晨极端最低温为-7℃。果树所苗圃示范园位于城区，四周为建筑物，气温回升快，物候期较早；省庄示范园位于城郊，为平地果园，物候期稍晚。两示范园均正常管理，果园管理水平较高。

一、主要果树种类受害情况

1. 仁果类

仁果类果树中苹果、山楂几乎无冻害，而梨受害较重（表1）。

表1　　　　　　　　　　梨不同品种晚霜冻害情况　　　　　　（2001年3月28日）

类型	品种	物候期	受冻率(%)	树龄	调查地点	备注
中国梨	绿宝石	花序分离期	0.8	四年生	省庄	雌蕊及柱头受冻，部分花瓣及雄蕊受冻，花托未受冻害
	玛瑙梨	现蕾期	0	四年生	省庄	
	早酥	花序分离期	69.3	四年生	省庄	
	丰香	花序分离期	52.4	高接第3年	省庄	
	早绿	花序分离期	95.8	高接第3年	省庄	
	琥珀梨	花序分离期	13.9	高接第2年	省庄	
	黄冠	花序分离期	13.0	高接第2年	省庄	
	金花梨	花序分离期	20.5	五年生	省庄	
	线穗梨	花序分离期	49.7	五年生	省庄	
西洋梨	早红考蜜斯	现蕾期	0	四年生	省庄	
	紫巴梨	现蕾期	16.7	六年生	苗圃	
	红安久	现蕾期	28.9	四年生	省庄	
西洋梨	红考蜜斯	现蕾期	0	四年生	省庄	
	派克汉姆斯	现蕾期	0.4	四年生	省庄	
	巴斯卡	现蕾期	0	四年生	省庄	
	葫芦梨	现蕾期	0	四年生	省庄	
日本梨	丰水	花序分离期	48.8	高接第三年	苗圃	
	金二十世纪	花序分离期	79.7	高接第三年	苗圃	
	幸水	花序分离期	37.5	高接第三年	苗圃	
	新世纪	花序分离期	62.5	高接第三年	苗圃	
	受宕梨	花序分离期	53.3	高接第三年	苗圃	

由表1可看出，日本梨受害严重，金二十世纪尤为严重，幸水相对较轻，丰水、新

世纪、爱宕梨差别不大。西洋梨由于花芽萌动较晚，受冻较轻，其中红安久、紫巴梨较不抗冻。中国梨萌动较早，品种间差异较大，绿宝石和玛瑙梨抗霜冻，未形成危害，其余各品种均有不同程度冻害，其中早酥、丰香、早绿三个早熟品种最为严重，线穗梨、琥珀梨、黄冠和金花梨较抗霜冻。

调查发现，除品种因素外，花芽萌动早晚对抗冻性影响很大，中国梨部分品种抗霜冻，日本梨多数品种抗冻能力较差（也可能与芽萌动早及树龄小有关），西洋梨受害程度轻，可能与芽萌动较晚有关。调查还发现，无论中国梨、西洋梨还是日本梨，花器各部分中花瓣最抗冻，其次为雄蕊，雌蕊抗冻能力最差，受冻花雌蕊及柱头均受冻变褐，严重者部分雄蕊受冻，而花瓣几乎完好无损。

2. 核果类

核果类果树中樱桃（包括中国樱桃和大樱桃）、杏、李及油桃部分品种受害重，毛桃受害轻，基本不受影响。

（1）杏：由表2可看出，杏在核果类果树中由于花期早，受害严重，品种之间抗冻能力有较大差异。萌芽、开花状态与抗冻性有很大关系，欧洲杏中未定名品种抗冻能力最强，其次为金太阳和意大利1号，然后为凯特杏，早大果杏、玛瑙杏抗冻能力较差。华北杏中杏梅抗冻能力最强，其次为红丰，新世纪、红荷包、德州大果杏抗冻性较差。

表2   杏不同品种晚霜冻害情况   （2001年3月28日）

种类	品种	物候期	受冻率(%)	调查地点	树龄	备注
欧洲杏	金太阳	盛花末期	91.8	苗圃	五年生	花瓣抗冻性强，基本未变色，其次为雌蕊，雄蕊最差；铃铛花时不受冻，新鲜如初
	金太阳	盛花初期	54.1	省庄	高接第2年	
	凯特杏	盛花期	96.4	苗圃	五年生	花瓣很快变色萎蔫，呈水渍状
	早大果杏	盛花期	99.1	苗圃	五年生	
	玛瑙杏	盛花期	98.4	苗圃	四年生	
	意大利1号	初花期	30.2	省庄	四年生	
	未定名	盛花期	63.2	苗圃	三年生	
华北杏	新世纪	盛花期	97.5	苗圃	四年生	
	红荷包	盛花期	92.8	苗圃	四年生	
	德州大果杏	盛花期	99.2	苗圃	四年生	
	杏梅	盛花期	9.7	省庄	四年生	

调查中发现，开花状态与抗冻性有很大关系，金太阳盛花后期抗冻性较差，处于盛

花期时有较强的抗霜冻能力,而处于铃铛花时未发生冻害,花器新鲜如初。调查中还发现,花芽分化质量和营养水平与抗冻性有关,树冠内膛光照不良的花芽、细弱枝上的花芽冻害重,而树冠外围着生在较粗壮骨干枝上的鱼刺状短果枝、中果枝和极短果枝冻害较轻。

(2)樱桃:由表3可看出,樱桃在核果类果树中属最不抗晚霜冻害的树种之一,品种之间有较大差异。中国樱桃中的莱阳矮樱桃霜害发生时正值盛花期,冻害严重,几乎达100%。大樱桃中大紫较抗霜冻,其余品种差别不明显。

表3　　　　　　　　　　　樱桃不同品种晚霜冻害情况　　　　　　　　　　(2001年3月28日)

品种	物候期	受冻率(%)	备注
莱阳矮樱桃	盛花期	99.6	
早红宝石	现蕾期	75.2	
极佳	现蕾期	72.4	樱桃单花期不一致,早现蕾者冻害严重,几乎达100%,雌蕊及柱头受冻变褐,花瓣及雄蕊未冻
抉择	现蕾期	59.3	
红灯	现蕾期	78.6	
大紫	现蕾期	27.3	
伦尼尔	现蕾期	44.9	

注:调查地点为省庄镇果树新品种示范园,树龄6年。

(3)李:由表4可看出,李受晚霜冻害较为严重,品种之间差异较大。秋红李和未定名品种抗冻性较强,其次为玫瑰皇后,黑宝石、早美丽受冻严重,坐果稀少,其余各品种居中,差异不大。

表4　　　　　　　　　　　李各品种晚霜冻害情况　　　　　　　　　　(2001年3月28日)

品种	物候期	受冻率(%)	调查地点
早美丽	盛花末期	90.8	苗圃
玫瑰皇后	盛花期	43.8	苗圃
黑宝石	盛花期	96.0	苗圃
圣玫瑰	盛花期	76.2	苗圃
密思李	盛花期	71.4	苗圃
大李1号	铃铛花期	59.6	苗圃
红心李	铃铛花期	52.3	苗圃
黑琥珀	盛花期	78.3	苗圃
未定名	初花期	9.5	苗圃
秋红李	初花期	5.3	省庄

（4）桃和油桃：由表5可以看出，桃和油桃中开花较早的油桃受害较严重，不同品种中早丰甜、美味受害较重，其次为超五月火、曙光，其余各品种较轻。毛桃中多数品种未受冻，只有早凤王受冻率达39.7%。

表5 　　　　　　　桃和油桃不同品种晚霜冻害情况 　　　　　　　（2001年3月28日）

种类	品种	物候期	受冻率（%）	调查地点
油桃	早丰甜	盛花期	67.9	苗圃
	超五月火	初花期	29.6	苗圃
	曙光	蕾期	29.8	省庄
	早红宝石	蕾期	9.8	省庄
	法国3号	蕾期	0	省庄
	美味	铃铛花期	66.7	苗圃
	早红珠	初花期	10.6	苗圃
桃	早凤王	蕾期	39.7	省庄
	重阳红	蕾期	0	苗圃
	新川中岛	蕾期	0	苗圃
	白丽	蕾期	0	苗圃
	仓方早生	蕾期	0	苗圃
	中华寿桃	蕾期	0	苗圃

3. 其他

浆果类中葡萄、石榴未发现冻害，猕猴桃霜害发生时正处于芽萌动期，芽体受害严重。干果类中板栗、枣未发现冻害，柿子中大磨盘柿芽体受冻率达70%以上，受冻芽干缩死亡，不能萌发。

二、晚霜冻害发生规律及预防

1. 晚霜冻害发生规律

山东省终霜期多在3月底至4月上旬，鲁西南地区最早，其次为半岛地区，鲁中南山区及半岛内陆较晚，最晚可延迟到5月5日前后。晚霜发生时正值大部分落叶果树萌芽、展叶、开花、坐果甚至幼果发育期，可造成严重危害。霜冻造成细胞内水分结冰，原生质受到机械损伤，细胞因结冰失水发生生理干旱，盐类及氢离子浓度增加，蛋白质变性，严重时果树绝产。另外，长时间阴冷、大风，即使不发生细胞结冰现象，也可导致低温冷害，影响昆虫活动，不利于授粉受精，造成减产。霜冻危害程度与气温变化特点有关，前期高温而突然降温可加重冻害程度，温度越低，持续时间越长，冻害越严重，降温后气温骤然回升可加重受害程度。另外，霜冻通常发生在夜间，而组织在日落后由于热量散失，往往发生"过冷现象"，即组织内温度比外界温度低的现象，更加重了霜冻的发生。

落叶果树经过晚秋的抗寒锻炼，细胞内部发生了一系列生理生化变化，因而在休眠季有较强的抗低温能力，但早春气温升高，细胞渗透压下降，其抗寒力明显降低。芽体的抗寒力随萌芽的进行越来越弱，抗寒力一般为胀芽期＞花蕾期＞开花期＞幼果期。因此萌芽开花较早的杏、李、中国樱桃、大樱桃、梨受害较重，其次为桃和油桃、苹果等，树种之间有一定差异，如大樱桃抗寒力较差，而桃抗寒力较强。品种之间抗寒力有较大差异。其次，树势及芽体饱满程度等影响抗冻性，如中庸健壮树较虚旺树和弱树抗冻性强，叶芽比花芽强，饱满芽比弱芽强，但腋花芽由于萌芽较晚比顶花芽抗冻性强。

2. 晚霜冻害的预防

(1)选择适宜品种：品种之间抗冻性有一定差异，在频繁发生霜害的地区应选择较为抗霜冻或物候期晚的品种。

(2)选择适宜园址：低洼地易积聚冷气，在经常发生霜冻的地区应避免建园，必要时营造防霜林，改善果园小气候。

(3)树干和大枝涂白：涂白剂用生石灰5千克、食盐0.5千克、水15千克、石硫合剂0.5千克配制而成，为增加黏着力，可加入0.25~0.5千克细白面。涂白在晚秋落叶后进行，早春可再进行一次。涂白后可防止树体吸热，推迟萌芽2~5天，同时可防日灼，消灭枝干病虫害。

(4)早春灌水：早春土壤解冻后灌水2~3次，可延迟花期6~7天。霜害发生前3~6天灌水不仅能补充树体水分，而且能增加土壤湿度和近地面处空气湿度。由于水热容量大，霜害发生时地面温度和气温下降缓慢，减轻冻害。

(5)熏烟防霜：熏烟可减少植物体和土壤的热辐射，改变果园小气候，使温度提高2℃以上。

(6)喷水：霜前12小时或霜害发生时向果树上喷水，水结冰时散发出潜热，使树体温度不致降得过低。

(7)利用喷施物推迟花期：萌芽前喷布萘乙酸钾盐、比久、乙烯利等生长调节剂。花芽膨大期喷(500~2 000)×10^{-6}青鲜素可推迟花期4~8天，或喷石硫合剂时混喷200~300倍滑石粉。花芽露白(红)时结合防病治虫喷50∶1的石灰水可推迟花期5~8天。上年秋季喷施(50~100)×10^{-6}赤霉素，可推迟花期5~7天。

（8）早春覆草可使地温上升缓慢，推迟花期。

（9）加强综合管理，增强树势。

（10）轻剪多留花，利用腋花芽结果。在经常发生霜害的地区，冬剪时轻剪或不采用花前复剪，霜害发生后利用腋花芽结果。

三、霜害发生后的补救措施

霜害发生后应采取积极措施，恢复树势，增加产量。对晚开花及未受霜冻危害的花及时进行人工授粉，或喷施0.3%尿素、0.3%硼砂，采取花期放蜂和环剥等措施提高坐果率，对幼果喷施30毫克/升防落素，促进坐果。同时加强肥水管理、病虫害防治等管理，迅速恢复树势，提高营养贮藏水平，为来年优质丰产奠定良好基础。梨在花托未冻的情况下可喷布赤霉素，促进单性结实，增加产量。

（落叶果树2001（3）：12-13）

新建果园需做哪些工作

王少敏

一、选择园地与合理布局

果园最好建在土层较厚、排水良好的沙壤土或肥沃的壤土地上，立地条件差的山丘地应进行改良，注意避免重茬。园地选定后，要根据地势进行果园规划。首先安排栽植小区，其次安排道路和排灌系统等。在有风害的地区，还必须规划好防护林。

二、确定合理密度

不同立地条件，应采用不同的栽植密度，栽植株行距因地势、土壤类型、树种、砧木等而有所不同。土壤瘠薄的山地、荒滩或使用矮化砧木的苗木，可以密植；平原、肥沃土壤可稀植。苹果、梨、桃、杏、李栽植时应配置授粉树，苹果、梨为6:1，桃、杏、李为4:1，油桃一般自花授粉。

三、选用优良品种及优质苗木

目前苹果优良品种有美国8号、松本锦、红将军、藤牧1号、皇家嘎拉、斯嘎利短、新世界、富达等；油桃优良品种有早丰甜、超五月火、早红珠；桃优良品种有白丽、新川中岛、中华寿桃等；杏优良品种有大棚王杏、金太阳、红丰、新世纪、凯特杏等；李优良品种有大石早生、圣玫瑰、黑琥珀、黑宝石、安哥诺等，可根据不同立地条件和管理水平选用不同品种。优质苗木除品种和砧木纯正外，苗子本身的质量一定要好，要求直根有一定长度，具侧根并带须根（根展直径约20厘米）；同时，苗木要有一定的高度（不同树种、品种可在80～120厘米内选择）和粗度，发育充实，整形带内有饱满芽，无机械损伤及病虫害。一些长得虚旺高大的苗木并不是优质苗木，这种苗木整形带内常无饱满芽。

四、穴沟准备

果树定植穴的大小要根据土质好坏来决定，土质好的挖小穴，土质不好的要挖大穴，一般60～70厘米见方。表土和心土要分开放置，底肥可每667米^2（亩）施入3 000～4 000千克优质土粪、100千克氮磷钾三元复合肥，与表土掺匀后填入树穴下层，心土放在表层。严禁施鲜粪作底肥，以免伤根。

五、苗木栽植与定干

春季栽植时间一般以当地杏树初花期前5～10天为最好，定植时要做到规格化，达到横竖成行。定植的深度通常以苗木根颈痕迹与地面相平为准。接口应在迎风面，根系要伸展，然后培土踏实、灌水，水渗下后再封穴，以利于保水。苗木栽植后要及时定干，苹果、梨一般要求70～80厘米，桃、油桃、李、杏、樱桃一般为50～60厘米。剪口下20厘米的整形带内要留饱满芽，以利于发出健壮枝条，选留作主枝。

六、留足树盘，合理间作

当年定植的幼树，树盘应不小于1.0米^2，三年生以上的树盘要大于冠径。当树冠覆盖率达60%以上时，应停止间作。严禁间作高秆或缠绕作物以及需水量多的秋菜类作物，最好间作一些矮秆豆科作物。

（山西果树2003.2：5）

雪花梨改接黄冠梨的效果观察

高华君，王少敏，王悦国

早、中熟梨是我国当前梨品种结构调整的方向之一，国内外市场供不应求。针对山东省目前早、中熟梨普遍缺乏的状况，山东省果树研究所自石家庄果树研究所引进黄冠梨进行改接观察，现将试验结果报告如下。

一、改接园基本情况

黄冠梨是河北省农林科学院石家庄果树研究所育成的早中熟梨新品种，亲本为雪花梨和新世纪，原代号78-6-102。1988年冬引进该品种接穗，1999年春枝接于四年生雪花梨上，株行距2.5米×4米，授粉品种有绿宝石、早酥脆、玛瑙梨等。试验园设在泰安市省庄镇，土壤为轻黏壤土，土壤有机质含量0.83%，pH 6.8～7.1，果园管理水平较高。

二、接后表现植

1.物学特征

叶片椭圆形，较大，长11.45厘米，宽7.63厘米，叶柄长3.02厘米。叶尖渐尖，叶基心脏形，叶缘锯齿状。幼叶红棕色，似雪花梨，光滑、薄、较软，后转为棕绿色，成龄叶深绿色，质地脆而厚，蜡质厚，有光泽。幼叶转色较快。叶姿平展或微下垂。一年生发育枝深褐色，质地较硬，多年生枝黑褐色。发育枝节间距4.27厘米。花较大，白色，花药浅紫色，花粉量大，每个花序平均8朵花。

2.果实经济性状

果实长圆形，端正，果形指数0.97。成熟前果皮绿色，开始成熟后转为绿黄色，完熟后转为金黄色，外观酷似"金冠"苹果。果实大，平均单果重313.8克，大者556克，大小不均匀。果梗长，长度3.73厘米，中粗，着生牢固。梗洼中深、中广，萼洼深、中广，萼片脱落。果面较光滑，果皮薄，果点较小，中密，黄褐色，不明显，无锈斑，外形美观。果皮蜡质厚，有光泽。套袋果果面淡黄色，果点小而稀，浅褐色。果肉黄白色，石细胞极少，质地细嫩松脆，汁液特多，含可溶性固形物13.8%～16.2%，风味浓甜，微酸，品质极好。果心小，香味较浓。果实硬度5.3～7.87千克/厘米²，耐贮藏，采后常温下可贮藏15~20天，果肉不失水，不变褐，风味品质不变。

3. 生长结果情况

改接后生长势强旺，当年枝条长度可达200厘米，发枝量大，第2年基本恢复原树冠大小。结果后树势健壮、稳定，萌芽率高，成枝力强。一年生枝短截后抽生2~4个长枝，若缓放则顶端抽生2~3个较细长枝，其余多数形成中、短枝。拉枝后枝条基部、背上及树冠内膛易萌生大量直立旺枝，果台梢也易形成长枝。新梢停长早，8月上旬绝大多数新梢封顶，极易形成花芽，结果早，花量大，坐果率极高。高接后第2年结果，株产可达6.4千克，第3年平均23.2千克，第4年45.7千克。改接后幼树具很强的腋花芽结果能力，成龄树以短果枝结果为主，中、长果枝亦具有良好结果能力。连续结果能力强，丰产稳产。

4. 物候期

与其他品种的梨对比表明，黄冠梨属萌芽、开花期较早的品种。2001年观察，花芽膨大期为3月上旬，3月27日为花序分离期，3月20日花序全部分离，单花露白，芽内叶半展开，4月6日进入盛花期，持续5~6天，4月17日为终花期，花期较长。4月中下旬新梢进入旺盛生长期，5月初果实进入迅速膨大期，8月初果实可采，8月20日前后果实完熟，11月下旬落叶。

5. 适应性与抗逆性

改接后生长结果良好。抗寒，较抗旱，耐湿涝，抗黑星病，未发现严重病虫危害现象。抗早春晚霜冻害能力强，2001年3月27日花序分离期遭遇−7.2℃低温，基本未影响坐果。

三、改接及接后的管理

1. 改接

改接前把黄冠梨枝条剪成有2~3个芽的接穗，上剪口离芽0.5厘米，蜡封接穗的2/3左右。春季临近萌芽前，根据原树体结构剪砧，较细的枝用双舌接法接1个接穗，较粗的骨干枝采用劈接或切接法接多个接穗，主干及骨干枝缺枝处采用切腹接方法。萌芽后一直到夏季及时补接。接后砧木部位长出的萌蘖除在缺枝部位留一部分作为补接的砧木外，过多的应及时抹除（3~5次）。新梢生长到20~30厘米时，在解除绑扎物的同时，用麻皮或其他材料将嫩梢绑缚到事先立好的木棍等支柱或砧木上，以后随新梢生长多次绑缚，防止风吹折。

2. 整形修剪

（1）夏季修剪：有空间的旺长梢和用作骨干枝的新梢长至30厘米左右时摘心，结果枝组、各枝头不作延长枝的枝条及副梢可于新梢长至50厘米左右时进行轻度摘心，直立生长的枝条随时注意采用撑、拉、坠等方法开张枝条角度，内膛及骨干枝背上过多过密的枝条采用扭梢、拿枝、环割等方法控制其旺长，改造为结果枝组，同时对各级骨干枝延长梢发出的竞争梢进行扭梢等处理，保持骨干枝单轴延伸。

（2）高接当年冬季修剪：以轻剪长放为主，尽量不疏枝。各级骨干枝的延长枝在饱满芽处短截，继续扩大树冠。其余枝条，影响骨干枝生长的疏除或去强留弱；不影响生长的，有空间时可中短截促枝补空，无空间时宜缓放不剪。高接第2年以后冬季修剪时，骨干枝延长枝继续短截培养骨干枝，不断续扩大树冠。

3. 肥水管理

特别注意加强肥水管理，促进高接枝生长，这是高接成功的关键。高接树在高接前一年秋要施足有机肥料作为基肥，每亩施4 000千克左右。高接成活后的新梢旺盛生长期及时追肥，以速效氮肥为主，配合适量磷、钾肥，并及时灌水，也可叶面喷布0.3%尿素促进新梢生长。高接前土壤灌一遍透水，可显著提高成活率，高接后头一个月内要特别注意防止干旱。高接后前三年还需加大施肥量和灌水次数，直至伤口完全愈合、树冠恢复原来大小后转入正常肥水管理。

4. 花果管理

高接后2~3年以扩冠为主，在不影响枝条生长的情况下确定留果量。树冠恢复原大小后进入正常花果管理，一般花后20天左右疏果，留单果，间距15~20厘米。果实套袋可明显改善果实外观品质，宜用遮光双层袋，套袋时间以6月上旬为宜。

5. 病虫害防治

高接树主干、各级骨干枝及大的接口涂白，以减少越冬虫源，并防止枝干日烧。危害高接口的害虫常见的有小透羽、梨小食心虫等，成虫多产卵于接口、切口和叶片上，幼虫蛀食幼嫩的愈合组织，致使伤口愈合不良，严重的可使高接枝死亡，需重点进行防治。危害嫩梢及叶片的梨茎蜂、蚜虫、毛虫等应及时进行药剂防治。

四、小结

本试验表明，黄冠梨与雪花梨亲和力强，春季发芽前改接成活率90%以上，接后生长势旺，发枝多，可迅速恢复树冠。黄冠梨幼树腋花芽结果能力强，改接第2年即有经济产量，果实中早熟，果个大，外观与内在品质俱佳，耐贮运，丰产稳产，适应性和抗逆性均强，具有较高的经济效益。

（山西果树 2003（2）：57）

欧洲梨的特性及栽培技术

高华君，王少敏，王尚勇

世界上栽培的梨分为两大类，即欧洲梨和亚洲梨，白梨、砂梨和秋子梨均为亚洲梨。欧洲梨在我国称为西洋梨，原产于地中海沿岸的欧洲东部和小亚细亚，目前在欧洲、北美、南美、非洲、大洋洲广泛栽培，是世界上梨贸易的主要种类。

一、特征特性

1. 形态特征

欧洲梨树体较白梨小，而干性在栽培梨中最强，一般树高3～5米。叶片小而厚，蜡质厚，富有光泽，蒸腾系数小，椭圆或卵圆形，先端急尖、尖短，叶基圆形至宽楔形，锯齿不明显或具圆钝锯齿，叶片淡绿或绿色。嫩枝近于无绒毛，一年生枝条多为灰黄色或红褐色，多年生枝灰白色。

2. 果实性状

果实大小品种之间有很大差异，果形一般呈葫芦形，少数近圆形；萼片宿存，果梗较粗短；果实颜色有黄色、绿色、红色和锈褐色，果点小、不明显；多数品种果实表面凹凸不平，果肉石细胞较白梨品种少；果实在树上不能完熟，采收后须经后熟才能变软，易溶于口，达最佳鲜食状态；多数品种的果实不耐贮藏。

3. 生长结果习性

乔化砧苗定植后一般3～5年见果，矮化砧苗定植后2年可见果。未结果幼树生长势强旺，树姿直立，结果后树冠开张或半开张，树势中庸，管理不当易衰弱。多数品种自花不实，需配置授粉树。花芽分化期较亚洲梨稍晚，以短果枝结果为主，连续结果能力较砂梨强，中、长果枝和腋花芽也能结果。萌芽、开花期晚，花期一般较白梨晚4～8天。早熟品种6月份即可成熟（如小伏洋梨），晚熟品种可到10月上旬上市（如红安久）。落叶较亚洲梨晚，有时不能正常落叶。

4. 适应性与抗病虫性

抗寒性不及秋子梨和白梨，休眠期能耐 −20℃ 的低温（似砂梨），要求 1 月份均温不低于 −8℃，年均温为 8～15℃，10～12℃ 最好，萌芽、开花期温度要求如表 1。年降水量 501～950 毫米最好，美国多在灌水良好的半干旱地区栽培，以减轻火疫病。喜土层深厚、pH 6～7、排灌良好的肥沃壤土，不耐瘠薄。欧洲梨易感火疫病，在我国夏湿地区栽培常出现结果迟，结果后树势衰退，干腐病、轮纹病以及果实尻腐病、木栓斑点病等生理病害，红色品种雨季存在红色消退及易染心腐病等问题。

表 1　　　　　　　　　　欧洲梨花器官受冻的临界温度

生育期	临界温度（℃）	10% 受冻（℃）	90% 受冻（℃）
鳞片分离	−7.8	−9.4	−17.8
现蕾	−5.0	−6.7	−14.4
花序分离前	−4.4	−4.4	−9.4
露白	−2.2	−3.9	−7.2
大蕾期	−1.7	−3.3	−5.6
初花	−1.7	−2.8	−5.0
盛花	−1.7	−2.2	−4.4
终花	−1.1	−2.2	−4.4

注：安久梨与巴梨抗性相似，但花期较早，因此受害较重。

二、栽培技术

1. 品种选择

欧洲梨的主要品种有巴梨（Bartlett，又称 Williams）、安久（D'Anjou）、巴斯卡（Bosc）、考密斯（Comice）、派克汉姆（Pack-ham）、康佛伦思（Conference）、凯思凯德（Cas-cade）、佛洛尔（Forelle）、塞克尔（Seckel）、鲜美（Red Sensation）、乃利斯（Nelis）、康考德（Con-corde）、日面红（Flemish Beauty）等，其中巴梨、安久、巴斯卡占美国梨产量的 90% 左右。国际上欧洲梨的栽培趋于品种多元化，特别是红皮梨发展较快，但巴梨仍占主导地位。我国栽培欧洲梨，目前推荐品种有紫巴梨、早红考密斯、巴梨、康佛伦思、派克汉姆等，这些品种适应性强，树势壮旺，病虫害少，栽培管理方便。

2. 砧木选择

国外多采用欧洲梨如巴梨和冬香梨（Winter Nelis）的实生苗，也少量应用豆梨（P.calleryana Done.），以提高抗火疫病和线虫的能力，同时采用 OH×F（Old Home×

Farm-ingdale）及榅桲系列矮化砧和半矮化砧。我国对欧洲梨砧木研究较少，多采用豆梨、杜梨、川梨、秋子梨等，嫁接亲和力均强，豆梨、川梨较抗病，秋子梨抗寒，杜梨与部分品种（如巴梨）嫁接后易发生尻腐病。

3. 建园

欧洲梨原产于夏干气候带，昼夜温差大，喜光耐旱，我国最适栽培区为西北地区，其次为胶东和辽东半岛沿海地区。最好采用砧木苗建园，高砧嫁接或大树高接，以提高抗病性和适应能力。株行距（2～3）米×（4～5）米。栽植时需配置授粉树，授粉树不低于11%。红巴梨花粉量大，可作其他品种的良好授粉树，红安久则是红巴梨的良好授粉树。

4. 整形修剪

欧洲梨幼树树势强健，萌芽率高，枝条多直立，树势易上强下弱，树形宜选用纺锤形、小冠疏层形、改良主干形或倒人字形。幼树宜轻剪缓放，一至三年生树尽量不疏枝，多留辅养枝，5月中旬和7月上旬各摘心一次，促发分枝；8月下旬拉枝，主枝角度在60°左右，并注意拉平背上枝。结果后的修剪主要是控制顶端优势（达预定树高后及时落头开心），利用拉枝充分占领空间，增加结果部位。冬剪时只轻剪延长枝或疏除过密枝，萌芽前刻芽，补缺枝部位，结果后要及时更新复壮，维持树势平衡。

5. 肥水管理

秋季结合深翻改土，每667 m²（亩）施土杂肥3 000～4 000千克，落叶后灌水。追肥一般一年进行4次，分别为萌芽前（3月中下旬）、花后和花芽分化前（5月中旬至6月上旬）、果实膨大期（7～8月）及营养回流期（果实采收后至落叶前），前期以氮肥为主，后期以磷、钾复合肥为主。结合喷药多次喷施400倍复合型磷酸二氢钾和400倍光合微肥液。灌水结合施肥进行，一般一年进行3～4次。7、8月份雨季注意排水防涝，预防干枯病和新梢旺长。

6. 花果管理

一般不用环剥、环割等方法促花，而采用拉枝促花，适龄不结果旺树可在每年3、4月份将长枝或枝组拉至近水平，结果后呈水平或下垂状态。西洋梨花期较白梨晚1周左右，花期较短，因此花期应加强果园放蜂（每公顷2～4箱蜂）或人工授粉工作。疏花应在花序分离期至初花期进行，一般每隔20～25厘米留1个花序，其余花序全部疏除；疏果在谢花后1周开始，1个月内完成，旺树多留，弱树少留。红安久坐果率适中，可不疏果。

7. 病虫害防治

主要防治轮纹病、干枯病、果实腐烂病等。发芽前喷5波美度石硫合剂和2 000倍2.5%保得乳油等杀虫剂，幼果期喷600~800倍喷克等，6月中上旬后改喷多菌灵等农药。

8. 采收

欧洲梨在树上不能自然成熟，采后需经后熟过程，过早或过晚采收果实品质均显著下降。采收时期主要根据果实硬度判断，果皮绿色变浅、果柄易脱离等可辅助判断。红色品种不宜根据果实色泽判断是否成熟，而主要根据果实硬度来判断。采后后熟过程要注意降低湿度，防止腐烂。

（山西果树2004（3）：24-26）

红巴梨套袋试验初报

高华君，王少敏，孙山，史新

西洋梨在我国的栽培比例很小，近几年（特别是红色西洋梨）价格较高且稳定，发展前景看好。红巴梨为普通巴梨的红色芽变，山东省果树研究所1987年引入我国，适应性、抗逆性均强，树势健壮，结果早，果个大，品质优，丰产稳产，是我国已引进的西洋梨中表现较好的一个品种，但着色不全且色泽较暗，易褪色[1]。果实套袋在多种果树上能促进色泽发育，显著改善外观品质，但一定程度降低内在品质，西洋梨果实套袋尚未见报道[2]。本文以红巴梨为试材，探讨了果实套袋对西洋梨品质的影响，旨在为生产提供理论依据。

一、材料与方法

试验于2003年在山东省果树研究所苗圃进行，苗圃年均温13℃，无霜期200天，年降雨量700毫米，集中于7、8两月份，年平均相对湿度65%，沙壤土，有机质含量0.56%，pH 7.1~7.2。树龄8年，砧木为杜梨，通风透光良好，树势健壮。

不同纸袋种类试验采用山东省果树研究所生产的3种纸袋，A：单层袋，外褐内黑，纸质较硬、厚；B：双层袋，内袋黑色涂蜡，外袋外黄褐色内黑色，纸质较软；C：内袋红色涂蜡，外袋外红褐色内黑色，纸质较软。采前25天（7月30日）摘袋。

不同摘袋时期试验采用C袋，摘袋日期分别为采前35天（7月20日）、采前25天（7月30日）和采前15天（8月10日）。

均采用单株区组，每个处理树冠内随机选20个果，重复3次，以不套袋作对照，5月27日套袋，8月25日采收。

试验果品平均分成两组，分别于采后第2天（后熟前）和室温下存放1周（后熟变软）测定果实外观和内在品质，可溶性固形物含量用WYT-4型手持式糖量仪测定，用FT-327型果实硬度计测果实去皮硬度，可溶性糖和可滴定酸含量分别用蒽酮法和标准NaOH溶液滴定法测定[3]。

二、结果与分析

1. 套袋对红巴梨单果重、果实硬度及糖、酸含量的影响

表1显示，用不同纸袋套袋后平均单果重均不同程度地降低（B袋降低最为显著），但可滴定酸含量较对照明显升高，且经后熟后各套袋果酸含量进一步升高，其中B袋升高更明显，而对照基本不变，A、C袋差别不大；可溶性固形物和可溶性糖含量后熟前B袋显著低于对照，但经后熟后迅速升高，A、C袋与对照相比稍下降，但差别不明显，特别是C袋降低幅度最小；不论套袋与否，红巴梨后熟后可溶性固形物含量均升高，而可溶性糖含量变化不明显；果实硬度各处理间无明显差异。

一般梨果套袋后果实有变小的趋势，糖、酸含量均下降，套袋越早、纸袋遮光性越强，效果越明显[4]。本试验表明，红巴梨套袋后平均单果重下降更明显，但酸含量有较大幅度升高，糖含量下降幅度很小，其中遮光性强的双层内黑袋（B）效应最强，而双层内红袋（C）效果最好，其原因有待进一步分析。通过本试验，可以认为红巴梨套袋以遮光性弱的红色袋效果最好，且宜晚套袋。

表1　　　　　不同纸袋种类套袋对红巴梨果实品质的影响

	纸袋种类	单果重（克）	硬度（千克/厘米²）	可溶性固形物（%）	可溶性糖（%）	可滴定酸（%）
后熟前	A	173.0	12.43	10.3	9.4	0.176
	B	127.8	13.83	8.8	8.6	0.172
	C	171.8	9.66	10.9	10.2	0.180
	CK	191.8	10.66	10.3	10.0	0.149
后熟后	A	158.0	3.81	10.3	9.4	0.210
	B	137.2	4.08	11.0	9.6	0.251
	C	168.6	3.95	11.4	9.8	0.211
	CK	202.8	3.86	11.7	10.4	0.150

表2　　　　　　　　　　　不同摘袋时期对红巴梨果实品质的影响

	摘袋时期 （月／日）	单果重 （克）	硬度（千克／ 厘米^2）	可溶性 固形物(%)	可溶性糖 (%)	可滴定酸 (%)
后熟前	7/20	171.6	15.42	10.9	9.4	0.237
	7/30	173.4	14.79	10.6	9.2	0.221
	8/10	178.6	14.97	11.1	9.6	0.214
	CK	184.8	13.11	10.4	9.4	0.176
后熟后	7/20	171.3	3.27	11.8	10.0	0.210
	7/30	185.1	2.54	11.9	10.1	0.220
	8/10	174.4	2.68	12.1	10.4	0.221
	CK	193.3	2.77	12.1	10.0	0.171

表2显示，采前35天（7月20日）、25天（7月30日）和15天（8月10日）摘袋果实单果重、硬度、可溶性固形物和糖、酸含量后熟前和后熟后无显著差别。

2. 套袋对红巴梨果实着色及果面光洁度的影响

红巴梨果皮花青素形成于幼果期，套袋后同时抑制了果皮叶绿素和花青素发育，但袋内果实阳面仍有少量花青素形成，摘袋后果皮花青素无成熟前的迅速积累期（如苹果），但快于对照果。采后对照果底色黄绿色，阳面暗红色，不同纸袋种类套袋后果实底部浅黄绿色、鲜亮，阳面棕红色至鲜红色，着色面积与对照无显著差异，C袋效果稍好。采前25天摘袋效果最好，采前35天摘袋与对照差别不大，采前15天摘袋着色较浅。可见红巴梨套袋后底色变浅，较对照果鲜艳，果面洁净，外观品质有一定程度改善。试验还发现，套袋果病虫果率明显较对照果低，而对照果易感果实轮纹病等病虫害。

三、小结

红巴梨套袋后果实平均单果重降低，可滴定酸含量升高，可溶性固形物和可溶性糖含量稍下降，但与对照相比差异不显著，同时降低了果皮叶绿素和花青素含量。套袋果较对照果鲜艳，果面洁净，病虫果率明显下降，一定程度上改善了果实外观品质。由于红巴梨套袋后单果重下降较明显，若要套袋，需研制适宜的纸袋种类。本实验表明，红巴梨套袋时，遮光率低的纸袋如白色袋、红色袋效果较好，套袋时期亦稍晚，采前25天摘袋效果较好。

参考文献

[1] 王金政,王家喜,王常君.红巴梨引种研究初报[J].落叶果树,1993,25(2):39-40.

[2] 韩行久,王宏,高华君,等.果实套袋原理及其栽培技术[M].大连:大连出版社,1999.1.

[3] 李锡香,晏儒来,向长萍,等.新鲜果蔬的品质及其分析法[M].北京:中国农业出版社,1994:208-220.

[4] 王少敏,高华君,张骁兵.梨果实套袋研究进展[J].中国果树,2000(6):47-50.

（山西果树2004(5):12-13)

套袋对绿宝石梨果实品质及袋内温度的影响

王少敏,赵峰

梨果套袋是提高果实品质的有效措施,有关套袋对梨果内在和外在品质的影响已有许多报道,但对袋内环境温度的影响报道较少。本试验研究了两种纸袋套袋后袋内温度的变化及套袋对绿宝石梨果实品质的影响。

一、材料与方法

试验于2005~2006年在山东省果树研究所果园和泰安市省庄镇果园进行。果园地处鲁中山区,四季明显,热资源丰富,雨热同期,年平均气温13.5℃,适宜早熟梨生长。土壤为轻黏壤土,土层深厚,肥水供应充足。绿宝石梨树龄8年,株行距3米×4米,树势中庸健壮。试验设套双层袋、单层袋和对照(不套袋)共3个处理。单株区组,区组内每个处理选果形、大小一致的15个果,均挂牌标记;选树势、负载量一致的3株树,重复3次。套袋日期为5月6日(幼果拇指肚大小)。套袋前进行疏果,并喷一遍70%甲基托布津800倍液加灭多威1 000倍液,待药液晾干后开始套袋。采收日期为8月4日,带袋采收。用游标卡尺测量果实纵、横径,用硬度计测定果实去皮后的硬度,用WYT手持糖量计测定可溶性固形物含量。袋内温度测定用Lu-R 1000液晶显示无纸记录仪,通过U盘输入具有USB接口的电脑,在WindowsXP/2000下安装Office 2000,读取温度数据。

二、结果与分析

1. 不同套袋处理对袋内温度的影响

试验结果表明，不同套袋处理袋内温度变化有明显差异。6月9~23日下午2：00，袋内环境温度均高于对照，其中套双层袋比套单层袋和对照分别平均高0.9℃和2.4℃。6月23日下午4：00，套双层袋、单层袋和对照果环境温度分别为39.9℃、36.6℃和36.4℃，双层袋的袋内温度明显高于其余两个处理。图1为2005年6月23日测定的3个处理环境温度的日变化曲线，可以看出，双层袋、单层袋内和对照白天平均温度分别为39.82℃、37.50℃和36.43℃，袋内温度均高于对照，双层袋高于单层袋；双层袋内的环境温度在16：00出现峰值，单层袋和对照在14：00出现峰值。三者夜间温度分别为24.04℃、24.18℃和25.55℃，袋内夜间温度均低于对照，但差异不大，且均在5：00出现最低值。双层袋的日温度变化曲线为双峰曲线，这可能与中午时段纸袋受叶片遮挡有关。双层袋的袋内环境温度最高，达47.4℃，分别比普通单层袋（44.0℃）和对照（40.5℃）高3.4℃和6.9℃。

2. 不同套袋处理对绿宝石梨果实品质的影响

从表1可看出，与对照相比，套双层袋可使绿宝石梨果实的纵径和横径增大，单果重增加，果形指数不变，果实外观品质显著提高；套单层袋的果实纵、横径减小，单果重降低，果形指数略有下降，果实外观品质略有提高。与对照相比，套双层袋可提高果实硬度，但果实可溶性固形物含量略有降低；套单层袋，果实硬度和可溶性固形物含量均降低。

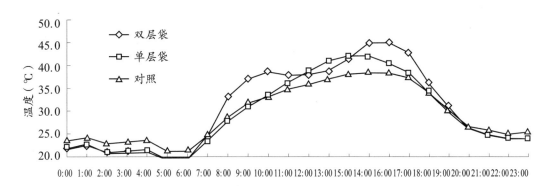

图1　套袋绿宝石梨的袋内环境温度的日变化曲线（6月23日测定）

表1　　　　　　　　两种纸袋处理对绿宝石梨果实大小及品质的影响

处理	纵径厘米	横径厘米	果形指数	平均单果重（克）	硬度（千克/厘米²）	可溶性固形物（%）	果 形 外 观
双层袋	6.73	7.16	0.94	214.10	6.38	11.3	果皮光滑，淡黄白色，有光泽，果点小，浅褐色
单层袋	6.50	7.00	0.93	176.92	5.90	11.08	果皮较光滑，黄绿色，果点较大，褐色较浅
对照	6.61	7.03	0.94	204.17	6.10	11.7	果皮粗糙，绿色，有锈斑，果点大而多，深褐色

三、小结

试验结果表明，不同套袋处理袋内环境温度变化有明显差异。白天，套袋果袋内环境温度均高于对照，其中双层袋最高；夜间温度均低于对照，但差异不大。套袋果外观品质均有不同程度的提高，以双层袋为佳；套袋后果实可溶性固形物含量均有所下降，但套双层袋的果实硬度略有提高。因此，绿宝石梨果套袋宜使用双层袋。

（落叶果树2008（5）：22–23）

套袋对鸭梨果实香气及糖酸组分的影响

王少敏，魏树伟

梨是重要的栽培树种之一，在世界果品市场中占有重要地位。鸭梨是我国广泛栽培的优良品种，因其风味独特一直颇受消费者喜爱。果实中芳香物质、糖、酸的组成及含量是决定其风味品质的重要因素。近年来，套袋措施在改善果实外观指标的同时，也导致一些内在品质指标（尤其果实风味）降低[1]。因此，研究套袋对于梨果实风味品质的影响有利于确定套袋对鸭梨风味品质的影响，丰富梨果套袋理论研究。

一、材料与方法

1. 材料

鸭梨采自山东阳信梨园。果园沙壤土，砧木为杜梨，二十年生，树势中庸，管理水平一般。2010年5月26日选择3株负载量、树相等类似的树，每株树套袋90个（纸袋选用双层灰黑袋），不套袋作为对照。2010年9月26日采收，采收时挑选成熟度适宜、无病虫、无机械伤、具有该品种典型特征的各处理果实30个，将同种纸袋处理的果实混匀，运回实验室进行测定。

2. 方法

(1) 果实挥发性成分的提取与测定：参照田长平等[2]的方法，每份样品取3~5个果实的果肉，迅速切成薄片并混匀，准确称取6克样品放入样品瓶中，用聚四氟乙烯丁基合成的橡胶隔片密封。果实挥发性成分的提取与测定分别利用 Perkin ElmerTurbo Matrix 40 Trap 顶空进样器和 Shimadzu GCMS-QP 2010 气相色谱 – 质谱联用仪，采用静态顶空气相质谱色谱联用技术进行。挥发性成分的定性方法：未知化合物质谱图经计算机检索，同时与 NIST 05 质谱库相匹配，并结合人工图谱解析及资料分析，确认各种挥发性成分；定量方法：按峰面积归一化法求得各化合物相对质量百分含量。

(2) 果实糖、酸组分的提取与测定方法[3]：准确称取5克果肉，用15毫升80%酒精研磨后，水浴（75℃）30分钟，然后离心（4 000克/分钟）5分钟，将上清液转至25毫升容量瓶中；余下的沉淀再加入10毫升80%酒精继续水浴（75℃）30分钟，离心（4 000克/分钟）5分钟后，上清液转移至上述25毫升容量瓶中并定容；将该提取液于60℃条件下蒸干，残渣用5毫升重蒸水溶解，待测。测定采用高效液相色谱法，分析仪器为美国510型 Waters 高效液相色谱仪。用于糖组分分析的色谱柱为氨基柱 Kromasil 250毫米×4.6毫米，流动相为乙腈：水（80：20）；流速：1毫升/分钟；进样量：15微升；使用 RID 10-A 示差折光检测器。用于有机酸分析的色谱柱为 C 18 Kromasil 250毫米×4.6毫米；流动相为10毫摩尔/升磷酸二氢铵（磷酸调 pH 至2.8）：甲醇（97：3）；流速：0.9毫升/分钟；进样量：10微升，使用 Waters 2487 双波长紫外检测器，检测波长：214纳米。利用 N 2000 色谱工作站（Ver. 3.30）计算糖、酸组分含量。

二、结果与分析

1. 套袋对鸭梨香气成分的影响

由表1可以看出，套袋和不套袋鸭梨共检测到3类30种香气物质。套袋鸭梨果实香气成分有3类18种，其中酯类15种、烯类2种、醇类1种；不套袋鸭梨香气成分有3类26种，其中酯类23种、烯类2种、醇类1种。根据试验峰面积计算，套袋鸭梨香气物质总量是对照的33.68%。套袋使鸭梨香气物质种类减少，含量降低。

试验发现套袋和不套袋鸭梨果实香气成分均为酯类、烯类、醇类。套袋鸭梨中相对百分含量较高的物质是：乙酸己酯46.21%，丁酸乙酯18.75%，己酸乙酯12.91%，

乙酸 –2– 己烯 –1– 酯2.3%；不套袋鸭梨中相对百分含量较高的物质是：丁酸乙酯31.46%，己酸乙酯26.47%，乙酸己酯12.52%，乙酸 –1– 乙基戊酯4.06%，2– 甲基 –丁酸乙酯3.68%。酯类化合物是鸭梨中相对百分含量最高的芳香物质。鸭梨主要香气物质是乙酸己酯、己酸乙酯、丁酸乙酯。

表1 　　　　　　　　　　套袋不套袋鸭梨香气物质相对百分含量

化合物名称	相对百分含量 %	
	套袋	不套袋
酯类		
丙酸乙酯	2.76	1.73
异丁酸乙酯	0	0.34
丁酸甲酯	0.17	0
异丁酸乙酯	1.24	0
乙酸异丁酯	0.46	0.94
2– 甲基丙烯酸乙酯	0.18	0
丁酸乙酯	31.46	18.75
乙酸丁酯	0.62	0.95
2– 丁烯酸乙酯	0.32	0.14
2– 甲基丁酸乙酯	3.68	1.51
乙酸 –4– 己烯 –1– 酯	0	0.34
乙酸异戊酯	0.09	0
戊酸乙酯	0.89	0.27
乙酸 –1– 乙基戊酯	4.06	0
反 –2– 甲基 –2– 丁烯酸乙酯	0.39	0
4– 甲基 – 戊酸乙酯	0.06	0
己酸乙酯	26.47	12.91
3– 己烯酸乙酯	0.5	0
乙酸己酯	12.52	46.21
乙酸 –2– 己烯 –1– 酯	0.9	2.3
2– 己烯酸乙酯	0.24	0

化合物名称	相对百分含量 %	
	套袋	不套袋
庚酸乙酯	0.23	0
4- 辛烯酸乙酯	0.05	0
辛酸乙酯	3.07	1.51
2- 辛烯酸乙酯	0.08	0
丁酸己酯	0	0.14
邻苯二甲酸乙酯	0	0.22
醇类		
己醇	0.2	1.44
烯类		
柠檬烯	0.06	0.29
α- 法尼烯	0.39	0.37

2. 套袋对鸭梨糖酸组分的影响

套袋和不套袋鸭梨糖酸组分测定结果如表2。套袋和对照均是果糖含量最高，分别为31.07毫克 / 克、33.91毫克 / 克；其次是蔗糖，含量分别为20.57毫克 / 克、25.77毫克 / 克；葡萄糖含量最低，分别为11.23毫克 / 克、16.28毫克 / 克。套袋鸭梨糖类总含量为62.87毫克 / 克，不套袋鸭梨糖类总含量为75.96毫克 / 克，差异显著。果糖和蔗糖含量是影响鸭梨糖类总含量的主要因素。

套袋和不套袋鸭梨均是苹果酸含量最高，分别为4.4毫克 / 克、6.43毫克 / 克；其次是乙酸，含量分别为1.61毫克 / 克、1.74毫克 / 克；再次是柠檬酸，含量分别为0.392毫克 / 克、0.412毫克 / 克；草酸含量最低，分别为0.056毫克 / 克、0.33毫克 / 克。套袋鸭梨酸类总含量为6.458毫克 / 克，不套袋鸭梨酸类总含量为8.912毫克 / 克，差异显著。

表2 　　　　　　　　　　　　套袋和对照鸭梨果实糖酸组分及含量

处理	果糖	蔗糖	葡萄糖	苹果酸	乙酸	柠檬酸	草酸
套袋	31.07	20.57	11.23	4.4	1.61	0.392	0.056
不套袋	33.91	25.77	16.28	6.43	1.74	0.412	0.33

三、讨论

前人研究表明[4]，鸭梨芳香物质以酯类为主。本试验发现，套袋和对照鸭梨芳香物质均以酯类为主，与前人结果基本一致。本研究表明，套袋导致鸭梨果实芳香物质种类减少，这与前人[5]在香水梨上的结果一致。刘向平等[6]研究了不同采收期对鸭梨采后贮藏香气成分的影响，结果表明鸭梨果实的主要香气成分为乙酸乙酯、己醛、己醇、丁酸乙酯、己酸乙酯等。其中丁酸乙酯、己酸乙酯与本研究一致，但本试验未检测出己醛、乙酸乙酯，推测可能与检测方法及试验样品有关。

味感物质（糖、酸等）和嗅感物质（香味物质）构成果实的风味物质或果实风味复合物（FFC），其组成及含量对果实内在品质有着重要影响。以往研究表明，梨果实糖组分以果糖为主，葡萄糖次之，蔗糖含量最低；有机酸主要为苹果酸，其次为奎尼酸、莽草酸与柠檬酸，酒石酸与琥珀酸含量较少[7]。本研究表明，鸭梨果实糖组分以果糖为主，有机酸主要为苹果酸，与前人结果一致，但蔗糖、葡萄糖含量与前人结果不一致，有机酸中乙酸、柠檬酸、草酸与前人结果不同，分析可能与检测方法及试验样品有关。

目前关于糖、酸及糖酸比作为果实风味评价的指标尚不统一，但研究表明，不同糖酸组分具有不同的味感阈值，当某种组分含量高于其阈值时，才会影响果实甜味或酸味[8]。本研究表明，套袋和对照鸭梨果实果糖、葡萄糖、蔗糖与苹果酸含量均高于其阈值，因此推测果糖、葡萄糖、蔗糖与苹果酸是影响鸭梨果实甜味和酸味的主要因子。

四、结论

套袋导致阳信鸭梨香气物质种类减少，相对百分含量降低。套袋鸭梨采收时测定的香气成分有3类18种，不套袋鸭梨采收时测定的香气成分有3类26种，套袋鸭梨香气物质总含量为对照的33.68%。鸭梨的主要香气成分是乙酸己酯、己酸乙酯、丁酸乙酯。套袋和不套袋鸭梨均检测到3种糖、4种有机酸组分，其中糖组分主要为果糖，其次为蔗糖、葡萄糖；有机酸组分主要为苹果酸，其次为乙酸、柠檬酸、草酸，但含量存在差异。

参考文献

[1] 王少敏.山东省梨果套袋存在的问题及建议[J].落叶果树，2009（2）：7-9.

[2] 田长平，魏景利，刘晓静，等.梨不同品种果实香气成分的GC-MS分析[J].果树学报，2009，26（3）：294-299.

[3] 王海波，李林光，陈学森，等.中早熟苹果品种果实的风味物质和风味品质[J].中国农业

科学，2010，43（11）：2 300-2 306.

[4] 徐继忠，王颉，陈海江等.套袋对鸭梨果实内挥发性物质的影响（初报）[J].园艺学报，1998，25（4）：393-394.

[5] 王少敏，陶吉寒，魏树伟等.套袋香水梨贮藏过程中芳香物质的变化研究[J].中国农学通报，2008，24（9）：324-328.

[6] 刘向平，寇晓虹，张平等.不同采收期对鸭梨采后贮藏香气成分的影响[J].食品科学，2010，Vol.31，No.10：292-295.

[7] Chen J L，Wang Z F，Wu J H，et al.Chemical compositional characterization of eight pear cultivars grown in China.Food Chemistry，2007，104：268-275.

[8] Róth E，Berna A，Beullens K，et al.Postharvest quality of integrated and organically produced apple fruit.PostharvestBiology and Technology，2007，45：11-19.

（青岛农业大学学报2011，4：48-9）

施肥、浇水和赤霉素不同处理对丰水梨果实品质的影响

王少敏，魏树伟，王杰军，王宏伟，王铭章

中西部是我省梨主产区之一。近年来，随着果品价格上升、市场竞争日趋激烈，果农们更加重视管理，增加投入。但是梨的产量及品质受多种因素影响，如土壤性质、肥料、灌溉等。多年来，在梨生产中，由于没有科学施用肥料[1]、合理灌溉，不仅增加生产成本、污染环境[2]，且难以保证梨的产量及品质。为了探索总结适宜的施肥、灌溉等管理措施，特进行本试验，希望为生产提供指导。

一、材料与方法

1.试验材料

供试梨树为三十年生鸭梨改接丰水，种植密度为4米×6米，供试复合肥为俄罗斯产阿康复合肥（N-P-K=16-16-16）；腐熟鸡粪（N1.8%、$P_2O_5$1.2%、K_2O1.5%）。试验于2009~2010年在冠县梨园进行，土壤为粉沙土，土壤基础肥力为有机质5.45克/千克，全氮0.32克/千克，碱解氮54.92毫克/千克，有效磷22.24毫克/千克，速效钾106.57

毫克/千克，pH7.33。

2.试验方法

（1）试验处理：

①施肥试验。设有4个处理，分别为施腐熟鸡粪（3月10日施入，鸡粪89千克/株）、施复合肥2次（3月28日、6月10日施入，复合肥用量共计4千克/株）、施复合肥3次（复合肥用量共计6千克/株）、施鸡粪加复合肥（鸡粪3月10日施入，89千克/株；复合肥3月28日、6月10日、7月20日三次施入，共计6千克/株）。

②浇水试验。设有浇花前水、不浇花前水、漫灌、沟灌4个处理。

③激素试验。设果柄不抹赤霉素、抹赤霉素2个处理。

随机区组设计，重复3次，每个处理3株树。

（2）测定方法：果实成熟后，每个处理在树冠外围随机采收30个果，测定单果重、硬度、可溶性固形物、果形指数。硬度用GY-3型硬度计测定；可溶性固形物用TD-45数显糖度计测定。果形指数 = 纵径/横径。

二、结果与分析

1.施肥对丰水梨果实品质的影响

试验结果表明，不同施肥处理，施用复合肥 + 鸡粪果实可溶性固形物含量最高，为11.83%；只施用腐熟鸡粪最低，为11.19%。施3次复合肥单果重最大，为315.57克；施2次复合肥单果重最小，为285.36克。施2次复合肥果实硬度最大，为3.94千克/厘米^2；施鸡粪 + 复合肥果实硬度最低，为3.49千克/厘米^2；施鸡粪 + 复合肥果实果形指数最大，为0.94；施复合肥3次果实果形指数最小，为0.913。

表1　　　　　　　　　　　施肥对丰水梨果实品质的影响

	可溶性固形物（%）	硬度（千克/厘米^2）	单果重（克）	果形指数	外观	优质果率
施腐熟鸡粪	11.19	3.7	301.83	0.92	光洁，果点较小	90%
施复合肥2次	11.55	3.94	285.36	0.92	光洁，果点较大	85%
施复合肥3次	11.62	3.6	315.57	0.913	光洁，果点较大	92%
施鸡粪加复合肥	11.83	3.49	310.63	0.94	光洁，果点小	95%

2.浇水对梨果实品质的影响

浇花前水果实可溶性固形物含量为10.9%，而对照不浇花前水果实可溶性固形物含量为11.86%。浇花前水果实单果重为318.1克，显著高于不浇花前水的287.29克；浇花前水对果实硬度影响不大；不浇花前水果实果形指数为0.93，大于浇花前水的0.91。采用沟灌措施的果实可溶性固形物含量为11.85%，而漫灌为10.9%；沟灌果实单果重为302.1克，而漫灌为296.29克；漫灌果实硬度为3.78千克/厘米²，沟灌为3.6千克/厘米²；沟灌、漫灌果形指数差别不大。

表2　　　　　　　　　　　　　浇水对丰水梨果实品质的影响

	可溶性固形物（%）	硬度（千克/厘米²）	单果重（克）	果形指数	外观	优质果率
浇花前水	10.9	3.6	318.1	0.91	光洁，果点大	92%
不浇花前水	11.86	3.5	287.29	0.93	光洁，果点小	86%
漫灌	10.9	3.78	296.29	0.917	光洁，果点小	85%
沟灌	11.85	3.6	302.1	0.91	光洁，果点小	93%

3. 赤霉素处理对果实品种的影响

生长期果柄抹赤霉素使果实可溶性固形物含量升高，果实单果重明显增大，而使果实硬度降低。生长期抹赤霉素果实单果重为268.93克，不抹赤霉素果实单果重为255.32克；不抹赤霉素果实硬度为4.27千克/厘米²，显著高于抹赤霉素果实的3.73千克/厘米²；抹赤霉素果实果形指数为0.93，而对照不抹赤霉素为0.918。

表3　　　　　　　　　　　　　赤霉素对丰水梨果实品质的影响

	可溶性固形物（%）	硬度（千克/厘米²）	单果重（克）	果形指数	外观	优质果率
不抹赤霉素	10.9	4.27	255.32	0.918	光洁，果点较大	90%
抹赤霉素	10.83	3.73	268.93	0.93	光洁，果点较小	93%

三、讨论

施用复合肥和腐熟鸡粪均能增加丰水梨的单果重，改善果实品质，但是单纯施用复合肥和单纯施用腐熟鸡粪效果均不能达到最好。复合肥含果树所需的氮、磷、钾三种元素，但是微量元素缺乏，且长期施用对土壤结构有所影响[3]。有机肥养分全面，能改善土壤结构和土壤理化性质，但是肥效缓慢。因此，复合肥与有机肥配合施用既能保证果树的产量和品质，又能形成良好的土壤环境，利于长期稳产高产。

保持土壤水分稳定供应是生产高档梨果的关键之一。生长季土壤含水量应稳定在田间最大持水量的60%～80%之间，地表下5～10厘米处的土壤以手握可以成团、一触即散为宜。漫灌是在田间不设任何沟埂，灌水时任其在地面漫流，借重力作用浸润土壤，是一种比较粗放的灌水方法，灌水的均匀性差，浪费大。沟灌克服了漫灌的一些缺点，节约了用水，提高了灌水的均匀性，且对土壤结构破坏较小。

赤霉素加速细胞伸长（赤霉素可以提高植物体内生长素的含量，而生长素直接调节细胞伸长），对细胞的分裂也有促进作用，可以促进细胞扩大（但不引起细胞壁酸化）。因此，抹赤霉素能提高果实单果重。但是调查发现，抹赤霉素的果实可溶性固形物含量降低、风味变淡，口感较不抹赤霉素的差。

四、结论

施用复合肥＋鸡粪，果实可溶性固形物含量、果形指数和优质果率最高，分别为11.83%、0.94和95%；施3次复合肥单果重最大，为315.57克；施2次复合肥果实硬度最大，为3.94千克/厘米^2。

浇花前水，果实可溶性固形物含量为10.9%，高于不浇花前水的果实；浇花前水处理果实单果重为318.1克，显著高于不浇花前水的287.29。沟灌处理果实可溶性固形物含量为11.85%，高于漫灌的10.9%；沟灌处理单果重为302.1克，大于漫灌的296.29克；沟灌处理果实硬度小于漫灌。

生长期果柄抹赤霉素使果实单果重明显增大，优质果率提高，但硬度、可溶性固形物略有降低。

参考文献

［1］张文军.渭北地区苹果园施肥存在的问题及对策［J］.烟台果树，2010(1)10–11.

［2］张晓东，高义民，赵护兵.蒲城县酥梨果园施肥和土壤营养调查报告［J］.陕西农业科学，2001(9)43–45.

［3］黄若展.福建德化梨园土壤养分与施肥试验［J］.中国果树，2010(2)16–19.

（山东农业科学2011，4：48–9）

壁蜂授粉加人工授粉对砀山酥梨坐果率的影响研究初报

魏树伟，王越，王宏伟，张勇，王少敏

角额壁蜂（Osmia cornifrons）属膜翅目蜜蜂总科切叶蜂科壁蜂属昆虫，被广泛用于果树授粉。角额壁蜂有访花速度快、授粉均匀、应用技术简便等特点，尤其在自然传粉不良以致坐率低的果园，利用角额壁蜂授粉可显著提高坐果率[1,2]，提高产量和品质。中国于1987年从日本引进角额壁蜂，目前山东、河北等省应用角额壁蜂给苹果树授粉已取得成功。国内外关于角额壁蜂给果树授粉的研究大多集中在苹果树上[3]，应用于梨的研究较少。

一、试材与方法

试验在滕州市柴胡店镇刘村梨园进行，株行距3米×4米，梨园沙壤土，主栽品种为砀山酥，树龄11～35年，面积约200亩。

试验设角额壁蜂授粉和人工授粉加角额壁蜂辅助授粉两个处理。角额壁蜂授粉于砀山酥梨初花期进行，选择园内树龄、树相类似的3株树（单株小区，重复3次），仅用角额壁蜂授粉。在蜂箱附近挖深50厘米、直径30～40厘米的土坑，坑内每天浇水保持湿润。利用预制水泥空心砖做巢箱（规格为39厘米×24厘米×19厘米），在梨园内放蜂。蜂箱距地面高度40厘米，蜂箱间距30～40米。每个蜂箱内放置长15～16厘米、内径5～7毫米的苇管10捆，每捆50根，染成绿、红、黄3种颜色，作为角额壁蜂的蜂巢。蜂种为上年回收的角额壁蜂（蜂茧可以回收利用），于花前5天在放蜂区每个蜂箱释放约500头蜂茧。另选与单纯角额壁蜂授粉处理相邻、树相相似的3株树，同时进行人工授粉，作为人工授粉加壁蜂辅助授粉处理。人工授粉用鸭梨花粉，采用点授法。

初花期调查统计角额壁蜂授粉的3株树和人工授粉加角额壁蜂辅助授粉的3株树的花序数和花朵数；谢花后调查坐果情况，并计算花序坐果率和花朵坐果率。人工授粉加壁蜂辅助授粉的树，每株树按叶幕分上、中、下三层，每层取两个中大型果枝（每枝至少有30个花序），记录每个花序的花朵数和坐果数，计算其相应的花序坐果率和花朵坐果率。

$$花序坐果率=100\%\cdot调查坐果的花序总量/调查总花序数$$
$$花朵坐果率=100\%\cdot调查总的坐果数量/调查总的花朵数量$$

二、结果与分析

1. 两种授粉方式对砀山酥梨坐果率的影响

由表1可以看出，人工授粉加角额壁蜂辅助授粉花序坐果率为38.08%，单纯角额壁蜂授粉为28.79%，差异极显著（$P<1\%$）。人工授粉加角额壁蜂辅助授粉花朵坐果率为9.7%，角额壁蜂授粉为8.98%，差异显著（$P<5\%$）。

表1　　　　　　　人工授粉加壁蜂辅助授粉对砀山酥梨坐果率的影响

处理	花序坐果率(%)	花朵坐果率(%)
角额壁蜂授粉	28.79	8.97
人工授粉加角额壁蜂辅助授粉	38.08	9.7

2. 两种授粉方法对砀山酥梨不同部位坐果率的影响

由表2可知，采用角额壁蜂受粉和人工授粉加角额壁蜂辅助授粉对不同部位坐果率的影响存在差异。人工授粉加角额壁蜂辅助授粉砀山酥梨树冠上层花序平均坐果率为50%，树冠上层花朵平均坐果率为5.81%，而对照仅采用角额壁蜂授粉花序平均坐果率为19.55%，花朵平均坐果率为5.81%，差异均达到极显著水平（$P<1\%$）。采用角额壁蜂授粉的砀山酥梨中层花序平均坐果率为21.91%，人工授粉加角额壁蜂辅助授粉为33.87%，差异达到极显著水平（$P<1\%$）。采用角额壁蜂授粉的砀山酥梨中层花朵平均坐果率为8.35%，人工授粉加角额壁蜂辅助授粉为8.36%，差异不显著。

采用角额壁蜂授粉，砀山酥梨下层花序坐果率为43.77%，采用人工授粉加角额壁蜂辅助授粉下层花序平均坐果率为48.24%，差异显著（$P<5\%$）。采用角额壁蜂授粉砀山酥梨下层花朵平均坐果率为13.25%，采用人工授粉加角额壁蜂辅助授粉下层花朵平均坐果率为11.98%，差异显著（$P<5\%$）。

表2　　　　　　　两种授粉方式对砀山酥梨不同部位坐果率影响

处理	花序坐果率(%)			花朵坐果率(%)		
	上部	中部	下部	上部	中部	下部
角额壁蜂授粉	19.55	21.91	43.77	5.81	8.35	13.25
人工授粉＋角额壁蜂授粉	50	33.87	48.24	13.89	8.36	11.98

三、小结与讨论

砀山酥梨梨园采用人工授粉加角额壁蜂辅助授粉平均花序坐果率38.08%，花朵坐果率9.70%；单纯角额壁蜂授粉花序平均坐果率28.79%，花朵坐果率8.98%，表明人工授粉加角额壁蜂辅助授粉的效果显著优于单纯角额壁蜂授粉。角额壁蜂授粉花序坐果率和花朵坐果率都表现从树冠上层到下层逐渐增高的趋势，人工授粉加角额壁蜂辅助授粉的花序坐果率和花朵坐果率表现为上层和下层高而中间低的趋势。

在本试验过程中，因受到春季低温的影响，两个处理的坐果率均偏低。

角额壁蜂授粉砀山酥梨不同部位坐果率不同可能与角额壁蜂活动习性有关，尚需进一步研究。砀山酥梨单纯用角额壁蜂授粉与采用人工授粉加角额壁蜂辅助授粉的花序坐果率存在极显著差异，花朵坐果率存在显著差异。但是根据观察，试验园内角额壁蜂授粉的坐果率已能满足生产需要。

参考文献

[1] Yasuomaeta, et al.Decision-Making in a Mason Bee, Osima cornifrons（RADOSZKOSKI）（Hymenoptera, Megachilidae）:Does theMother Bee Fertilize Her Eggs Depending on Their Sizes [J]. Jpn J Ent, 1991, 58（1）: 197-203.

[2] 李茂海，丛斌，李建平，等.壁蜂及其在果树授粉中的应用[J].吉林农业大学学报，2004，26（4）: 422-425.

[3] 杨萍，袁景军，赵政阳，等.壁蜂在红富士苹果园释放效果与应用技术[J].陕西农业科学，2009（6）: 241-243.

（落叶果树2012，44（3）: 05-06）

不同树形对丰水梨光合特性的影响

魏树伟，王宏伟，张勇，王少敏

适宜的栽植密度、合理的群体结构和个体空间分布、良好的光照体系等是果树实现优质丰产的关键。有效辐射强度、树冠不同区域的辐射分配形式及地面有效辐射强度对果实产量和品质的形成都有直接影响[1]。近年来，关于果树不同树形与光合作用方面的研究已有较多报道[2,3]，而在梨树上这方面的报道较少。为此，笔者以丰水梨为试材，研究了不同树形对光合性能的影响，以便为生产实践提供参考。

一、材料与方法

试验于2011年9月在山东省冠县田马园梨园进行。选丰水梨为试材，砧木为杜梨，土壤为沙壤土。开心形和小冠疏层形的株行距为3米×4米，树龄12年；水平棚架形的株行距为4米×5米，树龄10年，管理水平一般。

用 CIRAS-1便携式光合系统（PP Systems，英国）测定各种参数。光合速率日变化测定每天7：00～17：00进行，每个处理重复5次。

净光合速率的测定：每个树形选择树冠东、西、南、北4个方向的中上部长势一致的营养新梢，顶部下数第5～7片成熟功能叶进行，每个方向3片叶取其平均值。

树冠不同部位光合速率的测定：把树冠水平方向分成3部分，内膛（距树干小于1.0米）、中部（距树干1.0～2.0米）、外围（距树干大于2.0米），每个部位选择靠近果实的短枝成熟、无病虫、正常叶（第2～5片叶）测定。

二、结果与分析

1. 不同树形光合速率日变化

从图1可以看出，自然条件下丰水梨3种树形的光合速率日变化都呈双峰曲线。在上午11：00左右出现第1次高峰之后光合速率下降，15：00左右又出现第2个峰值。两个高峰之间光合速率明显降低，出现光合午休现象。在两个峰值时，棚架形叶片均具有最高的光合速率，为17.9微摩尔/（米²·秒）、12.1微摩尔/（米²·秒），小冠疏层形为11.7微摩尔/（米²·秒）和8.5微摩尔/（米²·秒），差异极显著。

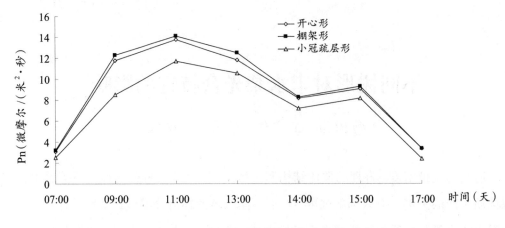

图1　不同树形净光合速率日变化

2. 树冠不同部位光合速率日变化

不同树形的丰水梨，树冠不同部位的光合速率变化均表现为外围＞中部＞内膛。从图2可以看出，小冠疏层形树冠不同部位光合速率的日变化均呈不对称的双峰曲线，峰值均出现在11：00和15：00。树冠外围叶片的光合速率始终高于中部和内膛，内膛叶幕的光合速率值最低。内膛叶片的日平均光合速率为6.17微摩尔/(米²·秒)，中部叶片为7.38微摩尔/(米²·秒)，外围叶片为8.33微摩尔/(米²·秒)，内膛叶片日平均光合速率为中部和外部叶片的83.6%、74.07%，差异均达显著水平。

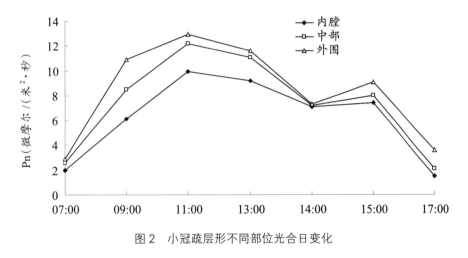

图2　小冠疏层形不同部位光合日变化

从图3可以看出，开心形树冠不同部位光合速率的日变化也表现为双峰曲线。11：00～17：00，外围叶片的光合速率一直高于中部和内膛。内膛叶片的日平均光合速率为8.17微摩尔/(米²·秒)，中部叶片为8.86微摩尔/(米²·秒)，外围叶片为9.17微摩尔/(米²·秒)，内膛叶片日平均光合速率为中部和外围叶片的92.21%、89.09%。

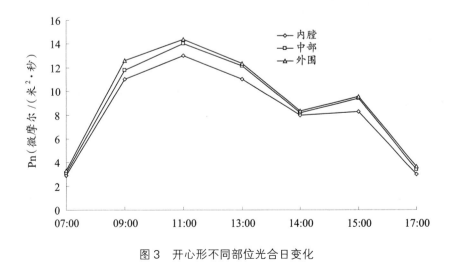

图3　开心形不同部位光合日变化

从图4可以看出，棚架形树冠不同部位光合速率的日变化也表现为双峰曲线。11：00～17：00，外围叶片的光合速率一直高于中部和内膛叶片。内膛叶片的日平均光合速率为8.62微摩尔/（米²·秒），中部叶片为9.11微摩尔/（米²·秒），外围叶片为9.31微摩尔/（米²·秒），内膛叶片日平均光合速率为中部和外围叶片的94.62%、92.59%，各部分间差异较小。

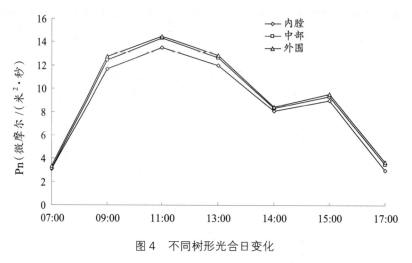

图4　不同树形光合日变化

三、讨论

Weber（2001）[4]认为，树体结构是果园管理的关键因子，其次是合理的种植密度。刘业好等（2004）[3]研究认为，在我国乔砧密植情况下，树形和栽植密度是决定苹果产量的关键因素，达到一定的覆盖率、总枝量和树体高度后，苹果产量和品质主要受总枝量、枝类组成和枝叶空间分布的影响。在果园管理中，树体动态生长与果园的静态群体结构和枝叶空间分布等保持一个协调的关系是优质丰产的关键。果树树体干物质的积累是产量的基础，前人研究表明，树冠内的光照分布与果实品质有密切关系，光照不但影响树体的干物质生产，还与果实大小、可溶性固形物含量及果面色泽等商品性状密切相关，因此如何改善树冠内的光照分布成为生产优质果实的关键[5~7]。

棚架形种植密度低，主干高，通风透光好，结果部位几乎呈平面分布，树冠只有一层。前人研究表明，棚架主要结果部位（棚架形架面上）的相对光照强度基本满足生产优质果品的要求[8]。本试验表明，棚架形树冠不同部位光合速率差异较小，尤其是内膛光合速率较高。三种树形内膛日平均光合速率为小冠疏层形6.17微摩尔/（米²·s）、开心形8.17微摩尔/（米²·s）、棚架形8.63微摩尔/（米²·s），小冠疏层形为棚架形的71.49%，为开心形的7.52%，差异明显。综合看来，棚架形仍具有更高的光合能力，是生产优质高档果的适用树形。

参考文献

[1] 牛自勉，赵红钰，张显川，等.苹果不同栽培方式叶幕及地面 PAR 变化规律研究［J］.中国农学通报，2000，16（1）：6-14.

[2] 李丽，张艳茹，常立民."国光"苹果树两种冠形的光合效率和干物质生产［J］.园艺学报，1992，19（2）：221-225.

[3] 刘业好，魏钦平，高照全，等."富士"苹果树3种树形光照分布与产量品质关系的研究［J］.安徽农业大学学报，2004，31（3）：353-357.

[4] Weber M S. Optimizing the tree density in apple orchards on dwarf rootstocks［J］. Acta Horticulturae, 2001, 557: 229-234.

[5] 徐胜利，李新民，陈小青，等.篱壁形红富士苹果叶幕光照分布特性与产量品质关系研究［J］.山西果树，2000，2：3-5.

[6] 魏钦平，束怀瑞，辛培刚.苹果园群体结构对产量品质影响的通径分析与优化［J］.园艺学报，1993，20（1）：33-37.

[7] Widmer A, Krebs C. Influence of planting density and tree form on yield and fruit quality of "Golden Delicious" and "Royal Gala" apples［J］. Acta Horticulturae, 2001, 557: 235-241.

[8] 岳玉苓，魏钦平，张继祥，等.黄金梨棚架树体结构相对光照强度与果实品质的关系［J］.园艺学报，2008，625-630.

（山东农业科学2012，44（4）：53-55）

不同树形丰水梨的生长和果实品质调查

魏树伟，李喆，刘斌，王宏伟，王少敏

树体结构是果园生产管理的关键因子[1]。采用不同的树形，往往造成果树群体结构、光照分布及光合能力不同，从而导致果实产量和品质的差异[2~7]。笔者调查分析了山东省中西部梨主产区3种树形对梨树生长、产量分布及果实品质的影响，以期为梨果生产选用适宜树形提供参考。

一、材料与方法

调查于2011年8月在山东省聊城市冠县天马园进行。园地土壤为沙壤土，品种为丰水梨，砧木为杜梨。南北行向，管理水平一般。树形3种，单层开心形梨树树龄14年，株行距2.5米×4米，三大主枝角度60°~80°，主枝上着生大、中、小型结果枝组；棚架形梨树树龄13年，株行距2米×4.5米，三主枝呈45°角上棚，主枝上着生大、中、小型结果枝组；小冠疏层形梨树树龄11年，株行距2米×3米，有中心干，5个主枝分两层排列，第1层3个、第2层2个，层间距1米左右。不同树形的树龄不同，调查时选盛果期树。调查内容包括树体大小、枝梢生长状况、果实品质和树冠内的产量分布。设单株小区，3次重复。树形个体及群体结构调查按照《果树种质资源描述符—记载项目与评价标准》进行[8]。用GY-3型硬度计测果实去皮后的硬度，用TD-45数显糖度计测定果实的可溶性固形物含量。

二、结果与分析

1. 不同树形对丰水梨生长结果的影响

从表1可看出，采用不同树形对梨树生长有明显的影响。单层开心形主干最高，棚架形主干高度居中，而小冠疏层形干高较低。单层开心形干径最大，棚架形最小。单层开心形中下部光秃，主枝开张角度大，冠幅最大，新梢生长量和成枝数减少，以短果枝结果为主。小冠疏层形由于主干低，主枝数目多，极易造成主枝生长势不均衡和树体营养分散，易衰弱，主要以短果枝结果为主。棚架形三主枝呈45°角上棚，主枝生长匀称，以短果枝结果为主，中果枝结果为辅。小冠疏层形新梢生长量最大，新梢长度和粗度均高于单层开心形和棚架形。成枝数棚架形最高，单层开心形最低。

表1　　　　　　　　　　不同树形对丰水梨生长结果的影响

树形	干高（米）	干径（米）	冠幅 南北×东西（米）	新梢年生长量 长度（厘米）	新梢年生长量 粗度（厘米）	成枝数	结果枝比例（%） 长果枝	结果枝比例（%） 中果枝	结果枝比例（%） 短果枝
单层开心形	0.73a	0.24a	5.8a×4.1a	83c	0.95b	110c	3.7c	28.7c	67.6a
棚架形	0.65b	0.12c	4.7b×3b	87b	0.94b	140a	3.9b	34.5a	61.6b
小冠疏层形	0.57c	0.15b	4.2c×3b	90a	1.05a	120b	7.6a	32.6b	59.8c

2. 不同树形树冠内不同部位的产量分布

不同树形树冠内垂直方向上的果实分布如表2所示，3种树形的产量主要集中分布在1.5~2.0米的冠层。棚架形在垂直方向上的产量分布全部集中在树冠高度1.0~2.0米的部位，最高产量分布在1.5~2.0米的区域，其产量占总产量的90.99%，冠层内1.0米以下和2.0米以上的部位没有产量分布。单层开心形的最高产量分布在高度1.0~1.5

米的区域,该部位的产量占树体总产量的65.96%,树冠下部和顶部产量较低。小冠疏层形在垂直方向上的产量分布主要集中在树冠高度1.0~2.5米的部位,最高产量分布在1.0~2.0米的区域,其产量占总产量的88.25%,冠层内2.0米以上的部位产量很少。

表2 果实产量在树冠内的分布

树形	产量(千克)			
	<1米	1.0~1.5米	1.5~2米	2.0~2.5米
单层开心形	2.8	27.9	10.1	1.5
棚架形	0	4.51	45.55	0
小冠疏层形	1.52	20.34	14.37	3.1

3. 不同树形冠层内不同层次果实品质的差异

从表3可知,不同树形不同层次果实的平均单果重在149.73~263.7克之间,差异较大。其中棚架形平均单果重249.69克,开心形、小冠疏层形平均单果重分别为198.38克、168.70克,即单果重棚架形>水平形>小冠疏层形,3种树形平均单果重差异达显著水平。3种树形果实果形指数、果实硬度无显著性差异。3种树形果实可溶性固形物含量均为从上到下逐渐降低,棚架形果实平均可溶性固形物含量最高,为11.14%,开心形为10.83%,小冠疏层形为10.52%。可以看出,棚架形果实品质均匀性最好,而开心形、小冠疏层形果实分布造成果实品质有所差异。

表3 不同树形对梨果实品质的影响

树形	层次	平均单果重(克)	果形指数(纵径/横径)	硬度(千克/厘米^2)	可溶性固形物(%)
单层开心形	<1米	190.1	0.86	3.6	10.45
	1.0~1.5米	195.6	0.9	4.2	10.9
	1.5~2.0米	206.5	0.87	4.1	10.96
	2.0~2.5米	201.3	0.86	3.9	11.02
棚架形	1.0~1.5米	263.7	0.93	4.3	11.1
	1.5~2.0米	235.67	0.87	4.1	11.18
小冠疏层形	<1米	190.3	0.90	3.78	10.25
	1.0~1.5米	169.47	0.86	4.2	10.57
	1.5~2.0米	149.73	0.89	4	10.6
	2.0~2.5米	165.31	0.88	3.9	10.66

三、小结

树形对丰水梨树体生长有影响。单层开心形主干最高，干径最大，但中下部光秃，新梢生长量和成枝数减少，以短果枝结果为主。小冠疏层形干高最低，主枝数目多，新梢生长量最大，以短果枝结果为主。棚架形主干高度居中，干径最小，成枝数最多，生长较均衡，以短果枝结果为主，中果枝结果为辅。

树形对丰水梨的产量和品质也有影响。棚架形在垂直冠层上的产量分布全部集中在树冠高度1.0～2.0米的部位，其中产量的90.99%分布在1.5～2.0米的冠层，1.0米以下和2.0米以上冠层无产量。单层开心形的最高产量主要分布在1.0～1.5米的冠层，树冠下部和顶部产量较低。小冠疏层形的产量分布主要集中在1.0～2.0米的垂直冠层，2.0米以上的冠层产量很少。不同树形不同冠层果实的单果重差异达显著水平，棚架形＞单层开心形＞小冠疏层形。3种树形的果实硬度、果形指数无明显差异。果实可溶性固形物含量棚架形的最高，小冠疏层形的最低，3种树形均为从树冠上层到下层逐渐降低。棚架形的果实品质均匀性最好。

（落叶果树2012，44（5）：15-17）

干旱胁迫下甜菜碱对梨树生理指标的影响

魏树伟，王宏伟，张勇，王少敏

梨是我国果树栽培的重要树种之一，近年来，梨果产业已成为发展农村经济的重要产业之一。梨树多栽培于山区、半山区等供水条件较差的地区，易发生干旱。干旱胁迫影响梨树生长，对产量和品质也有一定的影响。甜菜碱是一种季胺类化合物，也是一种非毒性的渗透调节物质，当植物受到环境胁迫时，甜菜碱便会在体内积累，从而增强植物的抗性。外源喷施甜菜碱可以提高作物的抗旱性、抗寒性等，但甜菜碱对木本植物抗旱性的影响研究较少[1]，在梨上还未见报道。为明确在干旱胁迫下喷施甜菜碱对梨树生理指标的影响，特进行该试验，旨在为提高梨树抗旱性提供理论依据。

一、试验材料及方法

1. 试验处理

试材为三年生新高梨苗，栽于40厘米×40厘米盆中，填充土为育苗基质与园土按

3∶1掺混，装土量为每盆15千克，常规管理，选取长势基本一致的幼树，进行叶面喷施处理，叶面、叶背均要喷施。试验设3个浓度的甜菜碱溶液喷施处理，A：10毫摩尔/升，B：15毫摩尔/升，C：20毫摩尔/升（含2‰Tween-40），以喷清水为对照（CK），每个处理重复3次。试验期间搭建遮雨棚遮雨，进行控水干旱胁迫，干旱胁迫处理分别于控水0天、3天、6天、9天、12天时采样测定。采样时选取枝梢上位置相同的叶（梢顶部向下数第3~5片叶）进行测试。

2.试验方法

细胞质膜透性的测定参照刘铁铮[2]的方法，脯氨酸含量测定采用茚三酮法，丙二醛含量测定采用硫代巴比妥酸法，可溶性糖的测定用蒽酮比色法，SOD活性的测定参照罗广华、王爱国[3]的方法（1990）。

二、结果与分析

1.干旱胁迫下甜菜碱对梨树叶片细胞质膜透性的影响

干旱胁迫会破坏细胞膜结构，使细胞质膜透性升高。试验表明，轻度干旱时，各个处理间细胞质膜透性差别不大。从停止供水后的第6天开始，3个干旱处理叶片的细胞质膜透性都开始上升，但甜菜碱处理上升幅度较对照小。干旱处理12天时，甜菜碱处理的梨叶片相对电导率均值为36.39%，而对照相对电导率为48.71%，差异达显著水平。

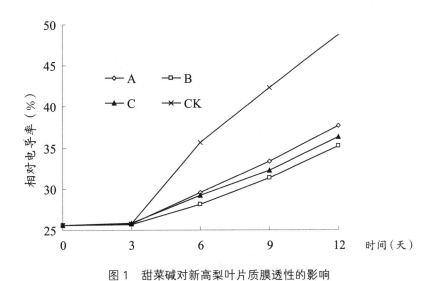

图1　甜菜碱对新高梨叶片质膜透性的影响

2.干旱胁迫下甜菜碱对梨树叶片脯氨酸含量的影响

干旱能诱导新高梨叶片脯氨酸的积累（图2）。研究结果表明，干旱胁迫前期差异不大，干旱胁迫的第6天各处理的脯氨酸含量开始增加，到第9天时脯氨酸含量显著升高，第12天时达到最高。从整个干旱过程来看，与未喷甜菜碱的处理相比，喷施外源甜菜碱没有显著促进新高梨叶片脯氨酸的积累，在干旱胁迫第12天，甜菜碱处理的新高梨叶片脯氨酸平均含量为36.97微克/克FW，而对照为35.3微克/克FW，差异未达显著水平。

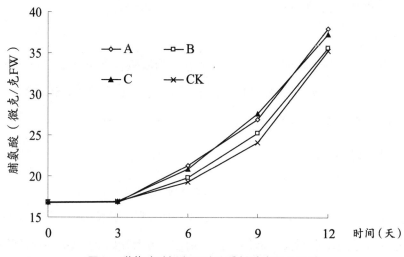

图2　甜菜碱对新高梨叶片脯氨酸含量的影响

3. 干旱胁迫下甜菜碱对梨树叶片可溶性糖含量的影响

试验结果（图3）表明，轻度胁迫时，各干旱处理的可溶性糖含量增加很少，几乎不增加。可溶性糖含量迅速增加期出现在干旱胁迫第6天。到停止供水后的第12天，各个处理和对照的可溶性糖含量同时达到最大值。但试验结果表明，与对照相比，外源甜菜碱没有显著增加干旱过程中新高梨叶片的可溶性糖含量。

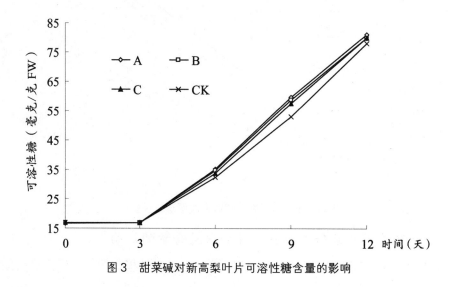

图3　甜菜碱对新高梨叶片可溶性糖含量的影响

4. 干旱胁迫下甜菜碱对梨树叶片丙二醛含量的影响

由图4可知，在干旱胁迫过程中，随着胁迫时间的延长，不同处理均使新高梨丙二醛含量上升。胁迫处理后3天内上升缓慢，3天后迅速上升，第12天升至最高。甜菜碱处理显著降低了丙二醛含量，干旱胁迫第12天时对照丙二醛含量为16.5微摩尔/克，而甜菜碱处理的新高梨丙二醛含量平均为12.1微摩尔/克，差异达显著水平。

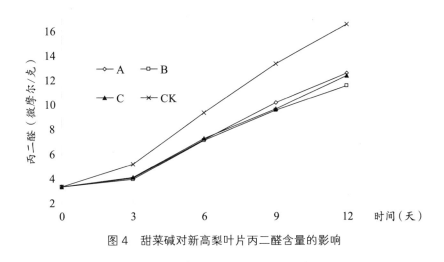

图4　甜菜碱对新高梨叶片丙二醛含量的影响

5. 干旱胁迫下甜菜碱对梨树叶片 SOD 活性的影响

试验结果（图5）表明，喷施外源甜菜碱的处理其 SOD 活性始终高于对照。干旱胁迫第6天，甜菜碱处理和对照的 SOD 活性均出现了峰值，其中 B 处理 SOD 活性最大，为610 unit·g^{-1}FW，而对照为550 unit·g^{-1}FW，差异显著。一直到干旱胁迫结束（12天），甜菜碱处理的新高梨叶片均具有比对照更高的 SOD 活性。

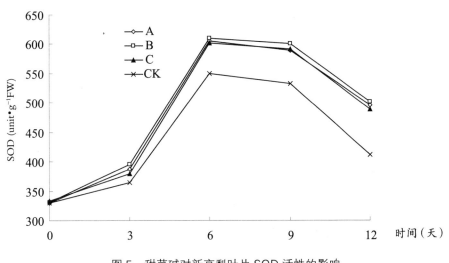

图5　甜菜碱对新高梨叶片 SOD 活性的影响

三、讨论

环境胁迫严重制约作物的生长和产量。随着环境的恶化,极端气候不断出现,环境胁迫日趋严重,研究植物的抗逆生理生化机制和相应的调控措施具有重要的现实意义。胁迫条件下植物自身能够产生一系列的保护机制,如主动合成一些相容性物质(甜菜碱、脯氨酸等),起到渗透调节和保护作用。在150多种代谢物中,甜菜碱是最有效的渗透调节物质之一,是一种有特殊功效的相容性物质。甜菜碱是一种季铵类化合物,植物中的甜菜碱主要有12种,最重要的是甘氨酸甜菜碱(glycinebetaine),简称甜菜碱(betaine)。甜菜碱不仅参与渗透调节,而且具有极为重要的"非渗透调节"功能[4]。

本研究表明,外源甜菜碱处理在干旱过程中提高了SOD的活性,这一结果与张士功等[5]在小麦上的研究结果一致。刘瑞冬[1]等研究表明,外源低浓度的甜菜碱处理在干旱进程中对SOD活性具有明显的保护作用,而外源高浓度的甜菜碱对SOD活性的保护作用不明显,本研究结果与其结果不一致。本研究中15毫摩尔/升的甜菜碱对SOD活性有最好的保护作用,可能与试验材料不同有关。

本实验的研究结果表明,在干旱胁迫下外源甜菜碱不能显著提高胁迫过程中新高梨叶片中脯氨酸和可溶性糖含量,但可以提高新高梨叶片SOD活性,抑制细胞质膜透性增加和丙二醛含量升高。这与刘瑞冬[1]在仁用杏上的研究结果一致,而与张士功等[3]在小麦上的研究结果不一致,可能与试验材料不同有关。干旱胁迫下甜菜碱与其他渗透调节物质之间的关系及其机理还有待进一步深入研究。

参考文献

[1] 刘瑞冬,王有年,王丽雪,等.外源甜菜碱对仁用杏抗旱生理指标的影响[J].内蒙古农业大学学报,2004,25(2):69-72.

[2] 刘铁铮.电导法测定杏叶片细胞质膜相对透性的研究[J].河北农业科学,2008,12(1):33-34.

[3] 罗广华,王爱国,郭俊彦.几种外源因子对大豆幼苗SOD活性的影响[J].植物生理学报,1990,16(3):239-244.

[4] 梁峥,骆爱玲.干旱和盐胁迫诱导甜菜叶中甜菜碱醛合成酶的积累[J].植物生理学报,1996,22:161-164.

[5] 张士功,高吉寅,宋景芝.外源甜菜碱对盐胁迫下小麦幼苗体内几种与抗逆能力有关物质含量以及钠钾吸收和运输的影响[J].植物生理学通讯,2000,36(1):23-26.

(山东农业科学2012,44(6):50-52)

密植丰水梨园改造对果品产量和品质的影响

王宏伟，仇仁波，魏树伟，王少敏，张勇

费县在1994年引进丰水梨后，按照株行距2米×3米进行定植，保证了前期的产量。但随着树体生长，过密栽植导致果园密闭，枝量过大，透光性差，造成果实品质下降，管理困难[1]。为提高果品产量和质量，2001年实施了密植果园改造和间伐试验，研究结果如下。

一、材料和方法

1. 调查园概况

以费县丰水梨为试材，土壤为沙壤土，1994年栽植，2001年进行间伐。间伐前（CK）株行距为2米×3米（112株/亩），间伐后（处理）株行距为2米×6米（56株/亩），树形为小冠疏层形，果园管理水平中等。

2. 调查内容和方法

随机选取树势一致的丰水梨5株，测定树体结构（枝量、树高、冠径等）、单株树结果数；均匀选取在树冠外围1.3～1.5米高处的果实，每株树取10个果实，测量单果质量、果形指数、硬度、可溶性固形物。树冠覆盖率：单株树冠投影面积乘以栽植株数再除以植株总占地面积；树冠交接率：以冠径超出行距的长度占行距的比例来表示；优质果率：以85毫米以上优质果实占总果实个数的比率表示；用GY-3型果实硬度计测定硬度；用TD-45型数显糖度计测定可溶性固形物。

二、结果与分析

1. 树体基本情况

表1　　　　　　　　　丰水梨园树体基本情况

处理	树高（厘米）	干高（厘米）	干周（厘米）	冠径（厘米）		骨干枝数	主枝数	分布特征	树冠覆盖率%	树冠交接率%	树势
				东西	南北						
CK	280.2	55.2	42.5	332	218	8.8	3.2	均匀	99.9	10	中庸
间伐	320.2	54.6	44.1	411	226	10	3.6	均匀	67.0	-20.4	中庸

通过表1可以看出，间伐后树体增高，但只有行距的一半，不影响行间透光；间伐园内东西冠径要比对照园树体大79厘米，南北冠径基本相同，树体增大。间伐园树体主枝数和骨干枝数要高于对照，增加了树体的枝量。对照园树冠覆盖率达到99.9%，树冠交接率为10%，造成果园郁闭，透光性差，而间伐园树冠覆盖率只有67%，树冠交接率为负值，通风透光[2,3]。

2. 枝类构成

表2　　　　　　　　　　　　　枝类组成

处理	长枝		中枝		短枝		发育枝		单株枝量	每亩枝总量
	数量	比例	数量	比例	数量	比例	数量	比例		
CK	117.4	20.4%	47.2	8.2%	308	53.6%	102.6	17.8%	575.2	40 353.3
间伐	193.2	26.8%	60.6	8.4%	374.4	52.0%	92.4	12.8%	720.6	64 422.4

从表2可以看出，间伐处理单株枝量要明显高于对照，均以短果枝为主，短果枝比例均在50%以上，发育枝比例间伐处理要少于对照5%，而间伐园长枝比例高于对照6.2%，中枝比例基本相同。丰水梨以短果枝结果为主，中、长枝形成的腋花芽结果为辅，间伐后树体长枝和短枝数量明显增加，发育枝数量减少，因此提高了单株的产量和果实质量[4]。

3. 间伐对果品产量和质量的影响

表3　　　　　　　　　　间伐对果品产量和质量的影响

处理	单果重（克）	平均单株结果数	果形指数	硬度	可溶性固形物	产量（千克/亩）	优质果率%
CK	312.5	92.6	0.89	3.1	11.1	1516.0	52%
间伐	343	114.6	0.89	3.2	11.7	1119.8	96%

通过表3可以看出，间伐后果实平均单果重要高于对照，平均单株结果数也稍高于对照，平均亩产量对照要高于间伐园。对照和间伐园内果实果形指数和硬度基本一致，但间伐园果实可溶性固形物含量要高于对照。

虽然对照园产量较高，但间伐园优质果率要远高于对照园。优质果4元/千克，而其他商品果只有2.4元/千克。因此，对照园产值9 799.4元，而间伐园产值8 815.5元。根据果袋、农药、人工等生产成本计算，每千克梨果需要1.6元的生产成本，对照园实

际净收入4 948.2元,间伐园实际净收入5 231.9元,间伐园净收入高于对照园。结果表明,间伐后树体减少,产量减少,但生产成本也相应减少,优质果率大幅增加,纯收入增加。

三、讨论与结论

由于近几年劳动力价格、肥料和农药等生产资料价格上涨,人们对食品安全的重视等原因,提高了市场对梨果产品质量的要求。以产量求效益的郁闭梨园亟须改造。

研究结果表明,丰水梨园间伐后,树体增大,单株枝量增加,短果枝与长枝比例增加,单株树产量增加;果园通风透光性增大,降低了由于郁闭造成的病虫害的发生,减少了农药使用,提高了果实的单果重、可溶性固形物等品质和食品安全性,节约了劳动力成本。

目前,山东许多老梨园不同程度存在果园郁闭问题,导致果品产量和品质下降,影响了市场价格,降低了果农的种植积极性,制约着梨产业持续发展,郁闭园改造成为一条有效途径。间伐改造可以有效增加梨园的通风透光性,提高果品质量,且产量恢复较快,有效解决了劳动力匮乏、生产成本居高不下等问题[5]。

间伐后要加强果园管理,增加水肥供给,配合相应的修剪措施,形成合理的树体结构,可进一步增加产量,提高效益。

参考文献

[1] 张启霞,唐公田,王慧,等.丰水梨栽培中的问题及对策[J].落叶果树,2006(1):55-56.

[2] 王家珍,李俊才,刘成,等.黄金梨不同栽植密度试验初报[J].河北果树,2007(2):6-7.

[3] 牛自勉,蔚露,降云峰,等.间伐对梨园地面不同区域太阳辐射的影响[J].山西农业科学,2011,39(12):1 252-1 555,1 259.

[4] 路超,王金政,薛晓敏,等.泰沂山区优质高产苹果园树体和群体结构参数调查分析[J].山东农业科学,2010,7:39-42.

[5] 薛晓敏,王金政,路超.山东苹果密闭园现状分析[J].落叶果树,2010(3):13-14.

(山东农业科学2012,44(10):61-62)

山东中西部梨园的土壤养分状况

魏树伟，王宏伟，张勇，王少敏，于云政

一、材料和方法

调查在山东中西部的阳信、冠县、费县、历城和滕州进行，各选10个有代表性的梨园作为采样点。费县的梨园株行距2米×3米，沙壤土，主栽品种为黄金和丰水，七至十五年生；历城梨园株行距3米×4米或4米×5米，沙壤土，主栽品种为秀丰，树龄15～30年（老树改接品种）；冠县梨园株行距4米×5米或5米×6米，粉沙土，主栽品种为丰水、新高和绿宝石，树龄11～35年；滕州梨园株行距3米×4米，沙壤土，主栽品种砀山酥，树龄11～35年；阳信梨园株行距4米×5米，潮土轻壤，主栽品种鸭梨，树龄35年以上。2009年梨果采摘后施肥前，每个取样点都按S形布点采集土样，每个梨园采集15～20个点，土样多点混合。

采样之前准备GPS定位仪、不锈钢土钻、塑料布、塑料袋等。用GPS定位采集土样的梨园，记录经纬度。以树干为中心向外延伸到树冠边缘的2/3处采集土样，每株对角采2点。每个采样点的取土深度及采样量一致，不锈钢土钻垂直于地面入土，分0～20厘米、20～40厘米土层分别取土。将采集的土壤样品放在塑料布上，弄碎大块土，去除其中的石块等杂物，摊成正方形。画对角线将土样分成4份，把对角的2份合并成一份，保留一份，弃去一份。如果所得的样品依然很多，可再用四分法处理，直至样品量1千克左右，放入塑料袋中，同时放入标签（标明编号、采样地点、土壤名称、采样深度、采样日期等）。为防止标签丢失，袋上和袋内各写一个标签，封好口，立即带回实验室。

将采回的样品及时放在样品盘上，摊成薄层，置于干净整洁的室内通风处自然风干，严禁暴晒，并注意防止酸、碱及灰尘污染。风干过程中经常翻动土样并将大土块捏碎，以加速干燥，同时剔除杂物。样品风干后，及时测定。

土壤pH测定采用玻璃电极法（电位法），有机质含量采用丘林法，碱解氮含量用氢氧化钠碱解扩散法，有效磷含量用碳酸氢钠浸提＋钼锑比色法，速效钾含量用醋酸铵浸提—火焰光度计法，交换性钙、交换性镁含量用乙二胺四乙酸（EDTA）络合滴定法，有效铁、有效锰、有效铜、有效锌含量用四乙酸（DTPA）浸提原子吸收分光光度法。

二、结果与分析

1. 山东中西部地区土壤 pH

从图1可以看出，阳信、冠县、历城、滕州梨园土壤 pH 分别为 7.33、7.24、7.05、7.08，费县梨园土壤 pH 为 4.55，呈强酸性。前人研究认为，梨树在 pH 为 6.0 ~ 7.5 的土壤中生长最适宜，从图1可以看出阳信、冠县、历城、滕州梨园土壤较适宜，费县土壤酸化较重。因此，山东中西部地区多数梨区土壤 pH 较适宜。

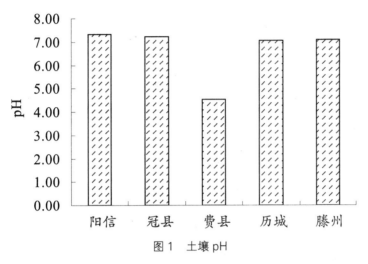

图 1　土壤 pH

2. 山东中西部地区梨园土壤有机质含量

土壤有机质是土壤肥力的基础物质，是衡量土壤肥力的重要指标。试验结果表明（图2），山东中西部地区五个县梨园土壤有机质含量在 10.36 ~ 23.73 克/千克之间，平均值为 16.68 克/千克。调查梨园土壤有机质含量普遍在 10.00 克/千克以上，说明大多数果农开始重视有机肥的施用，果园有机质含量有所提高。但是，日本现有梨园土

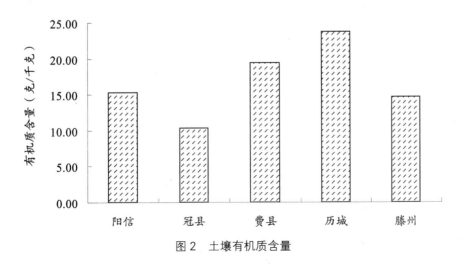

图 2　土壤有机质含量

壤有机质含量大多在30克/千克以上，这是优质、丰产的基础。目前，有机质含量仍然是我省中西部地区梨园实现稳产优质的限制因素。因此，增施有机肥，提高土壤有机质含量仍然是山东中西部地区梨园土壤管理的重要任务之一。

3. 山东中西部地区梨园土壤大量元素养分含量

碱解氮、有效磷、速效钾是分析土壤肥力的基本指标。由表1可以看出，山东中西部地区梨园碱解氮含量处于61.29～90.26之间，平均值为76.02毫克/千克，接近适宜值的下限。因此，山东中西部地区梨园土壤碱解氮含量相对较适宜。

土壤有效磷含量在45.04～104.69毫克/千克之间，均高于适宜值，尤其是费县、阳信、冠县分别是适宜值上限的2.62倍、2.17倍、2.05倍，表明土壤中的有效磷含量已经较丰富。这与果农注重磷肥施用有关。另一方面，梨树从土壤中带走的磷肥量较低，加速了土壤有效磷的积累。有效磷呈磷酸根或偏磷酸根状态存在于土壤中，而磷酸根或偏磷酸根过高会使土壤pH降低，导致土壤酸化，费县较低的土壤pH可能与土壤中较高的有效磷含量有关。土壤中磷元素过多还会影响梨树对其他元素的吸收。因此，土壤中磷素含量过高的果园应适当降低磷肥的施用量。

钾与果实品质有密切关系，合理施用钾肥能提高果实品质。由表1可以看出，山东中西部地区五个县梨园土壤速效钾含量在119.88～237.75毫克/千克之间，平均值为166.64毫克/千克。除阳信速效钾含量高于适宜值外，其余县市梨园速效钾含量均在适宜值范围内。表明山东中西部地区梨园土壤速效钾含量相对较丰富，这与近年注重施用三元复合肥有关。土壤中过量的钾会对镁、钙的吸收有拮抗作用。因此，在保证梨园适宜钾供给的情况下，应适当控制钾肥用量。

表1　　　　　　　　山东中西部地区梨园土壤有效养分含量

养分	适宜值（毫克/千克）	测定值（毫克/千克）					平均值（毫克/千克）
		阳信	冠县	费县	历城	滕州	
碱解氮	60～130	76.14	61.29	90.26	89.16	63.27	76.02
有效磷	10～40	86.80	82.12	104.69	47.35	45.04	73.20
速效钾	65～200	237.75	154.75	173.11	119.88	147.72	166.64

注：土壤中有效养分适宜值标准引自李美桂（2008），下同。

4. 山东中西部地区梨园土壤中、微量元素含量

由表2可知，山东中西部地区梨园土壤交换性钙含量在720.06～3 305.31毫克/千克之间，平均值为1 977.60毫克/千克，阳信、冠县、历城、滕州交换性钙的含量都在

1 400毫克/千克以上，含量丰富。

土壤交换性镁含量在79.36～275.07毫克/千克之间，平均值为144.15毫克/千克。除费县、滕州交换性镁在适宜值范围内外，阳信、冠县、历城土壤交换性镁含量均超过适宜值上限，含量较丰富。土壤中较高的镁会影响钾、钙的吸收。因此，这些地区梨园应适当降低镁肥的施用。

土壤有效铁含量在5.31～57.62毫克/千克之间，平均值为18.82毫克/千克。除阳信、费县、历城土壤有效铁含量在适宜值范围内外，冠县、滕州梨园土壤中有效铁的含量较低，仅为5.31毫克/千克和6.09毫克/千克，因此应适当补充铁元素。

有效锰含量在3.37～30.16毫克/千克之间，平均值为10.86毫克/千克。而土壤中有效锰含量的适宜值在7～100毫克/千克之间，仅费县、历城较适宜，其余均较缺乏。

土壤有效铜含量在2.09～21.36毫克/千克之间，平均值为7.43毫克/千克。土壤中有效铜含量的适宜值在1～4毫克/千克之间，仅费县、历城含量较适宜，其余均较高，这可能与近几年含铜杀虫剂（如波尔多液）大量使用有关。

土壤有效锌含量在1.81～4.9毫克/千克之间，平均值为3.06毫克/千克，仅阳信、费县略高，其余较适宜。

土壤有效硼含量在0.18～0.84毫克/千克之间，平均为0.4毫克/千克。土壤中有效硼含量的适宜值在0.25～1毫克/千克之间，阳信、冠县、历城均较适宜，仅费县、滕州较低，应适当补充硼肥。

表2　　　　　　　　　山东中西部地区梨园土壤中、微量元素含量

养分	适宜值（毫克/千克）	测定值（毫克/千克）					平均值（毫克/千克）
		阳信	冠县	费县	历城	滕州	
交换性钙	200～1 400	2 695.96	2 030.89	720.06	3 305.31	1 835.76	1 977.60
交换性镁	40～100	275.07	138.90	80.13	147.30	79.36	144.15
有效铁	10～250	14.37	5.31	57.62	10.69	6.09	18.82
有效锰	7～100	5.22	3.37	30.16	10.58	4.96	10.86
有效铜	1～4	21.36	5.97	2.26	2.09	5.49	7.43
有效锌	1～4	4.90	1.81	4.45	2.15	1.97	3.06
有效硼	0.25～1	0.84	0.43	0.18	0.33	0.24	0.40

三、小结

调查结果表明，山东中西部地区多数梨园土壤 pH 适宜梨树生长；有机质含量总体不高；碱解氮含量相对适宜，速效磷含量极丰富，速效钾含量较丰富；多数梨园交换性钙较丰富，交换性镁含量较高，少数梨园铁和锰元素缺乏，多数梨园有效铜含量丰富，多数梨园有效锌含量适宜，部分梨园有效硼含量较低。

四、建议

增施有机肥，提高土壤有机质含量仍然是山东中西部地区梨园土壤管理的一项重要任务。长期以来，重产出轻地力、重化肥轻有机肥的做法导致山东中西部地区梨园土壤肥力不高或逐年降低，保护土壤、培肥地力是当前重要任务。有机肥和化肥配合施用，二者可以缓急相济，提高肥料的利用率，既能发挥肥料的增产潜力，又能防止土壤肥力减退，保证梨树高产稳产。因此，在施用有机肥料为主的基础上，要合理施用化肥，使有机肥与化肥配施的比例保持在 (25～30)∶1。

科学合理施肥，确保土壤具有较好的理化性质。在满足梨树需肥的条件下，适当控制磷肥用量，防止土壤酸化，部分地区适当补充微量元素，使土壤养分更加均衡，提高土壤养分供应能力。

积极引导农民采用更加科学合理、省工高效的土壤管理模式。推广果园生草、覆盖栽培等土壤耕作制度替代清耕制，减少劳动用工，提高效率，改善土壤理化性状，增加土壤有机质含量，为高产、优质奠定基础。

参考文献

[1] 刘振岩，李振三.山东果树[M].上海：上海科学技术出版社.2000，8.

[2] 李志辉，张娟，张冬林，等.现代日本梨的特性及栽培管理关键技术[J].经济林研究，2008，26(4)：95-98.

[3] 李美桂，谢文龙，谢钟琛，等.早熟砂梨矿质营养适宜值研究[J].果树学报，2008，25(4).

（落叶果树2012，44(2)：05-08）

山东中西部梨主产区施肥状况调查与分析

魏树伟，王宏伟，张勇，王少敏

山东省地处黄河下游，属半湿润气候区，日照充足，气候条件极适宜梨果生长，长期以来山东形成了胶东半岛、鲁西北平原和鲁中南三大梨区[1]。山东中西部地区是山东省梨主产区之一，近年来，梨果产量有了显著提高，梨的栽培面积和产量均占全省的70%以上，但是梨果质量却没有相应地提升。该区域梨园立地条件差，"上山下滩"是较普遍现象，土壤养分供应能力差，同时许多果园存在盲目施肥、养分失衡等现象。为摸清山东中西部地区梨园施肥基本情况，指导梨农科学合理施肥，促进该区梨产业升级，笔者对山东中西部梨园施肥状况进行了调查与分析，现将调查结果总结如下。

一、调查内容与方法

2010年调查了山东省中西部梨主产区的阳信、冠县、费县、历城、滕州共5个县市（区），每个县市（区）选取有代表性园片4个，共20个。调查内容有：种植面积、树龄、密度、产量水平、经济收入，施肥水平、施肥方法、肥料种类等。根据调查所得的资料数据，计算出山东中西部梨主产区施用氮磷钾有效养分的量、各时期施肥比例等施肥状况。调查中所涉及的化肥含量以肥料袋上标明的养分量为准。

二、调查结果与分析

1. 山东中西部梨园基本情况分析

土壤质地以沙壤为主，占75%，其次是轻壤，占20%，另外有5%的石砾土。调查梨园树形以小冠疏层形、主干疏层形、纺锤形，盘状树形等为主。调查梨园平均产量在800~3 500千克/亩之间。从5个县市（区）的调查结果来看，梨园树龄小于5年的占3.2%，树龄6~10年的占20.56%，树龄11~35年的占67.74%，大于35年的占8.5%，该产区大部分梨园正处于盛果期。调查梨园品种以鸭梨、丰水、黄金、早酥、秀丰梨、砀山酥梨等为主。从5个县市（区）的调查结果来看，有80%的梨园种植密度为55~110株/亩，密度最小的是冠县苗圃，为33株/亩，最大的是费县南坡村，为200株/亩。调查结果表明，大部分梨园的种植密度是较为合理的。

2. 山东中西部梨园施用有机肥情况

从表1可以看出，目前山东中西部梨主产区有机肥施用比例较高，70%以上的梨园施用有机肥。但有机肥的施用多集中在春季3～4月份，仅少数在秋季采果后施用。有机肥施用方式直接影响肥料效果，调查结果显示，山东中西部梨主产区有机肥施用普遍采用沟施、条施、穴施等方法，施用深度0.3米左右，比较合理。5个县市（区）中有机肥平均施用量最高的为历城，为每年54.34千克/株，最低的是滕州，为每年31千克/株，其他县市介于两者之间。施用有机肥的种类主要是鸡粪、圈肥、牛粪等，部分果农进行高温发酵腐熟后施用。

表1 土壤有机施用肥情况

地区	施用比例（%）	有机肥施用种类	施用量均值（千克/株）	施用时间	施用方法
阳信	75	鸡粪、牛粪	36.36	3月	穴施
冠县	70	鸡粪、猪粪	50.91	3月上旬	沟施
费县	75	圈肥、鸡粪	34	3～4月	条施、穴施
历城	100	牛粪、鸡粪、圈肥	54.34	3月	条施
滕州	75	鸡粪	31	10～11月	沟施、穴施

3. 山东中西部梨园施用化肥情况

调查发现，5个县市（区）施用的化肥以复合肥、尿素为主，少数梨园施用碳酸氢铵和磷酸二铵。复合肥以高氮高磷高钾（15-15-15、16-16-16）三元素复合肥为主，少数施用高氮低磷高钾的复合肥（22-6-18）。5个县市（区）中施用化肥量最高的是历城，每株施用有效养分2.63千克，其中N、P_2O_5、K_2O分别为1.15千克、0.74千克、0.74千克；施肥量最低的是冠县，每株施用有效养分1.23千克，其中N、P_2O_5、K_2O分别为0.41千克、0.41千克、0.41千克。

表2 土壤施用化肥情况

地区	种类	全年施肥均值（千克/株）			不同时期施用比例（%）				
		N	P_2O_5	K_2O	养分	基肥	萌芽肥	花芽分化肥	膨大肥
阳信	尿素、磷酸二铵、复合肥（15-15-15）	0.86	0.32	0.27	N	43.01	19.49	18.5	19
					P_2O_5	70	0	12	18
					K_2O	50	0	20	30

续表

地区	种类	全年施肥均值（千克/株）			不同时期施用比例（%）				
		N	P$_2$O$_5$	K$_2$O	养分	基肥	萌芽肥	花芽分化肥	膨大肥
冠县	复合肥（15-15-15）（16-16-16）	0.41	0.41	0.41	N	32.61	0	34.78	32.61
					P$_2$O$_5$	33.33	0	33.33	33.33
					K$_2$O	33.33	0	33.33	33.33
费县	碳酸氢铵、复合肥（15-15-15）（22-6-18）	0.77	0.25	0.46	N	59.17	20.12	8.88	11.83
					P$_2$O$_5$	33.33	27.77	27.77	11.13
					K$_2$O	17.64	52.94	14.71	14.71
历城	尿素、复合肥（15-15-15）	1.15	0.74	0.74	N	23.35	35.8	23.35	17.5
					P$_2$O$_5$	36.36	0	36.36	27.28
					K$_2$O	36.36	0	36.36	27.28
滕州	尿素、复合肥（15-15-15）	0.81	0.64	0.64	N	50.62	30.82	10.12	8.44
					P$_2$O$_5$	63.82	12.77	12.77	10.64
					K$_2$O	63.82	12.77	12.77	10.64

从化肥施入次数来看，阳信、费县、历城、滕州梨农一年施4次肥，即基肥、萌芽肥、花芽分化肥、膨大肥；冠县梨农一年施3次肥，即基肥、花芽分化肥、膨大肥，不施萌芽肥。各个时期施肥量也存在差异，冠县梨农一年3次施肥较均匀，各占1/3左右。阳信、费县、滕州梨农重视基肥，基肥有效养分用量占全年50%以上，历城梨农一年4个时期施肥较均匀，基肥和花芽分化肥的施用量略高于其他两次。施肥方式为穴施、沟施，其中穴施占33%，沟施约占67%。

5个县市（区）中氮肥施用量最多的是历城（以有效养分计），为1.15千克/株，最低的是冠县为0.41千克/株；5个县市（区）中磷肥施用量最多的是历城（以有效养分计），为0.74千克/株，最低的是费县，为0.25千克/株；5个县市（区）中钾肥施用量最多的是历城（以有效养分计），为0.74千克/株，最低的是阳信，为0.27千克/株。

4. 山东中西部梨园根外追肥情况

对5个县市（区）的梨园根外追肥情况的调查结果表明，阳信、历城、滕州所调查梨园根外追肥的比例为100%，费县有50%的梨园进行根外追肥，冠县仅有25%的梨园进行根外追肥。根外追肥的种类以尿素、磷酸二氢钾、硼砂、钙肥为主。调查根外追肥的梨园中,有78.57%的梨园喷施尿素,有71.43%的梨园喷施磷酸二氢钾,喷施硼肥和钙肥的梨园均占28.57%。根外追肥的时期不同地区差异较大,从花蕾期到果实膨大期均有喷施,但是梨农较普遍重视幼果期和果实膨大期喷肥。根外追肥的肥料稀释倍数多集中在300~600倍之间。

表3　　　　　　　　　　　根外追肥情况

地区	根外追肥梨园比例(%)	时期	种类	稀释倍数
阳信	100	幼果期	尿素	2 000
		膨大期	磷酸二氢钾	2 000
冠县	25	幼果期	尿素	300
费县	50	花蕾期	尿素 + 硼砂	300
		初花期	磷酸二铵 + 硼砂	300
		幼果期	氨基酸钙	300
		膨大期	尿素	500
历城	100	初花期	硼砂	300
		幼果期	钙肥	400
		膨大期	磷酸二氢钾	300~400
滕州	100	花蕾期	尿素	500~1 000
		初花期	尿素、磷酸二氢钾	500~600
		幼果期	尿素	500

三、存在问题与建议

1. 问题

从山东中西部梨主产区肥料施用状况的调查结果可以看出,山东中西部梨主产区施肥中存在一些问题:

(1)有机肥施用量不足,部分地区梨园重施化肥,少施甚至不施有机肥。由于有机肥施用费工费力,部分梨农不愿施用有机肥,多数梨园施用有机肥的量达不到"斤果斤肥"的标准。同时,有机肥的施用时期80%集中在3~4月份,仅20%能够在秋季采果后施用。另外,部分果农在施用有机肥前不进行高温腐熟。

(2)养分投入不均衡,县(市)间相差很大,即使在同一县(市),养分投入的不平衡和差距也很明显。肥料投入中N、P、K养分比例不协调,多数果农连年施用高氮高

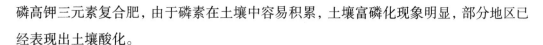

磷高钾三元素复合肥，由于磷素在土壤中容易积累，土壤富磷化现象明显，部分地区已经表现出土壤酸化。

（3）肥料施用不合理，部分地区施肥过于集中。由于沙性土壤保肥性差，肥料流失严重。部分梨园在全年梨生长发育中各时期养分施用分配不适当，花芽分化期、果实膨大期施用的养分比例偏低。

2. 建议

根据山东中西部梨主产区梨园立地条件及梨树生长发育和结果对养分的需求规律，对山东省中西部梨主产区梨生产的养分管理提出以下几点建议：

（1）增施有机肥，保持土壤肥力，提高土壤有机质含量，改良土壤。山东中西部地区梨园立地条件差，80%的梨园土壤是沙壤土和石砾土，漏水漏肥严重，有机质含量较低。增施有机肥能够改良土壤结构，提高土壤有机质含量，改善土壤理化性状。有机肥施用前应经过高温腐熟，以杀灭致病微生物，同时利于梨树吸收利用。有机肥应在采收后及时施用，此时叶片光合作用比较强，能增加树体贮藏营养的水平，提高花芽质量和枝芽充实度，从而提高抗寒力，对来年生长结果十分有利。有机肥施用量至少应做到"斤果斤肥"。有机肥和化肥配合施用，在以施用有机肥料为主的基础上，合理施用化肥，使有机肥与化肥的施用比例保持在（40~50）：1。有机肥源不足及劳动力缺乏的地区，可以采用秸秆覆盖，从而提高土壤有机质含量，减少劳动用工。

（2）各地应根据本地的梨园土壤养分状况、需肥特点、生产情况等，调整养分投入量。梨树对大量元素的需求比例一般为1:0.5:1，一般每生产100千克梨果，需要吸收纯氮（N）0.47千克、磷（P_2O_5）0.23千克、钾（K_2O）0.47千克[2]。这三种元素土壤天然供给比例分别为1/3，1/2和1/2，肥料利用率分别为30%、30%和40%，由此可以根据产量计算出所需要的施肥量。根据高产梨园经验，每生产100千克梨果，需要施用优质猪圈粪或土杂肥100千克、尿素0.5千克、过磷酸钙2千克、硫酸钾1千克。另外，建议隔一年施用一次磷肥或磷素含量低的复混肥，以减少土壤中磷素的富集。

（3）漏肥漏水梨园建议采用少量多次施肥模式，保水保肥性好的梨园建议氮磷钾肥分4次施用，即萌芽肥（20%氮、25%磷）、花芽分化肥（15%氮、20%磷、20%钾）、膨果肥（25%氮、15%磷、25%钾）、基肥（40%氮、40%磷、30%钾）。

参考文献

[1] 刘振岩，李振三. 山东果树[M]. 上海：上海科学技术出版社，2000.

［2］万连步，杨力，张民.作物营养与施肥丛书·果树卷·梨［M］.济南：山东科学技术出版社.

（山东农业科学 2012，44（5）：75-78）

施有机肥及套袋对鸭梨果实风味品质的影响

魏树伟，张勇，王宏伟，王海波，高华君，王少敏

　　梨是重要的果树栽培树种之一，在世界果品市场中占有重要的地位。鸭梨是我国独有的优良品种，因其风味独特一直颇受消费者的喜爱。风味品质是果实品质的重要组成部分，果实中芳香物质、糖类和有机酸的组成及含量是决定其风味品质的重要因素。影响果实香气及风味的因素主要包括品种、气候条件、栽培管理措施、成熟度、采后贮藏方式、果实自身代谢等方面。国内外对梨果实风味品质的研究侧重于不同品种（西洋梨、日本砂梨、库尔勒香梨等）梨果实的主要香气成分分析[1~3]、不同成熟度及贮藏措施对梨果实香气物质的影响[4,5]、不同糖类和有机酸组成与梨果实风味品质的关系[6]等方面。在有机肥与梨果实风味品质的关系方面研究较少，但普遍认为增施有机肥能够改善果实品质。刘松忠[7]研究表明，不同有机肥均可提高黄金梨果实糖含量，降低有机酸含量，提升果实风味，改善果实品质，其中堆肥＋叶片喷施氨基酸肥或腐熟动物废弃料效果最好。高晓燕[8]研究表明，动物有机肥能明显提高黄金梨果实的品质。

　　目前鸭梨生产中，套袋措施广泛应用，在改善果实外观方面效果显著，但也导致其风味品质显著降低。徐继忠等研究了套袋对鸭梨果实挥发性物质成分的影响，认为鸭梨套袋后酯类物质种类减少，含量降低，但烷类和醇类含量增加[9]。王少敏等研究了套袋香水梨贮藏过程中芳香物质的变化，认为套袋导致香水梨香气物质种类减少，相对含量降低。施有机肥对鸭梨风味品质的影响尚未见报道，本研究旨在明确施用有机肥和套袋对鸭梨果实风味品质的影响，为改善鸭梨风味品质，指导鸭梨生产提供参考。

一、材料与方法

1.试验设计

　　鸭梨采自山东阳信梨园。果园土壤质地为沙壤，其基本养分状况见表1。鸭梨二十年生，砧木为杜梨，株行距4米×5米，树势中庸，管理水平一般，每公顷产量为45 000千

克左右。选择10株负载量、树相等相近的树进行试验，5株进行有机肥处理，5株施复合肥。所用有机肥是绿霞牌生物有机肥（有机质含量30%左右，速效氮、磷、钾总含量10%左右），复合肥为农大肥业生产（氮、磷、钾总含量40%，N∶P∶K＝15∶8∶17）。有机肥和复合肥按照氮、磷、钾总含量一致的原则施入，施用方法均为沟施。有机肥施用量为16千克/株，分3次施入，秋施8千克/株，花前施2千克/株，套袋前施6千克/株。复合肥施用量4千克/株，分3次施入，秋施2千克/株，花前施0.5千克/株，套袋前施1.5千克/株。施有机肥和复合肥处理各选择3株负载量、树相等相近的树，5月26日进行套袋处理，每株树套90个袋子（纸袋选用台果牌双层灰黑纸袋），预留部分果实不套袋，套袋和对照处理均选择树体外围、中上部、东南方向着生的果实。试验设3次重复（单株重复），2009年和2010年连续进行两年。试验树的其他管理措施与大田一致，9月26日采收，每个处理挑选成熟度适宜，无病虫、无机械损伤、具有该品种典型特征的果实采收，混匀，每个处理选30个果实运回实验室，于采收后第3天进行测定。

表1 试验梨园土壤养分状况

土壤深度（厘米）	pH	有机质（克/千克）	全氮（克/千克）	有效磷（克/千克）	速效钾（毫克/千克）	有效硼（毫克/千克）	有效铁（毫克/千克）	有效铜（毫克/千克）	有效锌（毫克/千克）
0～25	7.28	16.13	1.10	0.049	0.219	0.66	11.1	6.01	2.34
25～50	7.3	8.67	0.9	0.014	0.156	0.43	7.12	2.30	1.01

2. 分析项目与方法

（1）果实挥发性成分的提取与测定。参照田长平等（2009）的方法，每份样品取3～5个果实的果肉，迅速切成薄片并混匀，准确称取5克样品放入样品瓶中，在10毫升样品瓶底部加入内标物3-壬酮（0.4毫克/毫升）10微克，用聚四氟乙烯丁基合成橡胶隔片密封。果实挥发性成分的提取与测定分别利用Perkin ElmerTurbo Matrix 40 Trap顶空进样器和Shimadzu GCMS-QP 2010气相色谱—质谱联用仪，采用静态顶空气相质谱色谱联用技术进行。挥发性成分的定性方法：未知化合物质谱图经计算机检索，同时与NIST 05质谱库相匹配，并结合人工图谱解析及资料分析，确认各种挥发性成分；定量方法：按峰面积归一化法求得各化合物相对质量百分含量，并选择3-壬酮为内标进行精确定量。

通过计算1克（香气值）确定特征香气成分，香气值＝某种化合物含量/该化合物香气阈值[11～15]，1克（香气值）>0的成分为特征香气成分。

（2）果实糖酸组分的提取与测定。提取方法[16]：准确称取5克果肉，用15毫升80%

酒精研磨后，水浴（75℃）30分钟，然后离心（4 000克/分钟）5分钟，将上清液转至25毫升容量瓶中，余下的沉淀再加入10毫升80%酒精继续水浴（75℃）30分钟，离心（4 000克/分钟）5分钟后，上清液转移至上述25毫升容量瓶中并定容，将该提取液于60℃条件下蒸干，残渣用5毫升重蒸水溶解，待测。测定采用高效液相色谱法，分析仪器为美国510型Waters高效液相色谱仪。用于糖组分分析的色谱柱为氨基柱Kromasil 250毫米×4.6毫米，流动相为乙腈：水（80：20）；流速为1毫升·分钟$^{-1}$；进样量为15微升；使用RID 10-A示差折光检测器。用于有机酸分析的色谱柱为C18 Kromasil 250毫米×4.6毫米；流动相为10毫摩尔/升磷酸二氢铵（磷酸调pH至2.8）：甲醇（97：3）；流速0.9毫升/分钟；进样量10微升，使用Waters 2487双波长紫外检测器，检测波长214纳米。利用N2000色谱工作站（Ver.3.30）计算糖酸组分含量。

（3）官能鉴评分析：成立7人品评小组，评价各处理鸭梨果实香气和味感特征。

3. 数据分析

试验数据采用2009、2010年两年数据，用Excel软件进行统计处理，差异显著性采用DPS数据分析软件分析。

二、结果与分析

1. 施有机肥和套袋对鸭梨香气成分的影响

由表2可以看出，试验鸭梨共检测到3类30种香气物质。其中施有机肥套袋鸭梨果实检测到香气成分3类18种，酯类15种、烯类2种、醇类1种；施复合肥套袋鸭梨香气成分有2类10种，其中酯类9种、烯类1种。施有机肥不套袋鸭梨检测到香气成分3类26种，其中酯类23种、烯类2种、醇类1种；施复合肥不套袋鸭梨检测到香气成分2类20种，其中酯类17种、烯类3种。套袋和不套袋情况下，施有机肥均使鸭梨香气物质种类增加；施用复合肥和有机肥情况下，套袋均使鸭梨香气物质种类减少。

根据试验峰面积计算，施有机肥套袋鸭梨香气物质总含量是8.747微克/克，施复合肥套袋鸭梨香气物质总含量是3.092微克/克；施有机肥不套袋鸭梨香气物质总含量是25.973微克/克，施复合肥不套袋鸭梨香气物质总含量是11.434微克/克。套袋和不套袋情况下，生长期施用有机肥均使鸭梨香气物质含量显著增加（$P<0.01$）；施用复合肥和有机肥情况下，套袋均使鸭梨香气物质含量显著降低（$P<0.01$）。

根据已报道的嗅感阈值及试验检测到的香气值（表2），可以确定不同处理鸭梨果实的特征香气成分。试验发现，施有机肥不套袋鸭梨共检测到11种特征香气成分，施有机肥套袋鸭梨共检测到10种特征香气成分；施复合肥不套袋鸭梨共检测到9种特征香气成分,施复合肥套袋鸭梨共检测到4种特征香气成分。

感官评价表明,施有机肥不套袋鸭梨果实具有最浓郁的鸭梨典型香气,而施复合肥套袋鸭梨果实香气最淡,其他处理果实香气介于两者之间。

表2　　　　　　　　　　　　　　　鸭梨香气成分及其含量

化合物名称	香气阈值 (纳克/克)	施有机肥 (微克/克)		施复合肥 (微克/克)	
酯类		不套袋	套袋	不套袋	套袋
乙酸丁酯	66	0.162(0.39)	0.084(0.10)	0.12(0.26)	—
乙酸异丁酯	65	0.119(0.26)	0.083(0.11)	0.028 (−0.37)	—
乙酸异戊酯	30	0.024(−0.09)	—	—	—
乙酸-1-乙基戊酯	—	1.059			
乙酸己酯	2	3.265(0.21)	4.068(0.31)	0.12(−1.22)	0.41(−0.69)
乙酸-4-己烯酯	—	—	0.03		
乙酸-2-己烯酯	—	0.235	0.202	0.160	0.024
丙酸乙酯	10	0.720(1.86)	0.152(1.18)	0.69(1.84)	0.088(0.94)
2-甲基丙酸乙酯	13	0.323(1.40)	0.03(0.36)	0.137(1.02)	—
2-甲基丙烯酸乙酯	—	0.047	—	—	—
丁酸乙酯	1	8.204(3.91)	1.651(3.22)	4.48(3.65)	1.256(3.10)
丁酸甲酯	76	0.044(−0.24)	—	—	—
(E)2-丁烯酸乙酯(E)	—	0.084	0.012	0.068	—
2-甲基丁酸乙酯	0.1	0.960(3.98)	0.133(3.12)	0.40(3.6)	0.099(2.99)
(E)2-甲基-2-丁烯酸乙酯	—	0.102	—	—	—
丁酸己酯	250	—	0.012(−1.3)	—	—
戊酸乙酯	—	0.232	0.024	0.076	0.033

（续表）

化合物名称	香气阈值 （纳克/克）	施有机肥 （微克/克）		施复合肥 （微克/克）	
4-甲基戊酸乙酯	—	0.015	—	0.025	—
己酸乙酯	1	6.903（3.84）	1.137（3.06）	3.95（3.60）	0.93（2.97）
3-己烯酸乙酯	—	0.130	—	0.074	—
2-己烯酸乙酯	—	0.062	—	0.025	—
庚酸乙酯	2.2	0.06（1.44）	—	0.031（1.15）	—
辛酸乙酯	92	0.8（0.94）	0.133（0.16）	0.307（3.34）	0.08（-0.06）
4-辛烯酸乙酯	—	0.013	—	—	—
2-辛烯酸乙酯	—	0.021	—	—	—
邻苯二甲酸乙酯	—	—	0.019	0.014	0.008
烯类					
苯乙烯	—	—	—	0.096	—
柠檬烯	10	0.016（0.20）	0.025（0.39）	0.019（0.28）	—
α-法尼烯		2.321	0.825	0.588	0.16
醇类					
己醇	500	0.052（-0.98）	0.127 （-0.60）	—	—
合计		25.973	8.747	11.434	3.092

注：香气阈值参考 Aaby 等[15]，Echeverría 等[12]和 López 等[13]。"—"表示未检测到。括号中数值为香气值的常用对数值。

2. 施有机肥和套袋对鸭梨糖类和有机酸组分的影响

由鸭梨糖类和有机酸组分测定结果（表3）可以看出，所有处理均检测到4种糖与7种有机酸组分；糖组分在不同处理中均表现出果糖含量最高，其次是蔗糖、山梨醇、葡萄糖；有机酸组分均表现出苹果酸含量最高，其次为乙酸、柠檬酸、莽草酸、奎宁酸、酒石酸，琥珀酸含量最低。

味感成分	施有机肥（毫克／克）		施复合肥（毫克／克）	
	不套袋	套袋	不套袋	套袋
果糖	33.91a	31.07b	32.55c	25.24d
蔗糖	25.77a	20.57c	21.55b	19.88d
山梨醇	22.36a	14.21c	18.98b	11.12d
葡萄糖	16.28a	11.23d	15.65b	12.23c
苹果酸	6.43a	3.12c	4.4b	2.83d
乙酸	1.74A	1.39C	1.61B	0.09D
柠檬酸	0.412c	0.508a	0.392d	0.458b
莽草酸	0.33A	0.234B	0.056C	0.057C
奎宁酸	0.103b	0.125a	0.094c	0.104b
酒石酸	0.034b	0.042a	0.031c	0.035b
琥珀酸	0.020bc	0.025a	0.019c	0.021b
糖总量	98.32a	77.08c	88.73b	68.47d
酸总量	9.069a	5.444c	6.602b	3.595d
糖总量／苹果酸	15.291c	24.705a	20.166b	24.194a
官能评价	甜酸	甜酸	甜酸	淡酸

表3 鸭梨果实糖酸组分及含量

注：不同字母表示新复极差检验达到5%显著水平。

　　套袋和不套袋情况下，施有机肥处理均使鸭梨果实味感成分升高；施复合肥和有机肥情况下，套袋均使鸭梨果实味感成分降低。施有机肥套袋和不套袋处理，鸭梨果实均是果糖含量最高，分别为31.07毫克／克、33.91毫克／克；其次是蔗糖含量，分别为20.57毫克／克、25.77毫克／克；葡萄糖含量最低，分别为11.23毫克／克、16.28毫克／克。施复合肥套袋和不套袋处理，果实均是果糖含量最高，分别为25.24毫克／克、32.55毫克／克；其次是蔗糖含量，分别为19.88毫克／克、21.55毫克／克；施复合肥不套袋处理果实葡萄糖含量最低为15.65毫克／克，施复合肥套袋处理果实山梨醇含量最低为11.12毫克／克。

　　施有机肥套袋和不套袋处理，鸭梨果实均是苹果酸含量最高，分别为3.12毫克／克、6.43毫克／克；其次是乙酸含量，分别为1.39毫克／克、1.74毫克／克；再次是柠檬酸含量，分别为0.508毫克／克、0.412毫克／克；琥珀酸含量最低，分别为0.025毫克／克、0.020毫克／克。施复合肥套袋和不套袋处理，鸭梨果实均是苹果酸含量最高，分别为2.83毫克/克、4.4毫克/克;琥珀酸含量最低,分别为0.021毫克/克、0.019毫克/克。施复合肥不套袋处理鸭梨果实有机酸含量排名第二位的是乙酸,为1.61毫克/克;再次是柠檬酸,含量为0.392毫克/克。施复合肥套袋处理鸭梨果实有机酸含量排名第二位的是柠檬酸,含量为0.458毫克/克;再次为奎宁酸,含量为0.104毫克/克。

三、讨论

Takeoka等报道,下列香气成分是促成梨香气的重要因素:2-甲基—丁酸乙酯、己酸乙酯、丁酸乙酯、2 甲基 丙酸乙酯、乙酸己酯、庚酸乙酯、己醛、戊酸乙酯、丙酸乙酯[1]。陈计峦采用固相微萃取GC-MS方法从鸭梨中检测到51种香气成分,最重要的香气成分是己酸乙酯,相对百分含量为26.14%,其次为丁酸乙酯(16.62%)、α-法尼烯(15.57%)、己醛(6.16%)、乙酸乙酯(3.68%)[5]。徐继忠等研究发现鸭梨挥发性成分中酯类含量最高,以丁酸乙酯、己酸乙酯为主[9]。刘向平等采用SPME-GC方法研究了不同采收期对鸭梨采后贮藏香气成分的影响,结果表明,鸭梨果实的主要香气成分为乙酸乙酯、己醛、己醇、丁酸乙酯、己酸乙酯等[4]。田长平等研究了商熟期鸭梨的香气成分,发现其含量最高的香气物质是醛类,其次为醇类[2]。综合前人研究结果表明,鸭梨商熟期香气成分以醇、醛为主,成熟期及采后贮藏期香气成分以酯类为主。本试验采用固相微萃取法的改进方法[17]——带捕集肼的静态顶空和气相色谱—质谱联用(GC-MS)技术,从成熟鸭梨中检测到30种香气成分,主要成分是酯类,含量高的是乙酸己酯、丁酸乙酯、己酸乙酯、2-甲基丁酸乙酯等。本研究结果与前人研究结果接近,但本试验未检测出己醛、乙酸乙酯,推测可能与试验样品及试验方法有关。鸭梨成熟过程中香气成分的变化机制及其影响因素有待进一步研究。

综上,套袋是当前生产优质鸭梨果品的重要措施,但显著降低果实糖类、有机酸和芳香物质含量,施有机肥增加糖、酸及各种芳香物质含量(这些正是构成果实风味的味感物质),可见施有机肥有效减轻了套袋对鸭梨果实风味品质降低的影响,"有机肥 + 套袋"是生产优质鸭梨果品的有效措施。

四、结论

试验鸭梨共检测到3类30种香气物质。施有机肥导致鸭梨香气物质种类增加,含量升高。套袋导致鸭梨香气物质种类减少,含量降低。套袋和施有机肥处理使鸭梨的特征香气成分种类和含量改变。试验鸭梨共检测到4种糖、7种有机酸组分,其中糖组分主要为果糖,其次为蔗糖、山梨醇、葡萄糖,有机酸组分主要为苹果酸。施用有机肥使鸭梨的糖和酸总量显著升高,套袋使鸭梨的糖和酸总量显著降低。

参考文献

［1］ Takeoka, Gary R, Buttery, et al.Volatile constituents of Asianpear（Pyrus serotin）［J］.J.Agric. Food.Chem., 1992, 40：1 925–1 929.

［2］ 田长平, 魏景利, 刘晓静, 等.梨不同品种果实香气成分的 GC–MS 分析［J］.果树学报, 2009, 26（3）：294–299.

［3］ Hauryasu.Changes in the volatile composition of La France Pear during maturing［J］.J.Sci. Food Agric., 1990, 52：421–429.

［4］ 刘向平, 寇晓虹, 张平, 等.不同采收期对鸭梨采后贮藏香气成分的影响［J］.食品科学, 2010, 31（10）：292–295.

［5］ Chen J L, Wang Z F, Wu J H et al.Changes in the volatile compounds and chemical and physical properties of Yali pear（Pyrus bertschneideri Reld）during storage［J］. Food Chem., 2006, 97：248–255.

［6］ 霍月青.砂梨品种资源糖酸及石细胞含量特点的研究［D］.武汉：华中农业大学, 2007.

［7］ 刘松忠, 刘军, 张强, 等.不同肥料种类对黄金梨果实内在品质及风味的影响［J］.果树学报, 2012, 29（1）：6–10.

［8］ 高晓燕, 李天忠, 李松涛, 等.有机肥对梨果实品质及土壤理化性状的效应［J］.中国果树, 2007,（5）：26–28.

［9］ 徐继忠, 王颉, 陈海江, 等.套袋对鸭梨果实内挥发性物质的影响（初报）［J］.园艺学报, 1998, 25（4）：393–394.

［10］ 王少敏, 陶吉寒, 魏树伟, 等.套袋香水梨贮藏过程中芳香物质的变化研究［J］.中国农学 通报, 2008, 24（9）：324–328.

［11］ Echeverría G, Graell J, Lara I, et al. Physicochemical measurements in "Mondial Gala" apples stored at different atmospheres：Influence on consumer acceptability［J］. Postharv.Biol.Technol., 2008, 50：135–144.

［12］ Echeverría G, Fuentes T, Graell J, et al.Aroma volatile compounds of "Fuji" apples in relation to harvest date and cold storage technology：A comparison of two seasons［J］. Postharv.Biol.Technol., 2004, 32：29–44.

［13］ López M L, Villatoro C, Fuentes T, et al.Volatile compounds, quality parameters and consumer acceptance of "Pink Lady" apples stored in different conditions［J］. Postharv.Biol.

［14］ Mehinagic E, Royer G, Symoneaux R, et al. Characterization of odor–active volatiles in apples：influence of cultivar and maturity stage［J］. J.Agric.Food.Chem.，2006，54：2 678-2 687.

［15］ Aaby K，Haffner K，Skrede G. Aroma quality of Gravenstein apples influenced by regular and controlled atmosphere storage［J］. Lebensmittel-Wissenschaft und Technologie，2002，35：254-259.

［16］ 王海波，李林光，陈学森，等.中早熟苹果品种果实的风味物质和风味品质［J］.中国农业科学，2010，43（11）：2 300-2 306.

［17］ 尹燕雷，苑兆和，冯立娟，等.不同栽培条件下凯特杏果实发育过程中香气成分的 GC /MS 分析［J］.林业科学，2010，46（7）：92-99.

［18］ Guadagni D G，Buttery R G，Harris J. Odour intensities of hop oil components［J］. J.Agric. Food.Chem.，1966，17（3）：142-144.

［19］ Bult J H F，Schifferstein H N J，Roozen J P，et al.Sensory evaluation of character impact componentsin an apple model mixture［J］. Chem.Sen.，2002，27：485-494.

［20］ 宇万太，姜子绍，马强，等.施用有机肥对土壤肥力的影响［J］.植物营养与肥料学报，2009，15（5）：1 057-1 064.

［21］ 王孝娣，史大川，宋烨，等.有机栽培红富士苹果芳香成分的 GC-MS 分析［J］.园艺学报，2005，32（6）：35-40.

［22］ Bangerth F，Streif J，Song J，et al.Investigations into the physiology of volatile aroma production of apple fruits［J］.Acta Hortic.，1998，464：189-200.

［23］ Wyllie S G，Fellman J K.Formation of volatile branehed chainesters in bananas［J］. J.Agric. Food.Chem.，2000.

（植物营养与肥料学报2012，18（5）：1 269-1 276）

套袋方式对黄金梨品质的影响

王宏伟，仇仁波，魏树伟，王少敏，张勇

　　套袋技术在梨果生产中应用较为广泛，是改善果实外观品质、提高食品安全、增加经济效益的有效措施之一[1~4]。黄金梨二次套袋技术是减少果实锈斑，减小果点的重要措施。但随着人工、果袋成本的提高，二次套袋增加了生产成本。在管理水平较高的果园，二次套袋可以增加精品果率，提高果品价格；而在管理水平中等偏下的果园则需要进行成本方面的考虑，推广一次性套袋技术，提高收益。为掌握二次套袋与一次套三层袋对黄金梨品质的影响，进行本次研究。

一、材料与方法

1. 材料

以泰安徂徕地区10年生黄金梨为材料，株行距为2米×3米，土质为沙壤土，管理水平中下，树势中庸。果袋为商品性专用纸袋，小袋为蜡质单层纸袋，规格为7.5厘米×10.5厘米；双层袋为外黄内黄蜡纸袋，规格为15.5厘米×20厘米；三层袋为外棕中黑内白蜡纸袋，规格为15.5厘米×20厘米。

2. 方法

随机选取3株树，在花后15天选取树冠外围距地面1.2～2.0米处的果实套小袋，30天后不摘小袋直接套双层纸袋，另一处理直接套三层袋，对照为不套袋。成熟时带果袋采收，每个处理随机取15个果实，对果点颜色、果点密度、果实单果重、色泽、光洁度、可溶性固形物等进行测定。

硬度用GY-3型果实硬度计测定；可溶性固形物用TD-45型数显糖度计测定，使用DPS进行数据比较和处理。

二、结果与分析

1. 不同时期套小袋对黄金梨外观品质的影响

表1　　　　　　　　一次套袋与二次套袋对黄金梨外观品质的影响

处　理	果皮颜色及光洁度	果点颜色	果点密度（个 / 厘米^2）	果点大小对比	果形指数
二次套袋	绿黄，光洁，少量果锈	色淡	10.33a	小	0.95a
一次套袋	黄色，光洁，少量果锈	色较淡	11.33a	小	0.93a
CK	绿色，粗糙，较多果锈	色较深	12.33a	较小	0.94a

与对照相比，套袋可以明显改善黄金梨的外观品质。二次套袋处理由于果袋为浅色果袋（黄白色），在一定程度上保持了果实的绿色，果实呈绿黄色。一次套袋处理果袋为深色（棕黑白），果实呈黄色。对照果实颜色为绿色。套袋处理后果实在相对温和的微环境中生长，避免了低温、农药、雨水、强光照射等因素的影响，皮孔细胞受到伤害的概率降低[5~9]，所以果锈颜色较浅且果点密度降低。2个处理的果实都只有极少

量果锈，果点小而疏，基本不影响果实的外观品质。二次套袋与一次套袋处理的果实外观品质差异较小，只有果皮颜色有差异。而不套袋果实胴部有较多果锈，颜色较深。因此，一次套袋可以满足当地市场对梨果外观品质的要求。

2. 一次套袋与二次套袋对黄金梨内在品质的影响

表2　　　　　　　　　　一次套袋与二次套袋对黄金梨内在品质的影响

处　理	平均单果重（克）	硬度（千克/厘米²）	可溶性固形物含量(%)	优质果率(%)
二次套袋	229.85a	3.44 a	10.87 b	80
一次套袋	225.86a	3.92 a	11.55 ab	80
CK	220.80a	3.62 a	12.10 a	50

研究表明，与对照相比，套袋降低了果实的可溶性固形物含量，二次套袋可溶性固形物含量最低，一次套袋较对照低，差异显著。

在果实硬度方面，一次套袋果实硬度最高，二次套袋果实硬度最低，但三者差异不显著；果实单果重也未表现出明显的差异，这与张振铭、徐义流等人的研究也存在一定的差异[8, 9, 11]。从上表中可以看出，对照果实平均单果重稍低于处理。

在优质果方面，通过果面、果实大小和果实品质综合来看，套袋处理提高了优质果率，均达到了80%，2个处理间无差异。

三、讨论

与对照相比，套袋可明显提高黄金梨果实的外观品质，对减少果点和果锈有较明显的效果。通过本试验和张宏建、颜景达等人[3, 8, 9]的研究分析认为，套袋后袋内的弱光能够提高果面的光洁度，而袋内的高湿环境使果实水分交换率降低，同时套袋使果实避免了药剂和机械等对果皮的损害，保证了果皮能正常发育，越早套袋效果越明显。由于二次套袋处理在果实发育初期就使用小袋，在果点密度方面稍好于一次套袋，但果实表面光洁度、果锈等方面没有明显差异。一次套袋处理效果可以满足当地市场的要求。

孙蕊[10]在研究中指出越早套袋黄金梨果实单果重越小，但差异不显著。本试验中二次套袋与一次套袋及对照果实单果重有差异，但3个处理间差异不显著。病虫害和鸟类危害极易造成不套袋果实的损失，因此在田间所采集的对照果实平均质量最低。

张振铭等人[8]研究认为，套袋微环境中的弱光因子导致果实果皮叶绿素含量显著减少，光合作用能力基本丧失，向果肉输送的果皮同化产物几乎为零；而且果皮所需的光合产物全部由叶片提供，加剧了果实之间对叶同化产物的竞争，使分配到果肉的可溶性糖和可溶性固形物含量降低。本试验表明，二次套袋由于套袋时间较早，对梨果可溶性固形物和总糖的含量影响较大。一次套袋处理果实可溶性固形物含量要高于二次套袋，但小于对照，且三者差异显著。

四、小结

一次套袋处理与二次套袋处理较对照在外观品质上有明显的改善，减少了果锈的大小和数量，提高了果实的光洁度。相对于二次套袋处理，一次套袋处理效果也达到了当地市场的要求，并且节省了人工和果袋成本。

套袋对黄金梨果实内在品质的影响较明显，处理与对照在单果重、果实硬度方面无显著差异，两个处理果实可溶性固形物含量较对照低，差异显著；一次套袋果实可溶性固形物含量高于二次套袋的果实。

综上表明，在管理水平较低的果园，二次套袋技术虽能明显改善果实的外观品质，但较高的成本与低价格销售降低了果农的利润，限制套袋技术的推广。一次性套三层袋人工和纸袋成本较低，对品质也有较大的提升，提高了优质果率，提高了梨果价格，达到了省工高效的目的，使果农受益。

参考文献

［1］王少敏，高华君，张骁兵等.梨果实套袋研究进展［J］.中国果树，2002，(6)：47-50.

［2］王武，邓烈，何绍兰.套袋对果实品质的影响综述［J］.中国南方果树，2006，3(3)：82-86.

［3］辛贺明，张喜焕.套袋对鸭梨果实内含物变化及内含激素水平的影响［J］.果树学报，2003，20(3)：233-235.

［4］李红旭，李佛曾，董铁.不同果袋对黄金梨果实套袋效果试验［J］.北方园艺，2007(10)：40-41.

［5］颜景达.南方早熟绿皮梨果实两次套袋防锈斑技术［J］.中国南方果树，2009，38(5)：43-44.

［6］王少敏，赵峰，张勇.梨套袋栽培配套技术问答［M］.北京：金盾出版社，2009.

［7］关军锋.果实品质研究［M］.河北：河北科学技术出版社，2001：412-414.

［8］张振铭，张绍玲，乔勇进等.不同果袋对砀山酥梨果实品质的影响［J］.果树学报，2006，23(4)：510-514.

［9］张宏建，梁尚武，张百海.不同套袋时期对砀山酥梨果实外观质量的影响［J］.西北植物学报，2006，26(7)：1 369-1 377.

[10] 孙蕊, 史西月, 郑建梅, 等. 不同时期套袋对黄金梨果面的影响[J]. 河北果树, 2004, (2): 9.

[11] 徐义流, 张金云, 伊兴凯, 等. 果实套袋对砀山地区砀山酥梨果实品质的影响[J]. 安徽农业大学学报, 2008, 35(3): 301-306.

(落叶果树2013, 45(1): 11-12)

不同结果部位对栖霞大香水梨果实香气的影响

王少敏, 魏树伟

梨是重要的果树栽培树种之一, 在世界果品市场中占有重要的地位。栖霞大香水梨原产于山东, 果实香气浓郁, 深受消费者喜爱。研究表明, 套袋香水梨贮藏过程中芳香物质的种类减少, 相对含量降低[1]。但关于栖霞大香水梨不同结果部位果实香气的研究未见报道。本研究对不同结果部位栖霞大香水梨果实香气物质进行了测定和分析, 以期为梨果实品质提升提供理论依据。

一、材料与方法

1. 供试材料与处理

试验于2012~2013年进行, 供试的栖霞大香水梨采自山东省栖霞市蛇窝坡镇。果园为沙壤土, 管理水平较高。基砧为杜梨, 三十年生, 梨园株行距为6米×6米, 南北行向, 采用主干疏层形树形。选生长势较一致、树冠大小基本相同的9株梨树, 9株树分为3个小区, 每区3株。试验设外围东、外围西、外围南、外围北和内膛上、内膛中、内膛下共7个处理。9月20日果实成熟后, 每个部位选择成熟度适宜、无病虫、无机械伤、具有该品种典型特征的套双层袋果30个, 不套袋果30个(对照), 立即运回实验室利用气相色谱—质谱联用仪(GC-MS)进行测试。

2. 仪器与方法

实验用仪器: 日本岛津公司GC-MS QP 2010 Plus气相色谱—质谱联用仪、美国PE公司的TurboMatrix 40 HS顶空进样器、万能粉碎机、25毫升PE顶空进样瓶、铝制瓶盖、硅橡胶垫。

果实样品的制备参照田长平等[2]的方法, 每份样品取3~5个果实, 采用四分法去除果核后, 果肉迅速切成碎块(长、宽、高均0.2厘米左右)并混匀, 准确称取5克样品放入样品瓶中，在10毫升样品瓶底部加入内标物3-壬酮（0.4毫克／毫升）10微克，用聚四氟乙烯丁基合成橡胶隔片密封。果实挥发性成分的提取与测定分别利用Perkin ElmerTurbo Matrix 40 Trap顶空进样器和Shimadzu GCMS-QP 2010气相色谱—质谱联用仪，采用静态顶空气相质谱色谱联用技术进行。挥发性成分的定性方法：未知化合物质谱图经计算机检索，同时与NIST 05质谱库相匹配，并结合人工图谱解析及资料分析，确认各种挥发性成分；定量方法：按峰面积归一化法求得各化合物相对质量百分含量，并选择3-壬酮为内标进行精确定量。

通过计算1克（香气值）确定特征香气成分，香气值＝某种化合物含量／该化合物香气阈值，1克（香气值）>0的成分为特征香气成分。

二、结果与分析

1. 不同部位栖霞大香水梨果实香气物质种类的差异

套袋树外围东部果实香气物质种类最多，为35种，其中酯类30种、醇类4种、醛类1种；其次为外围南面和内腔下部的果实，香气物质种类均为34种；再次为内腔中部果实，香气物质种类均为32种；随后为内腔上部果实、外围西面果实，香气物质种类分别为31种和28种。外围北侧香气物质种类最少，为24种，其中酯类19种、醇类4种、醛类1种。

不套袋树外围南面的果实香气物质种类最多，为42种，其中酯类33种、醇类7种、醛类2种；其次为外围西面果实，香气物质种类为41种；再次为内腔上部和内腔下部的果实，香气物质种类均为35种；随后为内腔中部和外围东面果实，香气物质种类均为25种。外围北面果实的香气物质种类最少，为24种，其中酯类19种、醇类3种、醛类2种。

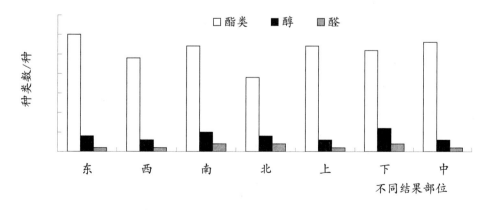

图1　套袋树不同结果部位果实香气种类

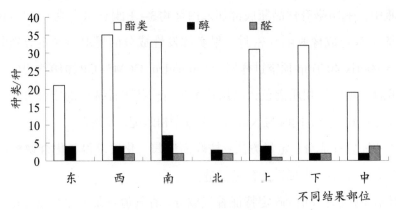

图2　不套袋树不同结果部位果实香气种类

2. 不同部位栖霞大香水梨果实香气物质含量的差异

套袋树外围东部果实香气物质含量最高，为4 076.01纳克／克，其中酯类含量为4 029.84纳克／克，醇类为41.79纳克／克，醛类为4.38纳克／克。内膛下部果实香气物质含量最低，为421.22纳克／克，其中酯类含量为410.88纳克／克，醇类为9.46纳克／克，醛类为0.88纳克／克。

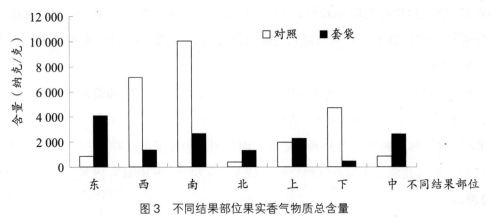

图3　不同结果部位果实香气物质总含量

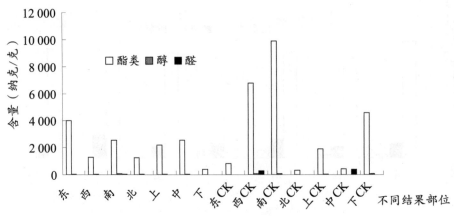

图4　不同结果部位果实各香气物质含量

不套袋树外围南面的果实香气物质含量最高，为 10 001.14 纳克／克，其中酯类含量为 9 897.3 纳克／克，醇类为 86.91 纳克／克，醛类为 16.93 纳克／克；外围北面果实的香气物质含量最低，为 357.08 纳克／克，其中酯类含量为 339.45 纳克／克，醇类为 10.03 纳克／克，醛类为 7.6 纳克／克。

3. 不同部位对栖霞大香水梨果实特征香气成分的影响

通过果实香气值确定其特征香气成分，结果（表1）表明不同结果部位果实特征香气成分发生了显著变化。不套袋树外围西部果实特征香气成分最多，为 9 种；其次为外围南部、内膛下部、内膛中部、内膛上部、外围东部，果实特征香气成分分别为 8、8、7、6、5 种；外围北部果实特征香气成分最少，仅为 4 种。套袋树外围东部、外围南部、内膛中部果实特征香气成分最多，均为 8 种；其次为外围西部、外围北部、内膛上部，果实特征香气成分为均 6 种；外围下部果实特征香气成分最少仅为 3 种。

表1　　　　　　　　　　　香水梨果实特征香气成分

化合物名称	香气阈值(纳克/克)	不套袋							套袋						
		东	西	南	北	上	下	中	东	西	南	北	上	下	中
丁酸乙酯	1	1.947	3.15	3.3	2.16	—	2.76	1.36	2.68	2.32	2.661	2.518	—	1.77	2.63
乙酸丁酯	66	-1.64	0.81	0.43	-0.1	0.23	0.54	0.13	0.47	-0.2	0.05	0.027	0.17	—	0.53
丁酸丙酯	18	-2	0.21	0.02	-0.6	0.13	0.27	-0.8	—	0.22	0.078	0.085	—0	-2.3	0.09
丁酸丁酯	100	—	0.52	-0.2	-0.7	0.1	-0.51	-1.4	0.26	0.44	0.242	-0.17	0.42		0.47
己酸乙酯	1	2.636	2.75	3.46	1.34	2.72	2.98	2.01	2.85	2.04	2.484	2.014	2.48	2.42	2.64
乙酸己酯	2	1.937	2.51	3.16	1.44	2	2.79	1.73	2.87	1.83	2.605	2.3	2.12	1.37	2.24
丁酸己酯	250	-1.79	0.46	0.02	-1	—	-0.21	-0.6	0.08	-0	-0.11	-0.2	0.2	-2.4	0.26
2-甲基-丁酸乙酯	0.006	2.462	—	—	2.27	—	3.53	1.95	3.46	2.5	3.407	2.544	—	—	2.83
庚酸乙酯	2.2	0.008	1.55	1.01	—	-0.1	0.59	—	0.59	—	—	—	-0.1	-0.4	-0
辛酸乙酯	92	-0.29	1.07	0.55	—	-0.3	0.07	-1.2	—	—	—	—	—	—	—
丁酸乙酯	1					2.73							2.61		
己醛	10.5				-0.2			1.43				0.013			
(E)-2-己烯醛	17	—	—	-0.7	-1.3	-0.4	-0.6	0.8	-0.6	-0.2	-0.13	-0.84	-0.1	-1.3	-0.1
种类合计		5	9	8	4	6	8	7	8	6	8	6	6	3	8

注：表中数值为果实香气值，"—"表示未检测到。

三、结论与讨论

本试验结果表明，栖霞大香水梨不同结果部位果实香气物质种类和含量存在显著差异，套袋树外围东部果实香气物质种类最多且含量最高，外围北侧香气物质种类最少，内膛下部果实香气物质含量最低。不套袋树外围南面的果实香气物质种类最多且含量最高，外围北面果实的香气物质种类最少、含量最低。

前人研究表明，栖霞大香水梨果实的主要香气成分为乙酸己酯、己酸乙酯、乙酸丁酯、丁酸乙酯、辛酸乙酯、2-甲基-丁酸乙酯等，本研究结果与其基本一致。张振英等[3]对郁闭果园内不同结果部位的烟富3号苹果果实香气进行了测定，结果表明，在同一园片内，光照条件好的结果部位（树冠外围）果实香气物质种类、含量及主要特征香气的含量均高于光照不良（树冠内膛）的果实，本研究结果也与其基本一致。本研究认为，树体外围东部、南部光照条件较好的位置果实香气物质种类和含量均较高，而光照条件较差的内膛、北部果实香气物质种类和含量均较少。

徐胜利等[4]研究了六至七年生篱壁式香梨结果部位对品质的影响，认为果实品质（可溶性固形物等）与光照垂直和水平分布呈极显著正相关。果实在树冠空间所处的位置不同，其光照条件有较大差异，进而直接影响果实的品质。张胜珍[5]研究认为，秋红晚蜜不同结果部位果实品质也有较明显的差别。一般认为挥发性物质都是以营养物质（如脂肪酸、氨基酸、单糖）为基础，通过不同的生物酶催化衍生而成。不同结果部位果实光照条件和内含营养物质的差异，可能是造成果实香气物质差异的原因之一，具体机制有待进一步研究。

参考文献

[1] 王少敏，陶吉寒，魏树伟，等.套袋香水梨贮藏过程中芳香物质的变化研究[J].中国农学通报，2008，24(9)：324-328.

[2] 田长平，魏景利，刘晓静，等.梨不同品种果实香气成分的GC-MS分析[J].果树学报，2009，26(3)：294-299.

[3] 张振英，宋来庆，刘美英，等.郁闭果园不同部位光照条件对烟富3号苹果果实品质的影响[J].山东农业科学，2013，45(9)：42-44.

[4] 徐胜利，陈小青.香梨篱壁式树形光照分布及结果部位对果实品质的影响[J].山西果树，2004，99(3)：3-5.

[5] 张胜珍.不同结果部位对"秋红晚蜜"桃果实品质的影响[J].西南农业学报，2013，26(3)：1 175-1 177.

（山东农业科学2014，31(5)：986-990）

黄冠梨的引种表现及栽培技术

魏树伟，王少敏，张勇，王宏伟，冉昆

黄冠梨[1]是河北省农林科学院石家庄果树研究所育成的中熟、优质、抗病新品种，亲本为雪花梨和新世纪，果实外形美观，风味酸甜适口，品质优良，且抗黑星病能力强，结果早，丰产性好。为满足我省梨品种结构调整的需要，改善我省早、中熟优良梨品种缺乏的现状，山东省果树研究所于2004年从河北省农林科学院石家庄果树研究所引进黄冠梨品种接穗，在泰安进行改接观察，随后又在冠县、滕州等地试验。经过多年多点观察，该品种在山东中西部梨产区表现良好，优良性状突出、稳定，经济效益显著，受到广大果农和消费者的喜爱，已成为当地极具发展潜力的品种之一。

一、果园基本情况

冠县清水镇刘屯村梨园，土壤为粉沙土，pH 为7.33，有机质含量为1%，果园管理水平中等。2004年枝接于三十年生鸭梨上，株行距4米×5米，授粉品种为黄县长把、雪花梨等，树形为水平网架形。年平均气温13.1℃，年均日照时数为2 630小时，无霜期198天，年均降水量592毫米。

滕州柴姜屯镇梨园，土壤为沙壤土，株行距3米×4米，pH 为7.05，有机质含量1.5%，果园管理水平中等。2006年枝接于三十年生砀山酥树上，授粉品种为砀山酥梨、丰水，树形为主干疏层形。年平均气温13.6℃，年均日照时数为2 383小时，年均降水量773.1毫米。

山东省果树研究所大河试验基地梨园，土壤为壤土，株行距2米×5米，pH 为7.03，有机质含量1.8%，2010年定植幼苗，果园管理水平中等。年平均气温13℃，全年平均日照数2 627.1小时，年平均降水量697毫米。

二、引种表现

1.植物学特征

幼树生长较旺盛，树姿直立，成龄树树势中庸，树姿较开张，一年生枝浅褐色，皮孔圆形、中密，芽体较尖、斜生；多年生枝黑褐色，发育枝节间长4.15厘米。早春嫩叶暗红色，较软且薄，叶姿平展或微下垂；成熟叶片椭圆形，较大，叶尖渐尖，叶基心脏形，叶缘锯齿状，深绿色，质地脆而厚，具蜡质，有光泽，平均纵、横径分别为12.71厘米和7.52厘米，叶柄长3.11厘米。花冠白色，较大，花药浅紫色，花粉量大，每个花序平均8朵花。

2. 果实经济性状

果实椭圆形，果形端正，果皮成熟前绿色，开始成熟后转为绿黄色，完熟后为金黄色，外观酷似"金冠"苹果。果面光洁，果皮薄，果点小、中密，无锈斑。套袋果果面淡黄色，萼片脱落，果柄长3.81厘米、中粗，着生牢固，梗洼中深，果实平均单果重280克，最大可达550克。果肉白色，质地酥脆，多汁，石细胞及残渣少，果心小，香味浓郁，平均可溶性固形物含量为11.90%，可溶性糖9.05%，总酸0.19%，风味甜略有酸味，品质极上，且耐贮藏。

3. 生长结果状况

黄冠梨萌芽率高，成枝力中等，以短果枝结果为主，中、长果枝亦具有良好结果能力，连续结果能力强，有腋花芽结果现象，6月下旬新梢停长，极易形成花芽。黄冠梨早果丰产特性明显，在一般栽培管理条件下2~3年即可结果，四年生幼树平均每亩产量可达500千克。高接树生长势强旺，发枝量大，第2年基本恢复原树冠大小，并开始结果，第3年株产可达30千克以上。黄冠梨适应性强，对土壤要求不严，采前落果轻，有较好的丰产、稳产性能。

4. 物候期

观察表明，黄冠梨在山东中西部地区，花芽膨大期为3月上旬，花序分离期为3月27~30日，4月2日左右初花，4月5~8日进入盛花期，花期7~10天，4月中下旬新梢进入旺盛生长期，6月上中旬为果实膨大期，8月中旬果实成熟，11月下旬落叶进入休眠。

5. 适应性与抗逆性

在山东泰安、冠县、滕州等地连续栽培数年后，黄冠梨生长结果良好、较抗旱，抗黑星病，未发现严重病虫危害现象，抗倒春寒能力强。

三、栽培技术

1. 定植或改接

北方梨区春、秋两季均可定植，株行距3米×(4~5)米。黄冠的授粉树以冀蜜、雪花梨、鸭梨等品种为宜，栽植比例为1:(4~6)。改接在萌芽前进行，根据原树体结构

剪砧，较细的枝用双舌接法，较粗的骨干枝采用劈接或切接法，主干及骨干枝缺枝处采用切腹接方法，萌芽后一直到夏季及时补接。

2. 整形修剪

黄冠梨整形宜采用疏散分层形、开心形、纺锤形等树形。幼树期因枝条直立，应加强拉枝，以促进花芽形成。初结果幼树应重点培养丰满、稳固的骨架，同时注意树势的均衡。进入盛果期后，为了确保连年丰产、稳产，应对结果枝组进行适当的更新回缩。

3. 花果管理

为提高果实品质，应进行人工辅助授粉。山东中西部梨产区一般5月上旬开始疏果，适宜留果量一般以幼果间距离25厘米为宜，疏果时应选留低序位果。黄冠梨套袋宜选用的纸袋类型为外黄内黑的双层袋或外黄内黑加一层衬纸的3层袋。疏果完成后即可进行套袋，一般要求5月底前完成套袋。套袋前应喷一次杀虫剂加杀菌剂，套袋后要经常进行随机抽查，以便及时采取措施防治黄粉虫等危害。另外，生产中部分果园套袋黄冠梨果实易发生"花斑病"（俗称鸡爪病），生产中应该注意施用有机肥，幼果（套袋前）喷钙、硼，选择透气、透光性好的果袋。

4. 土肥水管理

为提高果实品质，应该重视有机肥的施用，有机肥以堆肥、厩肥、圈肥及人粪尿、畜禽粪便等为主，均需腐熟，最好在果实采收后立即施用，有机肥的施用量最低以"斤果斤肥"为标准。追肥以速效肥为主，一般可分3~4次进行，包括花前肥、花后肥、果实膨大肥、果实发育肥等。提倡生草覆盖栽培，提高土壤有机质含量，改善土壤结构。一般树体萌动期、落花后、果实迅速膨大期和花芽分化期、采收后、封冻前宜浇水。

参考文献

[1] 王迎涛，李勇，孙荫槐.中熟抗黑星病梨新品种黄冠的选育及应用[J].河北农业科学，1998，2（2）：40-42.

（落叶果树2015，47（1）：26-27）

植物非生物胁迫相关的 WRKY 转录因子研究进展

冉昆，王少敏，魏树伟，王宏伟

植物在发育过程中往往会遭受许多生物（病原体侵染等）及非生物胁迫（干旱、逆温、高盐等）的影响，其中胁迫信号的识别、信号转导及相关基因表达的调控是植物产生适应性和抗逆性的关键[1]。胁迫诱导基因的表达主要发生在转录水平，其时间和空间表达模式的改变是植物适应环境胁迫的重要因素之一，在该过程中一部分转录因子被激活，进而调控下游防御相关基因的表达。植物基因组中相当大一部分用于转录，拟南芥和水稻基因组分别编码超过 2 100 和 2 300 个转录因子[2]。

WRKY 转录因子（WRKY transcription factors，WRKY TFs）是一类主要存在于植物中的锌指型转录调控因子，尽管研究时间较短，但已成为研究较为透彻的转录因子之一。研究表明，WRKY TFs 参与调控多种生物[3]和非生物胁迫反应[4]以及植物生长发育和物质代谢的过程，包括毛状体和种皮发育、胚胎发生、叶片衰老、生物合成途径及激素信号的调节等[5~10]。WRKY TFs 的研究最初多集中在生物胁迫方面，近几年开始关注 WRKY TFs 对非生物胁迫的响应，诸如干旱、高盐、逆温及营养缺乏等，而且不再局限于拟南芥等模式植物。本文主要针对近几年来植物非生物胁迫相关的 WRKY 转录因子的研究进展做一概述。

一、WRKY 转录因子的结构及特征

WRKY TFs 属于锌指型转录因子 WRKY-GCM1 超家族，由增变基因（Mutator）或类增变基因（Mutator-like，Mule）转座酶进化而来[11, 12]。最初认为 WRKY TFs 是植物所特有的，存在于几乎所有植物中，并组成一个大的转录因子家族[13]。最近，在原生动物（肠兰伯式鞭毛虫）等物种中也发现存在 WRKY TFs[14, 15]，这显示了 WRKY TFs 的古老起源。目前已知，拟南芥中有 74 个 WRKY TFs 成员[13]，小立碗藓有 38 个[4]，苜蓿有 28 个[16]，高粱有 68 个[4]，水稻有 100 多个[9]，大豆有 197 个[17]，蓖麻有 47 个[18]，番木瓜有 66 个[4]，黄瓜有 55 个[19]，番茄有 81 个[20]，白杨有 104 个[4]，苹果有 116 个[21]，麻风树有 58 个[22]。

WRKY TFs 因其拥有长约 60 个氨基酸的高度、保守的 WRKY 结构域而得名，在其 N 端有一个保守的 7 肽 WRKYGQK 基序，C 端有一个不典型的锌指结构 C_2H_2

（Cx$_{4-5}$Cx$_{22-23}$HxH）或 C$_2$HC（Cx$_7$Cx$_{23}$HxC））[23]。这两个结构对于 WRKY TFs 和顺式作用元件 W 盒（TTGACT/C）的高亲和力结合至关重要[24, 25]。尽管 WRKYGQK 基序高度保守，但在个别 WRKY TFs 中也存在轻微变异，多数情况下 Q 突变为 E 和 K，这些变异往往导致 WRKY TFs DNA 结合活性减弱或丧失[26, 27]。

根据 WRKY 结构域的数目和锌指结构的特征，最初将 WRKY TFs 分为 3 种类型。第 1 类 WRKY TFs 含有 2 个 WRKY 结构域，锌指结构为 C$_2$H$_2$型。第 2 类只含有 1 个 WRKY 结构域，具有相同的 C$_2$H$_2$型锌指结构。第 2 类 WRKY TFs 依据其他结构特征又可进一步分为亚组 a-e。第 3 类只含有 1 个 WRKY 结构域，具有不同的 C$_2$-H/C 和 C$_2$H$_2$锌指结构[23]。后来，根据更精确的进化和聚类分析，又将 WRKY TFs 家族分为类型 I，IIa+IIb，IIc，IId+IIe 和 III[14]。除 WRKY 结构域和锌指结构外，多数 WRKY TFs 还具有核定位信号（nuclear localization signals）、亮氨酸拉链（leucine zippers）、丝氨酸/苏氨酸富集区（serine-threonine rich region）、谷氨酸富集区（glutamine rich region）、脯氨酸富集区（proline rich region）、激酶结构域（kinase domains）和 TIR-NBS-LRRs[14]。这些结构的存在使得 WRKY TFs 在调控基因表达时具有多重功能。

二、WRKY 转录因子的调控特点

1.*WRKY* TFs 基因的表达模式

WRKY TFs 基因在植物体内并非组成型表达，当植物遭受逆温、干旱或高盐等非生物胁迫以及其他生物胁迫时，*WRKY* 基因才会迅速诱导表达[28-33]。Northern blot 结果表明，水稻 13 个 *WRKY* 基因中有 10 个能响应 NaCl、PEG、低温或高温处理[34]。小麦 15 个 *WRKY* 基因中有 8 个响应低温、NaCl 和 PEG 处理[35]。用 150 mm NaCl 处理拟南芥根系后，微阵列结果显示 18 个 *AtWRKY* 基因被诱导表达[36]。缺磷条件下，*AtWRKY*6 和 *AtWRKY*75 的转录水平增强[37, 38]。研究还发现，*WRKY* 基因的诱导表达具有快速、瞬时的特点，同时具有组织特异性，并且不依赖于从头合成的调控因子[28]。*WRKY* 基因快速且瞬时表达的特点可保证逆境信号及时传导，从而激活胁迫相关基因的表达并调节植物的适应性反应，最终提高植物对逆境的适应性和抗逆性。

2. 一个 WRKY 转录因子对应多重生理过程

越来越多的研究表明，单一的 WRKY 转录因子往往能同时响应多种胁迫因子，参与调控许多表面上毫不相关的生理过程。比如，*AtWRKY*25 和 *AtWRKY*33 可以同时响应丁香假单胞菌（P. *syringa*）、NaCl、低温和高温等多种生物和非生物胁迫。P. *syringa* 侵染时，二者都作为负调控因子起作用，而在 NaCl 和高温胁迫时作为正调控因子起作用[30, 33, 39]。*TcWRKY*53可被低温、高盐和PEG处理诱导表达[40]。拟南芥中3种结构相关的WRKY转录因子——*AtWRKY*18，*AtWRKY*40和*AtWRKY*60，至少参与三类植物激素介导的信号转导途径（SA，JA和ABA）[41, 42]。研究还发现，*AtWRKY*6参与调控多种生理过程，包括病原防御、衰老、磷和硼缺乏等[43, 44]。*MusaWRKY*71是参与香蕉多种胁迫应答的转录重编程的重要组分，超表达*MusaWRKY*71会导致香蕉对生物及非生物胁迫响应发生改变[45]。*AtWRKY*30可在拟南芥生长的早期阶段，通过结合许多胁迫/发育相关基因启动子的W-boxes来激活防御反应，超表达*AtWRKY*30可以增强拟南芥对多种非生物胁迫的耐性[46]。另外，湖北海棠*MhWRKY*40b基因受PEG、苹果白粉病菌及外源ABA和IAA轻微诱导，而明显受低温、高盐、干旱胁迫诱导表达，在湖北海棠的抗寒、抗盐、抗旱过程中起重要作用[47]。上述结果表明，WRKY TFs具有多重调节功能，同一WRKY TFs在多种非生物胁迫条件下都能诱导表达，并调节不同信号途径间的交叉效应，从而调控各种逆境胁迫下转录重编程相关的信号转导过程。

三、WRKY转录因子在非生物胁迫中的功能

非生物胁迫包括干旱、高盐、逆温和营养缺失等，在这些不良环境条件下，植物的生理生化过程会发生一系列改变，WRKY TFs在其中具有重要的调控作用。WRKY TFs的精密调控有助于完善非生物胁迫诱导的复杂信号调控网络，并成为潜在的耐胁迫因子，从而提高植物对外界不良环境的适应性和抵抗力。相对于在生物胁迫方面取得的进展，WRKY TFs在非生物胁迫方面所具有的功能还知之甚少。考虑到植物具有数量众多的WRKY TFs及其在复杂逆境胁迫下的多重功能，阐明它们在非生物胁迫中的作用将具有重大意义。

1. 渗透胁迫

干旱往往伴随着高盐引起渗透胁迫，从而严重影响植物生长发育、存活及产量。研究表明，WRKY TFs参与植物对干旱和盐胁迫响应的过程[48, 49]。在水稻中，*OsWRKY*11过表达使转基因水稻叶片萎蔫变慢、绿色部位面积增加，抗旱性增强，存活率提高[50]。在拟南芥中，干旱和NaCl处理使*AtWRKY*25和*AtWRKY*33的表达量提高，并且*Atwrky*33缺失突变体和*Atwrky*25、*Atwrky*33双缺失突变体会增加植株对NaCl胁迫的敏感性，而超表达其中任何一个基因则会提高对NaCl胁迫的抗性[33]。拟南芥*AtWRKY*70和*AtWRKY*54可以通过调节气孔开度来调控对渗透胁迫的耐性[51]。PEG和NaCl处理可使*OsWRKY*8在转基因拟南芥中的表达量升高，并通过正调控*AtCOR*47和*AtRD*21的表达提高对渗透胁迫的抗性[52]。NaCl和干旱胁迫可强烈

诱导 *TcWRKY*53的表达，并且超表达 *TcWRKY*53的转基因烟草中2个 ERF 家族基因 *NtERF*5 和 *NtEREBP*-1 的表达量降低[40]。小麦 *TaWRKY*10通过调节渗透平衡，活性氧清除和逆境相关基因的转录在干旱和盐胁迫的过程中作为一个积极的因素起作用[53]。超表达 *GmWRKY*5的转基因植株可通过转录因子 STZ/Zat 10 的调控增强耐盐及抗旱性，但超表达 *GmWRKY*13的转基因植株对盐和甘露醇胁迫的敏感性提高[54]。珠美海棠28个 *WRKY* 基因中，21个受盐胁迫诱导，1个受抑制[55]。上述结果表明，不同 WRKY TFs 在干旱和高盐引起的渗透胁迫过程中具有多重调控作用。

2. 温度胁迫

高温和低温作为重要的限制因子会严重影响作物产量，越来越多的证据表明，WRKY TFs 参与植物对高温和低温胁迫的响应过程。超表达 *AtMBF*1*c* 的转基因拟南芥中，*AtWRKY*18、*AtWRKY*33、*AtWRKY*40 和 *AtWRKY*46 的表达量均提高，与野生型植株相比，其耐热性显著增强[56]。超表达 *GmWRKY*21的转基因拟南芥可增强对低温胁迫的耐性[54]。HSP 101 启动子控制下 *OsWRKY*11基因超表达会增强转基因水稻对高温胁迫的耐性[50]。启动子的 GUS 分析表明，*AtWRKY*34参与花粉特异性的低温胁迫响应过程，低温处理可以增强其表达水平。*AtWRKY*34缺失突变体的花粉对低温胁迫不敏感，而超表达植株的花粉即使在正常生长条件下也是败育的。进一步研究发现，*AtWRKY*34通过调节转录因子 CBFs 的表达而负调控拟南芥花粉对低温的敏感性[32]。在高温胁迫下，*AtWRKY*25和 *AtWRKY*26的表达被诱导，而 *AtWRKY*33的表达被抑制；超表达 *AtWRKY*25、*AtWRKY*26 和 *AtWRKY*33的转基因植株可增强对高温胁迫的抗性，而缺失突变体植株对高温胁迫的敏感性显著增加。此外，这三个基因还参与高温诱导的乙烯依赖性反应的调控过程[33]。

3. 营养缺乏

充足的营养元素是植物体正常生长和发育的前提，任何一种必须营养元素缺乏都会影响植物的形态建成和对逆境胁迫的反应。研究表明，WRKY TFs 同样参与营养缺乏的信号响应过程。拟南芥 *AtWRKY*75、*AtWRKY*6 和 *AtWRKY*42是磷酸盐胁迫反应调控的关键因子，缺磷条件下 *AtWRKY*75被强烈诱导，抑制 *AtWRKY*75的表达使植株对磷胁迫更敏感，并降低对磷的吸收[37]。染色质免疫共沉淀结果表明，*AtWRKY*6可以与磷酸盐转运相关基因 *PHOSPHATE*1（*PHO*1）启动子上游的2个 W 盒结合而负调控 *AtPHO*1的表达。超表达 *AtWRKY*6的转基因植株对磷酸盐缺乏表现敏感，茎中积累较少的磷。此外，*AtWRKY*42也可以通过与 *AtPHO*1启动子上游 W 盒的结合而抑制

*AtPHO*1的表达[38]。此外，*AtWRKY*6作为正调控因子同时也参与缺硼反应[43,44]。低磷胁迫条件下，超表达*TaWRKY*72*b*-1的转基因烟草植株的干重和磷积累量显著增加[57]。

此外，WRKY TFs还参与糖饥饿的响应过程。转35*S*：*OsWRKY*72的拟南芥对糖饥饿敏感性增加[58]；在水稻悬浮细胞蔗糖饥饿过程中，*OsWRKY*的表达量也显著提高[59]；*HvWRKY*46通过调节*ISO*1和*SBE*llb的表达参与糖信号途径[60]。蔗糖和葡萄糖诱导的*AtNDPK*3*a*可被*AtWRKY*4和*AtWRKY*34调控[61]。

4. 其他非生物胁迫

除上述非生物胁迫外，WRKY TFs还参与其他一些非生物胁迫过程，如机械伤害、UV辐射和暗处理等。研究表明，伤害能够诱导*NaWRKY*3和*NaWRKY*6表达，但*NaWRKY*6表达还需要*NaWRKY*3通过脂肪族氨基酸复合体（FACs）来激活，沉默其中一个或两个基因可使植物更易遭虫害。机械伤害和虫害特异信号反应表明这两个WRKY TFs可帮助植物区分机械伤害和虫害[62]。在拟南芥中，3个*WRKY*基因可以被UV-B处理强烈诱导[63]。过量表达*OsWRKY*89的转基因水稻可通过提高叶片表面蜡质的分布来增强对UV-B辐射的抗性[64]。过量表达*AtWRKY*22和*OsWRKY*23可加速暗处理时拟南芥叶片的衰老进程[10,65]。

四、WRKY转录因子介导的信号调控过程

1. 激素信号调控

WRKY TFs是ABA信号调控过程中的关键组分，可作为激活或抑制因子参与ABA信号转导途径[66]。研究表明，*LtWRKY*21可作为激活因子调控ABA相关基因的表达[67]。T-DNA插入突变体分析表明，*AtWRKY*63在植物响应干旱胁迫及ABA信号中具有重要作用。*AtWRKY*63可被ABA诱导表达，其缺失会导致突变体幼苗在形态建成和生长发育过程中对ABA更敏感，抗旱性降低[68]。*AtWRKY*18、*AtWRKY*40和*AtWRKY*60三个WRKY TFs作为ABA信号途径的负调控因子在种子萌发及萌发后的生长过程中起作用。其中，*AtWRKY*40是最关键的负调控因子，通过与启动子上游W盒的直接结合而抑制ABA响应基因的表达，如*AtABF*4、*AtABI*4、*AtABI*5、*AtMYB*2和*AtRAB*18等。ABA水平升高会促使*AtWRKY*40从细胞核转运至细胞质中，并通过与ABAR互作，下调ABA响应基因的表达[42]。另有研究表明，*AtRAB*18和*AtRAB*60超表达会增加植株对ABA的敏感性，从而抑制种子萌发和根系生长，而*AtWRKY*40则拮抗*AtRAB*18和*AtRAB*60的这一效果[41]。此外，WRKY TFs还参与SA和JA这两个相互拮抗的信号转导途径。*AtWRKY*39能被高温诱导表达，并调节SA和JA激活的信

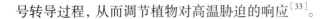

号转导过程，从而调节植物对高温胁迫的响应[33]。

2.活性氧信号调控

各种非生物胁迫往往会加重植物线粒体中活性氧（ROS）的产生，从而造成活性氧迸发[69]。ROS作为重要的信号分子，调节植物对各种非生物胁迫的响应过程[70]。研究表明，WRKY TFs在ROS信号调控网络中也具有重要作用。在拟南芥中，*AtWRKY*8、*AtWRKY*22、*AtWRKY*30、*AtWRKY*39、*AtWRKY*48、*AtWRKY*53和*AtWRKY*75的表达可被H_2O_2处理显著诱导[8,10,31]。另外，一些重要的酶，如锌指蛋白、抗坏血酸过氧化物酶（APX）、NADPH氧化酶等，是ROS信号调控网络中的关键因子。在锌指蛋白基因*Atzat*12突变体中，H_2O_2处理并不能提高*AtWRKY*25的表达水平，表明该过程中*AtWRKY*25的诱导表达依赖于*Atzat*12[71]。在ROS清除酶基因*Atapx*1突变体中，*AtWRKY*70却是组成型表达的，表明其可能在ROS信号途径中起作用[72]。光胁迫下，拟南芥*Atapx*1突变体中许多*WRKY*基因，包括*AtWRKY*6、*AtWRKY*25、*AtWRKY*33、*AtWRKY*40、*AtWRKY*54和*AtWRKY*60等的表达水平都提高，表明这些基因参与光胁迫诱导的ROS信号转导过程[73]。

五、WRKY转录因子调控非生物胁迫的机理

1.WRKY转录因子与靶基因的结合

为了深入了解WRKY TFs的功能，必须确定其下游的靶基因。通过微列阵技术比较不同基因型表达模式的差异，在基因组水平上获得*WRKY*基因潜在的候选靶基因。比如，4℃处理48小时后，与野生型植株相比，*Atwrky*34-1突变体植株的成熟花粉中有12个*WRKY*基因的表达发生显著变化[32]。另有研究表明，*Atwrky*2突变体中许多ABA信号途径响应基因（*AtABI*5、*AtABI*3等）的表达水平显著提高[74]。cDNA-AFLP分析也可以鉴定WRKY TFs的候选靶基因，使用该方法确定*FRK*1/*SIRK*为*AtWRKY*6的下游靶基因，并且这些基因协同作用，在调控植物叶片的衰老过程中具有重要作用[75]。然而，上述方法得到的候选靶基因是否为WRKY TFs直接的靶基因仍需要进一步确定。染色质免疫共沉淀（ChIP）技术可实时动态监控DNA与蛋白质及蛋白质之间的相互作用，从而确定WRKY TFs的靶基因。使用该方法已鉴定出一些响应非生物胁迫的WRKY TFs的直接靶基因。比如，*AtABF*4、*AtABI*4、*AtABI*5、*AtDREB*1A、*AtMYB*2和*AtRAB*18等ABA响应基因可以与*AtWRKY*40互作，从而与各自启动子序列上游的W盒序列结合[42]。在牛耳草中，*BhGolS*1基因启动子上游4个W盒可以被早期脱水和ABA诱导的*BhWRKY*1直接结合[76]。在拟南芥中，WRKY TFs参与SA生物合成

基因的激活[77]。

WRKY 基因的启动子区存在大量 W 盒元件，WRKY TFs 能够直接结合于自身或其他 WRKY TFs 启动子的 W 盒上，从而实现自身调节或交叉调节，进而调控植物响应胁迫反应的转录重编程的过程。ChIP 实验表明，PcWRKY1 既可以与自身启动子的 W 盒结合，又可以与 PcWRKY3 启动子的 W 盒结合[78]。凝胶迁移滞后（EMSA）实验表明，AtWRKY18 和 AtWRKY40 可以与 AtWRKY60 基因启动子上游的 W 盒序列结合，从而激活 AtWRKY60 的表达，这表明在该过程中 AtWRKY60 是 AtWRKY18 和 AtWRKY40 的直接靶基因[41]。ChIP-qPCR 分析表明，AtWRKY33 能够通过与自身启动子的直接结合而调节自身的表达水平[79]。

2.WRKY 转录因子与其他蛋白互作

用酵母双杂交等技术鉴定 WRKY TFs 的互作因子有助于完善其参与调控的信号网络，阐明植物响应非生物胁迫的机理，但目前只有少数 WRKY TFs 的互作因子被鉴定出来。研究表明，WRKY TFs 可以通过与不同蛋白间的互作（如 MAPK、MAPKK、组蛋白脱乙酰酶、钙调蛋白等）实现其在不同信号转导途径中的功能[80~82]。植物体内的 MAPK、MAPK 激酶（MAPKK）和 MAPKK 激酶（MAPKKK）构成 MAP 激酶级联途径，通过一系列的磷酸化反应，将外界信号逐步放大并传递到细胞内，从而引发各种生理生化反应。研究表明，WRKY TFs 可被 MAPK 通过磷酸化作用调节[83, 84]。拟南芥乙烯诱导过程中，ACC 合酶活性可以被 MPK3/MPK6 级联及其下游的 WRKY 转录因子双重调节[85]。拟南芥 MEKK1 可以直接与衰老相关的 WRKY53 转录因子在蛋白水平相互作用并结合到其启动子上[86]。AtWRKY38 和 AtWRKY62 可以与组蛋白脱乙酰酶（HDA19）互作，通过维持适当的组蛋白乙酰化状态而精密调节植物基本的防御反应，从而在植物的胁迫反应中发挥至关重要的作用[87]。OsWRKY30 可以通过 MAPK 激活发生磷酸化作用，从而提高水稻的耐旱性[88]。

WRKY TFs 同样可以与其他 WRKY 转录因子形成有功能的同源或异源二聚体，而且形成的异源二聚体可以影响与 DNA 结合的活性[41]。研究发现，AtWRKY6 至少能与 12 种 WRKY 蛋白互作，包括与其同源性最近的 AtWRKY42，二者协同表达可强烈抑制 ProPHO1：GUS 的表达。此外，在缺磷条件下，AtWRKY6 通过与未知蛋白的聚泛素化被 26S 蛋白酶体降解[38]。在拟南芥中，AtWRKY18、AtWRKY40 和 AtWRKY60 同样可以与 ABA 受体原卟啉镁 IX 螯合酶 H 亚基（CHLH/ABAR）互作形成复合体[42]。串联亲和纯化标签实验表明，拟南芥中至少有 7 个 WRKY 转录因子能够与 14-3-3 蛋白作用形成复合体[89]。

六、结束语

作为生物及非生物胁迫的重要调控因子，WRKY TFs 已引起研究者越来越多的关注。自从甘薯中发现第一个 WRKY 转录因子至今，利用转录组学、蛋白组学、遗传学、生物信息学等方法，WRKY TFs 的研究已取得重大进展。为了更好地理解它们在非生物胁迫中的作用，确定其下游靶基因和互作蛋白，阐明其介导的信号转导通路是至关重要的，这对于培育抗逆境作物新品种也具有重要的理论与实践价值。

参考文献

[1] Chinnusamy V, Schumaker K, Zhu JK. Molecular genetics perspectives on cross-talk and specificity in abiotic stress signalling in plants[J]. Journal of Experimental Botany, 2004, 55 (395): 225-236.

[2] Riaño-Pachón DM, Ruzicic S, Dreyer I, et al. PlnTFDB: an integrative plant transcription factor database [J]. BMC Bioinformatics, 2007, 8: 42.

[3] 李淑敏, 茆振川, 李蕾, 等. 辣椒抗根结线虫相关 WRKY 基因的分离[J]. 园艺学报, 2008, 35(10): 1 467-1 472.

[4] Pandey SP, Somssich IE. The role of WRKY transcription factors in plant immunity[J]. Plant Physiology, 2009, 150(4): 1 648-1 655.

[5] Johnson CS, Kolevski B, Smyth DR. TRANSPARENT TESTA GLABRA 2, a trichome and seed coat development gene of Arabidopsis, encodes a WRKY transcription factor[J]. The Plant Cell, 2002, 14(6): 1 359-1 375.

[6] Lagacé M, Matton DP. Characterization of a WRKY transcription factor expressed in late torpedo-stage embryos of Solanum chacoense[J]. Planta, 2004, 219(1): 185-189.

[7] Xu YH, Wang JW, Wang S, et al. Characterization of GaWRKY 1, a cotton transcription factor that regulates the sesquiterpene synthase gene (+)-delta-cadinene synthase-A[J]. Plant Physiology, 2004, 135(1): 507-515.

[8] Miao Y, Zentgraf U. The antagonist function of Arabidopsis WRKY 53 and ESR/ESP in leaf senescence is modulated by the jasmonic and salicylic acid equilibrium[J]. The Plant Cell, 2007, 19(3): 819-830.

[9] Song Y, Ai CR, Jing SJ, et al. Research progress on function analysis of rice WRKY gene [J]. Rice Science, 2010a, 17(1): 60-72.

[10] Zhou X, Jiang YJ, Yu DQ. WRKY 22 transcription factor mediates dark-induced leaf senescence in Arabidopsis[J]. Molecules and Cells, 2011, 31(4): 303-313.

[11] Babu MM, Iyer LM, Balaji S, et al. The natural history of the WRKY-GCM1 zinc fingers and the relationship between transcription factors and transposons[J]. Nucleic Acids Research, 2006, 34(22): 6 505-6 520.

[12] Marquez CP, Pritham EJ. Phantom, a new subclass of Mutator DNA transposons found in insect viruses and widely distributed in animals[J]. Genetics, 2010, 185(4): 1 507-1 517.

[13] Ulker B, Somssich IE. WRKY transcription factors: from DNA binding towards biological function[J]. Current Opinion in Plant Biology, 2004, 7(5): 491-498.

[14] Zhang YJ, Wang LJ. The WRKY transcription factor superfamily: its origin in eukaryotes and expansion in plants[J]. BMC Evolutionary Biology, 2005, 5(1): 1-12.

[15] Pan YJ, Cho CC, Kao YY, et al. A novel WRKY-like protein involved in transcriptional activation of cyst wall protein genes in Giardia lamblia[J]. Journal of Biological Chemistry, 2009, 284(27): 17 975-17 988.

[16] 江腾, 林勇祥, 刘雪, 等. 苜蓿全基因组 WRKY 转录因子基因的分析[J]. 草业科学, 2011, 20(3): 211-218.

[17] Schmutz J, Cannon SB, Schlueter J, et al. Genome sequence of the palaeopolyploid soybean [J]. Nature, 2010, 463(7278): 178-183.

[18] Li HL, Zhang LB, Guo D, et al. Identification and expression profiles of the WRKY transcription factor family in Ricinus communis[J]. Gene, 2012, 503(2): 248-253.

[19] Ling J, Jiang W, Zhang Y, et al. Genome-wide analysis of WRKY gene family in Cucumis sativus[J]. BMC Genomics, 2011, 12: 471-490.

[20] Huang S, Gao Y, Liu J, et al. Genome-wide analysis of WRKY transcription factors in Solanum lycopersicum[J]. Molecular Genetics and Genomics, 2012, 287(6): 495-513.

[21] 许瑞瑞, 张世忠, 曹慧, 等. 苹果 WRKY 转录因子家族基因生物信息学分析[J]. 园艺学报, 2012, 39(10): 2 049-2 060.

[22] Xiong W, Xu X, Zhang L, et al. Genome-wide analysis of the WRKY gene family in physic nut (Jatropha curcas L.) [J]. Gene, 2013, 524(2): 124-132.

[23] Eulgem T, Rushton PJ, Robatzek S, et al. The WRKY superfamily of plant transcription factors[J]. Trends in Plant Science, 2000, 5(5): 199-206.

[24] Cai M, Qiu D, Yuan T, et al. Identification of novel pathogen-responsive cis-elements

and their binding proteins in the promoter of OsWRKY13, a gene regulating rice disease resistance[J]. Plant, Cell & Environment, 2008, 31(1): 86-96.

[25] Ciolkowski I, Wanke D, Birkenbihl RP, et al. Studies on DNA-binding selectivity of WRKY transcription factors lend structural clues into WRKY domain function[J]. Plant Molecular Biology, 2008, 68: 81-92.

[26] Xie Z, Zhang ZL, Zou X, et al. Annotations and functional analyses of the rice WRKY gene superfamily reveal positive and negative regulators of abscisic acid signaling in aleurone cells [J]. Plant Physiology, 2005, 137(1): 176-189.

[27] Mangelsen E, Kilian J, Berendzen KW, et al. Phylogenetic and comparative gene expression analysis of barley (Hordeum vulgare) WRKY transcription factor family reveals putatively retained functions between monocots and dicots[J]. BMC Genomics, 2008, 9: 194-210.

[28] Hara K, Yagi M, Kusano T, et al. Rapid systemic accumulation of transcripts encoding a tobacco WRKY transcription factor upon wounding[J]. Molecular Genetics and Genomics, 2000, 263(1): 30-37.

[29] Sanchez-Ballesta MT, Lluch Y, Gosalbes MJ, et al. A survey of genes differentially expressed during long-term heat induced chilling tolerance in citrus fruit[J]. Planta, 2003, 218(1): 65-70.

[30] Jiang YQ, Deyholos MK. Functional characterization of Arabidopsis NaCl inducible WRKY25 and WRKY33 transcription factors in abiotic stresses[J]. Plant Molecular Biology, 2009, 69(1~2): 91-105.

[31] Chen LG, Zhang LP, Yu DQ. Wounding-induced WRKY8 is involved in basal defense in Arabidopsis[J]. Molecular Plant-Microbe Interactions, 2010, 23(5): 558-565.

[32] Zou CS, Jiang WB, Yu DQ. Male gametophyte-specific WRKY34 transcription factor mediates cold sensitivity of mature pollen in Arabidopsis[J]. Journal of Experimental Botany, 2010, 61(14): 3 901-3 914.

[33] Li SJ, Fu QT, Chen LG, et al. Arabidopsis thaliana WRKY25, WRKY26, and WRKY33 coordinate induction of plant thermo tolerance[J]. Planta, 2011, 233(6): 1 237-1 252.

[34] Qiu YP, Jing SJ, Fu J, et al. Cloning and analysis of expression profile of 13 WRKY genes in rice[J]. Chinese Science Bulletin, 2004, 49(20): 2 159-2 168.

[35] Wu HL, Ni ZF, Yao YY, et al. Cloning and expression profiles of 15 genes encoding WRKY transcription factor in wheat(Triticum aestivem L.) [J]. Progress in Natural Science, 2008,

18（6）：697–705.

［36］ Jiang YQ, Deyholos MK. Comprehensive transcriptional profiling of NaCl stressed Arabidopsis roots reveals novel classes of responsive genes［J］. BMC Plant Biology, 2006, 6：25–44.

［37］ Devaiah BN, Karthikeyan AS, Raghothama KG. WRKY 75 transcription factor is a modulator of phosphate acquisition and root development in Arabidopsis［J］. Plant Physiology, 2007, 143（4）：1 789–1 801.

［38］ Chen YF, Li LQ, Xu Q, et al. The WRKY 6 transcription factor modulates PHOSPHATE 1 expression in response to low Pi stress in Arabidopsis［J］. The Plant Cell, 2009, 21 （11）：3 554–3 566.

［39］ Zheng ZY, Mosher SL, Fan BF, et al. Functional analysis of Arabidopsis WRKY 25 transcription factor in plant defense against Pseudomonas syringae［J］. BMC Plant Biology, 2007, 7：2–14.

［40］ Wei W, Zhang Y, Han L, et al. A novel WRKY transcriptional factor from Thlaspi caerulescens negatively regulates the osmotic stress tolerance of transgenic tobacco［J］. Plant Cell Reports, 2008, 27（4）：795–803.

［41］ Chen H, Lai ZB, Shi JW, et al. Roles of Arabidopsis WRKY 18, WRKY 40 and WRKY 60 transcription factors in plant responses to abscisic acid and abiotic stress［J］. BMC Plant Biology, 2010, 10：281–295.

［42］ Shang Y, Yan L, Liu ZQ, et al. The Mg–Chelatase H subunit of Arabidopsis antagonizes a group of transcription repressors to relieve ABA–responsive genes of inhibition［J］. The Plant Cell, 2010, 22（6）：1 909–1 935.

［43］ Kasajima I, Fujiwara T. Micorrarray analysis of B nutrient response：identification of several high–B inducible genes and roles of WRKY 6 in low–B response［J］. Plant and Cell Physiology, 2007, 48：546.

［44］ Kasajima I, Ide Y, Yokota Hirai M, et al. WRKY 6 is involved in the response to boron deficiency in Arabidopsis thaliana［J］. Physiologia Plantarum, 2010, 139（1）：80–92.

［45］ Shekhawat UKS, Ganapathi TR. MusaWRKY 71 overexpression in banana plants leads to altered abiotic and biotic stress responses［J］. PLoS ONE, 2013, 8（10）：e75506.

［46］ Scarpeci TE, Zanor MI, Mueller–Roeber B, et al. Overexpression of AtWRKY 30 enhances abiotic stress tolerance during early growth stages in Arabidopsis thaliana［J］. Plant

Molecular Biology, 2013, 83(3): 265–277.

[47] 罗昌国, 渠慎春, 张计育, 等. 湖北海棠 MhWRKY 40b 在几种胁迫下的表达分析[J]. 园艺学报, 2013, 40(1): 1–9.

[48] Golldack D, Lüking I, Yang O. Plant tolerance to drought and salinity: stress regulating transcription factors and their functional significance in the cellular transcriptional network [J]. Plant Cell Reports, 2011, 30(8): 1 383–1 391.

[49] Tripathi P, Rabara RC, Rushton PJ. A systems biology perspective on the role of WRKY transcription factors in drought responses in plants[J]. Planta, 2013 [Epub ahead of print].

[50] Wu X, Shiroto Y, Kishitani S, et al. Enhanced heat and drought tolerance in transgenic rice seedlings overexpressing OsWRKY 11 under the control of HSP 101 promoter[J]. Plant Cell Reports, 2009, 28(1): 21–30.

[51] Li J, Besseau S, Törönen P, et al. Defense–related transcription factors WRKY 70 and WRKY 54 modulate osmotic stress tolerance by regulating stomatal aperture in Arabidopsis [J]. New Phytologist, 2013, 200(2): 457–472.

[52] Song Y, Jing SJ, Yu DQ. Overexpression of the stress induced OsWRKY 8 improves the osmotic stress tolerance in Arabidopsis[J]. Chinese Science Bulletin, 2009, 54(24): 4 671–4 678.

[53] Wang C, Deng P, Chen L, et al. A wheat WRKY transcription factor TaWRKY 10 confers tolerance to multiple abiotic stresses in transgenic tobacco[J]. PLoS ONE, 2013, 8(6): e 65120.

[54] Zhou QY, Tian AG, Zou HF, et al. Soybean WRKY–type transcription factor genes, GmWRKY 13, GmWRKY 21, and GmWRKY 54, confer differential tolerance to abiotic stresses in transgenic Arabidopsis plants[J]. Plant Biotechnology Journal, 2008, 6(5): 486–503.

[55] 蒋阿维, 张素维, 孙杨吾, 等. 珠美海棠 MzWRKY 基因家族盐胁迫应答模式研究[J]. 园艺学报, 2010, 37(8): 1 213–1 219.

[56] Suzuki N, Rizhsky L, Liang H, et al. Enhanced tolerance to environmental stress in transgenic plants expressing the transcriptional coactivator multiprotein bridging factor 1c [J]. Plant Physiology, 2005, 139(3): 1 313–1 322.

[57] 苗鸿鹰, 赵金峰, 李小娟, 等. 转录因子基因 TaWRKY 72b-1 的克隆、表达及在烟草中表达对植株磷效率的影响[J]. 作物学报, 2009, 35(11): 2 029–2 036.

［58］ Song Y, Chen L G, Zhang LP, et al. Overexpression of OsWRKY 72 gene interferes in the ABA signal and auxin transport pathway of Arabidopsis［J］. Journal of Biosciences, 2010b, 35(3): 459–471.

［59］ Wang HJ, Wan AR, Hsu CM, et al. Transcriptomic adaptations in rice suspension cells under sucrose starvation［J］. Plant Molecular Biology, 2007, 63(4): 441–463.

［60］ Sun CX, Ridderstråle K, Höglund AS, et al. Sweet delivery–sugar translocators as ports of entry for antisense oligodeoxynucleotides in plant cells［J］. The Plant Journal, 2007, 52(6): 1 192–1 198.

［61］ Hammargren J, Rosenquist S, Jansson C, et al. A novel connection between nucleotide and carbohydrate metabolism in mitochondria: sugar regulation of the Arabidopsis nucleoside diphosphate kinase 3a gene［J］. Plant Cell Reports, 2008, 27(3): 529–534.

［62］ Skibbe M, Qu N, Galis I, et al. Induced plant defenses in the natural environment: Nicotiana attenuata WRKY 3 and WRKY 6 coordinate responses to herbivory［J］. The Plant Cell, 2008, 20(7): 1 984–2 000.

［63］ Kilian J, Whitehead D, Horak J, et al. The AtGenExpress global stress expression data set: protocols, evaluation and exemplary data analysis of UV–B light, drought and cold stress responses［J］. The Plant Journal, 2007, 50(2): 347–363.

［64］ Wang HH, Hao JJ, Chen XJ, et al. Overexpression of rice WRKY 89 enhances ultraviolet B tolerance and disease resistance in rice plants［J］. Plant Molecular Biology, 2007, 65(6): 799–815.

［65］ Jing SJ, Zhou X, Song Y, et al. Heterologous expression of OsWRKY 23 gene enhances pathogen defense and cell senescence in Arabidopsis［J］. Plant Growth Regulation, 2009, 58: 181–190.

［66］ RUSHTON D L, TRIPATHI P, RABARA R C, et al. WRKY transcription factors: key components in abscisic acid signaling［J］. Plant Biotechnology Journal, 2012, 10(1): 2–11.

［67］ ZOU X, SEEMANN J R, NEUMAN D, et al. A WRKY gene from creosote bush encodes an activator of the abscisic acid signaling pathway［J］. The Journal of Biological Chemistry, 2004, 279(53): 55 770–55 779.

［68］ REN X Z, CHEN Z Z, LIU Y, et al. ABO 3, a WRKY transcription factor, mediates plant responses to abscisic acid and drought tolerance in Arabidopsis［J］. The Plant Journal, 2010, 63(3): 417–429.

［69］ MILLER G, SHULAEV V, MITTLER R. Reactive oxygen signaling and abiotic stress［J］. Physiologia Plantarum, 2008, 133(3): 481-489.

［70］ BHATTACHARJEE S. Reactive oxygen species and oxidative burst: roles in stress, senescence and signal transduction in plants［J］. Current Science, 2005, 89 (7): 1 113-1 121.

［71］ RIZHSKY L, DAVLETOVA S, LIANG H, et al. The zinc finger protein Zat 12 is required for cytosolic ascorbate peroxidase 1 expression during oxidative stress in Arabidopsis［J］. The Journal of Biological Chemistry, 2004, 279(12): 11 736-11 743.

［72］ CIFTCI-YILMAZ S, MORSY M R, SONG L, et al. The EAR-motif of the Cys 2/His 2-type zinc finger protein Zat 7 plays a key role in the defense response of Arabidopsis to salinity stress［J］. The Journal of Biological Chemistry, 2007, 282(12): 9 260-9 268.

［73］ DAVLETOVA S, RIZHSKY L, LIANG H, et al. Cytosolic ascorbate peroxidase 1 is a central component of the reactive oxygen gene network of Arabidopsis［J］. The Plant Cell, 2005, 17 (1): 268-281.

［74］ JIANG W B, YU D Q. Arabidopsis WRKY 2 transcription factor mediates seed germination and post-germination arrest of development by abscisic acid［J］. BMC Plant Biology, 2009, 22: 994-996.

［75］ ROBATZEK S, SOMSSICH I E. Targets of AtWRKY 6 regulation during plant senescence and pathogen defense［J］. Genes & Development, 2002, 16(9): 1 139-1 149.

［76］ WANG Z, ZHU Y, WANG L, et al. A WRKY transcription factor participates in dehydration tolerance in Boea hygrometrica by binding to the W-box elements of the galactinol synthase (BhGolS 1)promoter［J］. Planta, 2009, 230(6): 1 155-1 166.

［77］ van Verk MC, Bol JF, Linthorst HJ. WRKY transcription factors involved in activation of SA biosynthesis genes［J］. BMC Plant Biology, 2011, 11: 89.

［78］ Turck F, Zhou A, Somssich IE. Stimulus-dependent, promoter-specific binding of transcription factor WRKY1 to its native promoter and the defense-related gene PcPR 1-1 in Parsley ［J］. The Plant Cell, 2004, 16: 2 573-2 585.

［79］ Mao G, Meng X, Liu Y, et al. Phosphorylation of a WRKY transcription factor by two pathogen-responsive MAPKs drives phytoalexin biosynthesis in Arabidopsis［J］. The Plant Cell, 2011, 23(4): 1 639-1 653.

［80］ Agarwal P, Reddy MP, Chikara J. WRKY: its structure, evolutionary relationship, DNA-binding selectivity, role in stress tolerance and development of plants[J]. Molecular Biology Reports, 2010, 38(6): 3 883–3 896.

[81] Rushton PJ, Somssich IE, Ringler P, et al. WRKY transcription factors[J]. Trends in Plant Science, 2010, 15(5): 247–258.

[82] Chi YJ, Yang Y, Zhou Y, et al. Protein–protein interactions in the regulation of WRKY transcription factors [J]. Molecular Plant, 2013(Advance access 10.1093/mp/sst 026).

[83] Kim CY, Zhang S. Activation of a mitogen–activated protein kinase cascade induces WRKY family of transcription factors and defense genes in tobacco[J]. The Plant Journal, 2004, 38 (1): 142–151.

[84] Popescu SC, Popescu GV, Bachan S, et al. MAPK target networks in Arabidopsis thaliana revealed using functional protein microarrays[J]. Genes & Development, 2009, 23(1): 80–92.

[85] Li G, Meng X, Wang R, et al. Dual–level regulation of ACC synthase activity by MPK 3/ MPK 6 cascade and its downstream WRKY transcription factor during ethylene induction in Arabidopsis[J]. PLoS Genetics, 2012, 8(6): e 1002767.

[86] Miao Y, Laun TM, Smykowski A, et al. Arabidopsis MEKK 1 can take a short cut: it can directly interact with senescence–related WRKY 53 transcription factor on the protein level and can bind to its promoter[J]. Plant Molecular Biology, 2007, 65(1~2): 63–76.

[87] Kim KC, Lai Z, Fan B, et al. Arabidopsis WRKY 38 and WRKY 62 transcription factors interact with histone deacetylase 19 in basal defense[J]. The Plant Cell, 2008, 20(9): 2 357–2 371.

[88] Shen H, Liu C, Zhang Y, et al. OsWRKY 30 is activated by MAP kinases to confer drought tolerance in rice[J]. Plant Molecular Biology, 2012, 80(3): 241–253.

[89] Chang IF, Curran A, Woolsey R, et al. Proteomic profiling of tandem affinity purified 14–3–3 protein complexes in Arabidopsis thaliana[J]. Proteomics, 2009, 9(11): 2 967–2 985.

(青岛农业大学学报(自然科学版)2014, 31(3): 217–224)

22种植物水孔蛋白理化性质及其结构特征的
生物信息学分析

舟昆，魏树伟，王宏伟，张勇，王少敏

水孔蛋白，又称水通道蛋白（aquaporin，AQP），是植物中定位于特定的细胞核膜区域的一类高效转运水分子的小分子跨膜蛋白，属于MIP（major intrinsic protein）超家族（Zardoya 2005），分子量23～31千Da（Maurel等2008）。除水分子外，AQP还允许一些小的溶质经过细胞膜，如甘油、CO_2、NH_3、尿素、硼和H_2O_2等（Kjelbom等1999）。根据序列同源性和定位的不同，AQP可分成4类，包括液泡膜内在蛋白（tonoplast intrinsic protein，TIP）、质膜内在蛋白（plasma membrane intrinsic protein，PIP）、NOD 26-like内在蛋白（NOD 26-like intrinsic protein，NIP）和小的内在蛋白（small and basic intrinsic protein，SIP）（Maurel等2008）。

AQP在调控植物的水分关系及生长发育过程中起着重要的作用，可以参与矿质营养运输、花粉开裂、非生物胁迫响应以及碳、氮的固定等生理活动（Sade等2010；Hove和Bhave 2011）。目前对AQP的研究主要集中在AQP与植物激素、种子萌发、果实成熟和植物的抗逆性等方面（Kaldenhoff和Fischer 2006；Bienert等2006；Horie等2011）。植物能够通过调节AQP的活性响应各种逆境胁迫，在许多植物中AQP在植物发育过程中有独特的表达模式并且响应环境的刺激，在植物中过量表达AQP能够提高转基因植物对干旱等逆境胁迫的耐受性（Hu等2012；Zhou等2012）。

利用生物信息学对蛋白进行序列分析，从而推断并预测其结构和功能，已成为初步确定基因结构及功能的一种捷径。本研究采用生物信息学分析的方法，对梨（*Pyrus pyrifolia*）、苹果（*Malus domestica*）、黄瓜（*Cucumis sativus*）、番茄（*Solanum lycopersicum*）等22种植物AQP的理化性质、结构特征和功能域等进行分析，以期为进一步揭示植物AQP的结构和功能奠定基础。

一、材料与方法

1. 序列来源

从 NCBI GenBank（http：//www.ncbi.nlm.nih.gov/genbank/）下载已登录的22种不同植物 AQP 的核苷酸及其氨基酸序列，以此为试材（表1）。

表1　　　　　　　　　　22种植物 AQP 的核苷酸及其氨基酸序列的登录号

植物种类	拉丁文学名	核酸登录号	蛋白登录号
小麦	*Triticum aestivum*	HQ 650110.1	AEO 13899.1
谷子	*Setaria italica*	XM_004976426.1	XP_004976483.1
甘蔗	*Saccharum officinarum*	EU 585602.1	ACC 59097.1
玉米	*Zea mays*	NM_001111464.1	NP_001104934.1
黑麦草	*Lolium perenne*	JX 569791.1	AFV 92901.1
大麦	*Hordeum vulgare*	AB 286964.1	BAF 41978.1
短花稻	*Oryza brachyantha*	XM_006652569.1	XP_006652632.1
拟南芥	*Arabidopsis thaliana*	NM_116268.3	NP_567178.1
葡萄	*Vitis vinifera*	NM_001280989.1	NP_001267918.1
甘蓝	*Brassica oleracea*	AF 299051.1	AAG 23180.1
草莓	*Fragaria ananassa*	GQ 390798.1	ACU 81080.1
桃	*Prunus persica*	AB 303644.1	BAF 62342.1
梨	*Pyrus communis*	AB 058679.1	BAB 40142.1
苹果	*Malus domestica*	NM_001293993.1	NP_001280922.1
胡桃	*Juglans regia*	FJ 970489.1	ACR 54285.1
黄瓜	*Cucumis sativus*	XM_004149195.1	XP_004149243.1
番茄	*Solanum lycopersicum*	XM_004235208.1	XP_004235256.1
茶树	*Camellia sinensis*	KC 215410.1	AGG 39695.1
豌豆	*Pisum sativum*	KF 770828.1	AHG 32322.1
红叶藜	*Oxybasis rubra*	AJ 699398.2	CAG 27864.2
橄榄	*Olea europaea*	DQ 202708.1	ABB 13429.1
菠萝	*Ananas comosus*	EU 563266.1	ACB 56912.1

2. 序列分析工具

利用 ProtParam（http：//web.expasy.org/protparam/）分析核酸及氨基酸序列的组成成分及理化性质。利用 Compute pI/Mw tool（http：//web. expasy.org/compute_pi/）计算相对分子量及理论等电点。利用 TMHMM 2.0（http：//www.cbs.dtu.dk/services/TMHMM-2.0/）、ProtScale（http：//web. expasy.org/cgi-bin/protscale/protscale. pl）、SignalP 4.1（http：//www. cbs.dtu.dk/services/SignalP/）（Pete rsen 等 2011）和 Plant-mPLoc（http：//www.csbio.sjtu.edu.cn/ bioinf/plant-multi/）（Chou 和 Shen 2010）分析蛋白跨膜结构域、亲水性/疏水性、信号肽和亚细胞定位。利用 NPS（http：//npsa-pbil.ibcp.fr/cgi- bin/npsa_automat.pl?page=/NPSA/npsa_hnn. html）分析蛋白质的二级结构。蛋白磷酸化位点分析采用 KinasePhos（http：//kinasephos. mbc.nctu.edu.tw/）（Huang 等 2005）。采用 WebLogo（http：//weblo go.berkeley.edu/logo.cgi）产生序列 logo 图谱。利用 SWISS-MODEL（http：//swissmodel.expasy.org/）（Biasini 等 2014）分析蛋白质的三级结构。利用 SMART（http：//smart.embl-heidelberg.de/）（Letunic 等 2012）预测蛋白的功能域。

3. 系统进化树的构建

应用多序列比对工具 Clustal X 1.83，以氨基酸全序列联配的结果为基础，采用 MEGA 6.0.5 软件包中的邻接法（Neighbor-joining，NJ）构建系统发育树。通过随机逐步比较的方法搜索最佳系统进化树，对生成的系统树进行 Bootstrap 校正（Tamura 等 2013）。

二、实验结果

1. AQP 基因序列理化性质的分析

用 ProtParam 在线工具分析梨、苹果、番茄、黄瓜等 22 种植物 AQP 基因的核苷酸及其氨基酸序列。结果（表 2）表明，氨基酸序列长度在 284~295 aa 之间，分子量在 30 463.60~31 432.37 Da 之间，理论等电点在 7.67~9.30 之间，除红叶藜外，其他均为稳定性蛋白。该蛋白均不存在信号肽，不是分泌性蛋白，均存在 6 个跨膜区，属于跨膜蛋白。亚细胞定位分析表明 AQP 蛋白主要定位在质膜上。亲水性/疏水性分析显示疏水区域明显大于亲水区域，说明 AQP 蛋白疏水性较强，为疏水性蛋白。蛋白磷酸化位点分析表明，不同植物 AQP 蛋白具有 2~4 个丝氨酸位点，其中多数蛋白具有相对保守的 3 个丝氨酸位点。利用 SMART 分析 AQP 蛋白的功能域，结果表明 AQP 蛋白均具有一个 MIP（membrane intrinsic protein）功能域，属于 MIP 蛋白家族。

表2 22种植物 AQP 蛋白的理化性质分析

植物种类	氨基酸数目	分子量	分子式	等电点	不稳定系数	亚细胞定位	丝氨酸位点
小麦	288	306 68.60	$C_{1416}H_{2171}N_{361}O_{381}S_{10}$	8.97	28.35（稳定）	质膜	82, 111, 130
大麦	288	30 656.59	$C_{1415}H_{2171}N_{361}O_{381}S_{10}$	8.97	27.94（稳定）	质膜	82, 111, 130
黑麦草	288	30 732.61	$C_{1415}H_{2171}N_{363}O_{384}S_{10}$	8.83	31.71（稳定）	质膜	80, 111, 130
谷子	287	30 711.69	$C_{1412}H_{2176}N_{366}O_{380}S_{11}$	9.13	34.53（稳定）	质膜	80, 82, 111, 130
甘蔗	289	30 754.73	$C_{1420}H_{2185}N_{365}O_{381}S_{9}$	9.00	29.23（稳定）	质膜	83, 112, 131
玉米	289	30 795.78	$C_{1422}H_{2188}N_{366}O_{381}S_{9}$	9.00	30.03（稳定）	质膜	83, 112, 131
短花稻	295	31 274.11	$C_{1436}H_{2206}N_{372}O_{394}S_{9}$	8.61	28.83（稳定）	质膜	80, 111, 130
菠萝	288	30 651.89	$C_{1414}H_{2184}N_{362}O_{379}S_{10}$	8.99	31.95（稳定）	质膜	27, 80, 111, 130
葡萄	286	30 579.49	$C_{1407}H_{2160}N_{362}O_{380}S_{11}$	8.53	25.73（稳定）	质膜	81, 110, 129
番茄	286	30 722.78	$C_{1419}H_{2189}N_{361}O_{381}S_{10}$	8.96	32.70（稳定）	质膜	81, 110, 129
橄榄	285	30 463.60	$C_{1412}H_{2180}N_{356}O_{375}S_{10}$	9.18	33.08（稳定）	质膜	27, 81, 110, 129
核桃	292	31 232.39	$C_{1444}H_{2224}N_{370}O_{384}S_{10}$	8.76	29.78（稳定）	质膜	27, 116, 135
豌豆	289	30 866.90	$C_{1440}H_{2201}N_{357}O_{383}S_{7}$	8.36	32.59（稳定）	质膜	112, 131
茶树	287	30 684.64	$C_{1415}H_{2179}N_{359}O_{384}S_{10}$	8.29	30.87（稳定）	质膜	110, 129
草莓	290	31 061.12	$C_{1448}H_{2219}N_{365}O_{383}S_{6}$	8.95	29.76（稳定）	质膜	27, 112, 131, 172
桃	289	30 768.89	$C_{1430}H_{2203}N_{359}O_{387}S_{4}$	9.20	26.94（稳定）	质膜	81, 130, 170
梨	289	30 865.81	$C_{1435}H_{2206}N_{362}O_{388}S_{5}$	9.21	32.06（稳定）	质膜	112, 131, 171
苹果	289	30 849.79	$C_{1432}H_{2210}N_{362}O_{387}S_{5}$	9.30	30.41（稳定）	质膜	27, 112, 131, 171
黄瓜	292	31 432.37	$C_{1451}H_{2228}N_{370}O_{395}S_{8}$	7.67	30.99（稳定）	质膜	27, 116, 135
红叶藜	284	30 604.63	$C_{1411}H_{2171}N_{363}O_{377}S_{11}$	9.13	43.21（不稳定）	质膜	27, 107, 126
拟南芥	287	30 692.71	$C_{1420}H_{2179}N_{361}O_{379}S_{10}$	9.00	32.46（稳定）	质膜	110, 129
甘蓝	286	30 567.62	$C_{1417}H_{2176}N_{364}O_{373}S_{9}$	9.16	29.88（稳定）	质膜	27, 109, 128

2. 同源性比较

以梨 AQP 蛋白序列（BAB 40142.1）为 query，利用 NCBI Blast 程序对不同植物 AQP 的蛋白序列进行同源性比对。结果表明，梨的 AQP 蛋白序列与苹果（NP_001280922.1）的同源性最高，达 98%，与桃（BAF 62342.1）的同源性高达 95%，与橄榄（ABB 13429.1）、茶树（AGG 39695.1）、草莓（XP_004306776.1）的同源性为 89%，与拟南芥（NP_567178.1）、葡萄（NP_001267918.1）的同源性为 87%，与

胡桃（ACR 54285.1）、番茄（XP_004235256.1）、菠萝（ACB 56912.1）的同源性为86%，与谷子（XP_004976483.1）、甘蔗（ACC 59097.1）、黑麦草（AFV 92901.1）、甘蓝（AAG 23180.1）、黄瓜（XP_004149243.1）、豌豆（AHG 32322.1）的同源性为85%，与小麦（AEO 13899.1）、玉米（NP_001104934.1）、大麦（BAF 41978.1）、短花稻（XP_006652632.1）的同源性为84%，与红叶藜（CAG 27864.2）的同源性为83%。采用CLC Combined Workbench 6观察图形化的多重序列比对结果（图1），证实了上述同源性比对的结果。

WebLogo基于多序列比对信息，把多序列的保守信息通过图形表示出来。每个Logo由一系列氨基酸组成，在每一个序列位置上用总高度表示此位置上的序列保守性，用氨基酸字母的高度表示出现的频率。分析表明，不同植物AQP蛋白具有保守结构域SGXHXNPAVT、GGGANXXXXGY和TGINPARSLGAA（图2）。在蛋白功能区域，氨基酸序列高度一致，且在多肽N端和C端对称地分布着AQP高度保守的NPA基序（图1）。

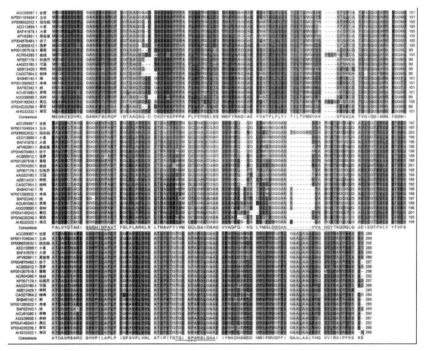

图1　22种植物AQP氨基酸序列比对

黑色下划线表示MIP超家族的保守结构域SGXHXNPAVT以及质膜水孔蛋白的保守序列GGGANXXXXGY和TGINPARSLGAA；*** 表示NPA保守结构域。

虚线框表示MIP超家族的保守结构域SGXHXNPAVT，实线框表示质膜水孔蛋白的保守序列GGGANXXXXGY和TGINPARSLGAA。

图2　22种植物AQP氨基酸序列Logo图谱

3.AQP蛋白系统进化树分析

用Clustal X 1.83和MEGA 6.0.5软件对上述22种植物的AQP氨基酸序列构建系统进化树，采用默认参数，自检举1 000次，对生成的系统树进行Bootstrap校正。结果表明，单子叶植物和双子叶植物能够分别聚类在一起，其中，梨和苹果在同一个进化分支上，同源性最高，其次为桃，这与同源性比较的结果相一致（图3）。

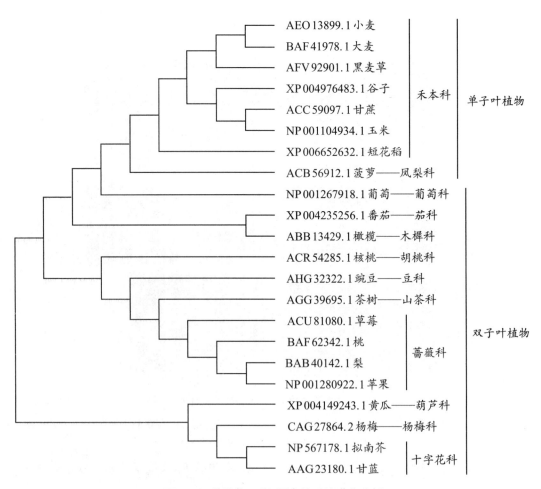

图3　22种植物AQP蛋白的系统进化分析

4.AQP 蛋白结构分析

（1）AQP 蛋白二级结构分析：通过 NPS 程序对 22 种植物 AQP 蛋白序列进行二级结构分析表明，AQP 蛋白均由 α 螺旋、β 折叠、无规则卷曲和延伸链等结构元件组成，其中无规则卷曲所占比例最高，在 32.52% ~ 43.66% 之间，其次为 α 螺旋或延伸链，β 折叠所占比例最小（表3）。在不同植物的 AQP 中，上述4种元件的比例和分布存在差异，这暗示 AQP 在不同植物中可能具有独特的功能。

表3 22种植物 AQP 蛋白的二级结构分析

植物种类	二级结构元件比例 /%				二级结构元件分布
	α 螺旋	β 折叠	无规则卷曲	延伸链	
小麦	21.18	13.89	38.89	26.04	
大麦	22.22	13.19	37.15	27.43	
黑麦草	23.26	10.07	41.32	25.35	
谷子	25.09	12.89	35.89	26.13	
甘蔗	21.45	11.07	39.45	28.03	
玉米	23.88	11.76	37.72	26.64	
短花稻	21.36	10.85	41.02	26.78	
菠萝	24.65	11.46	39.58	24.31	
葡萄	26.92	11.54	38.46	23.08	
番茄	34.97	7.69	32.52	24.83	
橄榄	23.51	9.82	38.25	28.42	
胡桃	26.03	10.96	38.36	24.66	
豌豆	21.80	10.38	39.10	28.72	
茶树	28.57	9.76	38.33	23.34	
草莓	27.24	10.00	37.59	25.17	
桃	25.26	8.65	40.48	25.61	

续表

植物种类	二级结构元件比例 /%				二级结构元件分布
	α 螺旋	β 折叠	无规则卷曲	延伸链	
梨	26.64	9.69	38.75	24.91	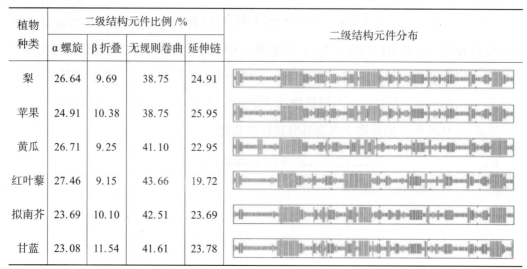
苹果	24.91	10.38	38.75	25.95	
黄瓜	26.71	9.25	41.10	22.95	
红叶藜	27.46	9.15	43.66	19.72	
拟南芥	23.69	10.10	42.51	23.69	
甘蓝	23.08	11.54	41.61	23.78	

（2）AQP 蛋白三级结构分析：利用 Swiss-Model，采用同源建模的方法预测不同植物 AQP 蛋白的三级结构。从图 4 可以看出，三级结构主要是由 α 螺旋、无规则卷曲和

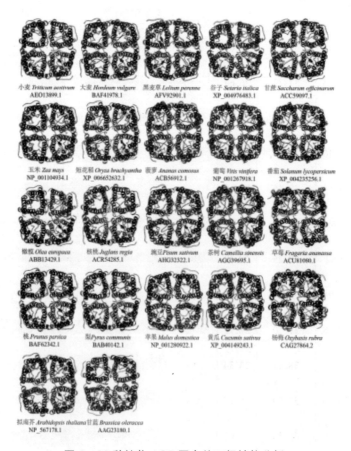

图 4　22 种植物 AQP 蛋白的三级结构分析

延伸链等二级结构元件组成,其空间结构高度相似,具有高度保守的结构特征,在活体膜中以四聚体结构存在,每个水孔蛋白单体都可形成独立的水通道,表明它们可能具有相似的生物学功能。但不同植物水孔蛋白单体的拓扑结构和聚合角度也存在差异,表明每种植物 AQP 蛋白可能具有自己独特的功能。

三、讨论

AQP 在植物中分布广泛,目前已在拟南芥、水稻、番茄、菠菜、烟草、荔枝、唐菖蒲等植物中发现许多 AQP 基因(Johansson 等 2000;Chaumont 等 2001;Sakurai 等 2005;林燕飞等 2013;王凌云等 2013)。AQP 可以有效调节水分快速跨膜运输,保持细胞内外的渗透平衡,保证细胞内水分的有效利用和快速调节,这对于植物的生理活动起着关键作用(Johansson 等 2000)。

一般认为,蛋白质的一级结构决定二级结构,二级结构决定三级结构。蛋白质的生物学功能在很大程度上取决于其空间结构,蛋白质结构构象多样性导致了不同的生物对环境适应性不同。本研究发现不同植物 AQP 蛋白均具有 6 个跨膜区,通过亚细胞定位预测定位于细胞质膜上,这很可能与 AQP 调控细胞内水分的运输密切相关,同时对于调控细胞水分更为有效和方便。序列分析发现,其具有的保守结构域 SGXHXNPAVT 和保守序列 GGGANXXXXGY、TGINPARSLGAA(图1和图2),符合 MIP 家族典型的保守序列及 PIP 的特征信号序列(Park 和 Saier 1996)。序列的 N 端和 C 端分布着高度保守的 NPA 基序,这是水孔蛋白家族的特征基序,与水孔蛋白的功能密切相关(Törnroth–Horsefield 等 2006)。这些特征序列是鉴别植物水孔蛋白及其类别划分的重要标准之一,也是执行和调控植物水孔蛋白功能的重要基序(李红梅等 2010)。

二级结构分析表明,AQP 蛋白均由 α 螺旋、β 折叠、无规则卷曲和延伸链等结构元件组成,但不同植物中不同元件的比例和分布存在差异,这暗示 AQP 在不同植物中虽然具有相似的功能,但每种植物的 AQP 可能具有自身独特的功能(表3)。另外,两个 NPA 基序与6个跨膜螺旋形成了一个可双向运输水分子的孔道,参与了 AQP 活性的调控。虽然每个水孔蛋白单体都可形成独立的水通道,但三维结构分析表明,AQP 在活体膜中是以四聚体结构存在的,这一结构对于蛋白质的结构稳定和功能行使的正确性有重要作用(图4)。

蛋白质磷酸化是最重要的蛋白质翻译后修饰方式之一,可有效调控蛋白质活力和功能,并在细胞信号转导过程中起重要作用。研究表明,磷酸化是 AQP 活性调节的一

种重要方式，很多 AQP 在生物体内都会发生磷酸化，植物 AQP 的磷酸化主要发生于
N 端或 C 端的丝氨酸（Ser）残基上（Maurel 等 2008；van Wilder 等 2008）。而本研究中
的磷酸化位点分析表明主要分布在丝氨酸上，丝氨酸位点一般 2~4 个（表2）。多个磷
酸化位点的存在可能在植物胁迫和亚细胞定位中起着重要作用，可增强 AQP 调控途径
的多样性。

　　作为重要的膜功能性蛋白，近年来植物 AQP 的研究备受关注，随着越来越多的植
物 AQP 分离、功能鉴定以及调控机理的深入解析，人们逐步对其在物质跨膜转运和生
理代谢过程中的重要作用有了深入了解。在系统进化方面，植物 AQP 中新成员（XIPs
和 HIPs）的序列分析及功能鉴定可帮助我们更好地理解植物 AQP 的进化过程。另外，
通过研究 AQP 与膜上其他转运蛋白的关系，可以更深入地阐明 AQP 在植物生长发育
过程中的作用机制。

参考文献

［1］ 李红梅，万小荣，何生根.植物水孔蛋白最新研究进展［J］.生物化学与生物物理进展，
2010，37（1）：29-35.

［2］ 林燕飞，李红梅，丁岳练.唐菖蒲质膜水孔蛋白基因 *GhPIP* 1；1的克隆及表达分析［J］.园
艺学报，2013，40（1）：145-154.

［3］ 王凌云，孙进华，刘保华，王家保.荔枝水孔蛋白基因 *LcPIP* 的克隆与组织特异性表达研
究［J］.园艺学报，2013，40（8）：1 456-1 464.

［4］ Biasini M，Bienert S，Waterhouse A，Arnold K，et al. SWISS-MODEL：modelling protein
tertiary and quaternary structure using evolutionary information［J］. Nucleic Acids Res.

［5］ Bienert GP，Schjoerring JK，Jahn TP. Membrane transport of hydrogen peroxide［J］. Biochim
Biophys Acta，2006，1758：994-1 003.

［6］ Chaumont F，Barrieu F，Wojcik E，et al. Aquaporins constitute a large and highly divergent
protein family in maize［J］. Plant Physiol，2001，12：1 206-1 215.

［7］ Chou KC，Shen HB. Plant-mPLoc：a top-down strategy to augment the power for predicting
plant protein subcellular localization［J］. PLoS ONE，2010，5：13-35.

［8］ Horie T，Kaneko T，Sugimoto G，et al. Mechanisms of water transport mediated by PIP
aquaporins and their regulation via phosphorylation events under salinity stress in barley roots
［J］. Plant Cell Physiol，2011，52：663-675

［9］ Hove RM，Bhave M. Plant aquaporins with non-aqua functions：deciphering the signature sequences[J]. Plant Mol Biol, 2011, 75: 413-430.

[10] Hu W, Yuan Q, Wang Y, Cai R, Deng X, et al. Overexpression of a wheat aquaporin gene, *TaAQP* 8, enhances salt stress tolerance in transgenic tobacco[J]. Plant Cell Physiol, 2012, 53: 2 127-2 141.

[11] Huang HD, Lee TY, Tzeng SW, Horng JT. KinasePhos: a web tool for identifying protein kinase-specific phosphorylation sites[J]. Nucleic Acids Res, 2005, 33: 226-229.

[12] Johansson J, Karlsson M, Johanson U, Larsson C, Kjellbom P. The role of aquaporins in cellular and whole plant water balance[J]. Biochim Biophys Acta, 2000, 14(65): 324-342.

[13] Kaldenhoff R, Fischer M. Aquaporins in plants[J]. Acta Physiol, 2006, 187: 169-176.

[14] Kjelbom P, Larsson C, Johansson I, et al. Aquaporins and water homeostasis in plants[J]. Trends Plant Sci, 1999, 4(8): 308-314.

[15] Letunic I, Doerks T, Bork P. SMART 7: recent updates to the protein domain annotation resource[J]. Nucleic Acids Res, 2012, 40: 302-305.

[16] Maurel C, Verdoucq L, Luu DT. Plant aquaporins: Membrane channels with multiple integrated functions[J]. Annu Rev Plant Biol, 2008, 59: 595-624.

[17] Park JH, Saier MH Jr. Phylogenetic characteriaztion of the MIP family of tranmembrane channel protein[J]. J Membrane Biol, 1996, 153: 171-180.

[18] Petersen TN, Brunak S, von Heijne G, et al. SignalP 4.0: discriminating signal peptides from transmembrane regions[J]. Nat Methods. 2011, 8: 785-786.

[19] Sade N, Gebretsadik M, Seligmann R, et al. The role of tobacco Aquaporin 1 in improving water use efficiency, hydraulic conductivity, and yield production under salt stress[J]. Plant Physiol, 2010, 152: 245-254.

[20] Sakurai J, Ishikawa F, Yamaguchi T, et al. Identification of 33 rice aquaporin genes and analysis of their expression and function[J]. Plant Cell Physiol, 2005, 46: 1 568-1 577.

[21] Tamura K, Stecher G, Peterson D, et al. MEGA 6: molecular evolutionary genetics analysis version 6.0 [J]. Mol Biol Evol, 2013, 30: 2 725-2 729.

[22] Törnroth-Horsefield S, Wang Y, Hedfalk K. Structural mechanism of plant aquaporin gating [J]. Nature, 2006, 439(7077): 688-694.

[23] van Wilder V, Miecielica U, Degand H, et al. Maize plasma membrane aquaporins belonging to the PIP1 and PIP 2 subgroups are in vivo phosphorylated[J]. Plant Cell Physiol, 2008, 49: 1 364-1 377.

[24] Zardoya R. Phylogeny and evolution of the major intrinsic protein family[J]. Biol Cell, 2005, 97: 397-414.

[25] Zhou S, Hu W, Deng X, Ma Z, et al. Overexpression of the wheat aquaporin gene, *TaAQP*7, enhances drought tolerance in transgenic tobacco. PLoS One, 2012, 7(12).

（植物生理学报2015, 51(1)：97-104）

矮冠开心形与大冠开心形梨园的成本效益对比分析

魏树伟，王少敏

树形是影响果实产量和品质的重要因素[1,2]，不同树形对于果园劳动强度和用工量也有显著的影响。随着人工成本的不断升高，省力化树形越来越受到人们的青睐[3]。矮冠开心形能减轻劳动强度，使劳动成本大幅降低，同时提高了种植户的经济效益。为探讨梨树生产中省工高效树形的特点，2013～2014年笔者进行了矮冠开心形和大冠开心形梨园的成本效益对比调查分析。

一、试验园概况

试验在国家梨产业体系泰安试验站历城示范园和冠县示范园进行。历城示范园位于黄河河务局基地（华山镇后张村），面积6.7公顷，沙壤土，主栽品种黄金梨，授粉品种鸭梨，株行距2米×3米，树龄12年，采用矮冠开心形树形，干高40厘米，树冠高度1.8～2.0米，3～4个主枝，每个主枝上配备5～6个侧枝。冠县示范园位于清水镇刘屯村，面积53.3公顷，沙壤土，主栽品种为黄金梨（2002年改接，原被改接的母树为黄县长把梨），授粉品种鸭梨，株行距6米×6米，树龄30年（改接后12年），大冠开心形树形，干高80厘米，树冠高度3.5米左右，3～4个主枝，每个主枝上配备6～8个侧枝。两园管理水平基本一致。

二、结果与分析

1. 矮冠开心形与大冠开心形梨园用工量比较

由图1可以看出，矮冠开心形梨园和大冠开心形梨园各项生产管理措施相同，但用工成本不同。矮冠开心形园平均每亩总用工量10.06个（注：一个工人一天算一个工，下同），为大冠开心形用工量（21个）的47.9%。其中各项管理的用工量占大冠开心形

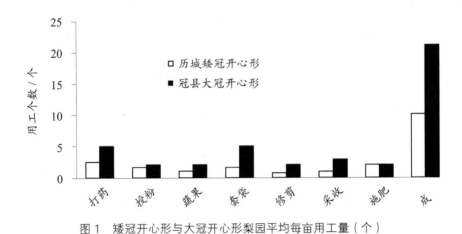

图1　矮冠开心形与大冠开心形梨园平均每亩用工量（个）

用工量的比例分别是：疏果54%，授粉50%，打药48%，修剪41.5%，套袋35%，采收33.33%。

2.矮冠开心形与大冠开心形果实品质比较

由图2可知，矮冠开心形梨优质果率80%，比大冠开心形（70%）高10个百分点；果实可溶性固形物含量13%，高于大冠开心形（11.8%）1.2个百分点；果实硬度6.5千克／厘米^2，稍高于大冠开心形（6.2千克／厘米^2）。

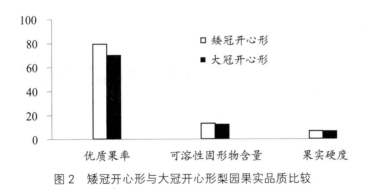

图2　矮冠开心形与大冠开心形梨园果实品质比较

3.矮冠开心形与大冠开心形梨园经济效益比较

由表1可知，矮冠开心形梨园果实平均售价每千克7元，其中直径90毫米以上果实占60%，售价达到每千克10元；大冠开心形梨园果实平均售价每千克4.2元；矮冠开心形梨园较大冠开心形梨园每亩节省成本1 000元左右，纯收益达到2.9倍。

表1　　　　　　　　矮冠开心形与大冠开心形经济效益比较（单位：元）

成本与收益	矮冠开心形（历城）	大冠开心形（冠县）
平均售价（元/千克）	7	4.2
总成本（元/亩）	5 000	6 000
产量（千克/亩）	3 000	2 500
纯收益（元）	16 000	5 500

三、小结

矮冠开心形梨园相比于大冠开心形梨园，生产成本少，果实品质略高，经济效益高达2.9倍，符合梨园省力化树形的要求。

参考文献

[1] 魏钦平，鲁韧强，张显川等.富士苹果高干开心形光照分布与产量品质的关系研究[J].园艺学报，2004，31(3)：291-296.

[2] 伍涛，张绍铃，吴俊，等.丰水梨棚架与疏散分层冠层结构特点及产量品质的比较[J].园艺学报，2008，35(10)：1 411-1 418.

[3] 王少敏，张勇.梨省工高效栽培技术[M].北京：金盾出版社，2011.

（落叶果树2015，47(5)：20-21）

不同果袋对翠冠梨果实品质的影响

王少敏，魏树伟，冉昆，王宏伟

翠冠梨[1]由幸水×(杭青×新世纪)杂交选育而成，果实近圆形，单果重230克，果肉细嫩松脆，可溶性固形物含量高，品质上等，是一个优良的早熟砂梨品种[2]。

山东省果树研究所于2010年从浙江省农科院园艺研究所引入该品种，并在天平湖试验基地进行试栽。经过5年的观察，发现该品种果实品质上等，但果锈较重，外观品质欠佳，严重制约着其商品价值的提高。果实套袋[3~6]可有效改善外观品质，并可显著降低农药残留量，提高商品果率，增加经济收益。为了解不同纸袋对翠冠梨果实品质的影响，筛选出生产推广中翠冠梨适宜的果袋，我们进行该项试验，现将试验结果报告如下。

一、材料与方法

1. 试验材料

试验于2014年在国家梨产业技术体系泰安综合试验站核心示范园进行。试验园位于鲁中山区，四季分明，热资源丰富，雨热同期；年平均气温13.0℃，年平均降水量为688.3毫米，年最大降水量为1 295.8毫米，年平均相对湿度为66%，日照时数为2 536.2小时，平均有霜日数为86.1天，适宜梨生长。梨园管理水平较高，栽植行株距4.7米×1米，树势中庸健壮。土壤为细沙土，土层深厚，肥水供应充足。树龄5年，砧木为杜梨。

2. 试验方法

套袋日期为2014年5月22日，于疏花疏果后进行。套袋前喷布70%甲基托布津可湿性粉剂800倍液+20%灭多威可湿性粉剂1 000倍液，待药液晾干后开始套袋。采收日期为2014年7月26日，带袋采收，采后立即带回实验室，进行相关指标测定分析。

试验共设7个不同果袋处理（表1），单株区组，以不套袋作为对照，每个处理选取5个果形、大小一致的果实进行套袋，均挂牌标记。每种果袋选树势、负载量一致的9棵树作为重复。

果实可溶性固形物含量采用WYT-4型手持糖量计测定，可滴定酸含量采用酸碱滴定法测定，果实去皮硬度采用FT-327型果实硬度计测定。

果色、果点各分为5级[7]，果色分级标准是：浅白色为0级；黄白色为1级；黄绿色为2级；淡绿色为3级；绿色为4级。果点分级标准是：果点全显浅褐色为0级；褐色果点占总果点数的1/4以下为1级；占1/4～1/2为2级；占1/2～3/4为3级；占3/4以上为4级。

表1   试验用不同纸袋

试验编号	果袋类型	特 点
1-1	双层纸袋（小林1-W）	18.2厘米×15.0厘米，内袋黑色，外袋浅黄褐色
1-2	双层纸袋（小林1-KK）	19.0厘米×16.0厘米，内袋黄色，外袋浅黄褐色
1-3	双层纸袋（小林1-LP）	19.0厘米×16.0厘米，内袋黄色，外袋黑色
1-4	双层纸袋（爱农）	19.8厘米×16.0厘米，内袋黄色，外袋黄色
1-5	双层纸袋（爱农）	19.8厘米×16.0厘米，内袋白色，外袋黄色
2-1	单层纸袋（凯祥）	19.8厘米×18.0厘米，白色
2-2	塑膜袋	白色

二、结果与分析

1. 不同果袋对翠冠梨果实外观品质的影响

与对照相比,7种类型的果袋套袋处理均明显改善了翠冠梨的果实外观(表2),果实表现为果面光洁,果皮色泽变浅,果点变小且不明显;而对照翠冠梨果皮粗糙,有成片的黑色锈斑,果点大而多,颜色深,果实外观不理想。

不同果袋对翠冠梨果实外观品质的改善效果存在差异,1-3套袋处理的翠冠梨果实表面颜色变为黄白色,其他套袋处理的果实果面颜色均为浅绿色或绿色;1-1、1-2、1-3处理的套袋效果好于其他处理,套塑膜袋后果锈变轻,但果点变大。

与对照相比,除1-5处理的翠冠梨单果重较低外,其他6种果袋处理的单果重均较对照增加,增加范围为5~21克。1-3和2-2处理的果形指数较对照降低,2-1处理的果形指数较对照增大,其余与对照相当(表2)。

表2 不同果袋对翠冠梨果实外观品质的影响

试验编号	单果重(克)	果形指数	果点色泽(级)	果色级数	外　观
1-1	287.2	1.1	1	2	果皮较光滑,淡绿色,果点小
1-2	289.7	1.1	0	2	果皮较光滑,淡绿色,果点小
1-3	273.5	0.9	1	1	果皮较光滑,黄白色,果点小
1-4	281.7	1.1	2	2	果皮较光滑,淡绿色,果点小
1-5	265.9	1.1	2	2	果皮较光滑,淡绿色,果点小个别有果锈
2-1	275.1	1.19	2	3	果皮较光滑,淡绿色,果点小,个别有果锈
2-2	283.2	0.9	4	4	果皮较光滑,绿色,果点大,个别有果锈
CK	268.9	1.1	4	4	果皮较粗糙,绿色,有连片的褐色锈斑,果点大

2. 不同果袋对果实内在品质的影响

由表3可知,7种果袋处理的翠冠梨果实可溶性固形物含量均低于对照,其中2-2处理果实可溶性固形物含量最低,仅为对照的71.85%,1-3(外黑内黄双层袋)果袋次之,比对照低1.6个百分点。1-1、1-2、1-4、1-5、2-1套袋果可溶性固形物含量分别比对照低1.3、1.0、0.7、1.0、0.3个百分点。

试验结果表明,套袋对翠冠梨果实可滴定酸含量影响不明显(表3)。其中翠冠梨果实可滴定酸含量2-2(塑膜袋)最低,2-1(单层袋,纸质薄,19.8厘米×18.0厘米,白色)最高,塑膜袋导致果实可滴定酸含量降低。不同套袋处理对翠冠梨果实的硬度影响不同(表3),1-2和2-2的翠冠梨果实硬度小于对照,其中2-2处理(套塑膜袋)的果实硬度最小，仅为对照的77.5%；1－1和1－3处理的果实硬度最大，均为1.95千克／厘米²，其果实硬度是对照的107.5%。

表3	不同果袋对翠冠梨果实内在品质的影响		
试验编号	可溶性固形物（%）	硬度（千克／厘米²）	可滴定酸（%）
1－1	12.2	1.95	0.100
1－2	12.5	1.77	0.104
1－3	11.9	1.95	0.100
1－4	12.8	1.86	0.103
1－5	12.5	1.81	0.104
2－1	13.2	1.81	0.107
2－2	9.7	1.41	0.093
CK	13.5	1.81	0.104

三、小结

试验结果表明，不同果袋套袋处理后，翠冠梨果实外观品质均得到明显改善，商品果率明显增加，但套袋对果实内在品质的负面影响也不容忽视，套袋果实可溶性固形物含量普遍较对照低，其中套塑膜袋果实降低最明显。比较发现，1－1和1－2套袋果不但外观品质好，而且可溶性固形物含量下降幅度小；1－3套袋果虽然外观品质好，但可溶性固形物含量较低；1－4和1－5处理的果实虽然可溶性固形物含量也较高，但果点影响了外观品质。因此，生产中适宜翠冠梨套袋的果袋为1－1和1－2。

参考文献

［1］施泽彬，过鑫刚.早熟砂梨新品种翠冠的选育及其应用［J］.浙江农业学报，1999，11（4）：212－214.

［2］周建，李佑武.翠冠等4个梨品种的引种及比较试验［J］.安徽农业科学，2006，34（15）：3 664－3 665.

［3］王少敏，高华君，王永志，等.不同纸袋对丰水梨套袋效果比较试验［J］.中国果树，2001（2）：12－14.

［4］张振铭，张绍铃，乔勇进，等.不同果袋对砀山酥梨果实品质的影响［J］.果树学报，2006，23（4）：510－514.

［5］王少敏，白佃林，高华君，等.套袋苹果果皮色素含量对苹果色泽的影响［J］.中国果树，

2001(3):20-22.

[6] 王宏伟,王少敏,赵艳,等.不同果袋对绿宝石、六月雪果实品质的影响[J].山东农业科学,2010(4):46-47.

[7] 冉辛拓,安宗祥.套袋对鸭梨果实品质影响[J].北方园艺,1990,68(4):33-35.

(山东农业科学2015,47(12):33-34,37)

不同土壤管理方式对梨园土壤养分、酶活性及果实风味品质的影响

魏树伟,王少敏,冉昆,张勇,王宏伟

梨是重要的果树栽培树种之一,在世界果品市场中占有重要的地位,我国梨栽培面积和产量均居世界首位。果园土壤管理是提高果实产量和品质的关键[1]。目前,我国清耕果园面积占果园总面积的90%以上[2],导致我国果园土壤有机质含量普遍偏低。研究表明,有机肥对提高果实品质有显著效果[3],而果园土壤管理方式对果园土壤营养具有直接且重要的影响,不同的果园土壤管理方式对土壤养分、微生物和酶活性的影响效果各异。

目前,生草、覆盖栽培是比较有效的改善土壤理化性质的土壤管理方式,国内外已有较多关于生草(自然生草、人工生草)对果园土壤肥力、微生物数量及酶活性、土壤结构、土壤物质循环、土壤养分利用率的影响报道[4,5,6,7]。吴玉森[8]研究认为,自然生草显著提高了黄河三角洲梨园0~40厘米土层有机质含量,同时有效降低了土壤含盐量,提升了果实鲜食品质。刘富庭研究表明[9],渭北旱地苹果园行间生草提高了土壤有机碳含量、土壤微生物群落碳源利用率、微生物群落的丰富度和功能多样性。霍颖[7]研究表明,沙地梨园行间多年种植黑麦草对土壤有机质含量和土壤养分含量及其相互作用效果较好。路超研究了[8]渗灌条件下不同覆盖材料对果园土壤保水效果及对根际土壤养分和微生物特性的影响,认为泥炭覆盖对保持土壤水分、改善根际土壤养分状况、提高微生物活性的效果最好。王忠堂[9]研究了6种覆盖材料对桃园土壤理化性质和桃幼树生长的影响,提出半腐熟的树皮是最适合的覆盖材料,覆盖厚度6厘米最适宜,颗粒状优于粉末状材料。总体上看,以往的土壤覆盖研究多集中在以秸秆、稻

草、杂草、锯末、泥炭等作为覆盖材料，且较普遍认为不同覆盖物对于土壤营养和微生物群落有不同影响，但以食用菌菌渣为覆盖材料覆盖梨园的研究未见报道。

菌渣是栽培食用菌后经过微生物分解的有机废弃物，含有粗蛋白、粗脂肪及 Ca、P、K、Si 等矿质元素和大量微生物群落和残留的菌丝体[10, 11]。据报道，2010 年我国菌渣的产量高达 1 320 万吨[12]，合理利用菌渣资源既能避免环境污染，又能改善土壤性状，提高作物产量、品质[13, 14, 15]。但关于菌渣在果树上的应用报道极少[16, 17]，且未有菌渣覆盖、生草、清耕对梨园土壤养分含量、微生物数量、酶活性及果实风味品质影响的比较研究。本文研究了菌渣覆盖、生草对梨园土壤养分含量、微生物数量和酶活性、果实风味品质的影响，以期为梨园省工高效的土壤管理方式提供理论指导。

一、材料与方法

1. 试验设计

试验于 2011～2013 年在山东省阳信县金阳街道郭村梨园进行。果园土壤为沙壤土，pH 7.2，有机质 10.2 毫克 / 千克，全氮 1.0 克 / 千克，全磷 0.3 克 / 千克，全钾 5 克 / 千克，碱解氮 117 毫克 / 千克，速效磷 28 毫克 / 千克，速效钾 180 毫克 / 千克，立地条件一致，常规管理。鸭梨三十年生，砧木杜梨，株行距 5 米 ×6 米，树势中庸，管理水平一般，每公顷产量为 45 000 千克左右。选择 30 株负载量、树相等相近的树进行试验，10 株进行菌渣覆盖处理，10 株自然生草处理，10 株清耕作为对照，试验设 3 次重复。

菌渣覆盖处理所用菌渣为生产平菇后产生的菌渣，经过高温充分腐熟处理后，覆盖到树下和行间，覆盖厚度 10 厘米左右，树盘起垄，顺行向开沟便于灌溉。菌渣的基本营养组成成分为：有机质 15.5%，氮含量 11.4 克 / 千克，磷含量 1.13 克 / 千克，钾含量 10 克 / 千克，钙 2.1 克 / 千克，镁 0.51 克 / 千克，铁 20 毫克 / 千克，锌 1.2 毫克 / 千克。

行间生草处理采用自然生草法，草长到 30 厘米高左右刈割，刈割后覆盖到树下，每年刈割 3～4 次，每次割草后撒施尿素 5～10 千克 / 公顷，以促进草的生长。为使各处理间一致，清耕区和覆盖区也同时撒施同量尿素。清耕处理采用传统的清耕方法。试验区其他管理措施均一致。

试验处理编号：0～20 厘米土层菌渣覆盖 1 年、自然生草 1 年、对照处理 1 年、菌渣覆盖 2 年、自然生草 2 年、对照处理 2 年、菌渣覆盖 3 年、自然生草 3 年、对照处理 3 年的编号分别为 1、2、3、4、5、6、7、8、9；20～40 厘米土层菌渣覆盖 1 年、自然生草 1 年、对照处理 1 年、菌渣覆盖 2 年、自然生草 2 年、对照处理 2 年、菌渣覆盖 3 年、自然生草 3

年、对照处理3年的编号分别为10、11、12、13、14、15、16、17、18。

2. 样品采集及处理

试验土壤样品取样位置为树盘，于果实采收时在各处理小区按五点法取样。用土钻分别取0~20厘米、20~40厘米土层土样，剔除杂物后分层混匀，每个处理每次取土样2千克左右，装入无菌自封袋内，立即带回实验室，一部分置于0℃冰箱中用于微生物和酶活性测定，另一部分风干后研磨，过1毫米筛用于矿质元素测定。用于风味品质测定的果实于5月26日左右进行套袋处理，均选择树体外围、中上部、东南方向着生的果实，9月26日左右采收。每个处理挑选结果部位一致、成熟度适宜、无病虫机械损伤、具有该品种典型特征的果实30个，采收，混匀，立即运回实验室进行测定，所有风味指标均取3次测定结果的平均值。

3. 分析项目与方法

（1）土壤测定指标及方法：具体测定方法参照文献[18、19]，土壤有机质采用重铬酸钾容量法；硝态氮、铵态氮用KCl浸提流动分析仪测定；速效磷采用碳酸氢钠浸提钼锑抗比色法；速效钾采用乙酸铵浸提 – 火焰光度法；pH以1∶2.5土水比，用酸度计测定；有效Zn、Fe，交换性Ca、Mg用原子吸收法测定。酶活性测定：脲酶活性采用苯酚钠比色法，以mg NH_3-N/克（37℃，24小时）表示；蔗糖酶活性采用3,5-二硝基水杨酸比色法，以mg 葡萄糖·克$^{-1}$（37℃，24小时）表示；过氧化氢酶活性采用高锰酸钾滴定法，以ml 0.02摩尔/升 $KMnO_4$/克（25℃，20分钟）表示；碱性磷酸酶采用磷酸苯二钠比色法，以mg 酚/（克·天）（37℃，24小时）表示；蛋白酶活性测定采用铜盐比色法，以mg 氨基酸/克（37℃，24小时）表示。土壤微生物数量测定采用稀释平板计数法[10]。

（2）果实指标测定：果实挥发性成分及果实糖类和有机酸组分的提取与测定参照魏树伟等[3]的方法。

4. 数据分析

试验数据采用Microsoft Excel 2007和SPSS软件进行分析。

二、结果与分析

1. 不同土壤管理方式对梨园土壤养分的影响

不同土壤处理不同年限的土壤养分含量结果如表1，与对照相比，覆盖菌渣、生草处理使梨园土壤养分含量显著提高，但不同土层及各处理间存在差异。生草、覆盖菌渣有机质含量均高于对照清耕，差异达到显著或极显著水平。在0～20厘米表土层，自然生草1～2年土壤碱解氮等主要矿质营养元素含量均显著低于对照，而自然生草3年时土壤碱解氮等主要矿质营养元素含量与对照相当或高于对照。但在20～40厘米亚表层，生草1～3年的土壤除有效锌和有效硼外，碱解氮等主要矿质营养元素含量均显著低于对照。覆盖菌渣处理1～3年0～40厘米土层有机质、氮、磷、钾、微量元素等营养成分含量均分别高于对照清耕处理和生草处理，如覆盖菌渣处理3年0～20厘米土层有机质含量（19.54%）分别是生草（15.05%）、清耕（10.05%）处理的1.94倍和1.50倍，有效磷含量（35.89毫克/千克）分别是生草（25.46毫克/千克）、清耕（20.23毫克/千克）处理的1.41倍和1.77倍。

表1　　　　　　　　不同土壤管理方式对土壤速效养分含量的影响

处理	有机质（克/千克）	碱解氮（毫克/千克）	有效磷（毫克/千克）	速效钾（毫克/千克）	交换钙（毫克/千克）	交换镁（毫克/千克）	有效铁（毫克/千克）	有效锌（毫克/千克）	有效硼（毫克/千克）
1	11.35F	80.68EF	28.63C	189.97E	1892.57K	755.24F	28.2CD	1.5D	0.51E
2	10.12HI	58.78J	12.8KL	136.37M	1665.49N	587.23P	17.8J	1.01IJ	0.27G
3	10.35GH	72.19G	20.61F	182.94G	1882.8L	650.15L	28.35CD	1.3EF	0.41F
4	17.35B	92.86C	30.06B	193.69D	2128.62F	816.37B	30.25B	1.76B	0.68D
5	13.82D	70.37GH	13.38JK	141.41L	1639.88O	575.96Q	16.73K	1.34EF	0.39F
6	10.1HI	66.65I	20.84F	182.58G	1880.19L	645.67M	28.04CD	1.36E	0.41F
7	19.54A	105A	35.89A	207.25B	2201.69C	859.66A	32.83A	1.99A	0.81B
8	15.05C	78.31F	25.46E	183.27G	1554.59P	556.22R	19.5I	1.57CD	0.48E
9	10.05HI	69.44H	20.23F	182.69G	1864.62M	632.22O	26.65E	1.31EF	0.42F
10	10.25H	87.93D	17.58G	163.98H	2158.13D	768.49E	25.75F	1.15GHI	0.78B
11	8.816J	60.81J	11.28M	110.74N	1910.98G	662.16J	14.61L	0.89J	0.51E
12	8.507J	81.59E	14.38H	158.23I	2137.78E	735.54G	25.66F	1.08HI	0.72CD
13	10.94FG	89.68D	20.9F	186.67F	2661.98A	783.66D	27.89D	1.2FGH	0.81B
14	9.516I	79.49EF	12.48L	217.73A	1963.98I	641.39N	13.7M	1.22EFG	0.76BC
15	8.477J	48.29K	14.35H	154.16J	2123.61F	712.66H	24.28G	1.05I	0.77BC
16	12.93E	97.63B	27.33D	199.77C	2380.06B	798.16C	28.82C	1.65BC	0.97A
17	10.24H	79.8EF	13.68IJ	147.63K	2011.66H	654.85K	13.14M	1.29EF	0.8B
18	8.441J	46.69K	14.29HI	153.16J	2104.08G	706.08I	22.46H	1.06I	0.75BC

2. 不同土壤管理方式对梨园土壤微生物数量、酶活性的影响

梨园土壤微生物细菌为优势菌群（表2），放线菌次之，真菌最少。与对照相比，生草、覆盖处理均能显著提高土壤的细菌、真菌和放线菌数量，但不同处理之间微生物数量增加量有差异。覆盖处理3年后0～20厘米土层细菌、真菌和放线菌数量分别比对照提高402.33%、37.5%，163.05%，而生草处理3年后0～20厘米土层细菌、真菌和放线菌数量分别比对照提高163.40%、18.75%、166.24%。

由表2可知，与对照相比，生草、覆盖处理均能显著提高土壤磷酸酶、蔗糖酶和脲酶的活性，且不同处理存在差异。覆盖处理3年后，0～20厘米土层土壤磷酸酶、过氧化氢酶、蔗糖酶和脲酶活性分别为对照的2.00、1.41、1.83、2.75倍，而生草处理3年后0～20厘米土层土壤磷酸酶、蔗糖酶和脲酶活性分别为对照的1.45、1.33、1.95倍。

表2　　　　　　　　　不同土壤管理方式对土壤微生物及酶活性的影响

处理	细菌 (×10⁶)	真菌 (×10⁶)	放线菌 (×10⁶)	磷酸酶活性 (mg 酚 /（克·天）)	过氧化氢酶活性 (ml 0.02摩尔/升 $KMnO_4$·克$^{-1}$)	蔗糖酶 (mg 葡萄糖·克$^{-1}$)	脲酶活性 (mg NH_3-N·克$^{-1}$)
1	16.4D	0.28A	18.4D	0.16BC	1.26ABCD	0.13A	0.63BCD
2	12.6G	0.14G	5.84J	0.063H	0.54F	0.08CDE	0.3EFG
3	8.04K	0.2C	9.34H	0.13EFG	1.15ABCDE	0.13A	0.48CDE
4	17.2C	0.22B	12.9E	0.183B	1.4AB	0.12AB	0.67BC
5	15.6E	0.15FG	10.2G	0.10G	0.75EF	0.08CD	0.35EFG
6	8.12K	0.2CD	9.33H	0.12FG	1.09ABCDE	0.07CDEF	0.42DEF
7	43.1A	0.22B	24.7B	0.22A	1.46A	0.11AB	0.91A
8	22.6B	0.19CD	25A	0.16BCD	0.97BCED	0.08CD	0.74AB
9	8.58I	0.16E	9.39H	0.11FG	1.03ABCDE	0.06DEFG	0.38EFG
10	8.44J	0.21B	9.31H	0.13EFG	1.22ABCD	0.1BC	0.33EFG
11	0.87O	0.09I	5.03K	0.12FG	0.88DEF	0.04GH	0.17G
12	4.38M	0.16EF	3.36M	0.16BC	1.19ABCD	0.06DEFG	0.3EFG
13	13.4F	0.18D	3.92L	0.16BC	1.27ABCD	0.12AB	0.35EFG
14	1.66N	0.1H	7.18I	0.11FG	0.97BCDE	0.05EFGH	0.24FG
15	4.36M	0.16EF	3.42M	0.13DEF	1.05ABCDE	0.06DEFG	0.28EFG
16	11.4H	0.14G	19.7C	0.18B	1.32ABC	0.13A	0.38EFG
17	4.29M	0.08I	10.9F	0.14CDE	1.06ABCDE	0.06DEFG	0.29EFG
18	4.63L	0.16EF	3.38M	0.11FG	0.92CDEF	0.05FGH	0.26EFG

3. 不同土壤管理方式对梨果实风味品质的影响

梨园采用不同土壤管理方式，梨果实风味品质存在显著差异（图1），采用菌渣覆盖栽培的梨果实检测到5类48种香气成分，香气物质总量为4 412.081纳克/克；自然生草处理的果实检测到4类44种香气成分，香气物质总量为3 474.89纳克/克；而对照清耕处理检测到4类41种香气成分，香气物质总量为2 820.33纳克/克。

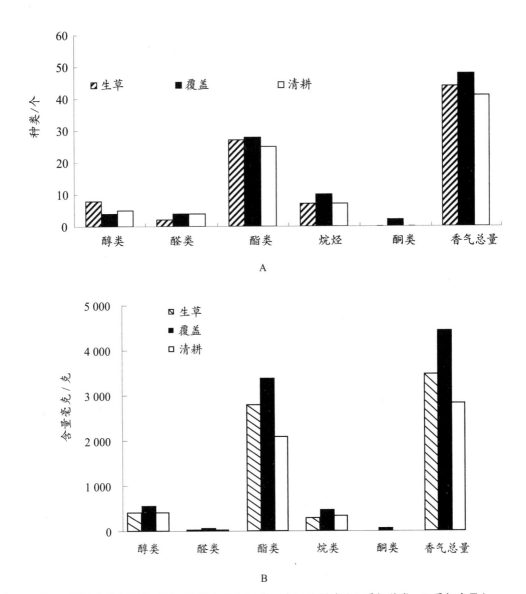

图1 不同土壤管理方式对鸭梨果实香气种类和含量的影响（A香气种类，B香气含量）

不同土壤管理的梨果实均检测到4种糖、4种酸组分（图2），但不同处理间糖、酸含量存在显著差异，覆盖处理糖总量（104.580毫克/克）和酸总量（8.415毫克/克）

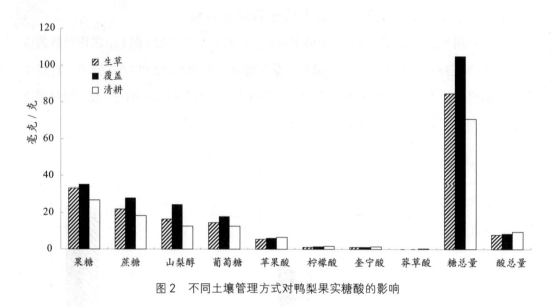

图2　不同土壤管理方式对鸭梨果实糖酸的影响

分别为自然生草（84.490毫克／克、7.593毫克／克）的1.24倍、1.11倍，为清耕处理（70.110毫克／克、9.368毫克／克）的1.49倍、0.90倍。生草和覆盖处理3年后鸭梨果实糖酸比较对照显著提高，分别为对照的1.49倍和1.66倍。

4.不同土壤管理方式梨园土壤有机质、微生物及酶活性、矿质元素、果实风味品质间相关关系分析

（1）不同土壤管理方式梨园土壤有机质与矿质元素含量相关性分析：从表3可以看出，采用不同土壤管理方式的梨园土壤有机质含量与土壤元素含量存在不同的相关性。其中，采用菌渣处理的土壤有机质与有效磷、交换性镁、有效铁、有效锌存在显著或极显著相关，与碱解氮、速效钾相关性较高，但与土壤有效性钙含量呈负相关。自然生草处理土壤有机质含量与有效锌、有效磷、有效铁相关性较高，而与交换性钙、交换性镁、有效硼负相关。清耕处理土壤有机质含量与有效磷、速效钾、有效锌显著或极显著相关，但与有效硼、交换性镁、交换性钙显著或极显著负相关。

表3　　　　　　　　不同土壤管理方式有机质与矿质元素含量相关性

处　理	碱解氮	有效磷	速效钾	交换性钙	交换性镁	有效铁	有效锌	有效硼
菌渣覆盖	0.76	0.861*	0.727	−0.161	0.933**	0.944**	0.916*	0.062
自然生草	0.339	0.790	0.206	−0.797	−0.858*	0.736	0.845*	−0.331
对照	0.443	0.994*	0.991*	−0.984**	−0.941**	0.883	0.976**	−0.992*

(2)不同土壤管理方式梨园土壤微生物及酶活性与矿质元素含量相关性：从表4可以看出，采用不同土壤管理方式的梨园土壤微生物及酶活性与土壤有机质、矿质元素含量存在不同的相关性。其中，细菌与有机质、碱解氮、有效磷、有效锌显著或极显著相关，与交换性钙、有效硼相关性较低；真菌与有效磷、有效铁、有效锌显著或极显著相关，与有效硼呈负相关；放线菌与有机质、碱解氮、有效磷、速效钾、有效锌显著或极显著相关，与交换性钙负相关。土壤磷酸酶与有机质、碱解氮、有效磷、速效钾、交换性钙、交换性镁、有效铁、有效锌、有效硼显著或极显著相关；过氧化氢酶与碱解氮、有效磷、速效钾、交换性钙、交换性镁、有效铁、有效锌、有效硼显著或极显著相关；蔗糖酶与有机质、碱解氮、有效磷、速效钾、交换性镁、有效铁、有效锌、有效硼显著或极显著相关；脲酶与有机质、碱解氮、有效磷、速效钾、有效铁、有效锌显著或极显著相关。

表4　　　　　　　　　　土壤微生物及酶活性与土壤营养的相关性

处　　理	有机质	碱解氮	有效磷	速效钾	交换性钙	交换性镁	有效铁	有效锌	有效硼
细菌	0.812**	0.542*	0.718**	0.392	0.097	0.428	0.448	0.733**	0.125
真菌	0.424	0.312	0.714**	0.45	0.061	0.423	0.776**	0.509*	−0.129
放线菌	0.784**	0.612**	0.804**	0.516*	−0.161	0.186	0.305	0.863**	0.067
磷酸酶活性	0.66**	0.77**	0.808**	0.549*	0.522*	0.753**	0.613**	0.754**	0.575*
过氧化氢酶活性	0.452	0.740**	0.748**	0.645**	0.667**	0.85**	0.762**	0.64**	0.602**
蔗糖酶	0.53*	0.64**	0.733**	0.519*	0.336	0.527*	0.68**	0.614**	0.614**
脲酶	0.86**	0.567*	0.903**	0.568*	−0.077	0.333	0.568*	0.878**	−0.04

5. 土壤营养与梨果实风味品质的相关性分析

从表5可以看出，不同果实风味品质指标与土壤有机质及矿质元素含量存在不同的相关性，果实香气物质种类、香气物质总量、总糖含量均与有机质含量、碱解氮、有效锌含量显著相关，与速效磷、速效钾、有效硼相关性较高，但与有效铁相关性较低；果实总酸含量与有机质含量、碱解氮、有效锌、有效磷、速效钾、有效硼负相关。

表5				果实风味品质与土壤营养的相关性					
品　质	有机质	碱解氮	有效磷	速效钾	交换性钙	交换性镁	有效铁	有效锌	有效硼
香气种类	0.998*	0.998*	0.958	0.958	0.663	0.751	0.504	0.999*	0.963
香气总量	0.996*	0.996*	0.964	0.964	0.678	0.764	0.521	0.999*	0.969
总糖	0.997*	0.997*	0.962	0.961	0.673	0.759	0.515	0.999*	0.967
总酸	-0.523	-0.522	-0.192	-0.192	0.354	0.235	0.531	-0.421	-0.211

三、讨论

1. 不同土壤管理方式对梨园土壤有机质、矿质养分、微生物和酶活性的影响

土壤管理方式是影响土壤质量的重要因素[20]，更是影响农业和环境可持续发展的一个重要方面。优良的土壤理化性状、生物性状及果树必需的矿质营养元素稳定、均衡供应是生产优质果品的前提。土壤有机质含量、微生物数量组成、酶活性是衡量土壤性状的重要指标。

土壤有机质是土壤肥力的重要特征，土壤理化性质、通气性、抗蚀力、涵养水源能力、供肥保肥能力和养分有效性等均与土壤有机质有密切联系[7]。相关研究表明，果园生草[7, 8]可以提高土壤有机质含量，从本试验结果可以看出，随自然生草时间增加，土壤有机质含量呈上升趋势，随着土层加深，土壤有机质含量呈下降趋势。自然生草3年土壤表层（0~20厘米）和亚表层（20~40厘米）有机质含量均明显高于对照清耕处理（表1），说明自然生草提高了土壤有机质含量。土壤覆盖是省工高效的土壤管理方式，可以改善土壤结构，提高土壤有机质含量，同时可以抑制杂草生长，保持土壤含水量。前人研究表明，秸秆覆盖可以提高桃园土壤有机质含量[21]，本研究也证实，菌渣覆盖梨园后土壤有机质含量显著提高，微生物数量和酶活性提高，梨果实风味品质改善。分析其原因，是因为菌渣先经过菌丝生长又经过发酵腐熟，含有丰富的有机质、氨基酸、微生物和酶，还田后促进了土壤中微生物的繁殖和酶活性的提高，同时其丰富的有机质为梨生长发育提供了稳定均衡的矿质营养，因此梨果实品质显著提升。菌渣覆盖对鸭梨味感物质合成的影响机理有待进一步研究。

在复杂的土壤养分体系中，有机质与矿质元素水平间存在密切关系[22]。在沙地梨园行间种植白三叶和黑麦草条件下[7]，土壤有机质含量与全氮、全磷、全钾、碱解氮、

速效磷、速效钾的相关关系比其他微量元素更显著；土壤有效钙、镁含量与土壤有机质的相关关系较弱。多年种植白三叶的土壤有效铁、锰、锌含量与土壤有机质呈极显著与显著的正相关关系；而多年种植黑麦草和清耕时，这些元素与土壤有机质呈极显著负相关或不相关。本研究结果表明，自然生草处理土壤有机质含量与有效锌、有效磷、有效铁相关性较高，与交换性钙、交换性镁、有效硼负相关。而采用菌渣覆盖处理的土壤有机质与有效磷、交换性镁、有效铁、有效锌存在显著或极显著相关，与碱解氮、速效钾相关性较高，但与土壤有效钙含量呈负相关。因此，不同的土壤管理方式有机质与矿质元素间有不同的相关关系，其机理有待进一步研究。

2. 不同土壤管理方式对梨园土壤微生物和酶活性的影响

土壤微生物是土壤中物质循环的主要推动者，参与土壤有机碳分解、腐殖质形成、土壤养分转化和循环[23]。果园土壤中较高的微生物数量有利于有机质的分解、矿物质的释放以及果树对有效营养元素的吸收[24]。因此，土壤中各大类（细菌、真菌、放线菌）微生物的数量一直是衡量土壤中微生物区系状况的一个重要的指标[25]。张桂玲研究表明[21]，土壤覆盖处理能显著提高根际和非根际土壤的氨化细菌、真菌和放线菌数量，但不同处理之间有差异。路超研究表明[10]，覆盖处理的土壤中细菌、真菌、放线菌数量均显著高于对照，对照和覆盖处理土壤中的微生物均是细菌居优势。但不同覆盖材料处理间微生物数量变化存在差异，泥炭土覆盖土壤中细菌数量比对照提高最多，苹果树枝覆盖土壤中磷细菌数量比对照提高最多，麦秸覆盖土壤中真菌比对照提高最多。本研究也表明，土壤菌渣覆盖处理土壤微生物（细菌、真菌、放线菌）数量均高于对照，细菌数量居优势，且细菌数量较对照提高最多，分析其差异原因可能是菌渣先经过菌丝生长又经过发酵腐熟，含有丰富的微生物、有机质、氨基酸和酶，还田后促进了土壤中细菌的繁殖。

前人研究表明，果园种草后土壤微生物区系发生变化，但不同草种、不同果园变化不同，如葡萄园[26]种草后，土壤微生物总量表现为白三叶草＞高羊茅＞紫花苜蓿＞清耕，种草后0～20厘米土层细菌、真菌数量均增加，但放线菌数量降低。焦蕊研究也表明[27]自然生草苹果园土壤细菌的数量明显增加。本研究表明，梨园自然生草后土壤微生物区系也发生变化，自然生草第1年细菌数量增加，真菌和放线菌数量减少，生草第2年真菌数量仍低于对照，但生草第3年后土壤微生物数量（细菌、真菌、放线菌）均高于对照。

土壤酶催化土壤中一系列生化反应，土壤酶活性是评价土壤肥力、土壤质量及土壤健康的重要指标[10]。吴玉森[8]研究认为，持续多年的自然生草有利于土壤表层（0～40厘米）脲酶和碱性磷酸酶等主要酶活性的提高。在0～20厘米土层，土壤脲酶、碱性磷酸酶、蔗糖酶、过氧化氢酶及蛋白酶等5种酶活性与有机质及N、P、K等主要矿质营养间大都存在不同程度的正相关，但相关系数相差甚大；在20～40厘米土层，除过氧化氢酶外，其余4种酶活性与所有养分间的相关性大都不显著。张桂玲研究认为，土壤微生物和土壤酶是土壤养分和有机质形成和积累的重要因素[21]，土壤覆盖处理能显著提高根际和非根际土壤的氨化细菌、真菌和放线菌数量。其中脲酶是影响有机质含量的最主要因子。本研究与前人结果基本一致，土壤脲酶、碱性磷酸酶、蔗糖酶、过氧化氢酶与有机质及N、P、K等主要矿质营养间大都显著或极显著正相关，其中脲酶与有机质含量相关性最高，是有机质形成、积累的主要影响因子。菌渣覆盖梨园后土壤微生物数量和酶活性提高，分析其原因可能是菌渣先经过菌丝生长又经过发酵腐熟，含有丰富的有机质、氨基酸、微生物和酶，还田后促进了土壤中微生物的繁殖和酶活性的提高，同时其丰富的有机质为梨生长发育提供了稳定均衡的矿质营养，因此梨果实品质显著提升。菌渣覆盖对鸭梨味感物质合成的影响机理有待进一步研究。

在本研究中，梨园自然生草1～2年0～20厘米表层土壤N、P、K、Ca、Mg、Zn、Cu及Fe等主要矿质营养元素含量以及土壤脲酶、碱性磷酸酶、蔗糖酶、过氧化氢酶等酶活性低于清耕对照，而自然生草3年0～20厘米表层土壤N、P、K等主要矿质营养元素含量以及土壤脲酶、碱性磷酸酶、蔗糖酶等酶活性均高于清耕对照，这与前人研究结果一致[12]。分析其原因，是因为在果园生草初期，的确存在草与果树争肥的问题，在果园生草前期应该注意果园肥料的补充，可以增施速效肥料，促进草的生长，缓解草与果树争肥，实现通过补充无机肥料间接提高土壤有机质的目的。随着生草年限的增加，土壤有机质、营养、微生物及酶活性等同步提高，达到改善土壤性状的目的。

3. 不同土壤管理方式土壤营养与果实品质的相关性

味感物质（糖、酸等）和嗅感物质（香味物质）构成果实的风味物质或果实风味复合物（FFC），其组成及含量对果实内在品质有着重要影响。前人研究表明[3, 28]，施用有机肥具有改善果实风味品质的效果。吴玉森认为不同生草年限的黄河三角洲梨园果实品质指标存在明显差异，生草4年及7年的果实脆度、可溶性固形物含量、香气总量、总糖含量及糖酸比明显高于生草2年的各项指标，差异达显著或极显著水平。陈世昌研究表明，菌渣还田不同程度提高了梨单果质量、硬度、可溶性固形物和可溶性糖含量，降低了可滴定酸含量。本研究结果也表明，土壤有机质的提高对于提高果实风味品质具有显著的作用，鸭梨采用生草、覆盖栽培模式其香气物质的种类和含量比对照清耕处理升高（图1，2），果实糖含量和糖酸比升高，酸含量降低，与前人研究结果一致[8, 26]。分析其原因，可能是在同样的光、温气候条件和管理水平下，梨果实品质主要与土壤营养和土壤水分有关[14]，生草、覆盖栽培提高了土壤有机质含量，使土壤N、P、K等矿质营养元素协调、均衡供应，土壤理化性质以及涵养水源、供肥保肥能力和养分有效性等同步提高，土壤性状的改善，可改善梨树的营养条件，促进梨树生长，从而显著提高梨的香气、糖酸等风味品质。同时本研究表明，果实风味品质指标与土壤有机质及矿质元素含量存在不同的相关性，果实香气物质种类、香气物质总量、总糖含量均与有机质含量、碱解氮、有效锌含量显著相关，与速效磷、速效钾、有效硼相关性较高，但与有效铁相关性较低；果实总酸含量与有机质含量、碱解氮、有效锌、有效磷、速效钾、有效硼负相关，其机理有待进一步研究。

四、结论

菌渣覆盖、自然生草对提高梨园0～40厘米不同土层土壤有机质含量、速效营养含量具有明显作用；随着处理年限的增加，菌渣覆盖、自然生草处理能有效提高参试梨园土壤微生物数量、酶活性，并明显改善梨果实风味品质。

参考文献

［1］李光晨，李绍华.果园土壤管理与节水栽培［M］.北京：中国农业大学出版社，1998.10-25.

［2］李会科，赵政阳，张广军.果园生草的理论与实践——以黄土高原南部苹果园生草实践为例［J］.草业科学，2005，22（8）：32-37.

［3］魏树伟，张勇，王宏伟，等.施有机肥及套袋对鸭梨果实风味品质的影响［J］.植物营养与肥料学报，2012，18（5）：1 269-1 276.

［4］Ingels C A，Scow K M，Whisson D A，et al. Effects of cover crops on grapevines，yield，juice composition，soil microbial ecology，and gopher activity［J］. American Journal of Enology and Viticulture，2005，56（1）：19-29.

［5］King A P，Berry A M . Vine yard δ15 N，nitrogen and water status in perennial clover and bunch grass cover crop systems of California's central valley［J］. griculture，Ecosystemsand Environment，2005，109，262-272.

［6］李会科，张广军，赵政阳，等.黄土高原旱地苹果园生草对土壤养分的影响［J］.园艺学报，2007，34，477-480.

［7］ 霍颖，张杰，王美超，等.梨园行间种草对土壤有机质和矿质元素变化及相互关系的影响［J］.中国农业科学，2011，44（7）：1 415–1 424.

［8］ 吴玉森，张艳敏，冀晓昊，等.自然生草对黄河三角洲梨园土壤养分、酶活性及果实品质的影响［J］.中国农业科学，2013，46（1）：99–108.

［9］ 刘富庭，张林森，李雪薇，等.生草对渭北旱地苹果园土壤有机碳组分及微生物的影响［J］.植物营养与肥料学报，2014，20（2）：355–363.

［10］ 路超，李絮花，董静，等.渗灌条件下果园覆盖的保水效果及对根际土壤养分和微生物特性的影响［J］.水土保持学报，2013，6：134–139.

［11］ 王中堂，彭福田，唐海霞，等.不同有机物料覆盖对桃园土壤理化性质及桃幼树生长的影响［J］.水土保持学报，2011，1：142–146.

［12］ 卯晓岚.中国经济真菌［M］.北京：科学出版社，1998.

［13］ 陈广银，王德汉，项钱彬.蘑菇渣与落叶联合堆肥过程中养分变化的研究［J］.农业环境科学学报，2006，25（5）：1 347–1 353.

［14］ 杨成祥，陆恒.菌糠饲料的营养与开发利用［J］.河南农业科学，1999（7）：31–32.

［15］ 刘志平，黄勤楼，冯德庆，等.蘑菇渣对香蕉生长和土壤肥力的影响［J］.江西农业学报，2011，23（7）：102–104；

［16］ Sagar M P，Ahlawat O P，Raj Dev，et al. Indigenous technical knowledge about the use of spent mushroom substrate［J］. Indian Journal of Traditional Knowledge，2009，8（2）：242–248.

［17］ 陈世昌，常介田，吴文祥，等.菌渣还田对梨园土壤性状及梨果品质的影响［J］.核农学报 2012，26（5）：0821–0827

［18］ 鲍士旦.土壤农化分析［M］.北京：中国农业出版社，2000.

［19］ 关松荫.土壤酶及其研究方法［M］.北京：中国农业出版社，1986.

［20］ Senberg B. Monitoring soil quality of arable land：microbiological indicators，review article［J］. Acta Agriculturae Scandinavica，Section B：siol and plant science，1999（49）：1–24.

［21］ 张桂玲.秸秆和生草覆盖对桃园土壤养分含量、微生物数量及土壤酶活性的影响［J］.植物生态学报.，2011，35（12）：1 236–1 244.

［22］ 张福锁，崔振岭，王激清等.中国土壤和植物养分管理现状与改进策略［J］.植物学通报，2007，24（6）：687–694.

［23］ 李阜棣.土壤微生物学［M］.北京：中国农业出版社，1996：140–177.

［24］ Torsvik V，Gosksyr J，Daae F L. High diversity in DNA of soil baoteria［J］. Applied and Environmental Microbiology，1990，56（3）：782–787.

[25] 薛超,黄启为,凌宁等.连作土壤微生物区系分析、调控及高通量研究方法[J].土壤学报,2011(48)3:612-618.

[26] 龙研,慧竹梅,程建梅,等.生草葡萄园土壤微生物分布及土壤酶活性研究[J].西北农林科技大学学报:自然科学版,2007,35(6):99-103.

[27] 焦蕊,赵同生,贺丽敏,等.2009.自然生草和有机物覆盖对苹果园土壤微生物和有机质含量的影响[J].河北农业科学,12(12):29-30.

[28] 宇万太,姜子绍,马强,等.施用有机肥对土壤肥力的影响[J].植物营养与肥料学报,2009,15(5):1 057-1 064.

[29] 魏钦平,王小伟,张强,等.鸡粪和草炭配施对黄金梨园土壤理化性状和果实品质的影响[J].果树学报,2009,26(4):435-439.

(草业学报2015,24(12):46-55)

杜梨水孔蛋白基因 *PbPIP* 1的克隆与功能分析

冉昆,王少敏,魏树伟,王宏伟,张勇

水孔蛋白(aquaporin,AQP)是高效转运水分子的膜内在蛋白,具有丰富的多样性,质膜内在蛋白(plasma membrane intrinsic protein,PIP)是其中的一个亚类,在调控植物的水分关系中具有重要作用。杜梨(*Pyrus betulifolia* Bunge)抗逆性强,广泛用作梨栽培品种的砧木。为了探明水孔蛋白在杜梨干旱胁迫应答中的作用,本研究克隆了杜梨 *PbPIP* 1基因的全长 cDNA 序列并进行生物信息学分析,研究了其组织表达模式和不同胁迫下的表达模式,分析了过表达 *PbPIP* 1基因的转基因拟南芥株系的表型变化及其对干旱胁迫的响应,对阐明杜梨的抗旱机理及未来利用基因工程手段培育高水分利用效率的新种质具有重要意义。

以具6~8片真叶的杜梨幼苗为试材,提取根系总 RNA 并反转录为 cDNA,以其为模板,采用 RT-PCR 和 RACE 技术克隆得到杜梨 *PbPIP* 1基因的全长 cDNA 序列。通过 DNAMAN 6.0、MEGA 6.0.5、GSDS 2.0、WebLogo 3和 MEME 等生物信息学软件分析该基因及其编码蛋白的特性。利用半定量 RT-PCR 和 qRT-PCR 分析该基因的组织表达模式及在干旱、低温和 NaCl 等不同胁迫处理下的表达模式。构建 pBI121-*PbPIP* 1过表达载体并转化农杆菌 GV3101,用花序浸泡法转化拟南芥,通过分析转基因株系的表型变化及其对干旱胁迫的响应来探讨 PbPIP 1 基因的功能。

结果表明，*PbPIP* 1 基因 cDNA 全长为 1 127 bp，编码区含 867 个 bp，共编码 289 个氨基酸。生物信息学分析表明，*PbPIP* 1 具有典型的 MIP 超家族的保守结构域和质膜水孔蛋白的保守序列，聚类分析表明该基因属于 PIP 亚家族。半定量 RT-PCR 分析表明，*PbPIP* 1 基因在杜梨根、茎、叶中均有表达，在根中表达量最高，茎中最少。qRT-PCR 分析表明，20%PEG 处理 24 小时，杜梨根系 *PbPIP* 1 基因的表达水平随胁迫时间的延长显著上升，但在 4℃ 低温、100 毫摩尔／升 NaCl 处理下该基因的表达水平差异不明显。经抗性筛选和 PCR 检测获得转基因阳性植株，继续筛选至 T 3 代，从中选取 2 个代表性株系进行表型分析，发现转基因株系的平均叶片数目多于野生型拟南芥，但叶片明显变小。在自然干旱 10 天复水 6 天后，转基因株系的存活率（92%）远高于野生型拟南芥（18%）。20%PEG 处理 12 小时后，与野生型拟南芥相比，转基因株系中 *PbPIP* 1 基因的表达水平显著提高；同时，MDA 含量显著降低，脯氨酸含量、SOD 和 CAT 活性显著上升。上述结果表明，PbPIP 1 基因的表达明显受干旱胁迫的诱导，过表达 *PbPIP* 1 基因会增强转基因拟南芥的抗旱性。

（园艺学报 2015，42（S 1）：2 589）

套不同质果袋对初夏绿梨果实品质的影响

魏树伟，王少敏，冉昆，王宏伟

初夏绿梨[1]是浙江省农科院园艺研究所以西子绿梨为母本、翠冠梨为父本杂交选育而成的早熟砂梨新品种。果实长圆形，果皮浅绿色，果锈少，平均单果重 250 克，果肉白色，肉质细嫩，汁液多，果心小，是优良的早熟梨新品种，发展前景较好。

山东省果树研究所于 2011 年引进初夏绿梨品种栽培，发现无袋栽培的果皮较粗糙，外观欠佳，严重影响其商品价值。果实套袋可有效改善外观品质[2]，并可显著降低农药残留量，提高商品果率，增加经济收益。为了解套不同质果袋对初夏绿梨果实品质的影响，筛选出适宜的果袋类型，进行了该项试验。

一、材料与方法

试验于 2014 年在国家梨产业技术体系泰安综合试验站核心示范园进行。试验园位于鲁中山区，四季分明，热资源丰富，雨热同期。年平均气温13.0℃，降水量688.3毫米，最大1 295.8毫米，相对湿度66%，日照时数2 536.2小时，有霜日数86.1天，气候环境条件适宜梨生长。梨园为细沙土，土层深厚，肥水供应充足，初夏绿梨栽植株行距1米×4.7米，砧木杜梨，树龄5年，管理水平较高，树势中庸健壮。

选择6种果袋进行试验，分别为①双层纸袋（小林1-W）、②双层纸袋（小林1-KK）、③双层纸袋（小林1-LP）、④双层纸袋（爱农公司）、⑤单层纸袋（凯祥公司）、⑥塑膜袋（山东聊城产），各类型果袋特性如表1。

表1　　　　　　　　　　　　试验用不同质果袋特点

果袋编号	果袋类型	特　点
①	双层纸袋（小林1-W）	18.2厘米×15.0厘米，外袋浅黄褐色内袋黑色
②	双层纸袋（小林1-KK）	19.0厘米×16.0厘米，外袋浅黄褐色内袋黄色
③	双层纸袋（小林1-LP）	19.0厘米×16.0厘米，外黑内黄
④	双层纸袋（爱农）	19.8厘米×16.0厘米，外袋黄色内袋黄色
⑤	单层纸袋（凯祥）	19.8厘米×18.0厘米，白色
⑥	塑膜袋，	白色

试验设6个处理，每个类型的果袋为一个处理，单株区组，共9株树，区组内每个处理套5个果，重复9次，选果形、大小一致的果挂牌标记，以不套袋果作为对照。各处理的树势、负载量一致。2014年5月22日梨果套袋（疏花疏果后），套袋前喷布70%甲基托布津可湿性粉剂800倍液加20%灭多威可湿性粉剂1 000倍液，待药液晾干后开始套袋，8月中旬果实带袋采收。

采果后，用WYT-4型手持糖量计测量果实可溶性固形物含量，用FT-327型果实硬度计测量果实去皮硬度。果色、果点各分为5级[3]，果色分级标准：浅白色为0级，黄白色为1级，黄绿色为2级，淡绿色为3级，绿色为4级；果点分级标准是：果点全显浅褐色为0级，褐色果点占总果点数的1/4以下为1级，占1/4～1/2为2级，占1/2～3/4为3级，占3/4以上为4级。

二、结果与分析

1. 不同果袋对果实外观品质的影响

如表2所示，初夏绿梨套6种果袋均明显改善了果实的外观品质，表现果面光洁，果皮色泽变浅，果点显小且不明显；而对照不套袋梨果皮粗糙，果点较大，颜色深，外观不理想。

不同质的果袋对改善初夏绿梨果实外观品质效果有差异，其中套遮光性强的③双层纸袋（小林1-LP）的果面呈淡黄色，套其他果袋的果面黄绿色。单果重除套③双层纸袋（小林1-LP）的（170.73克）比对照（174.7克）有所降低外，套其余果袋的均比对照高。果形指数除套③双层纸袋（小林1-LP）的（0.88）比对照（0.9）略有下降外，套其余果袋的均较对照无变化。

表2　　　　　　　　不同纸袋对初夏绿梨果实外观和内质的影响

处理	单果重（克）	果形指数	可溶性固形物（%）	硬度（千克/厘米²）	果点色泽（级）	果色级数	外观
①	198.1	0.9	11.1	0.589	1	1	果皮较光滑，黄绿色，果点小
②	231.2	0.9	11.1	0.454	2	2	果皮较光滑，黄绿色，果点小
③	170.73	0.88	10.78	0.589	1	1	果皮较光滑，淡黄色，果点小
④	191.6	0.9	11.2	0.635	2	2	果皮较光滑，黄绿色，果点小
⑤	183.2	0.9	11.4	0.544	2	2	果皮较光滑，黄绿色，果点小
⑥	180	0.9	9.6	0.499	3	3	果皮较粗糙，黄绿色，果点大
CK	174.7	0.9	11.9	0.680	3	3	果皮较粗糙，黄绿色，果点大

注：处理序号同果袋编号。

2. 不同质果袋对果实内在品质的影响

表2表明，初夏绿梨套6种果袋后，果实的可溶性固形物含量均较对照降低，其中套⑥塑膜袋的（9.6%）降低最多，仅为对照的83.19%；套⑤单层纸袋（凯祥）的（11.4%）降低最少，为对照的95.79%。不同套袋处理均使初夏绿梨果实的硬度相比对照下降，其中套②双层纸袋（小林1-KK）的果实硬度（1.0磅/厘米²）下降最为明显，仅为对照（1.5磅/厘米²）的66.67%。

三、小结

初夏绿梨果实套纸质袋、塑膜袋后均能使外观品质得到改善，商品果率增加，但套纸质袋、塑膜袋均使果实内在品质有所降低。比较而言，套①双层纸袋（小林1-W）的果实外观品质好，而且可溶性固形物含量下降幅度小；套③双层纸袋（小林1-LP）的果实外观品质好，但可溶性固形物含量较低。因此，①双层纸袋（小林1-W）适宜用于初夏绿梨果实套袋。

参考文献

[1] 施泽彬,孙田林,戴美松.梨新品种——"初夏绿"的选育[J].果树学报2009,26(6):920-921.

[2] 王少敏,高华君,王永志,等.不同纸袋对丰水梨套袋效果比较试验[J].中国果树,2001(2):12-14.

[3] 冉辛拓,安宗祥.套袋对鸭梨果实品质影响[J].北方园艺,1990,68(4):33-35.

（落叶果树2015,47(4):14-15）

Windows 7 平台下 BLAST 本地化构建

冉昆,王少敏

BLAST,全称 Basic Local Alignment Search Tool,是"基于局部比对算法的搜索工具",由 Altschul 于1990年提出[1]。BLAST 算法是一种基于局部序列比对的序列比对算法,能够快速地找到核酸或蛋白序列之间的同源序列并对比对区域进行打分,以确定同源性的高低。BLAST 提供了核酸和蛋白序列之间所有可能的比对方式,同时具有较快的比对速度和较高的比对精度,因此在常规比对分析中应用最为广泛[2]。目前,BLAST 已是最常用的核酸和蛋白质同源性比对工具,广泛用于蛋白及 DNA 序列的比较分析,在其他序列相似性比对中也有应用,对于基因组学和生物信息学研究具有重要意义。

通过访问 NCBI-BLAST(http://blast.ncbi.nlm.nih.gov/Blast.cgi)进行 BLAST 同源性比对是最常用的分析方法,但在研究过程中经常需要在脱机状态下使用 BLAST 进行序列同源性比较,所以 BLAST 程序本地化很有必要。笔者以西洋梨基因组蛋白序列集为数据库文件,以巴梨水孔蛋白(AQP)序列(GenBank 登录号 BAB40142.1)为查询序列,在 Windows 7 平台下实现 BLAST 的本地化构建。

一、BLAST 的本地化构建

1. 程序下载与安装

链接到 ftp://ftp.ncbi.nlm.nih.gov/blast/executables/blast+/LATEST,下载最新的 BLAST 程序包,推荐版本 ncbi-blast-2.2.29+-ia32-win32.tar.gz(绿色版本,适合

windows 32位系统），其他版本如 ncbi-blast-2.2.29+-win32.exe 适用于 windows 32位系统，ncbi-blast-2.2.29+-win64.exe 适用于 Windows 64位系统。

BLAST 程序可以安装在系统盘或非系统盘，一般建议安装在非系统盘，如将下载的 BLAST 程序安装到 E：\blast，生成 bin 和 doc 两个子目录，其中 bin 是程序目录，doc 是文档目录，这样 BLAST 程序就安装完成。

2. 环境变量设置

右键点击"计算机"—"系统属性"，选择"高级系统设置"标签—"环境变量"，在用户变量下方"PATH"随安装过程已自动添加其变量值，即"E：\blast\bin"。此时点击"新建"—输入变量名"BLASTDB"，变量值为"E：\Blast\db"（即数据库路径）。

3. 查看程序版本信息

点击 Windows 的"开始"菜单，输入"cmd"调出 MS-DOS 命令行，转到 BLAST 安装目录，输入命令"blastn-version"即可查看版本（图1），可以看到已成功安装 blast 2.2.29。

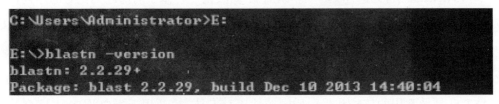

图1　BLAST 程序本地安装成功后显示状态

二、BLAST 本地数据库的构建

1. 数据的获取

有3种途径可以获取分析数据，即：①直接从 NCBI 或者其他数据库网站下载所需序列，或者自己已有的测序数据（格式必须是 fasta）；②从 NCBI 中的 ftp 库下载所需要的某个数据库（链接为 ftp：//ftp.ncbi.nlm.nih.gov/blast/db/FASTA/），其中 nr.gz 为非冗余的数据库，nt.gz 为核酸数据库，month.nt.gz 为最近一个月的核酸序列数据；③利用新版 BLAST 自带的 update_blastdb.pl 进行下载，但该方式需要安装 perl 程序[3]。

前两种下载速度较快，但是检索前都需要对数据库进行格式化（转化成二进制数据）；第3种方法下载速度较慢，但在 NCBI 中已经格式化，在进行本地检索时不需再进行格式化，直接用即可。

2. 数据的格式化

本文以西洋梨基因组蛋白序列集 proteins.fasta 作为数据库文件，先将 proteins. fasta 放在 E：\blast\db 文件夹下，然后调出 MS-DOS 命令行，转到 E：\blast\db 文件夹下运行格式化命令。命令如下：E：\Blast\db>makeblastdb.exe-in proteins.fasta-parse_seqids-hash_index-dbtype prot。

相关参数说明：-in 参数后面接将要格式化的数据库，-parse_seqids，-hash_index 两个参数一般都带上，主要是为 blastdbcmd 取子序列时使用，-dbtype 后接所格式化的序列类型，核酸用 nucl，蛋白质用 prot。至此，本地 BLAST 数据库已经建立（图2）。

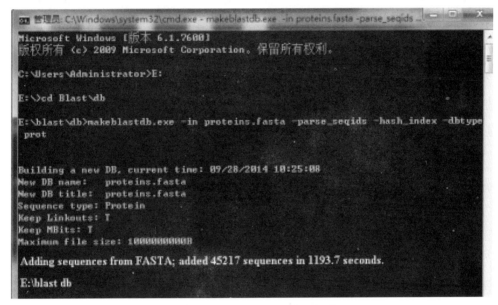

图2   BLAST 本地数据库的构建

三、序列间的相似性检索

BLAST 程序要求查询序列以 FASTA 格式存在。所谓 FASTA 格式，是指 DNA 或蛋白序列第1行开始于一个标识符："＞"，接着是对该序列的唯一描述，然后一个空格，接着是对该序列的描述，从第2行开始就是一行行的序列，中间的空格、换行没有影响，每行序列最好不要超过80个字母。

本文以巴梨 AQP.fasta（GenBank 登录号 BAB 40142.1）作为查询序列，以西洋梨基因组蛋白序列集 proteins.fasta 作为数据库文件进行序列间的 BLAST 相似性检索。先将 AQP.fasta 放到 E：\blast 文件夹，然后调出 MS-DOS 命令行，转到 E：\blast 文件夹运行命令：blastp.exe-task blastp-query BAB 40142.fasta-db proteins.fasta-out AQP.txt。

相关参数说明：blastp.exe 程序执行命令，exe 前的程序根据自己的需要而换；–task 后面选择你所要用的程序，blastn，blastp，tblastx 等；–query 后接查询序列的文件名称；–db 后接格式化的数据库名称；–out 后接要输出的文件名称及格式[4]（图3）。

```
管理员: C:\Windows\system32\cmd.exe

Microsoft Windows [版本 6.1.7600]
版权所有 (c) 2009 Microsoft Corporation。保留所有权利。

C:\Users\Administrator>E:

E:\>cd blast

E:\blast>blastp.exe -task blastp -query BAB40142.fasta -db proteins.fasta -out A
QP.txt

E:\blast>
```

图 3　BLAST 序列相似性检索执行命令

比对结束后，可在 BLAST 文件夹下查看结果，结果的文件名为 AQP.txt，即西洋梨基因组中水孔蛋白家族候选成员。BLAST 结果如图4，可见在西洋梨基因组中存在数量众多的 AQP 蛋白家族成员，这为后续分析和研究奠定了基础。

```
Database: proteins.fasta
         45,217 sequences; 18,180,220 total letters


Query= BAB40142.1,plasma membrane intrinsic protein 1-1 [Pyrus
communis]西洋梨

Length=289
                                                         Score    E
Sequences producing significant alignments:             (Bits)  Value

lcl|PCP029326.1  scaffold00339 154235 155727 - 1 870      581    0.0
lcl|PCP022830.1  scaffold00175 68746 70262 + 1 870        579    0.0
lcl|PCP029575.1  scaffold00719 144126 146660 + 1 957      506    0.0
lcl|PCP003791.1  scaffold00263 187836 190025 + 1 846      381    2e-132
lcl|PCP006385.1  scaffold17944 386 1674 + 1 846           381    2e-132
lcl|PCP017287.1  scaffold01611 53646 55280 + 1 846        380    6e-132
lcl|PCP027590.1  scaffold00158 71317 74547 - 1 852        375    3e-130
lcl|PCP000331.1  scaffold00101 195684 197087 - 1 846      373    3e-129
lcl|PCP010720.1  scaffold01227 78926 80740 + 1 858        363    4e-125
lcl|PCP030098.1  scaffold04759 3076 4660 + 1 591          330    1e-113
lcl|PCP015172.1  scaffold00530 97026 100446 + 1 813       309    2e-104
lcl|PCP018963.1  scaffold03552 12622 13867 - 1 450        268    6e-090
lcl|PCP040067.1  #scaffold51627#19#1077#+#.#1#504         230    7e-075
lcl|PCP023975.1  scaffold23115 1 1797 - 1 1017            197    5e-060
lcl|PCP010719.1  scaffold01227 66316 68110 + 1 636        166    2e-048
lcl|PCP016651.1  scaffold00311 218167 219737 - 1 543      162    4e-048
lcl|PCP011066.1  scaffold04527 766 6930 + 1 2394          171    1e-047
lcl|PCP024094.1  scaffold96335 166 670 + 1 249            149    1e-044
lcl|PCP042412.1  #scaffold18075#303#747#+#.#1#351         133    7e-038
lcl|PCP001378.1  scaffold03161 1 2117 - 1 768             134    1e-036
lcl|PCP008764.1  scaffold00506 8934 10487 - 1 771         131    1e-035
lcl|PCP004198.1  scaffold00803 34167 36347 - 1 747        124    5e-033
lcl|PCP005727.1  scaffold00624 147678 148907 - 1 759      117    2e-030
lcl|PCP039945.1  #scaffold01227#66362#66715#+#.#1#354     112    7e-030
lcl|PCP030846.1  scaffold00400 147526 149535 + 1 759      114    1e-029
lcl|PCP026337.1  scaffold00397 156486 158220 + 1 747      112    9e-029
lcl|PCP026373.1  scaffold00457 31619 33147 - 1 759        110    5e-028
lcl|PCP000936.1  scaffold00801 79904 81507 - 1 759        107    6e-027
lcl|PCP030951.1  scaffold00560 56152 72987 - 1 3987       110    3e-026
lcl|PCP015768.1  scaffold02350 18327 20047 - 1 747        100    1e-024
```

图 4　西洋梨水孔蛋白 AQP 本地 BLAST 分析结果

四、注意事项及说明

1. 注意事项

如果安装了 Bioedit 且用过 Bioedit 自带的 local blast，用 blast 2.2.29进行比对时会出现如下问题：Error：NCBI C++Exception："..\..\..\..\..\src\corelib\ncbireg.cpp"，line 659：Error：Badly placed'\' in the registry value：'ROOT=D：\nASNLOAD=D：\分子工具 \bioedit\tables\nDATA=D：\ 分子工具 \bioedit\tables\'（m_Pos=4）。

解决方法：C：\windows 中有个 ncbi.ini 的配置文件，用记事本打开，删掉所有文字内容后即可恢复正常。

2. 其他说明

BLAST 程序常用的评价指标有 Score 和 E-value。Score 是使用打分矩阵对匹配的片段进行打分，是对各对氨基酸残基（或碱基）打分求和的结果。一般来说，匹配片段越长、相似性越高，则 Score 值越大，结果越可信。E-value 是 BLAST 程序在搜索空间中可随机找到获得这样高分的序列的可能性，因此 E-value 越高，代表结果越有可能是随机获得的，越不可信。搜寻空间大小约等于查询序列的长度乘以全部 database 序列长度的总和，再乘以一些系数。在分析 Blast 结果时需要看这两个指标，Score 值越高并且 E-value 越低表明结果越可信，反之越不可信。

参考文献

［1］ Altschul SF，Gish W，Miller W，et al. Lipman DJ. Basic local alignment search tool［J］. Journal of Molecular Biology，1990，215（3）：403-410.

［2］ 刘旭光，宋福平，张广杰等. Bt cry 序列本地数据库的建立及本地 BLAST 的实现［J］.中国农学通报，2005，21（11）：375-378.

［3］ Tao T. Standalone BLAST Setup for Windows PC. 2010 May 31［Updated 2014 Apr 10］. In：BLAST® Help［Internet］. Bethesda（MD）：National Center for Biotechnology Information（US）；2008-（http：//www.ncbi.nlm.nih.gov/books/NBK52637）.

［4］ 吕军，张颖，冯立芹等.生物信息学工具 BLAST 的使用简介［J］.内蒙古大学学报（自然科学版），2003，34（2）：179-187.

（落叶果树2015，47（3）：39-42）

山东中西部地区梨园春季管理技术要点

王少敏

山东中西部地区春季干旱少雨，经常出现倒春寒现象，对梨果生产造成了较严重损害，也是各基层技术骨干十分注意的问题。春季萌芽前正是越冬病虫害由潜伏休眠状态转向出蛰活跃状态的关键时期，此时活动性差，位置相对固定，而且对药剂的耐受能力降低，是消灭病虫害、有效压低病虫发生程度的好时机。利用此期防治果树病虫害，不仅省工、省药，技术简便易行，而且防治效果较好。

根据本区域往年病虫发生情况、倒春寒发生时间及旱灾发生时间、程度，可采取以下几项技术措施：

（1）清理果园：果树的一些病虫害常在杂草、病枯枝、落叶、病僵果里越冬。冬季未清理的果园，应彻底清扫落叶、病果、杂草，剪除病虫枝条，摘除僵果，集中烧毁或深埋，以消灭在其内越冬的病虫。另外，生长多年的衰老果枝和枝组也是病虫害越冬的潜伏场所，应及时更新复壮。

（2）果园深翻：冬季未翻园的果园此时应结合追肥、灌水进行树盘深翻，翻园深度以20~30厘米为宜。一方面将害虫翻出地面，让鸟类啄食或冻死；另一方面将地面上的病叶、僵果及枯草中的害虫深埋地下消灭。翻园不仅可以消灭越冬病虫，而且可以改善土壤的理化性质，提高果园土壤保水保肥能力。

（3）刮粗皮：许多危害果树的病虫害大多在粗皮、翘皮及裂缝处越冬，若能细致周到地刮净粗皮、翘皮，并将其收集起来烧毁或深埋，可有效杀灭病虫。在整个休眠季节均可刮树皮，但从保护天敌的角度考虑，以早春天敌已出蛰而害虫尚未活动时为宜。刮树皮的部位包括主干和主枝上的粗翘皮。刮树皮的程度应掌握小树和弱树宜轻、大树和旺树宜重的原则。刮树皮过程中发现枝干病害后，及时刮除病斑，并用腐必清2~3倍液或843康复剂原液涂沫病部。

（4）药剂防治：在清园、修剪、刮皮后，根据果园上年病虫害发生情况，有针对性地选用农药进行喷药防治。时间掌握在芽萌动期（露白）。病害可选用腐必清或2%农抗120的100倍液、5波美度石硫合剂，虫害可喷95%机油乳油80倍液或5波美度石硫合剂。喷雾要均匀、周到，对枝梢、主枝、主干采取淋洗式喷雾。

（5）果园抗旱：在鲁中山区等取水困难地区推广穴贮肥水技术；对水源不足的梨

园，指导果农采取灌后地膜覆盖、及时划锄保墒等节水保水措施；梨树萌芽前，枝干喷1%~2%尿素，补充枝干营养；有灌水条件的地区要合理利用现有水资源，及时进行春灌；合理修剪，修剪时疏除过密、过弱枝条，加大受旱梨树的修剪量，以便节约果树体内养分。

(6)预防果树冻害的发生：

①果园灌水。有灌溉条件的果园应在果树萌芽至开花前灌水2~3次，可延迟开花2~3天；同时由于水的热容较大，延缓果园降温速度，可降低冻害。

②果园熏烟。霜冻来临前，将锯末、麦糠、碎秸秆、杂草等相互堆积，覆薄土或使用发烟剂点燃发烟，平均每亩4~6堆，可缓解果园降温，增加近地空气的热量，预防冻害。

③果园覆盖。早春采用秸秆、树枝、杂草等有机物覆盖树盘或覆盖地膜，减少地面有效辐射，不仅可以延迟花期，还可以预防霜冻发生。

④加强管理，增强树势。树势较强的树体抗寒力也较强，因此应加强果园综合管理，以增强树势，从而提高抗晚霜能力。

（国家梨产业技术体系技术简报第六期）

山东部分梨区梨树二次开花成因及预防措施

王少敏，王宏伟，魏树伟

近年来，在山东中西部梨区的冠县、费县等梨园发现部分梨树秋季二次开花。梨二次开花也称为"返花"，即秋季开花，同时还会长出很多新叶，称为"返青"，这种现象在南方较为常见。梨树秋季二次开花使翌年的花量减少，甚至全无。同时会抽生大量秋梢，消耗树体养分，导致翌年抽发的枝、叶组织不充分，易感病，严重影响了产量、品质和经济效益。

1. 形成的原因

(1)气候：我省夏秋高温多雨，排水不畅的梨园容易积水，影响根系生长和吸收，使梨树养分输送受阻，削弱树势。秋季容易高温干旱，导致大量落叶和二次开花。另外，近年来极端气候增多，灾害天气如冰雹、连阴雨天、酸雨等也容易导致树体衰弱。

(2)立地条件：我省山岭地、滩涂等立地条件差的梨园面积较大，涝洼地种植的梨树二次开花情况比旱地种植的严重。地势高的山岭地，二次开花的情况严重。这均与土壤含水量有关，表明立地条件差的果园，水分供应不均衡，或涝或旱，从而影响梨二次开花。

（3）病虫危害：山东中西部梨区梨黑星病、黑斑病、轮纹病、锈病、叶螨、梨木虱等是造成早期落叶的主要病虫害，有的果园对病虫防治不够重视，病虫发生重，采果前叶片受害严重，养分积累受到影响，造成提前落叶引起二次开花。

（4）栽培管理粗放：个别梨园整形修剪不当，树冠结构紊乱，直立的旺枝多，树势衰弱。肥水管理不当，坐果量大而营养又供应不足时，会造成叶片褪绿黄化而提早落叶。同时，缺乏某些微量元素也会造成梨早期落叶，如镁、铁等。留果过多消耗过量的营养，会引起生殖生长和营养生长不协调，影响枝叶正常生长，造成梨早期落叶。

（5）其他因素：不同品种的梨树二次开花的情况也有差异，树势强壮、枝条粗壮、抗病性强、落叶期较晚的品种二次开花现象较少。早熟品种比晚熟品种更易出现二次开花。此外，药物过量和滥用激素等也会造成梨树早期落叶，出现二次开花。

2. 梨二次开花的预防措施

（1）增强树势：合理修剪，稳定树势。及时追肥，施足基肥。追肥应以速效氮磷钾肥为主，秋施基肥应以有机肥为主。基肥是一年的基础肥料，有利于采果后树势的恢复、同化物的积累，增加树体营养，也利于提高翌年坐果率及果品质量，基肥应采果后尽快施入。此外还应注意施用铁、镁等微量元素肥料。适时灌溉，保证树体对水分的需要。合理留果，分批采收，适量留果可使梨树保持健壮的树势，分批采收可避免叶片萎蔫而过早脱落。

（2）加强病虫害防治：目前引起梨早期落叶的主要害虫有梨花网蝽、梨木虱和叶螨等，梨黑星病、轮纹病、黑斑病和锈病等也会造成梨树大量落叶。加强病虫害防治，对病虫害及时进行控制和治理是减少大量落叶的重要措施。

（3）改善果园排灌系统：改善果园的灌溉排水系统，在多雨季节来临前，应及时做好灌水工作；在涝灾发生的时候，要保证果园内排水顺畅。梨树要求土壤水分经常保持在田间最大持水量的60%～80%，降至50%时就要灌水补充。夏旱、秋旱易引起早期落叶，因此秋旱时应灌水补充，同时果树行间覆盖秸秆或覆草，减少水分的蒸发。梨树虽较耐涝，但在高温死水中，会因水中缺氧受涝引起早期落叶甚至死亡，夏季多雨季节，应加强排水，防止受涝。

（4）改善土壤条件：通过深翻、客土改良、增施有机肥等措施，改善土壤条件。改善土壤团粒结构,提高通透性,提高土壤保水保肥性。

(5)选择不易二次开花的品种:选用抗性好、树势壮、落叶晚、品质又较好的品种。

3.补救措施

秋季开花的梨树应及时剪除花枝,摘除嫩梢,减少树体营养消耗。晚秋二次开花较严重的梨园,可于2月中上旬嫁接花芽,补救产量。冬季修剪时不宜过重,疏除部分鸡爪枝、瘦弱的短果枝,尽量保留花芽。

(国家梨产业技术体系技术简报第八期)

丰水梨冬季修剪技术

王少敏

山东费县为鲁南地区主要梨产区,现栽培面积达4 000公顷,丰水梨是其主栽品种之一。当地丰水梨采用二层开心形,现将其修剪技术简介如下。

一、生长结果习性

丰水梨幼树生长势强旺,树姿半开张,萌芽率较高,成枝力强,枝条较软,尖削度大。五年生树干径达7.5厘米,树高2.5～3.0米,冠径2～2.5米。幼树以腋花芽结果为主。树势缓和后易成短果枝群,连续结果2～3年后,经修剪刺激,可抽生中、长枝,当年可形成腋花芽。腋花芽和短果枝均能生产优质果品。

二、修剪技术

1.幼树的修剪

幼树营养生长旺盛,在此基础上,采取先重剪促条、再长留缓放的修剪办法,促使幼树3年成形并开花结果。苗木定植后,于春季发芽前进行定干。干高50～60厘米;8月中下旬,除中心主枝外,其余长枝进行拉枝开张角度,呈70°～80°,作为第1层主枝。第2年春季,剪截长枝;中心主枝剪留80厘米左右,第1层主枝剪留60厘米左右。第3年春季,缓放所有枝条而不进行修剪,至花序分离期进行疏花,每隔20厘米左右留一个花序,每个花序留3朵优质花;疏果时每个果台单、双果间隔选留。

2. 延长枝的修剪

丰水梨成枝力强，延长枝宜轻剪，短截时剪口下留外芽，抠去背上芽，并结合拉枝开张主枝角度。果园郁闭时及时回缩，选留方向好、角度适合的枝作延长枝，避免株间或行间交接，影响光照。维持骨干枝单轴延伸的生长方向和生长势，调整延长枝角度。对生长势较强的骨干枝延长枝，可用弱枝弱芽带头，并根据情况采取开张角度等措施削弱其长势，对逐渐减弱的骨干枝延长枝适度短截。利用交替控制法解决株间枝头搭接问题。

3. 一年生枝修剪

丰水梨一年生枝较多，应疏除背上旺枝、竞争枝、徒长枝、交叉枝。生长空间大的可先短截促分枝，再缓放成花结果；生长空间小的，先缓放成花结果，再回缩成枝组或疏除。一般枝条长放后均能形成一串中、短枝，并形成花芽，所以对发生的枝条尽量利用。如枝条密度大或不能利用，可从基部疏除，一般不短截。如直立旺枝，可长放结果，结果后即开张下垂转弱，再回缩利用。骨干枝背上发出的徒长枝，有空间时利用夏剪摘心或长放、压平等方法培养枝组，无空间则疏除。

4. 结果枝组的修剪

丰水梨宜采用先放后缩法培养结果枝组。该品种以腋花芽结果为主，缓放枝结果后可形成大量短果枝群，应适当回缩，疏去密枝、弱短枝，使结果部位尽量靠近骨干枝。丰水梨小型结果枝组数量大、易成花，但同时易衰老；结果枝组的寿命较短，一般为2~3年，连续结果后可疏除或回缩，利用短枝和潜伏芽萌发成中、长枝，再次培养新的结果枝组。在不影响当年产量基础上修剪量稍大为宜。在小枝组的培养上应不拘谨于形式，以"有空就留"为原则，防止结果部位外移。对长放过久、延伸过长、长势衰弱的大、中型结果枝组，要及时回缩至壮枝处；如进行短截，需以壮芽带头，以增强其长势，维持良好的结果能力。在大中型枝组稳固、健壮的基础上，修剪的重点应放在小型结果枝组上。修剪原则是留壮枝、壮芽，以确保良好的生长势，并利于果实品质的提高；对短果枝群抽生的果台副梢，应去弱留强，以免造成重叠、交叉；结果过多、长势衰弱（叶片数少于四个）、不能形成发育良好的花芽者，必须及时回缩，下垂枝要上芽带头、回缩复壮；单轴延伸的枝组可"齐花剪"，防止过度伸长，以保持健壮的生长势；如果不能形成花芽或花芽质量不佳时，要回缩至壮芽，如无壮芽可于基部瘪芽处疏除，以促发新梢，然后用"先放后缩"的方法培养新的结果枝组。

（国家梨产业技术体系技术简报第九期）

鲁西棚架黄金梨秋季管理技术

王少敏

一、土肥水管理

山东西部梨园土壤有机质含量较低，生产高品质的黄金梨，必须提高土壤有机质含量，可通过增施有机肥及梨园生草提高土壤有机质含量。

秋季增施有机肥应在果实采收后及时进行，此时是根系生长高峰，伤根能早愈合，并促发大量新的吸收根，同时促进叶片光合作用，增加树体营养贮藏，提高花芽质量和枝芽充实度，从而提高抗寒力，对翌年生长也十分有利。有机肥以充分腐熟的圈肥、鸡粪、牛羊粪等为主。未腐熟的有机肥在土壤中发酵，使根部缺氧，并且在腐熟过程中产生高热，放出氨气等有害气体。若土壤板结，透气性差，则易造成树根腐烂等。施肥量掌握斤果二斤肥的标准。一般三至四年生树每亩施有机肥 1 500 千克以上，五至六年生树每亩施 2 000 千克，盛果期树有机肥的施入量一般每亩应在 5 000 千克左右。施有机肥的同时，可掺入适量优质果树专用肥、微肥等。施肥方式采用放射状沟施、条状沟施等，施肥后应及时浇水。注意施用有机肥应该肥和土壤混合，施肥沟穴内上下要均匀。有机肥过于集中或分散均很难创造出根系适生区，达不到理想的施肥效果，甚至产生肥害，对树体生长极为不利。

山东西部地区降雨表现为"春旱、夏涝、秋后又旱"，而黄金梨对水的要求又很严格，因此栽培黄金梨应重视秋季无雨干旱时浇水。

二、树上管理

采果后为加速恢复树势，增强树体营养，可喷施叶面肥，可选用0.3%尿素加0.3%磷酸二氢钾，间隔1周连喷2次。

采果后的修剪包括疏枝、拉枝。疏枝主要是剪除各类徒长枝、过密枝，减少冬剪量和养分消耗，提高树体贮存营养水平，同时改善下部枝叶的光照条件。对于一些大型枝，也可在秋季修剪时去除，此时伤口容易愈合，且伤口不易感染病菌，利于减少对树体的损害。拉枝以非骨干枝开角为主，此时拉枝具有易拉、定型快、缓势效果好等特点。对于分枝角度不太理想的树，可利用中间的徒长枝或徒长性结果枝，通过拉枝补充树冠空档。

秋季采果后应及时进行刮树皮、清园等工作。在果树粗皮、裂缝中有许多病菌和害虫越冬，如食心虫、红蜘蛛、蚜虫、腐烂病、轮纹病、干腐病等20余种病虫。刮皮秋末效果最好，最好选无风天气，以免风大把刮下的病虫吹散。刮皮应掌握小树和弱树宜轻，大树和旺树宜重的原则，轻者刮去枯死的粗皮，重者应刮至皮层微露黄绿色。刮皮要彻底。刮树皮要在树下铺布单或塑料布，便于集中收拾烧毁或深埋。刮树皮是消灭害虫的有效措施，可消灭越冬虫口的50%～80%。还有许多病菌如穿孔病等病菌在病枝、病叶或病果上越冬，有些害虫在落叶中、枝条上越冬，因此应及时清除。秋季要及时彻底清理果园的落叶、落果、废弃物以及刮树皮时刮下来的粗皮、翘皮和修剪时剪下来的枝条。清理出的废弃物应及时到园外烧毁。

三、病虫害防治

1. 病虫害发生特点

秋季是高温、潮湿、多雨季节，既有利于果实膨大发育，也有利于多种病虫发生。褐斑病等叶部病害进入发病盛期如不及时防治，既会引起大量落叶，减弱树势，又会促进腐烂病等枝干病害严重发生。黑星病、轮纹病、炭疽等果实病害开始流行，有的品种出现烂果。此期内多种害虫同时发生，食心虫开始大量蛀果，黄粉蚜、康氏粉蚧等防治不及时会造成大量套袋梨果受害。

2. 重点防治对象

黑星病、轮纹病、炭疽病、褐腐、白粉病等；梨木虱、黄粉虫、康氏粉蚧、蜡象、食心虫等。

3. 主要防治措施

(1)病害防治：主要防治各类叶、果病害。降雨是促进病菌孢子释放的首要条件，雨后及时喷药是提高防治效果的关键。一般药剂的田间持效期有机杀菌剂为10～15天，波尔多液15～20天，药剂种类可参考幼果期病害防治。根据此时气候特点，用药以保护性、耐雨水冲刷、持效期长的农药（例如波尔多液或易保1 200倍液）为主，中间穿插内吸性杀菌剂(15～20天)。如渗透性较强的80%三乙磷酸铝600～700倍液、50%苯菌灵800倍液（或50%多菌灵600～800倍液）、40%氟硅唑6 000～8 000倍液或25%戊唑醇2 000倍液。另外，亦可在有机杀菌剂中加入少量黏着剂如害立平或助杀1 000倍液，可显著提高药剂耐雨水冲刷能力。

(2)虫害防治：①梨木虱需防治1～2次，有效药剂有4.5%高效氯氰菊酯2 000倍液、1.8%阿维菌素4 000倍液、5%士达1 500倍液、48%乐斯本1 500倍液等，兼治

三、栽培与管理

食心虫、蟠象、介壳虫等。②特别注意套袋果实黄粉虫发生情况，7~8月份为危害高峰期。药剂选用80%敌敌畏800~1 000倍液、10%吡虫啉3 000倍液、35%赛丹1 500~2 000倍液、20%速灭杀丁1 000~2 000倍液、10%氯氰菊酯1 500~2 000倍液。套袋后要加强检查，发现黄粉虫危害，及时喷50%敌敌畏乳油600~800倍液，将果袋喷湿，利用药物的熏蒸作用杀死袋内蚜虫。危害率达20%以上的梨园要解袋喷药。③蟠象危害重的梨园，7月初要重点监控，及时喷药防治。药剂可选用杀螟松、乐斯本、氰戊菊酯、士达，连喷2~3次。同时注意群防群治。④7月上中旬至8月上旬需喷药防治康氏粉蚧第1代成虫和第2代若虫，常用药剂有40%速扑杀乳油1 000~1 500倍液、25%扑虱灵粉剂2 000倍液、50%敌敌畏乳油800~1 000倍液、20%氰戊菊酯乳油2 000倍液、48%乐斯本乳油1200倍液、52.25%农地乐乳油1 500倍液等，喷药均匀，连树干、根茎一起"淋洗式"喷布。⑤及时喷药防治梨小食心虫，药剂可用20%杀铃脲8 000~10 000倍液、2.5%功夫或20%灭扫利3 000倍液。若发现金龟甲或舟形毛虫等食叶害虫，可在杀菌剂（波尔多液除外）中混加2.5%功夫乳油3 000倍液或48%乐斯本乳油1 000倍液等杀虫剂进行防治。

4. 注意事项

（1）此期为雨季，最好选用耐雨水冲刷药剂，或在药剂中加入农药黏着剂、增效剂等。

（2）喷药时加入300倍尿素及300倍磷酸二氢钾，可增强树势，提高果品质量。

（3）雨季要慎用波尔多液及其他铜制剂，以免发生药害。

（国家梨产业技术体系技术简报第十二期）

鲁西北梨园秋季管理技术要点

魏树伟，王少敏

从果实采收后至土壤封冻前，是梨树恢复树势、积累养分的关键时期，同时也是培肥地力、消灭病虫害的有利时机。秋季管理的好坏直接影响梨树来年树体萌芽、开花及果实生长发育。

1. 秋施基肥

秋施基肥是果树生产中一项重要的措施，适时、适量、合理施用基肥才能满足果树生长、结果对肥料的基本要求。

适时施用基肥是指在果实采收后尽早施用,此时地上养分消耗减少,地下根系生长较快,此时施基肥能提高叶片的光合能力,利于有机物质的制造和贮存。

秋施基肥的量应根据梨园的土壤肥力、梨树产量及基肥质量等因素综合确定,一般要求掌握"斤果斤肥"的原则,即有机肥施用量与梨果产量相当。

合理施用基肥应以有机肥为主,配合施用复合肥,施用方法为沟施或穴施。有机肥养分完全,肥效稳定持久,可以增强土壤保水、保肥能力,利于根系养分吸收。有机肥包括圈肥、堆肥、厩肥、鸡粪、人粪尿、猪粪、牛粪、绿肥等。施用基肥后应及时浇水,利于肥料分解和树体养分吸收。如果基肥中掺入适量复合肥或结合叶面喷肥,效果更好。施肥区域一般选在果树树冠的投影边缘,全园施肥也应距树干1米以上。

2. 土壤管理

通常在果实采收后结合秋施基肥进行秋季深翻,此时正值根系生长高峰,根系伤口易愈合,易发新根,深翻结合灌水利于根系生长。深翻还有利于冬季土壤风化和保墒。通过秋季深翻,可以把土中害虫翻到地面冬季冻死、干死或翻到土壤深处来年不能出土。但在干旱无浇水条件的地区,不宜进行秋季深翻。

3. 病虫害防控

秋季是梨园病虫害高发期,应重点防治黑星病、轮纹病、炭疽病、褐腐、白粉病、褐斑病、梨木虱、黄粉虫、康氏粉蚧、蟥象、食心虫等病虫害。

病害防治应采用保护性、耐雨水冲刷、持效期长的农药(例如波尔多液或易保1 200倍液、代森锰锌800倍液),中间穿插内吸性杀菌剂,如渗透性较强的80%三乙磷酸铝600~700倍液、25%戊唑醇2 000倍液。

此时应特别注意套袋果实黄粉虫发生情况,药剂选用10%吡虫啉3 000倍液、35%赛丹1 500~2 000倍液、10%氯氰菊酯1 500~2 000倍液。套袋后要加强检查,危害率达20%以上的梨园要解袋喷药。另外还应注意防治梨木虱,可用1.8%阿维菌素4000倍液、10%吡虫啉2 000倍液、48%乐斯本1 500倍液等,可兼治食心虫、蟥象等。7月上中旬至8月上旬需喷药防治康氏粉蚧1代成虫和2代若虫,药剂可用20%氰戊菊酯乳油2 000倍液、48%乐斯本乳油1 200倍液等,喷药要均匀,连树干、根茎一起"淋洗式"喷布。

注意:雨季要慎用波尔多液及其他铜制剂,以免发生药害。喷药时加入0.3%尿素及0.3%磷酸二氢钾，可增强树势，提高果品质量。

4. 秋季修剪

秋季修剪能创造较好的光照条件，缓势促花，使树体贮备较多的光合产物，增加树体营养贮藏。秋剪可疏除影响树体光照或生长的辅养枝、重叠枝、无用枝；对长势强旺的徒长枝，可拉枝开角，缓势促花；剪除没有利用价值的徒长枝、病虫枝及背上竞争枝。

密植梨园可以在牙签开角的基础上7月上旬换用较长的竹签继续开角，扩张枝条角度。7月底进行拉枝，此时枝条柔韧性较好，不宜折断，定型快，容易调整枝条位置和开张角度。

5. 排水与灌水

此时是果实发育关键时期，应该特别注意水分管理，果实发育后期应控制灌水量。果实采收后遇干旱要及时灌水，降水多时注意排水防涝，防止积水时间过长，导致落叶、死树等症状。

（国家梨产业技术体系技术简报第二十期）

山东中西部地区早中熟梨采后管理

王少敏，魏树伟，张勇

近年来，中梨一号、早酥、黄冠等早中熟梨由于生育期短、管理成本较低、经济效益较高，在山东中西部地区得到较快发展。但早中熟梨果实采收后至落叶期的管理容易被广大果农忽视。此期果实虽已采收，但根系生长旺盛，花芽仍在分化和完善，这一时期的管理直接影响来年梨果产量和品质。

一、基肥早施用

对于早中熟梨，基肥应该早施。梨树根系的第2次生长高峰在9月中下旬，实践证明，基肥在此时施入可促发大量吸收根，促进养分吸收和积累，有利于提高翌年果实产量和品质。基肥以有机肥为主，应该腐熟后施用，有机肥用量应遵循"斤果斤肥"的原则，土壤有机质含量较低（低于1%）的梨园可按照"斤果倍量肥"的原则施用。现在大面积梨园很多撒施后旋耕，也有的梨园采用机械开沟施肥。有机肥施用后应该及时灌水,以利于根系对肥料的吸收。

二、注意保护叶片

早中熟梨果实采收后正值叶片光合作用旺盛时期,应该重视和加强对叶片的保护。8月上中旬以防治褐斑病、轮纹病、炭疽病、食心虫、蝽象类、金龟子等为主,可采用80%代森锰锌(大生M-45)可湿性粉剂800倍液+10%苯醚甲环唑(世高)2 000倍液+氯虫苯甲酰胺5 000倍液进行化学防治。8月下旬以防治食叶类鳞翅目害虫为主,药剂可采用高效氯氰菊酯乳油2 000倍液或功大乳油2 000倍液。提倡结合物理、生物等方法防治病虫害。另外,可结合喷药,叶面喷施0.2%~0.4%的磷酸二氢钾或尿素溶液,10天一次,喷施2遍,以延长叶片功能期,有利于营养积累。

三、注意抗旱防涝

早中熟梨果实采收后,正值高温季节,部分地区易发生伏旱,应注意旱情发展动态,及时灌溉,灌溉时间应选择早晨和晚上,有条件的梨园可采用滴灌或喷灌。建议采用覆盖、生草栽培方式,起到保墒和降低地面温度的作用。地势低洼的梨园,应该注意暴雨后的排水工作。

四、适当整形修剪

早中熟梨采收后应进行适当修剪,以改善树体通风透光条件,提高树体的光合效率。此时修剪应该避免短截处理,以免大量萌发新梢。建议通过拉枝的方法扩大树冠,扩展结果空间。同时注意疏除病虫枝、细弱枝和密生枝。

(国家梨产业技术体系技术简报第二十四期)

四、贮藏与保鲜

高氧处理对贮藏期间鸭梨品质的影响

杨雪梅，王淑贞，张元湖，孙家正，王传增

氧气浓度大于空气中的氧气浓度（21%）时称为高氧浓度。高浓度氧可通过直接或间接影响二氧化碳和乙烯的释放速率来影响果品的采后生理及保鲜[1]。目前，国内外已有应用高浓度氧在草莓[2,3]、蓝莓[4]、枇杷[5]、杨梅[6]、香蕉[7]和冬枣[8]等果品保鲜方面的研究报道。研究表明，单独高氧或高氧与高二氧化碳共同处理可显著抑制草莓和蓝莓等浆果类果实的采后腐烂；枇杷果实采后在高氧（$O_2 > 90\%$）环境中冷藏，可使果实呼吸速率和多酚氧化酶活性受到明显抑制；60%～100%高氧处理可以显著减轻杨梅果实采后腐烂，且氧气浓度越高，果实腐烂率越低。笔者以鸭梨为试材，研究高氧处理对鸭梨采后生理及品质的影响，以期为延长鸭梨货架期、保持食用品质提供理论依据。

一、材料与方法

供试鸭梨采自山东阳信，果实带袋采收后当天运回实验室，选择大小整齐、成熟度一致、无病虫害及机械损伤的果实进行试验，随机分为两组，各50千克。高氧处理组果实用厚0.04毫米的聚乙烯薄膜袋装，充入氧气后密封，贮藏期间定期补充氧气，使袋内氧气浓度保持在80%以上。对照组果实装入同种塑料袋，用橡皮筋扎口，置于室温下存放。处理和对照每4天分别取样一次测定果肉硬度、可溶性固形物含量、可滴定酸含量、乙烯释放速率、丙二醛（MDA）含量、多酚氧化酶（PPO）活性，每次随机选取5个果实，每次测定重复3次。

果肉硬度采用GY-3型水果硬度计测定，每个果取两个对称部位；可溶性固形物含量用WYT型手持折光仪测定；可滴定酸含量采用NaOH滴定法测定，以苹果酸百分数表示；乙烯释放速率用岛津气相色谱仪GC-14C分析测定，采用氢火焰离子化检测器检测，参考王淑贞等[9]的方法；MDA含量参考赵世杰[10]的硫代巴比妥酸法；PPO活性用邻苯二酚法，采用UV-2550型紫外分光光度计测定，参考张立华的方法[11]。

二、结果分析

1.高氧处理对鸭梨果肉硬度与乙烯释放速率的影响

由图1-A可看出，常温贮藏28天，鸭梨高氧处理和对照果实硬度均呈下降趋势，高氧处理的果实硬度下降慢，曲线平稳。贮藏至第28天时，硬度由贮藏前的7.0千克／厘米²降至6.58千克／厘米²，下降了6.32%。对照的果实硬度变化出现"快—慢—快"三个阶段，前12天下降较快，之后至第24天变化较平稳，第24～28天快速降至6.22千克／厘米²，贮藏前后下降了13.06%，比高氧处理下降幅度多6.74个百分点。

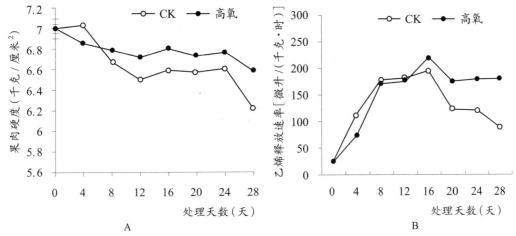

图1　高氧处理对鸭梨果肉硬度（A）和乙烯释放速率（B）的影响

由图1-B可看出，鸭梨贮藏28天，高氧处理和对照果实的乙烯释放速率均呈先升高后下降的趋势。贮藏16天时乙烯释放速率均出现最高峰，高氧处理的乙烯释放速率峰值较对照果高12.91%。高峰出现后均迅速下降，高氧处理比对照果的乙烯释放速率快，曲线变化较平稳，贮藏28天时较对照果高49.33%，差异显著（$P \leqslant 0.05$）。

2.高氧处理对鸭梨可溶性固形物含量（TSS）、可滴定酸含量（TA）和糖酸比的影响

由图2-A可知，贮藏28天，鸭梨的可溶性固形物含量，高氧处理与对照果均处于

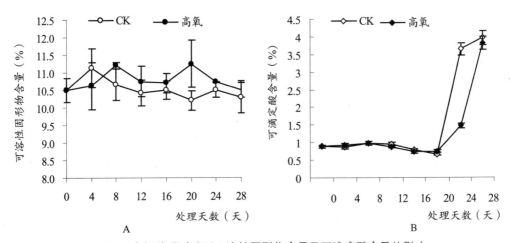

图2　高氧处理对鸭梨可溶性固形物含量及可滴定酸含量的影响

平稳变化状态,二者无明显差异。鸭梨可滴定酸含量,高氧处理果贮藏20~24天时缓慢增加,24~28天时迅速增加。对照果在贮藏前20天较稳定,第20~24天迅速增加,24~28天缓慢增加。二者大小差异不大,只是处理果的可滴定酸晚于对照果4天迅速增加。

由图3可知,鸭梨贮藏过程中,高氧处理和对照果的糖酸比均呈现先升后速降的趋势,贮藏至第20天时,对照和处理果的糖酸比均达最大值且无显著差异。20~28天迅速降低,至第28天二者的糖酸比均不足3。糖酸比失调是果实进入衰老阶段的标志,食用价值降低甚至腐烂,切开后发现部分鸭梨果柄处开始腐烂。

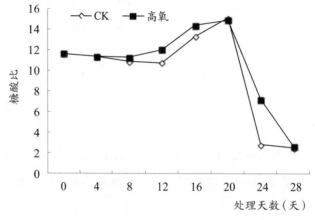

图3 高氧处理对鸭梨糖酸比的影响

3. 高氧处理对鸭梨丙二醛(MDA)含量及多酚氧化酶(PPO)活性的影响

丙二醛(MDA)是膜脂过氧化的终产物,其含量的多少反映植物体膜系统受损的程度及果实的衰老情况。由图4-A可知,高氧处理和对照鸭梨的MDA含量在28天的贮藏期间均呈升→降→升的变化趋势。高氧处理果的MDA含量在贮藏至第4~28天时低于对照果,在贮藏至第8~16天时显著低于对照果($P \leqslant 0.05$)。贮藏至第24~28天时处理和对照果的MDA含量均迅速升至最高值。高氧处理果的MDA含量低于对照果表明,高氧处理对果实的膜脂过氧化有一定的保护作用。

如图4-B所示,鸭梨贮藏28天,高氧处理与对照果的多酚氧化酶(PPO)活性均呈先升后降的趋势。贮藏0~4天时,处理和对照果的PPO活性均迅速升高至峰值,处理果低于对照果22.23%,差异显著($P<0.05$)。贮藏至第4~28天,处理和对照的PPO活性均降低,其中4~16天时迅速降低,16~28天时缓慢降低,处理和对照无明显差异。贮藏4~16天高氧处理果显著低于对照果的PPO活性表明,高氧处理能降低贮藏前期鸭梨多酚氧化酶的活性。

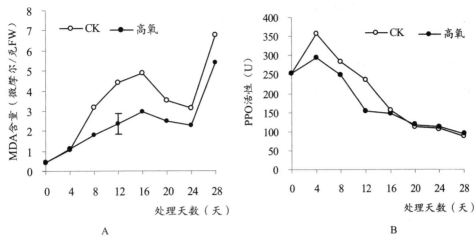

图4 高氧处理对鸭梨丙二醛(MDA)含量和多酚氧化酶(PPO)活性的影响

4.高氧处理对鸭梨贮藏期间好果率的影响

鸭梨贮藏28天均未发现黑皮病和黑心病,仅在贮藏后期出现果柄基部腐病。高氧处理的鸭梨贮藏至第8~13天时好果率高于对照,贮藏13天以后好果率低于对照。贮藏至16天时有腐烂果出现,晚于对照4天出现腐烂果。但贮藏至16天时处理和对照的好果率均在90%以上,至28天时高氧处理果实好果率不足50%,显著低于对照(图5)。

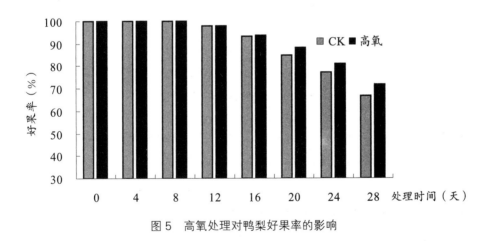

图5 高氧处理对鸭梨好果率的影响

三、小结与讨论

果肉硬度[12]、可溶性固形物含量、可滴定酸含量和糖酸比是果实品质的重要指标。鸭梨采后常温贮藏28天,用80%以上高氧处理与正常氧浓度(21%)处理相比,能有效保持果肉硬度和可溶性固形物含量;可滴定酸含量处理和对照变化趋势一致,先缓慢降低,贮藏20天之后则迅速升高,只是处理比对照变化缓慢些。这可能是果心呼吸作

用释放的 CO_2 致使果心腐烂[13]，进一步酵解糖生成酸性产物提高了其 pH。因此，高氧处理对常温贮放 20 天以内的鸭梨的糖酸比影响不显著，贮放 20 天之后糖酸比失调。

果实乙烯释放高峰的出现是果实成熟进入衰老的标志之一。高氧处理前期对鸭梨乙烯的释放起抑制作用，后期则促进了乙烯释放，提高了乙烯释放速率的峰值。郑永华[14]采用 60% ~ 100% 的氧气浓度处理蓝莓果实，显著抑制了呼吸速率和乙烯释放速率，且 O_2 浓度越高，乙烯释放速率越低，而 40% 的氧气浓度对蓝莓果实乙烯释放速率无显著影响。纯氧中贮藏的 Gala 和 Granny Smith 苹果，其内源乙烯产生量明显受到抑制[15]，表明高氧对乙烯的释放作用因其作用浓度及处理的果蔬种类不同而有所差异。

果蔬采后在自然衰老过程中，伴随着膜脂过氧化作用的发生膜透性增加。保持膜结构和功能的稳定是延缓果实采后衰老和延长保鲜期的关键[16]。果实发生膜脂过氧化，使得多酚氧化酶（PPO）外泄与酚类底物接触时，便使底物被氧化成褐色醌类物质而发生褐变。丙二醛（MDA）含量与多酚氧化酶（PPO）活性在促进鸭梨褐变方面有相关性。高氧处理在鸭梨进入衰老前期有效抑制了多酚氧化酶（PPO）的活性，表现出高氧处理对膜脂过氧化的作用与氧气浓度及处理时间有关，其机理还有待于进一步研究。

综上可见，鸭梨采后在室温条件下（28℃左右）存放，80% 高氧处理有利于保持其果实品质，减少货架期黑皮、黑心的发生。试验中 16 天之后高氧处理的优势均不明显，因此高氧处理的鸭梨室温存放的适宜期为采后 16 天。为了更好地研究高氧对鸭梨采后生理的影响，应结合低温并设置不同的氧气浓度来比较。

参考文献

［1］ Kadder AA, Ben-Yehoshua S. Effect of super atmospheric oxygen levels on postharvest physiology and quality of fresh fruits and vegetables. Postharvest Biol Technol, 2000（20）：1-13.

［2］ Pérez AG, Sanz C. Effect of high-oxygen and high-carbon-dioxide atmosphere on strawberry flavor and other quality traits. J Agric Food Chem, 2001（49）：2 370-2 375.

［3］ Wszelaki AL, Mitcham EJ. Effects of super atmospheric oxygen on strawberry fruit quality and decay. Postharvest Biology and Technology, 2000（20）：125-133.

［4］ Zheng YH, Wang CY, Wang SY, Zheng W. Effects of high-oxygen atmospheres on blue berry phenolics, anthocyanins, and antioxidant capacity［J］.Agric Food Chem, 2003（51）：7 162-7 169.

［5］ 杨震峰，郑永华，冯磊，等.高氧处理对杨梅果实采后腐烂和品质的影响［J］.园艺学报，2005，01：94-96.

［6］ 郑永华，苏新国，李欠盛，等.高氧对枇杷果实呼吸强度、多酚氧化酶活性和品质的影响［J］.植物生理学通讯，2000，36（4）：318-320.

［7］ 林德球，刘海，刘海林，等.高氧对香蕉果实采后生理的影响［J］.中国农业科学，2008，01：201-207.

［8］ 王贵禧，李鹏霞，梁丽松，等.高氧处理对冬枣货架期间膜脂过氧化和保护酶活性的影响［J］.园艺学报，2006，03：609-612.

［9］ 王淑贞，杨雪梅，张元湖，等.1-MCP处理对梨贮藏品质及抗氧化活性的影响［J］.中国食物与营养，2011，09：47-50.

［10］ 赵世杰，许长城，邹琦，等.植物组织中丙二醛测定方法的改进［J］.植物生理学通讯，1994，30（3）：207-210.

［11］ 张立华，孙晓飞，张艳侠，等.石榴多酚氧化酶的某些特性及其抑制剂的研究［J］.食品科学.2007，28（5）：216-220.

［12］ 潘晓倩，申琳，生吉萍.苹果采后软化过程中糖类物质代谢的研究进展［J］.中国食物与营养，2011，11：29-32.

［13］ 闫根柱，王春生，赵迎丽，等.影响园黄梨贮期褐变及品质主要因素试验［J］.中国食物与营养，2012，09：26-30.

［14］ 郑永华.高氧处理对蓝莓和草莓果实采后呼吸速率和乙烯释放速率的影响［J］.园艺学报，2005，05：101-103.

［15］ Solomos T，Whitaker B，Lu C. Deleterious effects of pure oxygen on Gala. and Granny Smith Apples. HortSci，1997，32：458.

［16］ 郑永华.超大气高氧与果蔬采后生理［J］.植物生理学通讯，2002，1：92-97.

（落叶果树2013，45（6）：35-38）

1-MCP 处理对不同温度条件下早红考密斯贮藏保鲜效果及货架期的影响

季静，孙家正，王传增，王淑贞

西洋梨（*Pyrus communis* L.）是与东方梨齐名的世界两大栽培类型梨之一，以肉质细软、石细胞少、芳香多汁而闻名于世，是除东亚外的世界其他地区梨生产和消费的主要类型[1]。早红考密斯是原产于英国的早熟、优质西洋梨品种，一般于 7 月下旬至 8 月上旬采收，其果实属于软肉类型，采收时果实质地较硬，不能直接食用，通常需要在常温下经 7～10 天后熟。后熟后的果实柔软多汁，石细胞少，溶质性好，香气浓郁，品质极佳。西洋梨属于呼吸跃变型果实，采后在常温下迅速出现呼吸高峰和乙烯释放高峰，果实一经后熟便不耐贮运，很快衰老、腐烂变质[2]。因此，控制或减缓西洋梨贮藏过程中果实的后熟是解决西洋梨贮藏保鲜技术的关键问题。

1- 甲基环丙烯（1-MCP）是近年来发现的一种高效、无残留的新型乙烯受体抑制剂，稳定性高，活性强，使用浓度低，在果品贮藏保鲜上有着广阔的发展前景[3]。商品化的 1-MCP 是一种粉剂，与水接触后变成可挥发的气体，通过与细胞膜上乙烯受体优先结合而阻断乙烯的生理作用，抑制乙烯诱导的后熟与衰老过程[4]。大量研究表明，1-MCP 处理可延缓许多园艺产品采后的后熟衰老进程[5～10]。目前有关西洋梨的研究主要集中在果树丰产栽培技术、优良品种筛选等方面[11, 12]，对果实采后贮藏保鲜技术方面的研究也多在常温条件下进行，1-MCP 处理对西洋梨在低温条件下贮藏效果的报道并不多见[13～15]。因此，研究 1-MCP 处理对西洋梨的贮藏保鲜效果及货架期的影响具有重要意义。本研究在常温条件（25℃±5℃）和低温条件（0℃±1℃）下分别采用 0.5 微升 / 升和 1.0 微升 / 升的 1-MCP 处理来探讨对早红考密斯采后果实后熟及其品质的影响，以期为西洋梨贮运保鲜提供技术指导。

一、材料与方法

1. 试验材料

供试西洋梨品种早红考密斯于 2012 年 7 月 14 日采自山东省德州市齐河县，果实采收后 2 小时内运回山东省果树研究所贮藏加工实验室，选果实质量大小均匀一致、无机械损伤、无病虫害、色泽成熟度基本一致的果实作试材。试验用1-MCP粉剂由美国罗门哈斯公司提供。

2.试验处理

将挑选的果实随机分为处理组和对照组。处理Ⅰ：对照（CK），果实在PVC塑料帐内密闭处理16小时。处理Ⅱ：0.5微升/升1-MCP处理，处理参考孙希生[16]的方法，称取3.3%1-MCP粉剂33.94毫克放入小瓶，按1∶16的比例加入40℃温水，拧紧瓶盖摇匀，将配好的药剂放入装有处理果实的容积为1米³的PVC薄膜塑料帐内，打开瓶盖后立即封闭塑料帐，1-MCP气体迅速从瓶中释放到整个密闭的塑料帐中，1-MCP处理的有效浓度约为0.5微升/升，常温（25±5℃）条件下密封处理16小时。处理Ⅲ：1.0微升/升1-MCP处理，3.3%1-MCP粉剂用量为67.88毫克，处理方法同处理Ⅱ。

处理16小时后将每个处理的果实平均分成两组转入周转箱内，一组放置在常温（25±5℃）条件下贮藏，另一组放入高湿无霜试验库（0±1℃）内，库内相对湿度为90%~95%。试验每个处理设3次重复，每个重复用果80个。常温贮藏的果实每4天测定果实硬度、可溶性固形物，每个重复随机取果5个，并调查果实腐烂情况。低温贮藏的果实每15天测定上述指标，120天后取出在常温（25±5℃）条件下观察货架效果。

3.测定项目与方法

（1）硬度：用TA.XT.Plus型质构仪（UK）测定（探头直径2毫米，测定深度10毫米，探测力98牛），单果重复4次，取平均值。

（2）可溶性固形物（SSC）：采用WY032T型手持式折光仪进行测定。

（3）腐烂率、腐烂指数调查：调查各处理果实贮藏期间的腐烂率和腐烂指数。按果实腐烂程度分成4级：无腐烂为0级，腐烂面积<1/10为1级，<1/4为2级，<1/2为3级，>1/2为4级。

$$腐烂率（\%）=腐烂果数/总果数×100$$

$$腐烂指数=\sum（腐烂级别×该级别果数）/（最高级别×总果数）$$

4.官能鉴评分析

成立7人品评小组，按照曹玉芬等的方法[17]，在贮藏结束时对常温贮藏、低温贮藏两个温度条件下贮藏的早红考密斯果实感官风味品质进行评价，并于货架期结束时对冷藏后的果实作上述评价，每个处理选取10个果实。

5.统计分析

数据采用Excel 2003软件进行统计处理，采用DPS v7.05数据分析软件进行差异显著性（Tukey test）分析。

二、结果与分析

1. 1-MCP 处理对常温贮藏期间果实品质的影响

（1）1-MCP 处理对常温贮藏期间果实硬度的影响：从图1可以看出，1-MCP 处理与对照的果实硬度在常温贮藏期间均呈下降趋势，但是1-MCP 处理后的早红考密斯果实在整个贮藏期间果实硬度下降速率较平缓，而对照的果实硬度在8天内下降速率基本一致，直到降至13牛/厘米^2。第8天时1-MCP 处理的梨果实硬度仍可达140牛/厘米^2，显著高于对照处理果实的硬度。试验表明，1.0微升/升 1-MCP 处理的果实硬度高于0.5微升/升处理，但二者差异不显著（$P<0.05$）。

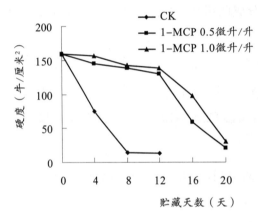
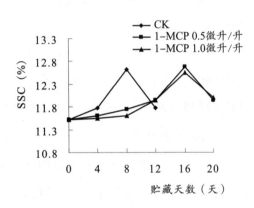

图1　1-MCP 处理常温贮藏果实硬度的变化　　图2　1-MCP 处理常温贮藏果实 SSC 含量的变化

（2）1-MCP 处理对常温贮藏期间果实可溶性固形物（SSC）含量的影响：从图2可以看出，常温贮藏期间，早红考密斯1-MCP 处理和 CK 果实 SSC 含量呈先上升后下降趋势。但是与对照相比，1-MCP 处理的果实 SSC 含量变化速度明显减缓，推迟了果实可溶性固形物峰值出现的时间。并且1-MCP 0.5微升/升和1.0微升/升处理间果实可溶性固形物变化差异不显著（$P<0.05$）。

（3）1-MCP 处理对常温贮藏期间果实腐烂情况的影响：从表1可以看出，贮藏4天后，早红考密斯对照处理和0.5微升/升 1-MCP 处理果实均出现一定程度腐烂，腐烂率分别为5.00%和1.67%，而1.0微升/升 1-MCP 处理尚未出现腐烂果。随后各处理果实腐烂率均急剧上升，但1-MCP 处理果实的腐烂率均显著低于对照处理、16天时1.0微升/升 1-MCP 处理的果实腐烂率比对照低63.33%，并且1-MCP 1.0微升/升处理的效果显著好于0.5微升/升（$P<0.05$）。观察发现，腐烂果实多从果柄处开始发病，

呈水渍状，直至整果腐烂。

表1　　　　　　　　　　　1-MCP 处理常温贮藏期间果实腐烂情况变化

贮藏天数 / 天	1-MCP 处理（微升 / 升）	腐烂率（%）	腐烂指数
0	CK	0	0
	0.5	0	0
	1.0	0	0
4	CK	5.00 a	0.01 a
	0.5	1.67 b	0.00 a
	1.0	0.00 c	0.00 a
8	CK	16.67 a	0.07 a
	0.5	10.00 b	0.05 ab
	1.0	6.67 c	0.03 b
12	CK	56.67 a	0.30 a
	0.5	20.00 b	0.13 b
	1.0	21.67 b	0.10 b
16	CK	100 a	1.00 a
	0.5	50.00 b	0.46 b
	1.0	36.67 c	0.27 c

注：*Duncan 新复极差测验，不同字母表示差异达显著水平（$P=0.05$）。

2.1-MCP 处理对冷藏期间果实品质的影响

（1）1-MCP 处理对冷藏期间果实硬度的影响：从图3可以看出，在冷藏期间1-MCP处理与对照的果实硬度变化规律与常温贮藏条件下一致，均呈下降趋势。1-MCP 处理的早红考密斯果实硬度下降速率较平缓，120天时对照果实硬度比初始值下降了54牛 /

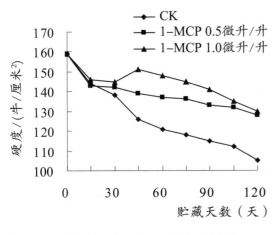

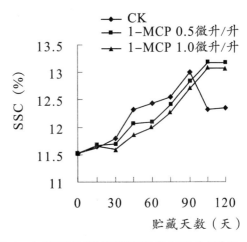

图3　1-MCP 处理冷藏期间果实硬度的变化　　图4　1-MCP 处理冷藏期间果实 SSC 含量变化

厘米²，1.0 微升 / 升 1-MCP 处理的果实硬度下降了 29 牛 / 厘米²，显著高于对照处理果实硬度；1-MCP 1.0 微升 / 升和 0.5 微升 / 升两处理间果实硬度差异不显著（$P<0.05$）。

（2）1-MCP 处理对冷藏期间果实可溶性固形物（SSC）含量的影响：从图 4 可以看出，冷藏期间，早红考密斯对照处理的果实 SSC 含量呈先上升后下降趋势，在 90 天时达到峰值 13.0%。1-MCP 处理的果实在 120 天的贮藏期内 SSC 含量未表现出下降趋势，但由对照处理的峰值可知，在 120 天时 1-MCP 处理的 SSC 含量已达到最大值。由此可得出，在 0±1℃ 贮藏条件下，1-MCP 处理可将西洋梨早红考密斯可溶性固形物含量下降的时间推迟 30 天左右，在一定程度上抑制了果实成熟衰老。

（3）1-MCP 处理对冷藏期间果实腐烂情况的影响：从表 2 数据可以看出，1-MCP 处理在 ±1℃ 的贮藏条件下可大大降低果实的腐烂率，并且 1-MCP 1.0 微升 / 升处理的效果显著好于 0.5 微升 / 升（$P<0.05$）。观察发现，腐烂果多由西洋梨顶腐病引起并感染青霉后混合发病。

表2　　1-MCP 处理早红考密斯冷藏（0±1℃）期间果实腐烂情况变化

贮藏天数（天）	处理	腐烂率（%）	腐烂指数
120	CK	59.26 a	0.34 a
	1-MCP 0.5 微升 / 升	46.19 b	0.15 b
	1-MCP 1.0 微升 / 升	37.37 c	0.15 b

3. 1-MCP 处理对早红考密斯冷藏 120 天后常温货架期果实品质的影响

从表 3 可以看出，将低温条件下贮藏 120 天的早红考密斯取出于常温条件下放置 7 天后，果实硬度急剧下降，但可溶性固形物含量变化不明显，并且 1-MCP 处理后的早红考密斯货架期腐烂率和腐烂指数显著低于对照处理（$P<0.05$），果实腐烂多为西洋梨顶腐病所致。

表3　　1-MCP 处理对早红考密斯冷藏 120 天后常温货架期果实品质的影响

贮藏天数（天）	处理	硬度（牛 / 厘米²）	可溶性固形物（SSC）含量（%）	腐烂率（%）	腐烂指数
120	CK	105 b	12.35 b	—	—
	1-MCP 0.5 微升 / 升	128 a	13.17 a	—	—
	1-MCP 1.0 微升 / 升	130 a	13.07 a	—	—
120+7	CK	18 c	12.22 ab	100 a	0.70 a
	1-MCP 0.5 微升 / 升	27 b	13.07 a	29.41 b	0.13 b
	1-MCP 1.0 微升 / 升	33 a	13.03 a	18.75 c	0.06 c

4. 1-MCP 处理对不同贮藏温度条件下果实风味与品质的影响

表4　　　　　1-MCP 处理对不同贮藏温度条件下果实风味和品质的影响

贮藏温度	贮藏时间（天）	处理	果皮颜色	梨果脆度	果肉口感	整果气味
常温	12	CK	鲜红	绵软	酸甜，但有酸腐味	果香味浓
		1-MCP 0.5 微升/升	紫红	硬脆	甜酸	果香味淡
		1-MCP 1.0 微升/升	紫红	硬脆	甜酸	果香味淡
常温	16	CK	—	—	—	—
		1-MCP 0.5 微升/升	鲜红	绵软	酸甜，但有酸腐味	果香味浓
		1-MCP 1.0 微升/升	鲜红	绵软	酸甜，但有酸腐味	果香味浓
冷藏	120	CK	鲜红	绵软	酸甜	果香味浓
		1-MCP 0.5 微升/升	鲜红	硬脆	甜酸	果香味淡
		1-MCP 1.0 微升/升	鲜红	硬脆	甜酸	果香味淡
冷藏后货架期	120+7	CK	鲜红	绵软	淡甜，有酸腐味	果香味淡
		1-MCP 0.5 微升/升	鲜红	绵软	酸甜	果香味浓
		1-MCP 1.0 微升/升	鲜红	绵软	酸甜	果香味浓

从表4可以看出，常温贮藏条件下，1-MCP 处理可降低西洋梨早红考密斯的腐烂率，保持果实良好风味。冷藏120天时，西洋梨早红考密斯对照果实已完成后熟，果香味浓郁，而1-MCP 处理的早红考密斯需要在冷藏后货架期间继续后熟。

三、结论与讨论

常温贮藏条件下，1-MCP 处理可延缓西洋梨早红考密斯果实硬度、可溶性固形物含量的下降。同时1-MCP 处理还可降低果实腐烂率，提高果实鲜食品质，将果实货架期从12天延长至20天。早红考密斯在贮藏前期内部的淀粉等多糖类物质转化成可溶性碳水化合物、不溶性原果胶转化为可溶性果胶，使可溶性固形物含量有所增加，以补充呼吸作用消耗的能量。但是随着果实呼吸作用趋旺，尤其是贮藏后期淀粉转化的糖远不足以补充呼吸的消耗，SSC 含量便会逐渐降低。与对照相比，1-MCP 处理的果实SSC 含量变化速度明显减缓，变化幅度也明显减小。这说明1-MCP 处理能够降低西洋梨早红考密斯果实的淀粉转化速度，抑制果实 SSC 含量的变化，并在一定程度上抑制果实后熟衰老，与李梅[10]等的研究结果一致。

低温贮藏条件下，对照和1-MCP 处理早红考密斯的贮藏期均可达120天。采用

1-MCP处理可将早红考密斯可溶性固形物含量下降的时间推迟30天左右,延缓了果实硬度下降,并降低果实腐烂率。采用1-MCP处理后低温冷藏的早红考密斯在货架期可完成后熟,并且货架期间腐烂率明显低于对照处理,与Ekman[18]等人的研究结果一致。

西洋梨早红考密斯果皮颜色由紫红色变为鲜红色是果实完成后熟的重要标志之一,而果实色泽主要与花青苷积累的多少和分布状况有关。黄文江[19]等研究了早红考密斯果实发育期间果皮色泽和花青苷含量的关系。王淑贞[20]等用1-MCP处理西洋梨新品种秀丰,结果表明1-MCP可使果皮中类黄酮含量保持较高水平,延迟果实贮藏期变黄。本研究感官评价表明,西洋梨早红考密斯后熟过程中果皮颜色发生明显变化,据此可以推测1-MCP处理延缓早红考密斯冷藏期间果皮由紫红变鲜红色与花青苷含量变化有关,对此有待于进一步试验验证。

西洋梨早红考密斯在后熟过程中会产生浓郁的香气,而随着果实衰老,果香味又由浓转淡。本研究只是对早红考密斯贮藏过程中果实风味变化做了感官评价,而整个过程中香气组分的具体变化及货架期香气表现有待于进一步研究。

参考文献

[1] 刘军,魏钦平,王小伟.西洋梨的采收和后熟技术[J].北方果树,2003(5):1-4.

[2] 杨健,李秀根,王龙.西洋梨的生态适应性及在我国的发展前景[J].西北园艺,2006(2):6-8.

[3] 苏小军,蒋跃明.新型乙烯受体抑制剂——1-甲基环丙烯在采后园艺作物中的应用[J].植物生理学通讯,2001,37(4):361-364.

[4] 周拥军,邰海燕,陈文煊,等.1-MCP处理对翠冠梨贮藏效果的影响[J].浙江农业学报,2006,18(2):121-124.

[5] 逯志斐,张平,李江阔,等.1-甲基环丙烯对黄金梨低温贮藏效果的影响[J].食品研究与开发,2009,30(4):139-142.

[6] 杨卫东,李江阔,张平,等.1-MCP处理对不同预熟南国梨贮后生理及货架品质的影响[J].安徽农业学报,2009,37(33):16738-16740.

[7] 李江阔,张鹏,纪淑娟,等.1-MCP处理对不同成熟度南国梨贮后货架保鲜效果的研究[J].北方园艺,2009,(1):212-214.

[8] 孙竹波,孔繁华,刘震,等.3.3%1-甲基环丙烯微胶囊剂(聪明鲜TM)对柿子保鲜效果的影响[J].山东农业科学,2007,4:107-108.

［9］ 王庆国，邓正焱，谷林.1-甲基环丙烯对杏采后保鲜效果的影响［J］.山东农业科学，2005，
1：59-61.

［10］ 王少敏，沈广宁，薛培生.1-MCP与套袋对红富士苹果贮藏生理和品质的影响［J］.山东
农业科学，2009，10：43-45.

［11］ 高华君，王少敏，王尚勇.欧洲梨的特性及栽培技术［J］.山西果树，2004，99（3）：24-26.

［12］ 苏佳明，于强，沙玉芬.西洋梨栽培模式的初探［J］.落叶果树，2011（3）：38～41.

［13］ 李梅，王贵禧，梁丽松，等.1-甲基环丙烯处理对西洋梨常温贮藏的保鲜效果［J］.农业工
程学报，2009，25（12）：345-349.

［14］ 李学伟，赵晨霞，冯社章，等.不同浓度的1-MCP处理对西洋梨常温后熟的影响［J］.中
国农学通报，2012，26（9）：106-109.

［15］ 赵晨霞，李学伟，冯社章，等.不同采收期西洋梨后熟时间及品质变化的研究［J］.北方园
艺，2010（22）：1-6.

［16］ 孙希生，王文辉，李志强，等.1-MCP对砀山酥梨保鲜效果的影响［J］.保鲜与加工，2001
（6）：14-17.

［17］ 曹玉芬，刘凤之，胡红菊，等.梨种质资源描述规范和数据标准.北京：中国农业出版社，
2006：80-81.

［18］ Ekman J H，Clayton M，Biasi W V，et al. Interaction between 1-MCP concentration，
treatment interval and storage time for 'Bartlett' pears ［J］. Postharvest Biol. Technol，
2004，31：127-136.

［19］ 黄文江，张绍玲，肖长城，等.早红考密斯及其芽变果实中花青素含量与相关酶活性变化
的研究［J］.西北植物学报，2011，31（7）：1 428-1 433.

［20］ 王淑贞，杨雪梅，张元湖，等.1-MCP处理对梨贮藏品质及抗氧化活性的影响［J］.中国
食物与营养，2011.

（山东农业科学2013，9（12）：99-103）

1-MCP 处理对早红考密斯贮藏后货架期品质及香气组分的影响

王传增，孙家正，季静，张雪丹，王丹，王超，王淑贞

早红考密斯是一个世界广泛栽培的西洋梨品种，其果皮易着红色，着色面积通常可以达到100%，外观艳丽，香味浓郁，具有很高的商品价值和保健价值。早红考密斯常温下不耐贮藏，且后熟过程中果实腐烂严重，极大地影响了其商品品质和经济价值[1,2]。

已有的研究结果表明，果实香气物质的组分种类及其含量是风味品质的重要构成因素之一[3,4]，是评价果实风味品质的重要指标。目前，对梨采后不同贮藏时期果实香气成分变化以及采用乙烯释放抑制剂如1-MCP等延长贮藏期及对果实香气合成的影响已有较多报道。徐怀德等[5]研究表明，木瓜在贮藏期间香气成分体现为酯类、萜烯类等组分相对含量上升，而醇类、醛类等组分有下降趋势；鸭梨贮藏期间酯类物质也呈上升趋势[6]。一些报道研究了1-MCP等对苹果[7]、西洋梨[8]等果实香气成分的影响，Susan等[9]研究表明1微升·克$^{-1}$的1-MCP能较好地抑制苹果乙烯的生成，使果品保持良好的贮藏性；田长平等[10]研究发现，1-MCP处理有效抑制了黄金梨贮藏期间醛类、醇类总量的下降以及酯类总量的增加，从而维持较好的贮藏品质。但纵观近年来的研究，尚未见关于西洋梨贮藏期后货架期的香气组分分析的报道。

本研究以西洋梨品种早红考密斯为试材，采用不同浓度1-MCP处理，0℃贮藏后利用固相微萃取（SPME）与气相色谱—质谱（GC/MS）联用技术分析货架期香气组分的差异，旨在探讨西洋梨1-MCP处理低温贮藏后对其货架期风味品质的影响，为西洋梨产业发展和果农增收提供基本资料和依据。

一、材料与方法

1. 材料与仪器设备

试验于2012~2013年在山东省果树研究所贮藏加工实验室和山东农业大学作物生物学国家重点实验室进行。供试西洋梨品种早红考密斯于2012年7月14日采自山东省德州市齐河县，果实采收后2小时内运回实验室，选质量大小均匀一致、无机械损伤、无病虫害、色泽成熟度基本一致的果实作试材。试验用1-MCP粉剂由美国罗门哈斯公

司提供。试验采用的仪器有日本岛津公司生产的 GC-MS QP 2010Plus 气相色谱—质谱联用仪，TA.XT.Plus 型质构仪（UK），WY 032T 型手持式折光仪，磁力搅拌加热板、固相微萃取器手柄及 SPME 纤维萃取头（50/30 微米 DVB/CAR/PDMS）均为美国 Supelco 公司产品。

2. 试验处理

将挑选的果实随机分成处理和对照组。处理 I：1.0 微升 / 升 1-MCP 处理，密闭熏蒸16小时。处理 II：0.5 微升 / 升 1-MCP 处理，密闭熏蒸16小时。处理 III：对照（Control）处理，果实在 PVC 塑料帐内密闭处理16小时。

以上处理均设置3个重复，每个重复用果80个。处理后放入山东省果树研究所自主研发的高湿无霜试验库（库温设置为 0±1℃）内，库内相对湿度为 80%~85%。冷藏4个月取出贮藏的果实，室温（25±5℃）下放置7天后测定相关指标，鉴评货架期表现。

3. 香气成分分析

（1）顶空固相微萃取方法：参照王传增等[11]的方法并略作修改。随机取6个果实洗净切碎后准确称取50克放入100毫升锥形瓶中，加入内标物 3- 壬酮加盖封口后放在50℃磁力搅拌加热板上平衡15分钟。将纤维萃取头插入250℃的 GC 进样口老化20分钟，后插入已平衡好的样品瓶中萃取35分钟，然后插入 GC 进样口，230℃解吸2分钟，进行 GC-MS 检测。

（2）气相色谱质谱分析条件：参照王传增等[10]的方法并略做修改，利用 Shimadzu GC/MS-QP 2010 气相色谱—质谱联用仪。色谱条件：色谱柱 Rtx-1MS 柱（30米 × 0.25毫米，0.25微米）；进样口温度200℃；初始温度35℃保持2分钟，以4℃ / 分钟升至130℃保持1分钟，以7℃ / 分钟升至180℃后以20℃ / 分钟升至230℃保持5分钟。质谱条件：载气为 He 气，流量 1.03毫升 / 分钟，电离方式为电子电离，电子能量 70 eV；离子源温度200℃，扫描质量范围为 45~450 u；不分流进样。

（3）定性与定量分析：

①定性方法。得到 GC/MS 分析总离子流图后，经计算机检索同时与 NIST 08、08s 质谱库相匹配，并结合人工图谱解析及资料分析[12~14]，确认香味物质的各种化学成分。

②定量方法。按峰面积归一化法求得各成分相对质量百分含量，并采用内标进行定量。

利用前人报道的香气阈值[15~18]来计算香气物质的香气值，通过香气值确定特征香气成分。香气值[19]为某种化合物的含量与该化合物香气阈值的比值，香气值大于1的成分称为特征香气[20, 21]。

4.硬度

采用 TA.XT.Plus 型质构仪测定（P/2型号探头直径2毫米，测定深度10毫米，探测力98牛，穿刺方向垂直于果实赤道面），测前速度2毫米/秒，贯入速度1毫米/秒，测后速度5毫米/秒，穿刺深度为8毫米，最小感知力为10克。单果重复4次，取平均值。

5.可溶性固形物（SSC）

采用 WY032T 型手持式折光仪进行测定。

6.腐烂率、腐烂指数调查

调查各处理果实贮藏期间的腐烂率和腐烂指数。按果实腐烂程度分成4级：无腐烂为0级，腐烂面积 <1/10 为1级，<1/4 为2级，<1/2 为3级，>1/2 为4级。

$$腐烂率（\%）= 腐烂果数 / 总果数 \times 100$$

$$腐烂指数 = \sum（腐烂级别 \times 该级别果数）/（最高级别 \times 总果数）$$

7.官能鉴评分析

成立7人品评小组，按照曹玉芬等[22]的方法评价果实感官风味品质。

8.数据分析

数据采用 Excel 软件进行统计处理，差异显著性分析采用 DPS 3.0 数据分析软件。

二、结果与分析

1.早红考密斯不同处理条件下主要香气组分分析

表1　　　　早红考密斯不同处理条件下主要香气组分（单位：微克/克）

化合物名称	1-MCP 1.0微升/升	1-MCP 0.5微升/升	CK
酯类			
甲酸乙酯	0.022 8		
乙酸乙酯	0.219 9	0.104 9	0.068 4
甲酸异丁酯	0.000 3		0.002 2
甲酸丁酯	0.016 6	0.011 5	0.011 4
乙酸丙酯	0.035 9	0.027 4	0.026 3
乙酸甲酯		0.034 3	0.034 7
乙酸丁酯	0.651 2	0.363 4	0.261 1

（续表）

化合物名称	1-MCP 1.0微升/升	1-MCP 0.5微升/升	CK
乙酸戊酯	0.079 2	0.064 3	0.069 4
丁酸丁酯		0.005 9	
乙酸4-己烯酯	0.012 8	0.018 1	0.006 2
乙酸己酯	1.602 7	1.338 5	1.059 2
2-甲基丁酸丁酯	0.004 4	0.001 2	0.004 6
2-甲基乙酸丁酯		0.005 2	0.003 1
3-甲基乙酸丁酯			0.002 5
甲酸己酯	0.047 5	0.027 1	0.026 6
庚酸乙酯		0.000 8	
丙酸辛酯		0.002 0	0.002 1
丙酸己酯	0.003 0		
乙酸庚酯	0.040 9	0.038 1	0.027 1
甲酸辛酯			0.002 1
辛酸甲酯		0.000 6	
丁酸己酯	0.064 6		0.003 4
己酸己酯	0.029 1	0.010 9	
4-辛烯酸乙酯		0.000 5	
己酸丁酯		0.024 2	
辛酸乙酯	0.015 0	0.015 1	
乙酸辛酯	0.056 6	0.043 6	0.006 7
2-甲基丁酸己酯	0.004 5	0.001 0	0.005 1
庚酸丁酯	0.003 6	0.000 8	
辛酸丁酯	0.017 1	0.008 1	
2-乙基乙酸己酯	0.001 6	0.000 5	
辛酸己酯	0.001 9	0.001 7	
醇类			
(3-甲基环氧乙烷-2-基)-甲醇	0.066 8		
正辛醇	0.008 9	0.005 8	
3-壬醇	0.002 5	0.002 2	0.001 7
6-十三醇		0.005 3	0.006 0
乙醇		0.021 1	0.017 4
烷烃类			

（续表）

化合物名称	1-MCP 1.0 微升/升	1-MCP 0.5 微升/升	CK
1-（己氧基）-4-甲基-己烷			0.008 6
2-甲基-十四烷		0.003 4	
1-甲基-2-亚甲基环戊烷			0.001 6
2-甲基-5-丙基-壬烷	0.006 6	0.001 0	
2，6，10，14-四甲基十六烷	0.001 1		
1-甲氧基癸烷	0.000 4	0.000 5	
十四烷	0.005 7	0.002 6	
3-甲基-5-丙基-壬烷	0.001 7		
酮类			
3-辛酮			0.001 3
2-壬酮			0.006 0
3，3-二乙基-4，5-二甲基-4-己烯-2-酮	0.000 6		
醛类			
(E)-2-辛烯醛	0.002 4	0.001 7	
(E)-2-己烯醛	0.004 7	0.010 5	
(E)-2-壬烯醛	0.002 4	0.002 3	0.006 2
癸醛	0.002 2	0.002 3	0.001 2
壬醛	0.005 0	0.003 3	
己醛	0.005 9	0.012 4	0.006 3
萜烯类			
3，8-二甲基-1，5-环辛二烯	0.000 1		
长叶烯	0.003 9		
苯并环丁烯	0.004 8		0.027 3
反式-a-香柠檬烯	0.008 1		
a-法尼烯	0.127 3	0.056 3	0.023 6
△-杜松烯	0.002 0		
杂环类			
2-戊基呋喃	0.004 8	0.001 2	0.005 9
二苯并呋喃	0.007 9		0.001 8
合计	3.207 0	2.282 0	1.737 5

注：空白部分为未检出。

3个处理的果实由 GC/MS 分析后，各组分经计算机检索分析的同时与 NIST library 05、08谱库和资料比对，得到各处理果实的香气组分及其含量（见表1）。由表1可以看出，3个处理果实共鉴定出7类62种香气成分，包括酯类32种、醇类5种、萜烯类6种、醛类6种、烷烃类8种、酮类3种和杂环类2种，酯类组分是各处理中组分数和香气含量最大的香气类别。在62种成分中，3个参试材料均能检测到的有2-甲基丁酸乙酯、乙酸乙酯、乙酸己酯和a-法尼烯等17种成分；在17种成分中酯类有11种，在共有组分的数量和质量分数上均占较大比重；乙酸己酯是各处理中最大质量分数的单一组分，分别为各自总含量的49.97%、58.66% 和60.96%。各处理的香气组分数分别是45种、42种和33种，香气总含量分别为3.207 0、2.282 0和1.737 5微克／克，总含量和香气组分数均呈现递减趋势，差异显著。

在共有的17种组分中，有10种香气成分在处理Ⅰ、Ⅱ、Ⅲ中呈递减趋势，如乙酸庚酯在3个处理中含量分别为0.040 9、0.038 1、0.027 1微克／克，呈递减趋势；3个处理中各自独有的香气组分数分别为11种、6种和5种，与各处理香气组分总含量变化情况一致。

2. 不同处理条件下早红考密斯各类别含量比较

表2 　　　　　　　　早红考密斯不同处理下各类别香气总含量

化合物类	含量（微克·克$^{-1}$）		
	1-MCP 1.0微升／升	1-MCP 0.5微升／升	CK
酯类	2.908 157aA	2.149 939bB	1.622 362cC
醇类	0.078 203aA	0.034 428bB	0.025 13bB
烷烃类	0.015 528aA	0.007 543aA	0.010 246aA
酮类	0.000 644aA	0	0.007 333aA
醛类	0.022 666aA	0.032 499aA	0.013 723aA
萜烯类	0.146 328aA	0.056 344bB	0.050 942bB
杂环类	0.012 617aA	0.001 235aA	0.007 764aA

注：不同处理特征香气值间差异显著性检验采用邓肯氏新复极差法。小写字母表示0.05水平，大写字母表示0.01水平。下同。

表2列出了各处理的香气类别及其含量，酯类组分是各处理中组分数和香气含量最大的香气类别。由表2可以看出，7类组分中酯类、醇类、萜烯类组分含量在3个处理中均呈递减趋势，其他类别香气组分含量无规律性的变化。（3-甲基环氧乙烷-2-

基)- 甲醇是处理 I 中醇类组分含量最大的组分，但在另外两个处理中没有检测到；乙醇在处理 I 中没有检测到，而在其他两个处理中均有一定含量（表1所示）。酯类含量在3个处理中分别为2.908 1微克/克、2.149 9微克/克和1.622 3微克/克，差异极显著（$P<0.01$）；萜烯类含量在3个处理中分别为0.146 3微克/克、0.056 34微克/克和0.050 942微克/克，差异显著（$P<0.05$）。酮类物质未在处理 II 中检测到，且处理 I 中酮类含量小于处理 III 的含量。

3. 特征香气成分及其香气值比较

表3　　　　早红考密斯不同处理下特征香气成分及其香气

化合物名称	香气阈值（纳克·克$^{-1}$）	香气值 Odor units		
		1-MCP 1.0微升/升	1-MCP 0.5微升/升	CK
乙酸丁酯	66	9.86 70aA	5.506 5bB	3.956 7cC
乙酸戊酯	43	1.842 0aA	1.496 2bB	1.613 0bB
乙酸己酯	2	801.330 9aA	669.254 1bB	529.617 1cC
辛酸乙酯	2	7.486 7aA	7.544 9aA	0
乙酸辛酯	12	4.716 5aA	3.635 4bB	0.560 8cC
香气值总和		825.243 1aA	687.437 1bB	535.747 6cC

香气组分含量与其香气阈值的比值大于1的为其特征香气，表3列出了各处理的特征香气及其香气值。由表3可以看出，3个处理中香气组分和香气值均存在一定差异。乙酸丁酯、乙酸戊酯、乙酸己酯、辛酸乙酯、乙酸辛酯是3个处理中共有的特征香气成分，其中3个特征香气的香气值在3个处理中均呈明显的递减趋势。如乙酸己酯在3个处理中达到801.330 9、669.254 1和529.617 1，差异极显著（$P<0.01$）。

4.1-MCP 处理后对早红考密斯货架期果实品质的影响

表4　　　　早红考密斯不同处理下的果实品质

贮藏天数（天）	处　　理	硬度（牛/厘米^2）	可溶性固形物含量(%)	腐烂率(%)	腐烂指数
120+7	1-MCP 1.0微升/升	33 aA	13.03aA	18.75cC	0.06cC
	1-MCP 0.5微升/升	27 bA	13.07aA	29.41bB	0.13bB
	CK	18 cC	12.22bA	100aA	0.70aA

从表4可以看出，将低温条件下贮藏120天后的早红考密斯取出于常温条件下放置7天后，果实硬度差异较大，如1-MCP 1.0微升/升处理硬度为33牛/厘米^2，而对

照仅达到18牛／厘米^2，差异极显著($P<0.01$)，但可溶性固形物含量变化不明显；并且1-MCP处理后的早红考密斯货架期腐烂率和腐烂指数仍然显著低于对照处理($P<0.05$)，腐烂果实多为西洋梨顶腐病所致。

表5　　　　　　　　　　　早红考密斯货架期风味品质的官能鉴评

	1-MCP 1.0微升／升	甜，果香味浓，品质上
120+7（天）	1-MCP 0.5微升／升	淡甜，具果香味，品质中
	CK	淡甜，有酸腐味，果香味淡，品质下

由表5可以看出，早红考密斯货架期期间感官风味品质评价存在明显差异，与对照相比较，贮藏120天并经历7天货架期后3种处理的风味品质有明显差异，1-MCP处理贮藏后明显延缓了风味品质下降，更有利于风味品质的保持。香味官能鉴评的这种差异性变化与香味物质等成分测定结果基本一致，其中酯类、醇类、萜烯类3类物质含量在3种处理中依次递减，使其风味品质表现为依次递减的趋势。

（食品科学2014，35(20)：296-300）

2013年山东省鸭梨主产区贮藏情况调查

王传增，孙家正，季静，王丹，王淑贞

鸭梨是我国历史悠久的优良主栽水果品种[1]，其果实在适宜的条件下可以贮藏6～8个月[2]。山东省冠县、阳信县是山东省鸭梨主产区，据统计2013年两地鸭梨总产量22万吨，贮藏量约4万吨，产量和贮藏较往年均有所下降。2013年11月上旬，为深入了解2013年山东省鸭梨贮藏市场情况及鸭梨贮藏企业贮藏过程中存在的主要问题，结合调研山东省果树研究所承担的鸭梨长期保鲜无褐变技术研究课题示范库情况，配合国家现代农业产业技术体系梨体系泰安综合试验站、山东省水果技术体系采后处理与加工岗位团队任务，采用随机取点方法对冠县、阳信鸭梨贮藏情况进行调查，以期为鸭梨贮藏企业决策和贮藏技术改进提高参考。

一、调查结果

1.入贮鸭梨品质整体下降

由于夏季雨水较大及鸭梨花期等关键时期病虫害等的影响，2013年鸭梨整体优果率较往年下降,病果、果锈果等较多;果实基本保持了鸭梨果实硬度,但风味较往年差,口感下降。由于夏季果袋内梨黄粉蚜危害严重,冠县尤为突出,梨果品质下降。阳信县一冷库鸭梨贮藏50天烂果率已明显较往年同期高,烂果率近8%。调查显示2013年鸭梨单产也有所下降。

2. 鸭梨收贮企业成本增加,企业入贮量减小

鸭梨品质下降,直接造成了入库倒箱时次果大量剔除,加之收贮价格升高、劳动力成本提高等多方面因素影响,收贮企业成本增加。另外,鸭梨品质下降也减小了从业者贮藏的信心,使得鸭梨入贮量减小。

3. 鸭梨果心褐变仍是困扰

鸭梨贮藏中的果心褐变(俗称"黑心")问题仍然是目前生产实践中亟待解决的问题。冠县、阳信县鸭梨贮藏时,几乎全部冷库仍沿用20世纪七八十年代我国传统的缓慢降温方式防止鸭梨果心褐变,即12℃入库,经40余天缓慢降温[3, 4]到0℃贮藏。一般认为鸭梨采后直接入0℃冷库或急剧降温会因突然降温引起低温生理伤害,造成鸭梨早期果心褐变(入库后30~50天)[4, 5]。

缓慢降温贮藏方式在贮藏前期温度较高,鸭梨呼吸活跃,并且普通冷藏库无自动温控装置,均为手动操作,受操作人员的技术差异影响,冷库内部温度均一性差,贮藏后期(鸭梨一般贮藏6个月,贮藏后2个月即为后期)易发生果心褐变问题,后期果实衰老加快,易造成果实腐烂。

4. 鸭梨采收后直接入0℃贮藏示范库情况

笔者所在的山东省果树研究所贮藏加工研究室多年来一直关注鸭梨贮藏保鲜问题,并针对鸭梨果心褐变问题开展了相关研究工作。课题组创新性地提出鸭梨采收后直接入0℃冷库的贮藏方法,结果表明,直接入0℃库贮藏与阶段降温入库贮藏相比,其品质好,果心褐变出现时间推迟且果心褐变率下降(未发表数据)。2012年课题组分别在冠县、阳信县建立0℃贮藏示范库(示范库为轻质库,贮藏量为10吨,机械制冷自动控制),旨在观察此项技术在鸭梨主产区的表现。此次我们对阳信县、冠县2个示范库(果品入库时库温为0℃)、阳信华星冷库、冠县某氨机制冷库及阳信农贸市场鸭梨进行取样调查发现:贮藏50天后,2个示范库贮藏的鸭梨果实均新鲜饱满,果柄鲜绿,切开后果心正常;阳信某冷库及附近市场购买的鸭梨果柄鲜绿,但果面稍失水皱缩,果实硬度显著低于示范库鸭梨,切开后部分果实2~3个心室出现褐变,褐变率分别为25%和33%;冠县刘屯冷库贮藏的鸭梨果个较小,大部分为直径65毫米果实,果实成熟度低,

种子不饱满（不饱满种子果实占40%），果柄开始干枯，但切开后果心正常（表1）。

表1　　　　　　　　　　山东省鸭梨主产地取样调查结果（贮藏50天）

调查地点	果实硬度 （千克/厘米²）	可溶性固形物 含量（%）	果柄新鲜 指数	果心褐变率 （%）	果心褐变 指数	腐烂率 （%）
阳信示范库	5.1 ab	11.9 a	1.0	0	0	0
冠县示范库	5.4 a	10.6 a	1.0	0	0	0
阳信华星冷库	4.7 bc	11.3 a	1.0	25.0	0.13	5.0
阳信农贸市场	4.4 c	11.2 a	0.9	33.3	0.19	22.2
冠县刘屯冷库	5.4 a	10.8 a	0.7	0	0	4.8

山东省果树研究所示范库前期连续3年的试验结果表明，适期（商熟期）采收的鸭梨直接入0℃库贮藏，至春节前出库时无果心褐变发生；次年五一节之后出库时少量鸭梨出现果心褐变，但果心褐变率在5%以内，果实新鲜度要高于相同条件下采用缓慢降温处理的鸭梨；缓慢降温处理的鸭梨贮藏至次年2～3月发生果心褐变。此次调查发现阳信县华星冷库部分鸭梨（贮藏50天）及阳信农贸市场销售的鸭梨已开始发生果心褐变。

二、建议

1. 选点示范，逐步推广鸭梨低温入库贮藏技术

目前山东省鸭梨主产区贮藏企业基本仍沿用缓慢降温入库的方式，大部分企业经营者认为鸭梨直接入低温库贮藏一个月会造成严重果心褐变问题。目前我们在冠县、阳信县建立的鸭梨直接入0℃贮藏示范库，连续2年示范结果表明，采用该贮藏技术，鸭梨贮藏至翌年5月，样品果心褐变率均在5%以内。冠县、阳信县贮藏企业负责人在参观示范库情况后均有所顾虑，虽然此项入库贮藏技术确实效果显著，但与多年来鸭梨入库贮藏方法明显相悖，大库若采用此项技术风险太大。目前此项技术推广应用的关键是改变长期以来生产经营者根深蒂固的观念。课题组联合有关部门，组织广大生产经营者参观示范库，就示范库采用的技术方法、注意事项等做详尽说明，打消贮藏企业经营者的顾虑；选择具有代表性、有带动性的小型冷库开展示范推广，有针对性地开展技术培训，加大冷库操作人员的培训力度，保障贮藏效果，示范成功后逐步推开；加强与当地农业技术推广部门、农业保险部门、宣传部门的合作，使该项技术更好、更快地为广大贮藏企业服务，延长鸭梨贮藏期。

2. 政府有关部门与企业应加大投入、加强管理

山东省鸭梨主产区政府有关部门应加大对鸭梨种植者的资金补贴力度、贮藏企业的资金扶植力度，农业技术推广部门应熟化整形修剪、花果管理、无公害防治等成型配套技术并加以推广，旨在提高鸭梨果品质量。贮藏企业应加大对适期采收、分级处理、分割包装等环节的控制管理，并及时更新设备、改进技术。科研部门着力解决好鸭梨低温入库贮藏技术的温度控制、果品包装形式、包装材料、入市检验、质量追溯等因素的标准制定，使得此项技术在推广时有规可依、有序可循。

参考文献

［1］ 王迎涛，方成泉，刘国胜，等.梨优良品种及无公害栽培技术［M］.北京：中国农业出版社，2004：159.

［2］ 郗荣庭.中国鸭梨［M］.北京：中国林业出版社，1998.

［3］ 王志华，王文辉，佟伟，丁丹丹，王宝亮，张志云.1-MCP 结合降温方法对鸭梨采后生理和果心褐变的影响［J］.果树学报，2011，28（3）：513-517.

［4］ 赵瑞平，兰凤英，夏向东，丁双阳，于梁.不同温度下气调贮藏对鸭梨果实的影响［J］.北方园艺，2005（2）：70-72.

［5］ 李云荫，曹敏，党凤良，王健，周玉山，葛焕.不同贮藏温度对鸭梨黑心病发生的影响［J］.植物学通报，1984，2（5）37-38.

（中国果树2014，3（2））

2014年山东省鸭梨主产区贮藏情况调查报告

王传增，孙家正，季静，王淑贞

2014年3月中旬，结合鸭梨长期保鲜无褐变技术研究课题的实施，配合国家现代农业产业技术体系梨体系泰安综合试验站、山东省水果技术体系采后处理与加工岗位团队任务，山东省果树研究所贮藏加工研究室到山东省鸭梨主产区冠县、阳信县两地进行鸭梨贮藏情况调研。深入到贮藏企业、主管部门，了解山东省鸭梨贮藏情况，对贮藏的鸭梨进行了多项指标检测，分析了鸭梨贮存销售中存在的主要问题，对于更好地把握产业发展趋势、理清产业问题、谋划产业布局有重要的意义，为产业体系下一步技术指导的决策和方向提供参考。

一、鸭梨贮藏与市场状况

1. 鸭梨质量较往年下滑，贮藏量有所下降

市场调研表明，2013～2014年度鸭梨总体质量较往年差，鸭梨收贮量小。据冠县、阳信县两产区调研统计，鸭梨入贮量约4万吨，较往年有所下降。由于2013年夏季雨水较大，加上花期等关键时期的病虫危害，贮藏的鸭梨整体优果率较往年低，病果、果锈果较多。虽然基本保持了鸭梨的硬度，但风味较往年差，口感下降。由于贮藏的鸭梨入库倒箱时大量剔除了残次果、收贮价升高、劳动力成本提高等多方面因素的影响，企业运营成本大大增加，使部分企业从业者贮藏的信心下降，导致入贮量下降。

2. 各企业采取措施，销售已近尾声

由于果实品质较差，成本运营压力较大，各企业积极调整销售方案，贮藏企业出库量和出库速度均较往年加快，有的企业边收边卖。针对国外市场，严把入库果品质量关，对果个大小、果实可溶性固形物含量、果面、果柄等做了严格规定，贮藏期间增加抽样检查频率；积极争取订单，争取早日完成库存销量。至调查时，冠县、阳信两地贮存企业已基本清库，只有少数企业安排出库计划，多是小库保存。冠县刘屯镇某行政村20余处冷库均无库存，阳信县多地的冷库企业也已清库。某冷库经理表示，企业还有近2成果品封存在小库内，计划5月份开库投放市场。

3. 鸭梨价格保持相对较高水平，存贮企业效益较往年增加

虽然2013年度鸭梨产量、质量等均有所下降，收贮成本提高，但贮存的鸭梨价格一直保持在相对往年较高的市场价格水平，并持续升温，鸭梨收购价在每千克2.0～3.0元之间，优果优价。据调查，今年存贮个体及企业均有较大收益，基本无亏本企业。这也激发了鸭梨生产管理的积极性，有不少合作社都加大了生产资料投入，如增施有机肥、加大栽培管理力度等。

4. 示范库鸭梨贮藏情况明显优于当地库

山东省果树研究所贮藏加工研究室多年来一直关注鸭梨贮藏保鲜问题，针对鸭梨果心褐变问题开展了相关研究工作。目前生产上鸭梨保鲜技术一直延用20世纪80年代的鸭梨入贮后缓慢降温技术，即鸭梨入库温度10～12℃，经过阶段降温，入贮后30～40天降至0℃[1,2]；为防止腐烂，在贮藏后期库温设定和控制在－2℃，为防果实失水，采用库内地面洒水措施等。调查发现，此技术已落后于现代市场的需要。2013年11月份调查，传统技术贮藏某冷库果实的褐变率已高达33.3%[3]。课题组通过几年的试验探索和研究，创新提出鸭梨采收后直接入低温0℃库冷藏方法。结果表明，此方

法相比传统技术鸭梨贮藏品质好,果心褐变出现时间推迟且果心褐变率下降;至次年5月份出库时,只有少量鸭梨出现果心褐变且褐变率控制在5%左右。2012年结合山东省农业重大应用技术创新项目,分别在冠县、阳信县建造了高湿无霜节能示范冷库,其库温和霜温自动控制,贮藏容量为10吨,同时检测库温、霜温和果实品温的变化情况,在果实入贮前将库温降至0℃左右,鸭梨采收当日直接入0℃示范库贮藏。两县各选取2~3处园片采收果实,观察防褐变贮藏技术与传统贮藏技术的差异。对阳信县、冠县2个示范库和4个个体冷库、山东省果树研究所所内试验示范库共计7份样品进行对比分析,结果显示,贮藏180天后,3个示范库均比个体冷库贮藏的鸭梨硬度大、可溶性固形物含量高、果实腐烂率低(5%左右)。个体冷库样品腐烂率因库体大小、管理差异而有较大波动,如冠县韩路某小型冷库腐烂率为2.86%,而阳信香坊村冷库腐烂率高达13.33%。示范库样品切开后只有少量果实2~3个心室出现褐变,果心褐变率多在5%左右,褐变指数均低于0.05;而4个地方库果心褐变率均在较高水平,褐变指数也均显著高于3个示范库。所内试验示范库样品褐变率、褐变指数分别为4.08%和0.01,而阳信银高村冷库样品褐变率、褐变指数分别高达81.58%和0.55,差异极显著。综合各项指标显示,采用0℃贮藏技术的示范库样品好果率高、果实商品性好、品质上乘,在同等条件下可延长鸭梨贮藏期,维持良好的商品性能和价值。结合11月份调查分析[3],预测示范库贮存果实的时间可以超过5月份,且保持较好的果实品质。

表1 　　　　　　　　　　　　　2014年3月调查的鸭梨贮藏情况

地点	腐烂率(%)	果心褐变率(%)	果心褐变指数	果实硬度(千克/厘米²)	可溶性固形物含量(%)
冠县示范库	1.75	3.57	0.01	4.30	10.50
阳信示范库	6.25	6.67	0.02	4.30	11.80
所内示范库	2.00	4.08	0.01	4.40	11.80
冠县韩路冷库1	6.25	44.44	0.22	4.20	10.20
冠县韩路冷库2(小型)	2.86	13.24	0.06	3.90	10.20
阳信香坊村冷库	13.33	86.54	0.52	4.00	10.70
阳信银高村冷库	9.52	81.58	0.55	3.70	10.40

注:示范库采用直接0℃贮藏技术,地方库均采用传统缓慢降温贮藏方法。随机抽取整箱梨,带回实验室检测品质指标。①硬度,用GY-1果实硬度计测定。②可溶性固形物(SSC)含量,用WY032T型手持式折光仪测定。③腐烂率(%)=腐烂果数/总果数×100。④果心褐变指数,将果实沿果心的中心部位横切,依横切面上果心组织的褐变程度和面积划分褐变级别,无褐变为0级,轻微褐变(果心个别心皮内壁有褐斑)为1级;轻微至20%褐变(1~2个果心心室褐变)为2级;褐变20%~50%为3级,大于50%为4级。果心褐变指数=Σ[(褐变级别×该级别果数)/(最高褐变级数×总果数)]。

二、小结

山东省鸭梨主产区2013～2014年度贮藏企业取得了较好的收益，虽然果品质量有所降低，但这只是特殊年份的个例。应该说，鸭梨质量是生产者和贮藏者效益的源泉，是抗拒市场风险的资本，应该从生产链和贮藏链上共同下工夫抓紧抓好。

在贮藏方面，鸭梨的果心褐变问题在地方冷藏库中仍普遍存在，冷库管理仍沿用传统的缓慢降温方式防止鸭梨果心褐变。对比来看，直接入0℃库的方法较缓慢降温的方法所存贮的果心褐变率、褐变指数均低，果实品质好，达到试验示范的效果。下一步，课题组将联合主产区有关部门加大此项技术的推广、示范力度，建议加大对贮藏企业的扶持力度、政策倾斜力度；贮藏企业也应强化内部管控，积极进行设备、技术更新。

近年来随着国家方针政策的逐步实施，土地流转必将成为趋势，地方政府有关部门也在因地制宜开展工作。将来企业也可以承包土地，从源头抓果品质量，经受市场和消费者对果品质量的考验，这是个好兆头。企业在市场中要更加注重担当，注重企业定位，操作时更加注重果品分级和市场分级，更加注重企业对品牌的认知和培育。在阳信县某知名鸭梨贮藏企业了解到，公司采用"企业＋合作社＋农户"模式开展收贮业务，果品生长期间对病虫害统防统治，药品、肥料等统一配送；注重品牌的培育和维护，在内销为主的基础上，已在福建、广西等地打开市场，同样质量的果品价格较其他品牌高，品牌效应初步显现。

参考文献

［1］ 王志华，王文辉，佟伟，等.1-MCP结合降温方法对鸭梨采后生理和果心褐变的影响［J］.果树学报，2011，28（3）：513-517.

［2］ 赵瑞平，兰凤英，夏向东，等.不同温度下气调贮藏对鸭梨果实的影响［J］.北方园艺，2005（2）：70-72.

［3］ 王传增，孙家正，季静，等.2013年山东省鸭梨主产区贮藏情况调查［J］.中国果树，2014（2）：75-77.

（落叶果树2014，46（4）：39-41）

2014年山东阳信鸭梨市场调研

王传增，孙家正，杨娟侠，王丹，季静，王清敏，李洪新，王淑贞

鸭梨是我国历史悠久的优良主栽水果品种[1]，广泛栽培于河北、山东、辽宁、山西等省，其栽培历史悠久，产量较大[2]，果实在适宜的条件下可以贮藏6~8个月[3]。2014年9月中旬正值鸭梨采收收尾环节，为深入了解2014年山东省鸭梨主产区阳信县鸭梨的生产情况及入贮情况，配合国家现代农业产业技术体系梨体系泰安综合试验站、山东省水果技术体系采后处理与加工岗位团队任务，山东省果树研究所贮藏加工研究室到阳信县调研。此行深入到田间地头、购销市场、贮藏企业等，深入、直观地了解今年鸭梨品质、产量、价格情况及入贮情况，总结今年鸭梨生产、贮藏的新情况、新形势，分析鸭梨生产的动向和发展趋势，为体系和产业发展提供参考和基本资料。调研结果突出体现为2014年阳信鸭梨产量增加、品质提高、贮存量增加、价格上涨的"三增一涨"趋势，丰产丰收，形势喜人。贮藏新技术和传统入贮模式各半，入贮速度较往年大幅提升。

一、鸭梨整体品质较往年有所提升

调研多家合作社及销售点发现，今年鸭梨果实整体质量较往年有较大提升。2013~2014年贮藏季鸭梨价格一直保持较高水平，大多数贮藏企业获得较高收益，这也使得个体果农、各专业种植合作社在2014年鸭梨生长期加大了有机肥等生产资料的投入，加强了果园土肥水管理和病虫防治力度。另外，今年夏季较往年干旱，鸭梨生长前、中期雨水较少，果园病害较轻，总体使今年鸭梨果实品质量上升。特别是各果农合作组织、种植大户多年来在国家梨产业技术体系泰安综合试验站专家的指导下，提高了综合防治病虫害的意识，统防统治，土肥水综合管理的意识不断增强，也是鸭梨品质提升的重要原因。泰安综合试验站在阳信林业部门的配合下组织了多次关于鸭梨栽培技术、病虫害防治的讲座，群众参与积极性很高，发放的病虫害防治明白纸等对果农果园管理有很好的指导作用。从调查走访的多个果园、冷藏库来看，今年鸭梨突出表现为果个普遍较大，可溶性固形物含量高，口感好，品质较高。果实硬度均在4.3千克/厘米^{2}左右，肉质松紧适宜；可溶性固形物含量均高于11.2%，较往年高，个别果园如吴

家楼村富硒园在13%左右，品质优良（表1）。但调查也发现，个别果园果袋内梨黄粉蚜危害严重，造成个别果农损失较重。

表1　　　　　　　　　　　　　　阳信鸭梨取样调研结果

采样地点	套袋方式	果实硬度（千克/厘米²）	可溶性固形物含量（%）
吴家楼村富硒梨园	纸袋	4.2±0.2	13.1±0.6
小张家村	纸袋	4.4±0.3	12.0±0.3
董家村	纸袋	4.3±0.3	12.1±0.3
农贸市场	塑膜袋	4.2±0.3	11.2±0.2

二、鸭梨产量有所增加，商品果率增加

2013年由于受春季冷害、夏季雨水等影响，山东省鸭梨减产20.0%~30.0%，果农生产效益受到影响[4]。2014年春天鸭梨成花、授粉、坐果等关键时期未出现严重极端灾害天气，鸭梨整个生长季气候也未出现异常，有利于鸭梨果实生长发育；再加上今年不少合作社、果农加大了果园生产资料的投入和栽培管理力度[5]，鸭梨产量较2013年有大幅增加。据阳信林业部门初步统计，全县今年鸭梨产量在20万吨以上，具体产量正在统计核实。2014年鸭梨果实套袋情况和往年基本一致，套塑膜袋和套纸袋比例略微增加。由于不套袋果实可以提早上市，节省人力成本，部分果农坚持不套袋。今年不套袋果价格为2.2~2.4元/千克，果农普遍反映效益也不错。从调研情况来看，今年商品果率增加，残果、次果较少，这也使得果农效益得到提高。

三、鸭梨价格大幅上涨

2014年鸭梨价格延续上半年贮藏鸭梨出库价保持高位的趋势，从初始采果开始一直在较高水平。套纸袋鸭梨商品果收购价格为3.0~3.8元/千克，个别合作社推出的有机梨、富硒梨等价格更高；不套袋鸭梨商品果收购价为2.2~2.4元/千克，套塑膜袋价格在两者之间。另外，生产者加大了生产资料的投入、果园管理力度，化肥、农药等生产资料价格上涨，这些因素也助推了梨果价格。在疏花、蔬果、套袋等关键时期雇佣的人工成本也在增加，据了解，2013年用工为50元/（工·天），2014年普遍上涨至80元，个别天上涨至120元，用工价格上涨也对梨果价格有一定影响。

四、鸭梨收贮量增加，入库速度有所提升，收贮仍沿用传统模式

鸭梨产量增加、优质果率增加，再加上广大贮存企业对贮藏效益有信心，使得今年收贮量有所增加。据阳信林业部门鸭梨研究所负责人初步统计，今年预计收贮量6万吨，较去年有一定程度的增加。今年鸭梨价格上涨，使得鲜梨市场异常火爆，吸引外地

客商采购，导致外销总量大幅增加，这是梨贮存量没有大幅增加的一个重要原因。

从今年的调研来看，鸭梨收贮过程多数仍沿用传统的入库模式，即采摘—分拣—包装—入库。从采摘到入库时间差别较大，最快12个小时，有的要48小时，甚至更长时间。鸭梨一般是下午采摘后堆码在果园，第2天早上装筐销售。早上采摘果实要待纸袋上露水干后采摘，采摘后果实无法及时放在阴凉处或运输至销售点，暴露在中午温度较高时段，因此生产上早晨采摘的不多。在对某农户果品采摘、销售跟踪调研时发现，一天当中果品温度变化幅度很大。如某日8：30堆码的果品温度均值为19℃，9：30运送至冷藏库收购点简易棚时果品温度为23℃，11：00温度达到25℃；所有果品分级、包装后运送至操作车间为15：00，果品温度26℃；20：00入库时果品温度24.5℃。有的果园采摘后堆码在地里，全部采摘完成后统一销售。这样鸭梨果实离体后经历2天甚至更长时间的温度变化刺激，这对贮藏时果实品质维持很不利。

在鸭梨贮藏包装方面，沿用传统蜡纸—网套—纸箱模式的贮藏企业仍占多数，采用蜡纸—网套—周转箱新型模式的企业的比例在增加，如调研中某贮藏企业今年有近2 000箱采用此种模式。该企业是"鸭梨长期保鲜无褐变技术研究课题"示范库示范单位。对比两种模式的存放效果，同一冷藏库内周转箱存放效果优于纸箱。这是因为周转箱缝隙大，果实温度能迅速下降至近库温，减小了果实的生理消耗，有利于维持品质，延长贮藏期。这也对示范库采用的直接0℃入库贮藏能更好地维持鸭梨品质进行了佐证。0℃入库，鸭梨果实呼吸作用迅速降低，生理消耗急剧下降，CO_2未在果实内部大量聚集，贮藏至次年5月果心褐变率控制在5%以下。因此，在"鸭梨长期保鲜无褐变技术"的推广上，推广"直接0℃入库"不能一下子让所有的贮藏企业接受时，可以从迅速降低果温上着手，先采用周转箱入库，再逐年降低入库温度，让贮藏从业者从一步步措施中看效果、得实惠、见利益，逐步推广"直接0℃入库"技术。该企业负责人表示，周转箱存梨效果比纸箱好，存放时间延长。今年该企业加大了周转箱入库的比例，也降低了入库温度，并准备周转箱存梨最后出库。

由于今年鸭梨丰收丰产，各贮藏企业提前备好资金、库容应对丰收，往年15～20天才能完成的收贮工作今年基本在1周内结束。这一方面减少了长时间开闭库门对库温的影响，节能增效；也能及时封库，加快库内鸭梨果品及时降温，降低呼吸速率，维持良好的果实品质。

五、小结

山东省鸭梨主产区2013～2014年度贮藏企业取得了较好的收益[5]，2014年鸭梨主产区阳信县鸭梨整体呈现产量增加、品质提高、贮存量增加、价格上涨的"三增一涨"趋势，丰产丰收，形势喜人。2014年广大贮藏企业积极做好计划，对不同梨果分级别、分批出库；各企业在销售上"走出去"找订单，延续老客户，培养发展新渠道，国际市场和国内市场两手抓。这对于保证山东鸭梨市场稳定，维护农产品有效供给，将发挥重要作用。

总体来讲，鸭梨果品质量是生产者和贮藏者效益的源泉，是抗拒市场风险的资本，下一步应该从生产链和贮藏链上共同下功夫抓紧抓好抓实。习近平总书记2013年在视察山东省农业科学院时指出"农业出路在现代化，农业现代化关键在科技进步"。因此广大科研院所应瞄准生产一线，以产业上的矛盾和问题为科技创新导向，研发优势更加突出、特色更加鲜明、支撑产业更加有力的生产技术和优势良种。地方农技推广部门加大成熟技术的推广、扶持力度，使相关技术真正能够落地开花、植根基层；加强农业科技人才队伍建设，培养新型职业农民。

参考文献

[1] 王迎涛，方成泉，刘国胜等.梨优良品种及无公害栽培技术［M］.北京：中国农业出版社，2004：159.

[2] 赵彩平，张绍铃，徐国华.世界与中国的梨生产、贸易及流通现状［J］.柑桔与亚热带果树信息，2005，21(2)：5-7.

[3] 郗荣庭.中国鸭梨［M］.北京：中国林业出版社，1998.

[4] 王传增，孙家正，季静，等.2013年山东省鸭梨主产区贮藏情况调查［J］.中国果树，2014(2)：75-76.

[5] 王传增，孙家正，季静，等.2014年山东省鸭梨主产区贮藏情况调查报告［J］.落叶果树，2014，46(4)：39-41.

（生产调查2015.4）

鸭梨的冻结特征及影响因素分析

王丹，孙家正，王传增，季静，王清敏，王淑贞

鸭梨原产于中国，是我国白梨品系的传统优良主栽品种，广泛栽培于河北、山东、

辽宁、山西等省，其栽培历史悠久，产量较大[1]。据报道，鸭梨每100克可食部分含蛋白质0.2克，脂肪0.2克，膳食纤维0.8克，碳水化合物9.8克，并富含维生素和矿物质。由于其果实美观、皮薄肉细、甜嫩多汁、耐贮耐运，深受广大消费者青睐[2]。鸭梨果实较耐贮藏，采用冷藏方法可以贮藏到第2年2~3月，鸭梨贮藏中主要问题是逆境伤害，即由于温度和气体等条件不适宜而造成果实褐变，其中主要是近果心部位组织褐变。果实发生褐变时首先是果心局部变褐，然后逐步发展，使整个果心、果肉都变褐，是鸭梨贮藏中的主要生理病害[3~5]。因此，鸭梨贮藏过程中要求温度即品温控制要求更为精确。

本研究对鸭梨进行了大量冻结试验，归纳了鸭梨几种典型的冻结曲线类型、比较了果实不同部位的冻结特性、果实与果汁的不同，并总结了大致冰点范围和果实参数指标与冰点的相关性，为鸭梨贮藏温度的设定、避免冷害发生等提供了理论依据。

一、材料与方法

1. 试验材料

鸭梨2012年9月中旬采自山东省冠县韩路果园二十年生树，树势中庸，管理中等。

2. 试验方法

(1) 冻结过程测定：试验采用鲁墨森等[6,7]自制的测温装置——热镀锡膜铜——康铜热电偶，稍有改进（图1）。温度自动记录时间间隔1秒，精度为0.1℃，工作端测头直径为1毫米左右，测头热惰性极小、反应灵敏，同时可以最小限度地损坏被测组织的

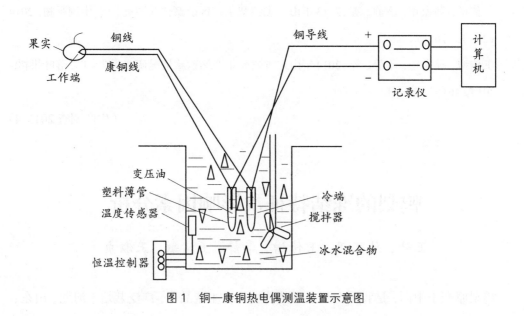

图1 铜—康铜热电偶测温装置示意图

原始状态。

将待测样品置于待定温度的低温恒温箱中，测头刺入鸭梨果实的相应部位，利用由 LU-R/C2100 无纸记录仪改制的高灵敏度多通道微伏级数据采集处理器进行温度数据的采集、存储，可以准确灵敏地记录温度的微变过程，然后通过相关软件将温度数据在计算机上作进一步分析处理。

每个鸭梨果实的冰点统一规定为果肉部位测得的的冰点温度，即以3个不同测头同时测得的果肉部分冰点数值的平均值为准。

鸭梨果汁冻结过程的测定：将果肉放入榨汁钳进行挤压过滤取汁，滤液倒入小玻璃试管中，将测头悬空深入果汁，注意测头不要触壁，试管口处密封固定。

空气介质温度的测定：将测头悬空于低温恒温箱的一定位置，并将其固定，以防止测头触碰到低温恒温箱内壁。

（2）可溶性固形物含量测定：利用 WY032T 手持式折光仪测定可溶性固形物含量，每个试样重复3次。

（3）硬度测定：用探头直径为11厘米的 FT30 果实硬度计测定。在果实对称的两颊部各削去果皮测定，单位为 kgf。

二、结果与分析

1. 鸭梨果实的典型冻结曲线

样品在冻结过程中，温度与时间的关系称为冻结曲线。根据鸭梨果实大量冻结试验，总结得出3种典型曲线。

图2是出现频率最高的一类曲线，在整个冻结过程中有几个较为关键的点：鸭梨品温从初温到达过冷点（a），在过冷点（a）冰核开始形成。此阶段为释放显热阶段，降温速率快，曲线较陡。由过冷点（a）急速上升至初始冰点（b），a 点与 b 点的差值反映了过冷现象的显著性，后由 b 点经短暂时间下降至平衡冰点（c）。此阶段是冰晶大量形成的时期，正在冻结部分潜热释放的速率与已冻结部分冷却的速率不分上下。因此，温度曲线比较平缓，温度恒定或有小幅下降，直至到达终止冰点（d），此后曲线斜率开始明显增大，温度大幅下降，最终接近空气介质温度。

图3与图2的特征基本一致，区别在于图2中的平衡冰点（c）高于过冷点（a），而图3则是平衡冰点（c）低于过冷点（a）。出现此现象的原因还有待于进一步研究。

图4是鸭梨果实的冻结试验中出现频率最低的一类冻结曲线，其特点是无明显过冷现象或者说没有出现过冷点，且初始冰点（b）与平衡冰点（c）重合。

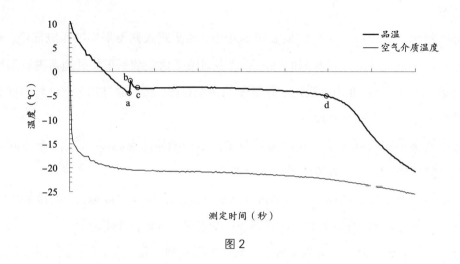

图 2

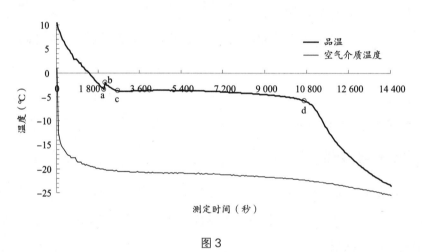

图 3

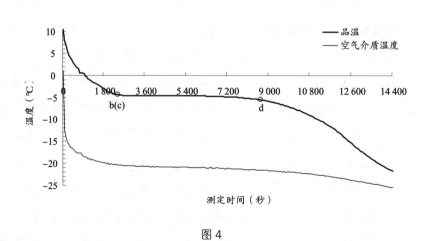

图 4

本研究将平衡冰点等同于冰点温度。

2. 鸭梨果实不同部位的冻结曲线

将测头刺入果实的三个部位：表皮下0.5厘米、中部果肉和果心，于一定的空气介质温度下冻结。图5显示的是在一定空气介质温度下测得的鸭梨不同部位冻结过程的曲线图，表1为相应的冻结参数。可以看出，鸭梨果实由表及里过冷点与冰点均逐渐升高，特别是平衡冰点温度相差较大，皮下与果肉相差1.4℃，果肉与果心相差1.3℃；平衡冰点出现的早晚顺序为皮下、果肉、果心，皮下与果肉相差不大，与果心的时间差异性较显著；过冷点与冰点温度的差值，即过冷现象的显著性，皮下 > 果肉 > 果心，果心几乎没有出现过冷点。

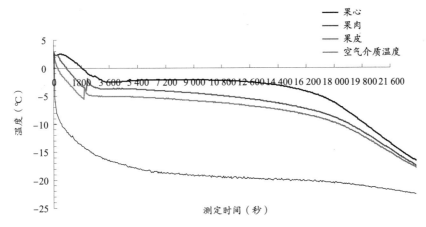

图5　鸭梨果实不同部位的冻结曲线

表1　　　　　　　　　　　　　　鸭梨果实不同部位的冻结参数

冻结部位	皮下	果肉	果心
过冷点出现时间（秒）	1 920	2 100	—
平衡冰点出现时间（秒）	2 880	2 917	3 240
过冷点温度（℃）	−5.5	−4.0	—
平衡冰点温度（℃）	−5.1	−3.7	−2.4

3. 鸭梨果实与果汁冻结曲线比较

图6反映的是同一鸭梨果实，一半果实、一半打成果汁后于一定空气介质温度下分别冷冻，测得的冻结曲线。果汁与果实的差异在于到达初始冰点之后，果汁的冻结曲线开始进入较为平缓的冰晶生成阶段，也就是说初始冰点与平衡冰点几乎是一致的，而果实则不同，存在一个由初始冰点急速下降到平衡冰点的特殊阶段，之后曲线才趋于平缓；再者是冻结时间不同，果汁的过冷点、冰点均早于果实出现，且经较短时间冻

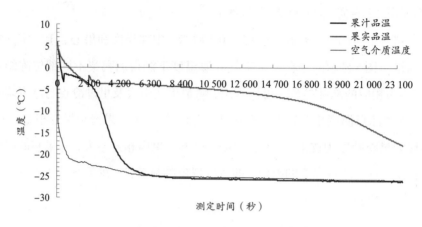

图6　鸭梨果实和果汁的冻结曲线

结过程完成，而果实的冷冻过程则较慢。另外，可以看出，果实与果汁平衡冰点接近一致。

4. 鸭梨果实冰点与部分品质参数的相关性

经大量鸭梨果实冻结试验及相应的果实品质参数测定试验，测得鸭梨果实可溶性固形物含量为8.3%～11.8%，单果重为0.160～0.235千克，硬度为3.0～4.1千克/厘米²，冰点温度为 -3.5～-5.0℃。选择可溶性固形物含量、单果重、硬度作为自变量，鸭梨果实冰点作为因变量，使用 DPS 软件进行逐步回归分析得到表2。从中可看出，鸭梨果实冰点温度与可溶性固形物含量呈极显著负相关，即可溶性固形物含量越少，鸭梨果实的冰点就越高，反之则越低，而与单果重、硬度相关性不显著。

表2　　　　　　　　　　鸭梨果实冰点与果实品质参数的相关系数表

	单果重	硬度	可溶性固形物含量	冰点温度
单果重	1			
硬度	0.18	1		
可溶性固形物含量	0.16	-0.39*	1	
冰点温度	-0.22	0.13	-0.64**	1

注：** 示1% 水平显著差异；* 示5% 水平显著差异。

三、结论与讨论

鸭梨果实的冻结曲线有3种类型，较为典型且出现频率较高的一类具有过冷点、初始冰点、平衡冰点、终止冰点等关键点，极个别无过冷点。据有关研究认为[8]，可能是与介质温度、测头插入部位或小范围组织损伤有关。

鸭梨果实的不同部位，其冻结曲线的形状有所不同，具体表现为过冷点与平衡冰点温度及其出现的时间顺序的差异。过冷点和平衡冰点出现时间反映的是冷却速率，一般来说，其降温速率由表及里逐步降低，过冷现象由果皮到果心越发不显著，这主要是由果实的状态和热物性决定的；不同部位平衡冰点温度的差异主要是由果实的一些品质参数决定的，一般认为[9~11]可溶性固形物含量的影响因素较高，越靠近果皮，可溶性固形物含量越高，其冰点温度越低。通过对果实不同部位冻结规律的研究，不仅为选择合适的冷冻速率以及对冻害的机制研究提供了依据，同时对贮藏期间果心褐变机理研究提供了参考。

鸭梨果实与果汁冻结曲线的差异主要反映在"特征小段"与冻结时间上。"特征小段"是指冻结曲线由过冷点到达初始冰点后，又急速下降至平衡冰点，再逐渐趋于平稳的特征段。有研究认为[12~14]，"特征小段"是果实活组织特有的，因为活组织结冰时，首先在细胞间隙形成冰晶，冰晶的扩大要依靠细胞内部的水分向外渗透，而由于细胞原生质遇冷收缩会阻碍水分通过，所以结冰比较困难，同时活组织呼吸要放出一部分热，这也使冰点有所下降。在死组织中原生质已经变性，水分可以在细胞间自由通过，因此冻结只是单纯的物理过程，冰点仅决定于溶液的浓度，而与环境温度无关。本试验中鸭梨果汁未测得此特征段，也进一步印证了此观点，且果实较果汁冻结过程更缓慢。

本试验所测得的鸭梨果实可溶性固形物含量在8.3%~11.8%之间，冰点温度范围为 $-3.5 \sim -5.0 ℃$。在此范围内，鸭梨果实冰点温度与可溶性固形物含量呈极显著负相关，即可溶性固形物含量越少，鸭梨果实的冰点就越高，反之则越低，而与单果重、硬度相关性不显著，说明鸭梨果实的冰点受可溶性固形物含量的影响较大。果实冰点是鸭梨保鲜的关键依据，因此在鸭梨保鲜之前进行可溶性固形物含量的测定是非常必要的。

参考文献

［1］赵彩平，张绍铃，徐国华.世界与中国的梨生产、贸易及流通现状［J］.柑桔与亚热带果树信息，2005，21（2）：5-7.

［2］郗荣庭.中国鸭梨［M］.北京：中国林业出版社，1999.

［3］中国科学院北京植物研究所.鸭梨黑心病的研究Ⅰ：温度对黑心病的影响［J］.植物学报，1974，16（2）：140-143.

［4］鞠志国，朱广廉.水果贮藏期间的组织褐变问题［J］.植物生理学通讯，1988a（4）：46-48.

［5］王志华，王文辉，佟伟，等.1-MCP结合降温方法对鸭梨采后生理和果心褐变的影响［J］.果树学报，2011，28（3）：513-517.

［6］刘晓辉，鲁墨森.铜—康铜热电偶的热镀锡膜工艺和测温特性分析［J］.计量与测试技术，2009，36（11）：03-05.

［7］刘晓辉，鲁墨森，谭婷婷.铜—康铜测温热电偶的制作和标定［J］.落叶果树，2009，41（5）：34-37.

［8］鲁墨森，刘晓辉，张鹏.铜——康铜热电偶测温技术在果树研究中的应用［J］.落叶果树，2009，41（4）：52-55.

［9］Wang Jie，Li Lite，Dan Yang. The correlation between freezing point and soluble solids of fruits［J］.Journal of Food Engineering，2003，60：481-484.

［10］申春苗，汪良驹，王文辉，等.12个梨品种果实冰点温度的测定与影响因素分析［J］.南京农业大学学报，2011，34（1）：35-40.

［11］董小勇，刘斌，申江，等.猕猴桃及香梨冰点实验研究［J］.食品科学，2010，31（9）：80-82.

［12］Hossein Kiani，Da-Wen Sun. Water crystallization and its importance to freezing of foods：a review［J］.Trends in Food Science & Technology，2011，22（8）：407-426.

［13］M.Shafiur Rahman，Nejib Guizani，Mohammed Al-Khaseibi，et al. Analysis of cooling curve to determine the end point of freezing［J］.Food Hydrocolloids，2002，16（6）：653-659.

［14］M. Akyurt，G. Zaki，B. Habeebullah. Freezing phenomena in ice-water systems［J］.Energy Conversion and Management，2002，43：1 773-1 789.

（中国食物与营养2013，19（11）：30-33）

中梨1号采收与贮藏保鲜技术

王少敏，王淑贞

中梨1号不仅早熟丰产，而且是耐藏的优良梨品种，室温下可存放30天左右，冷藏条件下可贮放2～3个月或更长。在0℃条件下，用生理小包装贮藏，可贮藏6个月以上。

1.适时无伤采收

（1）适时采收是贮藏的关键：中梨1号7月中旬即可采收食用，8月中旬完熟，果实可以在树上挂至9月初采收且不落果，品质尚佳。但贮藏用果实要掌握好采收时期，采收过早，果实品质未达到最佳且影响果品产量；采收过晚，果实耐藏性降低，影响贮藏寿命。7月中旬果皮变为绿色，种子开始变褐为适宜采收期。

（2）无伤采收：人工采摘，果实要带果柄。采收时间最好是凉爽的天气或早晨。采收须轻拿轻放，防止果柄、手指甲等刺伤果实，采后放入有软衬垫的容器内。

（3）分级、包装与运输：采收后的梨果要进行初选、分级，剔除裂果、病烂果、畸形果、刺伤果、过熟果，分级包装后放入有软衬垫的抗压力较强的容器内，如花格木条板箱、硬纸箱、塑料周转箱等，防止运输途中发生碰压伤。

2. 预冷、装袋

预冷是中梨1号贮藏的另一个重要技术环节，其目的是快速降温，抑制其呼吸作用，减少养分消耗。田间采收的梨果应尽快运至彻底消毒、库温已降至要求温度的预冷间内，按批次、等级分别摆放。为使果实快速降温，每次入库量最多不要超过总库容量的1/5。预冷库温设定在0～3℃，一般1～2天即能达到预冷目的。预冷时间达到后，将库温调至（0±1）℃即可装袋。保鲜袋的种类可根据存放时间选择，长期贮藏梨果要采用厚度为0.03毫米的无毒聚氯乙烯袋，容量1～5千克。为节省开支，也可选用0.02～0.03毫米的聚乙烯袋，但贮存期不应超过3个月。

3. 贮藏管理

（1）温度管理：稳定的低温可有效抑制梨果呼吸强度，使其新陈代谢降到最低限度，从而延缓衰老；同时低温减缓了病菌危害，为梨果保持其鲜脆品质提供基本条件。冷库温度保持在（0±1）℃，一般条件下冷库气温波动幅度不大于2℃，果品温度变化幅度不大于0.5℃较理想。山东省果树研究所研制推广的挂机自动冷库通过温度设定可以达到理想要求，并带有上下限自动保护措施，可预防温度过高或过低。

（2）湿度管理：适宜的空气相对湿度为90%左右，采用保鲜袋包装，袋内湿度能够达到理想指标。

（3）气体成分管理：适宜贮藏梨果的氧气浓度为5%～7%，生理小包装袋内氧气浓度10%～17%，二氧化碳浓度1%～3%。不同种类的保鲜袋，温度和容量不同，氧气和二氧化碳的浓度也不同。

（4）正常检查：观察梨果的色、香、味的变化情况，最好用氧气和二氧化碳检测仪检测袋内气体成分，或定期抽查几袋梨果，打开袋口检查梨果是否有异味、变质、腐烂等，如发现问题，应及时处理。

4. 注意事项

中梨1号在山东省曲阜、泰安等地自7月中旬即可采摘，至8月完熟可以持续近1个月。果农要获取高产量、高利润，要充分考虑采收期的问题。建议采取分期采收的方法，分批上市或贮藏。采收后的果实通过冷藏设施进行预冷，预冷温度为(0±1)℃。一方面可以降低果实的呼吸强度，延缓果实软化衰老；另一方面可以避免长途运输高温"烧果"；再者，可以根据市场价格的高低，灵活掌握投放市场的时间，以达到经济效益最大化。

（国家梨产业技术体系技术简报第三期）

五、病虫害防治

套袋梨病虫害研究综述与展望

王少敏，王江勇，王之涵，杨娟侠，高华君

果实套袋已成为当前生产优质无公害高档梨果的一项主要技术措施。梨果套袋后避免了与外界直接接触，使果实成熟期的果点、锈斑面积变小，颜色变浅，提高了果面光洁度，同时也减少了农药污染，提高了果实商品价值。但是套袋对果实病虫害的发生具有双重影响，一方面纸袋通过物理隔绝和化学防除作用减轻了一般性果实病虫害，如裂果、轮纹病、炭疽病及梨食心类害虫；另一方面，纸袋提供的微域环境加重了具有喜温、趋阴习性的害虫及某些病害的发生[1,2]。本文就目前套袋梨果采摘前的主要病虫害研究现状作初步综述，以期为梨果无公害生产奠定理论基础。

一、套袋梨的主要病害

1. 黑点病

该病是由弱寄生菌侵染引起的一种新型病害，只侵染套袋梨果，裸果上很少发生[3]。1996～1997年河北农业大学从病斑中取样，用柯赫法则诊断该病由细交链孢菌和粉红单端孢菌真菌侵染所致，两者单独侵染或混合侵染均能引发套袋梨黑点病[4]。黑点病常在果实膨大至近成熟期发生，多发生在萼洼处、果柄基部及胴部和肩部，集中连片居多，也有零散分布。初期为针尖大小的黑色小圆点，3～5个成堆；中期连接成片甚至形成黑斑，稍凹陷，黑点直径多为0.1～1.0毫米，少数1～5毫米，直径1毫米以下的黑点呈圆形或近圆形，直径1毫米以上呈不规则的圆形或椭圆形斑。后期直径1毫米以上的黑斑中央灰褐色，木栓化，不同程度龟裂。大的黑斑边圈黑色，圈外有黑晕或绿晕，中央龟裂，深度一般不超过1毫米。采摘后黑点或黑斑不扩大，不腐烂[5]。

Hideo[6]认为，梨在花期时雌蕊最易感染黑点病病原菌，进而感染其他花器，而套袋后又提供了适宜的温度、湿度，导致该病大发生。周志芳等[7]实地调查发现，89%的发病梨育果袋内有花器残留，表明花瓣、花萼、柱头均能滋生黑点病病原菌，证实了黑点病的发生与育果袋内的花器残留有直接关系。此外，该病的发生与果袋的透气性、气候条件、套袋梨品种的抗病性、立地环境等因素有关。套袋时所选果袋的透气性差也易发病，不同果袋发病次数由多到少依次为报纸袋＞羊皮袋＞不套袋[8]。透气性好的育果袋可以降低袋内的温度和湿度,能减少黑点病的发生,通透性差的药蜡袋黑点果率高达27.09%,而通透性好的纸袋仅为1.48%[8]。气候条件是黑点病发生的根本原因,此病多发于6月下旬至8月上旬,遇高温、高湿、连阴雨天最易发病,当气温超过28℃、连续阴雨3天以上、梨园相对湿度达80%时,病果率明显上升[3]。不同品种梨套袋后黑点病发生的程度具有差异,鸭梨、绿宝石、早酥等品种套袋后发病重,皇冠、黄金、大果水晶等品种套袋后发病轻[9]。地势平坦、排水良好的沙壤土果园发病较轻,反之发病重。结果部位在树体1.5米以下的套袋果发病率高于1.5米以上的套袋果,黑点病水平分布树冠中部最多,垂直分布树冠下部较多,不同方位差异不明显[9]。70%代森锰锌和50%福美双对黑点病的2种病原菌均有很好的抑菌效果[7]。

2. 黑斑病

梨黑斑病是梨种植区广泛发生的一种病害,韩国、日本及我国发生均较严重。该病的病原菌为菊池链孢霉,属半知菌亚门丛梗孢目真菌[10]。

该病主要侵染果实、叶片和新梢。幼果初期受害,在果面上会产生1个至数个黑色圆形针头大小的点,之后逐渐扩大形成圆形或椭圆形病斑,表面略凹陷;后期病果畸形、龟裂,裂果可深达果心,并常引起落果。近成熟果受害,初为褐色圆形病斑,扩大后为黑色至黑褐色病斑,稍凹陷,同时病斑表面产生墨绿色至黑色霉状物[11]。

不同梨品种对黑斑病的抗性不同,秦酥、宝珠、七月酥、富源黄、爱宕、新水、绿云、金水2号8个品种最易感病;不同种类梨的抗病性由低到高依次为白梨<砂梨<种间杂交品种<西洋梨;日本砂梨对黑斑病的抗性大于中国砂梨;长江以南地区的中国梨品种抗黑斑病能力低于长江以北地区的中国梨,中部地区和淮河以北地区的梨品种对黑斑病的抗性差异不大[12]。黑斑病病原菌生长的适宜温度为20~30℃,孢子萌发的最适温度为28℃;病原菌生长的相对湿度为50%~100%,最适相对湿度为98%~100%。孢子萌发必须具备相对湿度98%的高湿条件,其在水滴中的萌发率最高。气温在24~28℃且连续阴雨有利于黑斑病的发生与蔓延,气温达到30℃以上并连续晴天,病害则停止蔓延。田间温度主要影响梨黑斑病病原菌的菌丝生长和孢子萌发,而湿度主要影响梨黑斑病病原菌孢子的萌发[13]。室内药效测定结果表明[14],腈菌唑5 000~7 000倍液、克霉灵500~1 000倍液、甲基托布津1 000倍液对黑斑病病原菌菌丝生长和孢子萌发均有抑制效果。生产上用多菌灵防治套袋梨黑斑病,但效果不佳,主要是由于多菌灵对病菌菌丝生长无抑制作用,只对抑制孢子萌发有一定效果。

3.褐斑病

该病俗称"鸡爪病",是套袋梨果表面发病率比较高的一种缺钙性生理病害。在果实成熟期及贮运期间,该病发生严重,但只危害果皮,发病后不腐烂,病斑不扩展。该病在果实气孔周围发病,开始在皮孔周围出现褐色斑点,然后沿皮孔周边细胞向外迅速扩展,形成不规则弯曲的褐色纹理,约1周便形成中心颜色浅淡、四周浓重的不规则褐色斑。当多个病斑连在一起时,则形成较大的不规则斑块。病斑随时间推移,颜色由浅变深并伴随轻微凹陷。病斑直径一般为1~2毫米,灰褐色,多呈纵条形或带形排列,少数呈多点聚合片状[15]。

褐斑病的发生原因主要有以下几点:①套袋后果实酚类物质代谢紊乱是引起果皮组织褐变的根本原因。与套袋的正常果实比较,发病果果皮和果肉中的酚含量以及过氧化物酶(POD)和多酚氧化酶(PPO)活性均较高,但超氧化物歧化酶(SOD)活性差异不显著,另外果面褐斑区比正常区有较高的酚含量。通过外施药剂证明,果皮发生褐变与PPO活性显著升高有密切关系[1]。从梨品种的果皮特性看,该病发生比较严重的品种是皇冠梨、大果水晶、绿宝石等,绿皮梨品种发病程度相对较小,皮糙而厚的褐皮梨不感病[16]。②果实Ca含量低及其与Mg、K元素含量比例不协调易引发褐斑病。套袋后降低了果实的蒸腾速率,而Ca为不活泼元素,在树体内移动性差,从而降低了Ca元素向果实中的转移。套袋果Ca含量仅为不套袋果的49%~63%,但K含量明显高于未套袋果。套袋病果与未套袋果果皮N/Ca分别为9.8和6.1,K/Ca分别为17.6和8.8,套袋健康果N/Ca和K/Ca分别为6.2和11.5。说明Ca含量低以及N/Ca、K/Ca高是诱导果皮组织发生褐变的重要原因[15]。③果实近成熟期或贮藏期发病时间与气候条件关系密切。此期若连续高温晴天后温度骤降且伴有雨水出现,很容易发生褐斑病;另外,连阴雨天、多雨天或果实膨大后期温度骤降并遇雨水也能加重该病发生[17]。④园址和土壤酸碱度会影响褐斑病的发生。黄泥低洼田褐斑病发病率为77.18%,黄泥背阳斜坡地发病率为36.18%。酸性土壤能引发褐斑病,据调查,土壤pH为5.5~6.0的果园,幼果均有不同程度的褐斑病病斑[18]。⑤成熟度高、单果重大的果实病果率高,成熟度低、单果重小的果实病果率低[16]。

在防治方面,推迟套袋时间,增加果皮在自然环境下的暴露时间。另外,应平衡施肥、适度灌水,控制产量,并且提早采收期,避免由于成熟度高而引起褐斑病病害[19]。

4.日灼

套袋梨果日灼是目前发生比较普遍的一种病害。有研究者认为[20],发生日灼的机理之一是氨毒害,高温抑制氮化合物的合成,导致氮积累过多而毒害细胞,造成果实发生日灼病。套袋梨发生日灼病可归纳为内部原因和外部原因两个方面,内部原因是套袋初期梨果表面组织幼嫩,生理活动较活跃,果内干物质含量降低,含水量相对增多,果皮蜡质层变薄,对不良气候条件的抵御能力差。此时在强烈光照下,果面温度迅速升高,蒸腾、呼吸速率加强,导致果皮失水出现日灼[21]。外部原因有以下几点:①日灼病的发生取决于强日照使果面温度升高的程度[22]。②果树生长势强弱与结果部位不同,发生日灼病的程度不同。树冠外围日灼率大于内膛,树冠南部和西部日灼率大于北部和东部;树势过弱或虚旺,贮存的营养不足,幼果角质层发育不良,对外界刺激反应敏感,易受日灼伤害[23]。③日灼病的发生与育果袋及套袋、去袋时间关系密切。套塑膜袋果实日灼率大于纸袋,单层袋日灼率大于双层袋,外黄单层袋比外花单层袋日灼率高,外灰内黑比外灰内红的双层袋日灼率高,而双层优质袋的日灼率与对照果基本相同[24];早晚或阴天套袋发生日灼病的机率相对较少,中午气温高时最易发生日灼病[21]。在防治方面,将用阿司匹林复配的植物解热剂格瑞3号施用于套袋梨树上,梨果的抗日灼病性能显著提高[20]。另外,多施磷肥和钾肥能提高梨树的抗旱性,磷、钾、硼、铜、镁和锌等微量元素均可通过改善植物体的分子结构,增强分子的热稳定性,进而提高植物体的抗日灼病性能[25]。

5. 顶腐病

梨顶腐病又名梨蒂腐病、梨"铁头病"和梨"黄头病",是主要危害西洋梨品系、黄金梨和水晶梨的一种生理性病害[26]。梨果套袋后于幼果期就开始发病,初期果实萼洼周围出现淡褐色稍湿润晕圈,随后逐渐扩大,颜色加深;后期病斑可及果顶大半部,病部黑点质地坚硬,中央灰褐色。此时可受到细交链孢菌和粉红单端孢菌真菌侵染,因此后期发病症状又与黑点病相似,这给梨顶腐病的鉴定、防治带来困难[27]。发生该病的内在原因主要是所选的砧木不当,由于亲和力不良,进入结果期后树势衰弱,树体营养元素失衡导致发病[26]。外在原因主要是不良环境刺激造成果皮老化,果皮下的薄壁细胞经过细胞壁加厚及木栓化后,角质、蜡质及表皮层破裂坏死,或者幼果期果实未脱绒毛时套袋触碰果面,造成表皮细胞受伤而停止发育[28]。

防治措施:均衡施肥,秋季施有机肥3.75万~4.50万千克/公顷,同时配施硅钙镁肥(主要成分为硅35%,钙20%,镁10%),防治效果可达到97%以上;幼果期严格控制喷药种类,禁止喷乳油和杀虫剂等农药,以免形成药害;合理进行水分调控,防止旱灾涝害;对顶腐病发生严重的梨园,幼果期喷布一次50毫升/千克细胞分裂素,可达到较好的防治效果[29]。

二、套袋梨主要虫害

1. 中国梨木虱

中国梨木虱属同翅目木虱科。近年来发生严重，已成为危害套袋梨果的主要优势种群。在中国大部分地区1年发生6~7代，6~9月是危害严重期。

梨木虱对套袋梨的直接危害：梨木虱若虫入袋刺吸果面并分泌黏液，形成内部浅褐色、外围黑褐色大小不同的斑点，斑点周围的黑褐色或黄褐色果点直接形成黑斑，在虫体的整个生长季节持续出现；间接危害：梨木虱分泌的黏液经雨水冲刷流至袋内果实上，被链格孢菌附生破坏表皮组织并产生不规则的褐色或黑色病斑，严重时导致果皮表皮脱落，果面凹陷，其危害程度大于直接危害[30]。

梨木虱入袋危害的主要原因是幼果萼洼部的虫卵未被杀死，对其防治应该以控制越冬成虫为主，控制其套袋之前不在幼果花器上产卵[31]。梨木虱危害果面的斑点一般发生在果柄基部、果肩部及果实胴部，多呈片状，很少单个分布，黑点直径0.3~3.0毫米。黑点以果点为中心，周围黑色略有凸起，中央灰黑色，形状多数与果点相同，呈不规则的圆形或椭圆形，如不重复危害，很快形成褐色愈伤组织，不扩大，不腐烂[32]。针对梨木虱对套袋梨果的直接和间接危害特点，防治策略应该是虫菌兼治，前期重点治虫，中期侧重清除分泌物兼治虫，后期重点防治霉菌附生[33]。

2. 黄粉蚜

梨黄粉蚜属同翅目根瘤蚜科，是套袋梨果的主要害虫之一。

黄粉蚜在我国1年发生8~10代，以卵在果苔、枝干裂缝及秋梢芽鳞上越冬，5月下旬该虫即可爬到梨果实上进行危害，此时果袋内已有黄粉蚜在果实上栖息，取食部位以萼洼处为主[34]。另外，梨黄粉蚜还可以从未扎紧的育果袋口进入，入袋后在果柄基部、果肩部等处取食[35]。采收过早的梨果常带黄粉蚜，在贮藏、运输和销售期间可继续繁殖危害，引起梨果腐烂[36]。黄粉蚜危害套袋梨果，初期刺吸处周围形成环形、半圆形或圆形褐色晕圈，晕圈逐渐形成黑点，直径约1毫米。若及时控制危害，晕圈将形成圆形或月牙形直径1毫米左右的红褐色点，其周围果面不同程度凹陷，不翘起，不脱落，果实不腐烂；若不能及时控制，则数个或数十个黑点集中成腐烂块，果柄处被害面积2/3以上的果实脱落，其他部位受害采摘后斑点继续扩大、腐烂[37]。套袋前利用化学方法防治彻底杀死已经危害果实的黄粉蚜，改进套袋技术，选用防虫的双层育果袋，并在套袋时用双面塑膜胶带做成的捆扎带紧扎袋口，可有效阻止黄粉蚜入袋[38]。

3. 康氏粉蚧

康氏粉蚧属蚧总科粉蚧科粉蚧属，在北方1年发生3代，在南方1年发生6代以上，雌雄成虫交尾后雄虫即死去，以卵和少量若虫、成虫越冬。第1代若虫孵化后，主要危害树体，第2~3代若虫孵化后进入果袋危害果实，集中在梨果萼洼、梗洼处刺吸果实汁液。轻者有针尖大小的黑点，重则为直径1~5毫米的黑斑，有时其上覆有白色粉末状物。除萼洼部位外，梗洼、果实阴面有时也有黑点产生[39]。康氏粉蚧繁殖力的大小，因发生时期和寄生部位不同而有所差异，寄生在果上的成虫产卵数多于寄生在叶片和主干上的产卵数，越冬代产卵数较少[40]。康氏粉蚧聚集分布在树冠内，东西方向密度较大，聚集强度随种群密度的升高而增加[41]。康氏粉蚧属刺吸式害虫，前期危害幼芽、嫩枝，后期危害果实并使果实呈畸形及果面有黏液，严重时果实外袋呈油渍湿润状。目前对康氏粉蚧的防治仍以农业防治和化学防治为主，根据其各世代发生规律，人为改变其生存环境或喷洒化学药剂，对其在袋内危害有一定的控制，使受害果率明显降低。在康氏粉蚧1代和2代若虫高峰期，用40%乐斯苯乳油1 500倍液、52.25%农地乐乳油1 500倍液、3%莫比朗乳油1 500倍液、40%速扑杀乳油1 500倍液、25%蚧死净乳油1 000~1 200倍液，均能取得较好的防治效果[42]。

4. 蝽象

茶翅蝽、斑须蝽和梨蝽象多在梨树上混合危害，均属半翅目蝽科。近几年已成为危害梨果的优势种群，其中茶翅蝽和斑须蝽的危害最严重，造成大量梨果脱落。蝽象类害虫均以卵在杂草、树皮裂缝及浅层土壤中越冬，第2年3~4月份平均气温达10℃以上、相对湿度在70%左右时开始孵化，而后转移至树体上危害[43]。蝽象种类不同，其发生期也不尽相同。成虫十分活跃，白天潜伏，夜间活动取食，受惊时速迁，使药剂防治难以达到理想的效果，导致蝽象类害虫常年危害成灾。蝽象不仅危害新梢、叶片，而且还危害果面，特别是套袋前幼果果面受害最重。套袋后，该虫除了可入袋危害外，还可以透过育果袋刺吸紧贴袋体的果面[44]。不同园区蝽象危害程度有差异，水浇地梨园受害大于旱沙地梨园；园缘大于园内；梨树与其他果树混栽园大于纯梨园，特别是与柿树、苹果树或杏树混栽园，发生最为严重[45]。梨园蝽象类害虫食性复杂，活动范围广，利用成虫喜爱吸向日葵汁液，可在梨园周围种植向日葵进行诱杀。据报道[46]，苦兰盘、水黄皮和决明植物的水提取物对蝽象取食和繁殖有明显的抑制效果。

三、问题与展望

梨树是多年生果树，在生长发育过程中易受到大量病虫害危害。近几年，随着无公害果品生产的需要，果实套袋技术在梨果上广泛应用，使危害果实的病虫害优势种群发生了明显变化。套袋引起的新型病虫害是目前影响套袋梨果品质的主要因子。果园套袋时使用的育果袋种类和套袋技术不当，以及果园管理水平滞后，均给病害的发生创造了条件，袋内梨果一旦受到危害，再有效的防治方法也无法彻底消除病虫害。因此，对于套袋梨果病虫害的防治，"预防"是基础，依然要坚持"预防为主，综合防治"的植保方针。充分发挥生态系统的自然控制作用，以自然生态调控为手段，创造良好的梨园生态环境。措施安排应以农业防治为基础，优先采用生物防治，关键时期合理使用优质化学农药，协调运用其他防治手段，力争将梨园主要病虫害的种群数量控制在经济允许水平以内。

参考文献

[1] 王少敏, 高华君, 张骁兵. 梨果实套袋研究进展 [J]. 中国果树, 2002 (6): 47-50.

[2] 王少敏, 高华君, 赵红军. 苹果梨葡萄套袋技术 [M]. 北京: 中国农业出版社, 1999: 2.

[3] 常玉金, 韩秀凤, 金彦文, 等. 套袋黄金梨黑点病的发生状况及预防措施 [J]. 中国果树, 2005 (4): 5.

[4] 徐劭, 齐志红, 剧慧存, 等. 套袋鸭梨黑点病病原诊断及致病毒素研究 [J]. 中国果树, 1999 (1): 19-22.

[5] 徐立新, 齐志红, 牛亚峰, 等. 套袋梨黑点病的特点及防治 [J]. 河北林业, 2006 (4): 43.

[6] Hideo U. Alternaria pistil ifection related to the outbreak of black spot disease in Japanese pear pecies growing in protective paper bags [J]. Annals of the Phytological Society of Japan, 1986, 52 (5): 779-781.

[7] 周志芳, 默秀红, 于利国, 等. 套袋鸭梨果面黑点成因研究初报 [J]. 河北林果研究, 20001, 5 (3): 280-284.

[8] 徐劭, 齐志红, 剧慧存, 等. 杀菌剂对套袋鸭梨黑点病的毒力测定及防治 [J]. 中国果树, 1999 (4): 40-41.

[9] 骆建珍, 套袋梨果面黑斑的发生与防治 [J]. 四川农业科技, 2006 (2): 33-34.

[10] Bbudyr A, Morzieres J P, Larue P. First report of Japanese pear black spot caused by Altemaria Kikuchiana in France [J]. Plant Disease, 2001, 19 (4): 19-22.

[11] 林瑞芬. 梨黑斑病发生规律及防治措施 [J]. 福建农业, 2006 (8): 26.

[12] 盛宝龙, 李晓刚, 蔺经, 等. 不同梨品种对黑斑病的田间抗性调查 [J]. 中国南方果树, 2004, 33 (6): 76-77.

［13］ 王宏，常有宏，陈志谊，等.梨黑斑病病原菌生物学特性研究［J］.果树学报，2006，23（2）：251-274.

［14］ 郭小密，梁琼.梨黑斑病菌生物学特性研究及药效测定［J］.湖北植保，1998（6）：5.

［15］ 关军锋，及华，冯云霄，等.皇冠梨果皮褐斑病发生机制研究进展［J］.河北农业科学，2006，10（1）：1.

［16］ 赵少波，王玉华，韩振庭，等.皇冠梨鸡爪病发病规律及预防措施浅析［J］.河北果树，2005（3）：17-18.

［17］ 幕晓华，姬松龄，杨素英，等.皇冠梨果面鸡爪纹花斑病的发生与防治［J］.北方果树，2006（1）：41.

［18］ 陈德顺，杨云兴.金花梨果实缺钙性黑点病的发生及防治初报［J］.中国南方果树，2005，34（1）：54-55.

［19］ 刘义端，赵景宽.黄冠梨"鸡爪病"预防措施［J］.西北园艺，2005（6）：21.

［20］ 张燧鑫.酥梨日灼病的防治研究［J］.山西果树，2003（5）：7-8.

［21］ 吴建妹，徐华.套袋丰水梨果实发生日灼的原因及防治措施［J］.江苏林业科技，2002，29（5）：38-39.

［22］ 张建光，刘玉芳，孙建设，等.苹果果实日灼人工诱导技术及阈值温度研究［J］.园艺学报，2003，30（4）：446-448.

［23］ 苏新会，韩红军，周小艳，等.近两年套袋梨日灼发生原因调查［J］.西北园艺，2001（6）：41-42.

［24］ 刘新江.高温对套袋苹果灼伤影响因子的调查［J］.山西果树，2005，（3）：24-25.

［25］ 韩秀凤.鸭梨套袋发生日灼病的原因及预防措施［J］.柑桔与亚热带果树信息，2002（3）：44.

［26］ 曹若彬，张志铭，冷怀琼，等.果树病理学［M］.北京：中国农业出版社，1999：3.

［27］ 姜景魁，魏胜营.黄花梨顶腐病的发生及防治［J］.福建果树，1998（4）：22.

［28］ 孟繁佳，李春艳，孙志洋.梨黄头病和萼洼黑斑病的防治［J］.农民科技培训，2005（7）：26.

［29］ 孔娣，李康，曲文超，等.硅钙镁肥防治梨顶腐病试验［J］.烟台果树，2005（1）：33.

［30］ 李大乱，王鹏，张翠瞳.中国梨木虱的研究现状和防治综述［J］.山西果树，2003（4）：30-31.

［31］ 李振乾.梨木虱对套袋酥梨的危害及防治方法［J］.西北园艺，2000（3）：37.

［32］ 全福仙，金德镐，朴宇，等.梨木虱发生规律及药剂防治［J］.延边大学农学学报，1998（1）：41-47.

［33］ 张翠瞳，徐国良，李大乱.梨树主要虫害——梨木虱的研究综述［J］.华北农学报，2003，18（院庆专辑）：127-130.

［34］ 沈宝云，范学颜，宋国忠，等.梨黄粉蚜生物学特性的研究［J］.甘肃农业大学学报，1996
　　　（4）：380-383.

［35］ 杜玉虎，楚明，鲁凤宇，等.套袋梨黄粉蚜的发生危害及防治措施［J］.辽宁农业职业技术
　　　学院学报，2003（3）：8-9.

［36］ 巩传银，卢京国，靳更喜，等.套袋梨果梨黄粉蚜的危害与防治［J］.植物保护，2002（6）：42.

［37］ 韦士成，岳兰菊.砀山酥梨黄粉蚜的发生与防治技术研究［J］.安徽农业科学，2003（4）：
　　　660-661.

［38］ 尼群周，冯社章.套袋鸭梨果面黑点的成因及其防治方法［J］.河北林果研究，2002（4）：
　　　329-332.

［39］ 周天仓.无公害套袋酥梨病虫害综合防治技术研究与推广［D］.陕西杨凌：西北农林科技
　　　大学，2005：9-10.

［40］ 于春开.梨果实套袋后康氏粉蚧的发生及防治［J］.烟台果树，2005（2）：38.

［41］ 李卫东，曹忠莲，师光禄，等.康氏粉蚧空间分布型研究［J］.山西农业大学学报，2000
　　　（3）：211-213.

［42］ 李师昌，刘华，吴会亭.套袋果康氏粉蚧的发生规律与防治［J］.中国果树，2004（1）：44-51.

［43］ 任宝君，王雪民，韩秀芹，等.辽西北梨蟓象发生特点及综合防治［J］.北方园艺，2006
　　　（3）：135.

［44］ 张淑莲，陈志杰，张锋，等.套袋对梨果主要病虫的生态效应［J］.中国生态农业学报，
　　　2002（3）：37-44.

［45］ 许明伟，蒋玉超.黄河故道地区危害砀山酥梨的三种蟓象［J］.山西果树，1999（2）：29.

［46］ 杨素英，王冬毅，陈桂敏，等.黄斑蟓、茶翅蟓发生规律及综合防治技术研究［J］.山西果
　　　树，2006（3）：10-11.

（西北农林科技大学学报2007，35（9）：141-146）

梨木虱的生物学特性及防治

王少敏

梨木虱属半翅目木虱科，别名梨黄木虱，食性比较专一，主要危害梨树，鸭梨、蜜梨和慈梨受害最重。近几年，胶东栖霞、莱阳一带，梨木虱危害梨树日趋严重。现将

1986～1987年观察研究的情况简要总结。

梨木虱成虫有夏型和冬型2种类型，夏季世代成虫体形较小，体色较淡；越冬世代成虫体形较大，体色较深。复眼红褐色，单眼3个，金红色。触角端部色深，末端有一对白色细毛。中胸盾片上有6条较细的黄色纵纹，纵纹间呈红褐色。冬型成虫翅透明，翅脉褐色；夏型成虫前翅略黄，翅脉淡黄褐色。雌虫腹部粗大，后端约三分之一尖锐突出，雄虫细小，末端具有向上翘起的性附器。卵白色中微带黄色，近孵化时黄色更为明显，呈长圆形，一端尖细并延伸成一根长丝，一端钝圆，其下具有一个刺状突起，固着在植物组织上。若虫初孵化时淡黄色，长而扁平，复眼鲜红色。3龄以后翅芽显著增大，呈扁平椭圆形，体色或黄或绿。通过田间观察，梨木虱春季集中于新悄、叶柄危害，夏、秋多在叶背取食。成虫及若虫吸食芽、叶及嫩梢汁液。叶片受害，发生褐色枯斑，严重时全叶变成褐色，引起早期落叶。若虫在叶片上分泌大量蜜汁黏液，常将相邻叶片黏合在一起，若虫则在其中危害。特别是通风透光差的树危害更为严重。另外，蚜虫危害重的园片，梨木虱的危害也偏重。梨木虱的发生与湿度关系极大，干旱季节发生严重，降雨多的季节发生则轻。

经观察，此虫在栖霞大香水梨树上一年完成五代。主要以成虫在枝干的树皮裂缝内，少数在杂草、落叶及土隙中越冬。越冬成虫3月上旬开始出蛰活动，3月中旬为出蛰盛期，末期在3月下旬，出蛰期长达一个月。成虫出蛰后即在一年生新梢上取食危害，交尾产卵。第一代卵初出现于3月中旬，末期在5月上旬。各代成虫发生期大致为：第1代成虫出现在5月上旬，第2代6月上旬，第3代7月上旬，第4代8月上旬，第5代9月中旬出现，8月出现部分越冬型成虫，而9月份出现的成虫全部为越冬型。

成虫善跳跃，较活泼。越冬成虫出蛰后若温度较低，其活动力差。卵主要产在短果枝的叶痕及花芽芽痕处，以后各代大多产在叶柄叶脉及叶缘锯齿间，叶背极少。成虫生殖力较强，平均每头雌虫产卵300粒左右。梨木虱的天敌较多，如花蝽、瓢虫、草岭、蓟马、肉食性螨及寄生蜂等。近年来，由于连续使用1605、DDT制剂，梨木虱显著增加，这可能与大量杀死天敌有关。

防治梨木虱关键在于加强早期防治。越冬成虫出蛰盛期正是第1代卵出现初期，这是药剂防治的最有利时机。由于出蛰期长达一个月之久，给防治带来一定困难。因此要在大部分越冬成虫出蛰后产卵前，当成虫暴露在枝条上时进行连续防治，可达到彻底防治的目的。实践证明，20%敌虫菊酯乳剂3 000～4 000倍液对成虫、若虫及卵均有95%以上的杀死率，速灭杀丁1 000～1 500倍液防治效果也在95%以上。在药剂缺乏的情况下，以大量水进行喷洒，也有一定的抑制作用。早春清除梨园内的残枝落叶，刮树皮，消灭越冬成虫。越冬成虫开始活动时，早晨振动树枝，打落成虫，下接一布单，收集杀死。另外，摘除若虫危害的叶片，集中烧毁。

（山西果树 1989.2）

果实套袋对病虫害防治影响的研究

王少敏

通过4年田间试验与调查相结合的方法，对山东苹果、梨、桃和葡萄套袋果园的病虫发生及防治进行了系统研究，果实套袋对病虫发生具有双重影响。纸袋通过物理隔绝和化学防除作用，极大地减轻了轮纹病、黑星病、炭疽病及食心虫等的发生，年减少喷药2~4次，农药残留量极低，如红富士苹果果皮为0.015毫克/千克（水胺硫磷为代表药），果肉为0.004毫克/千克，而不套袋果分别为0.08、0.022毫克/千克。但是另一方面，纸袋内的微生态环境加重了黄粉虫、康氏粉蚧、梨木虱及象甲类等喜温、趋湿、喜荫蔽害虫和某些病害的发生。虫口基数越高则受害率越高，康氏粉蚧高达40头/果。还有生理性的、真菌、细菌、病毒性的和物理性的，如缺硼、钙症发生率比不套袋园高出1倍多；果面的黑点（斑）、腐烂病（致病菌主要有粉红聚端孢菌、链格孢菌和锈菌）；病毒病害有苹果锈果病（花脸病），据调查，红富士苹果发病率在5%以上，严重株达96%，应避免套袋。日灼、蜡害、水锈、虎皮等的发生取决于纸袋质量和天气状况。纸袋内湿度高于外界20.3%~50.7%，若散失水分、降温不利，就会导致果实局部温度过高或涂蜡溶化形成日灼或蜡害，日灼严重者达31.1%，而高温高湿环境又加剧了水锈和虎皮果的发生。

（柑桔与亚热带果树信息 1999（3）：35-36）

农药减量综合防治鸭梨病虫害的试验

张勇，王宏伟，魏树伟，王少敏

传统的梨园病虫害防治主要以化学农药为主，普遍存在滥用高毒、高残留化学农药的问题，防病治虫的同时也杀伤了大量天敌，增加了害虫的抗药性，还污染环境，破坏生态平衡。果品安全生产需要果园综合管理（IFM 或 IPM），即综合应用栽培手段、物理、生物和化学方法将病虫害控制在经济可以承受的范围之内，从而有效减少化学农药的施用次数。农药减量防治病虫害技术可以达到维护和修复梨园优良生态环境，降低果品农药残留，实现果品安全、高效、优质生产的目标。

一、材料与方法

1. 试验园概况

试验地在山东省滨州市阳信县郭村梨园，沙质土壤，肥力中等，水利条件较好。栽培品种为鸭梨，每亩栽植33株，二十六年生，管理水平一般，产量3 000～4 000千克。每年每亩秋施腐熟有机肥3 000～4 000千克。主要病虫害有梨木虱、黑星病、叶斑病、梨小食心虫、康氏粉蚧等，各处理区栽培条件均匀一致。

2. 试验方法

农药减量综合防治试验示范园（简称示范园）面积6 667米^2，采取的病虫害防治措施有：①冬季刮梨树粗皮，清扫梨园。②梨树花期挂黄色黏虫板20～30张。③梨树谢花后在树干主侧枝以下缠一圈3～5厘米宽的胶带（光滑的树干可以不缠胶带），在胶带上涂抹果树黏虫胶，宽2～3厘米，防治黄粉蚜和康氏粉蚧等。④4～9月份，园内悬挂1盏杀虫灯，每天20：00开灯，6：00关灯。⑤自6月开始，梨园内品字形悬挂3个梨小食心虫性诱捕器，每天观察诱蛾情况，确定是否喷药防治。⑥化学防治全年施药7次，萌芽前喷施5波美度石硫合剂；花后7天用氯虫苯甲酰胺10 000倍液加10%吡虫啉3 000倍液加80%代森锰锌800倍液；套袋前用易保1 200倍液加70%甲托800倍液加万灵3 000倍液；麦收后用1.8%阿维菌素4 000倍液加25%灭幼脲1 500倍液加10%苯醚甲环唑4 000倍液；6月底7月初用1：2：200波尔多液；7月20日前后用48%毒死蜱1 500倍液加3%啶虫咪2 000倍液加20%戊唑醇2 000倍液；8月20日前后用10%吡虫啉3 000倍液加40%氟硅唑6 000倍液。

常规防治园（简称常规园），主要依靠化学防治，一年用药12次，药剂种类主要有石硫合剂、多菌灵、代森锰锌、甲基托布津、退菌特、波尔多液、桃小灵、氯氰菊酯、灭扫利、水胺硫磷、毒死蜱、灭幼脲、吡虫啉和哒螨灵等。

7～10月分别调查两种防治园的梨木虱、梨小食心虫、红蜘蛛和黑星病的发生情况，在示范园与常规园各随机取样10株树，每株树随机抽查10个大枝。6～7月份调查天敌数量。

二、结果与分析

由表1可见，示范园的梨木虱、红蜘蛛、梨小食心虫、黑星病均轻于常规园，分别比常规园减少3.5%、8.2%、15.6%和19.2%。调查中未发现二斑叶螨。

表1　　　　　　　　农药减量综合防治鸭梨病虫害的效果（2010）

试验处理	梨木虱		红蜘蛛		梨小实心虫		黑星病	
	虫量（头/梢）	减少（%）	虫量（头/叶）	减少（%）	虫果率（%）	减少（%）	病果率（%）	减少（%）
示范园	388	3.5	0.45	8.2	1.3	15.6	4.2	19.2
常规园	402	—	0.49	—	1.54	—	5.2	—

由表2可见，示范园平均每株树10条大枝上有瓢虫、草蛉、小花蝽、捕食螨、蜘蛛等天敌合计58.9头，是常规园34.8头的1.69倍，说明示范园生态环境良好，有利于天敌生存和繁衍。

表2　　　　　　农药减量综合防治鸭梨病虫害情况下天敌的数量（2010）

处理	天敌种类和数量（头）								天敌增加（%）
	瓢虫	草蛉	小花蝽	食蚜蝇	蚜茧蜂	捕食螨	蜘蛛	合计	
示范园	30.1	2.7	7.8	—	6.8	1.4	10.1	58.9	69
常规园	19.8	1.3	4.8		4.5	0.5	3.9	34.8	—

三、小结

农药减量综合防治病虫害技术着眼于树体保护，以综合防治、精准测报为前提，化学防治为补救的治理策略，加强病虫监测，抓住关键时期，科学用药。休眠期用药讲求稳、准、狠，彻底清园，压低病虫基数；花前使用安全高效药剂；花后至幼果期（套袋前）用药以安全保险为主，选药宜优，用药宜稀；果实生长期（套袋后）以保护性、耐雨水冲刷、持效期长的农药为主，交替施用高效内吸性杀菌剂；采果后为防止早期落叶，适当喷施杀菌剂混加叶面肥保叶。鸭梨园农药减量防治病虫害技术的应用使全年喷药次数由常规化学防治法的12次以上减少到7次，用药量减少30%左右，生态环境得到改善，产品质量和安全水平得到提升，生产的梨果达到国家绿色果品标准。

（落叶果树2012，44（1）：14-15）

梨树害虫与天敌的生态调控

张勇，满中合，王宏伟，魏树伟，王少敏

害虫与其天敌在长期的进化过程中逐步形成了相互依存、相互制约的生态平衡关系。当前，生产中对害虫仍以化学防治为主要手段。为保护天敌，在用药防治害虫过程中必须注重害虫与其天敌间的生态平衡，否则不仅防治效果不佳，还会导致害虫危害加剧。

一、梨树害虫的天敌种类

梨树害虫的天敌可分为捕食性和寄生性两大类，捕食性天敌主要有捕食性瓢虫、草蛉、小花蝽、蓟马、食蚜蝇、捕食螨和蜘蛛等；寄生性天敌包括各种寄生蜂、寄生蝇、病原线虫、寄生菌等。利用天敌昆虫能有效防治蚜虫、梨木虱、梨小食心虫和螨类害虫。昆虫病原线虫是一类专门寄生昆虫的线虫，进入昆虫体内迅速释放出所带的共生菌，使昆虫感染而死亡，对食心虫、天牛等有较好防治效果。梨二叉蚜的天敌有瓢虫、草蛉、食蚜蝇、蚜茧蜂等；梨木虱的天敌有花蝽、瓢虫、草蛉、蓟马、肉食性螨、寄生蜂等；梨圆蚧的天敌有红点唇瓢虫、肾斑唇瓢虫、跳小蜂和短缘毛介小蜂等。在使用农药防治梨树害虫时，应充分保护和利用好天敌，做到防治害虫与保护利用天敌同时兼顾，维持好生态平衡，起到事半功倍的效果。

二、梨园中害虫与天敌的生态调控技术

梨树休眠后期，尤其是发芽之前，越冬害虫大量出蛰，其潜伏场所比较集中，虫龄也比较一致，此时其抗性最弱，有利于集中消灭，且果树抗药性强，害虫天敌尚未出蛰，是防治越冬害虫的最佳时机。此时可仔细刮除粗老树皮，剪去带有虫卵、成虫或蛹的枝条，并集中烧毁。于3月中旬全园喷布5波美度石硫合剂作为枝干铲除剂。4月初根据虫情监测结果，针对性地喷一次防治蚜虫、食叶类害虫的药剂。春季随着梨树发芽、

展叶和开花，害虫天敌陆续出蛰，但出蛰期总是迟于相应害虫（天敌跟随现象）。如梨木虱的天敌有数十种，通过有效保护利用，对梨木虱有很好的控制作用。所以在应用化学农药防治梨木虱时，忌用或少用广谱性农药，避免害虫和天敌一起被灭。有些农药在防治害虫的同时，对天敌的影响不大，这类药剂被称为选择性农药，如灭幼脲、杀铃脲、吡虫啉、啶虫脒、扑虱灵、苏云金杆菌、白僵菌、螨死净、浏阳霉素等。在天敌大发生期（麦收前后）防治害虫应多采用此类药剂。实际喷用时还要选准用药时机，使其既有效防治害虫，又不杀伤或少杀伤天敌。防治害虫用药应在初发阶段或尚未蔓延流行之前，此时害虫发生量小，尚未开始大量取食危害，此时防治可压低害虫基数，提高防治效果。害虫3龄前的幼龄阶段虫体小、体壁薄、食量小、活动比较集中、抗药性也差，是最佳用药防治期。有时候改变用药方式也能保护天敌，如防治刺吸式口器的害虫（如蚜虫）时，可改树体喷雾为树干涂药包扎方式，对害虫天敌基本无害；梨园中天敌与害螨比例在1∶30以下时可不用药防治。为避免害虫产生抗药性，采取隐蔽用药、局部用药、挑治（选择有病虫危害的植株，进行喷洒药液防治）用药等方式，保护天敌。选用不同作用机制的药剂交替使用、轮换用药，避免单一药剂连续使用。不同作用机制的药剂混合使用，或现混现用，或加工成制剂使用，都可在一定程度上保护天敌。

另外，梨园生草有利于害虫天敌繁衍和活动。经调查，生草园平均每株树上瓢虫、草蛉、小花蝽、食蚜蝇、捕食螨和蜘蛛等天敌合计比未生草园多1.69倍。因为生草园生态环境良好，可给天敌提供丰富的食料，有利于天敌生存和繁衍，因而天敌的发生量明显增加。如在果树行间种植油菜、豆类、苜蓿等覆盖作物，这些作物上所发生的蚜虫可为草蛉、瓢虫等捕食性天敌提供丰富的食物资源及栖息蔽护场所，增加其种群数量，能有效维持梨园生态平衡。梨园行间生草，一般以豆科牧草为主，如紫花苜蓿、三叶草等。

（落叶果树2013，45（6）：55-56）

梨小食心虫的发生及药剂防治试验

张勇，王宏伟，王小阳，满中合，王少敏

梨小食心虫是梨园中的重要害虫，近年来在山东中西部地区有加重发生趋势，虫果率逐年递增，是当前梨生产中亟待解决的问题。2012年，笔者对梨小食心虫在山东中西部地区的发生情况进行了研究，同时针对果农把握不准防治关键时期、生产上常规药剂防效不高等现状，进行了防治梨小食心虫的研究。

一、试验材料和方法

试验地在泰安郊区梨园，面积约3 400米^2，黏壤土，有机质含量1.0%。品种为金坠梨，树龄32年，株行距4米×6米，管理水平一般，每亩产量约2 500千克。梨小食心虫常年危害较重。为预测梨小食心虫的发生和指导药剂防治，应用梨小食心虫天然橡胶性诱芯（中国农业大学提供、依科曼生产）进行测报。防治梨小食心虫的供试药剂为35%氯虫苯甲酰胺水分散粒剂（美国杜邦公司产品）和48%乐斯本乳油（美国陶氏益农公司产品）。试验梨园分为两个区，即氯虫苯甲酰胺10 000倍液处理区和乐斯本1 500倍液处理区。两区中间设保护行。2012年4月开始，在梨园中按对角线五点取样选定5株树，将5个水盆诱捕器悬挂于树冠外围，高度1.5米。每日调查诱盆中诱蛾数量。梨小食心虫性诱芯诱捕器使用硬质塑料盆，直径25厘米，盆中加清水及少量洗衣粉，诱芯距离水面0.5～1.0厘米。于连续诱到成虫2～3天后（或诱蛾量连续增加时）喷药。用青岛德之助园艺工具公司的WL-ABSC型机动喷雾器（工作压力20～25千克/厘米2，喷孔直径1.2毫米，双喷孔喷雾2.5～3千克/分钟）全株均匀喷雾，以叶片、果实均匀着药稍有下滴药液为度，每株用药液约10升。每个小区内随机选择固定5株调查树，另在园内设10株以喷清水为对照。每株树按东、西、南、北、中（上）5个方位随机调查100个果。药前调查基数，分别于药后10天、20天和30天各调查1次虫果数。调查结果取平均数，按如下公式计算防效：虫果率（%）=虫果数/调查总果数×100；防治效果（%）=（对照区虫果率－处理区虫果率）/对照区虫果率×100。

二、结果与分析

1. 梨小食心虫在山东泰安的发生规律与危害特点

用梨小食心虫性诱捕器诱捕成虫监测，得到其一年的发生规律，如图1。可以看出，梨小食心虫在山东中西部一年发生4～5代，以老龄幼虫在树干、根颈部越冬外，还在主干、主枝分杈的粗翘皮内越冬。4月上旬至6月中旬出现越冬代成虫，6月中旬至7月上旬为第1代成虫发生期，7月上中旬至8月上旬为第2代成虫发生期，第3代成虫发生在8月中旬至9月上旬，成虫出没至9月底10月初。

梨小食心虫成虫于早晨和傍晚活动，一般在树冠上部或外围飞舞，对糖醋液、黑光

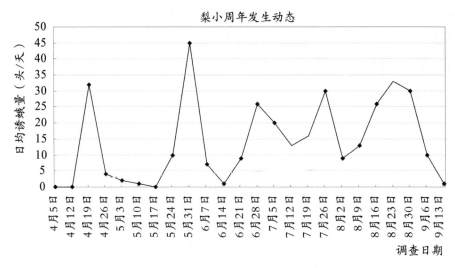

图1　泰安金坠子梨园梨小食心虫的周年发生动态

灯、性诱芯有较强的趋性。成虫产卵受温湿度的影响较大。7月上中旬始见成虫产卵于果实上，下旬为产卵高峰期，8月中旬再次出现产卵高峰，直至果实采收仍可见到梨小食心虫的卵。前期，梨小食心虫的成虫喜产卵于桃、李等树上部嫩梢和幼树上，多产于叶背面处；后期多产于梨果面上，也产于梨果实附近的叶背面主脉两侧或靠近叶柄的叶基处。卵长0.8毫米，中部隆起，扁圆形，初产乳白色半透明，后变为淡黄色。一般第3代卵孵化为幼虫后危害梨果，大多由梗洼、萼洼和果与叶层相贴处蛀入果实。前期主要危害桃李，以后随着梨果日渐成熟果肉松软，宜被幼虫蛀食危害且逐渐加重，特别在果实接近成熟期幼虫量多，危害重。因此，7月上中旬至9月上旬要密切关注虫果的发生情况，及时进行药剂防治幼虫，以免大量蛀食果实，造成损失。

2. 药剂防治试验结果

连续诱到梨小食心虫成虫2～3天后喷药防治，药后第10天、20天和30天调查。由表1可知，35%氯虫苯甲酰胺10 000倍液防治梨小食心虫对梨树安全，防治效果较好，优于48%乐斯本乳油1 500倍液的防治效果，药剂的有效控制期在20天以上。

表1　　　　　　　　　　　　药剂防治梨小食心虫的效果

药剂及稀释倍数	药后10天		药后20天		药后30天	
	虫果率(%)	防治效果(%)	虫果率(%)	防治效果(%)	虫果率(%)	防治效果(%)
35%氯虫苯甲酰胺10 000倍液	0.3	93.8	1.2	85.8	3.4	75.4
48%毒死蜱1 500倍液	0.4	91.8	1.5	82.3	4.0	71.0
常规对照（清水）	4.9	—	8.5	—	13.8	—

三、小结与讨论

人工合成的梨小食心虫性外激素可减少雌雄成虫交尾的机会，减少田间落卵量，为生长后期防治减轻压力，可作为果园的一项防治措施。应用性诱剂监测梨园梨小食心虫成虫的发生动态，预测成虫发生期准确率高，可指导梨小食心虫的药剂防治。药剂防治试验表明，氯虫苯甲酰胺对梨小食心虫幼虫具有迅速阻止进食的作用，且具有高效滞留活性和较好的耐雨水冲刷性能，对作物、天敌和传粉昆虫安全，适宜用来防治梨小食心虫。试验表明，连续诱到成虫2~3天后，喷35%氯虫苯甲酰胺10 000倍液防治梨小食心虫的效果优于生产中常用的48%乐斯本乳油1 500倍液的防治效果，药剂持效期20天左右。梨小食心虫传统的防治适期为梨园卵果率达到1%时，但果农很难操作。鉴于氯虫苯甲酰胺的实验效果，建议结合性诱芯精确测报成虫发生期，在连续诱到梨小食心虫成虫2~3天后用35%氯虫苯甲酰胺10 000倍液喷药防治，可较好地控制梨小食心虫的危害。

（落叶果树2013，45（3）：33-34）

梨木虱第1代卵空间分布格局及抽样技术

张勇，王宏伟，冉昆，王少敏

我国是世界梨第一生产大国，栽培面积和产量分别占世界的75%和65%。梨在我国农业生产中占有重要地位，是梨产区农民的主要经济来源，对促进地方区域经济发展和生态建设发挥了重要作用。随着农业经济结构调整，加上梨树栽培方式的变革，梨园的生态条件较传统园片发生了较大改变，梨树病虫类群与以前相比发生了明显变化[1]。

梨木虱在20世纪80年代中期以前为兼治对象，多点片发生或偶尔发生。80年代后期发生面积迅速扩大，上升为梨树的主要害虫。由于天敌数量减少和其自身抗药性的增强，梨木虱每年在山东各梨产区普遍发生，危害严重，已成为山东危害面积最广、防治投入最多的梨树害虫之一[1]。

种群的分布格局是指种群内个体在其生存空间的分布形式，是种群的重要属性之一。研究昆虫的种群空间格局，对于确定抽样方法、提高抽样的精度与准确估计种群数量具有重要的理论和实践意义[2~9]。王立如等[10]与王彩敏[11]分别研究了梨木虱成虫、若虫在梨园的空间分布及抽样技术，目前栽培模式下梨木虱第1代卵生态学方面的研究报道较少。鉴于此，我们选取8块密植梨园，研究了梨木虱第1代卵的空间分布格局及抽样技术，以期为该虫的田间调查和防治提供准确的技术支持。

一、材料和方法

1. 调查方法

2014年3月根据梨木虱发生程度及梨园结构，在山东省泰安市选择十至十五年生2米×4米、2米×3米密植梨园8块，每块梨园随机调查100株树，每株取树冠东、西、南、北、上部、中部、下部7个点，每点随机抽取一个枝条，观察记载枝条上的第1代卵数量。

2. 分析方法

(1)聚集度指标法：计算每块梨园梨木虱第1代卵的平均虫口密度m(粒/株)和样本方差s^2。采用扩散系数(C)、丛生指标(I)、负二项参数(K)、Cassie指标(C_A)、平均拥挤度(M^*)和聚集度指标(M^*/m)分析梨木虱第1代卵在密植梨园的聚集强度。

①扩散系数C[12]。$C=s^2/m$，当$C=1$时，为随机分布；$C>1$时，为聚集分布；$C<1$时，为均匀分布。

②丛生指标I[13]。$I=s^2/m-1$，当$I=0$时，为随机分布；$I>0$时，为聚集分布；$I<0$时，为均匀分布。

③负二项参数K[14]。$K=m^2/(s^2-m)$，当$K<0$时，为均匀分布；$K>0$为聚集分布。在0以上时，K愈小，聚集程度越大，一般K在8以上趋近随机分布。

④C_A值[14]。$C_A=(s^2-m)/m^2$，当$C_A>0$时，为聚集分布；$C_A<0$时，为均匀分布；$C_A=0$时，为随机分布。

⑤聚集性指标M^*/m指数[15]。M^*为平均拥挤度，$M^*=m+s^2/(m-1)$，m为样本平均值。当$M^*/m=1$时，为随机分布；$M^*/m>1$时，为聚集分布；$M^*/m<1$时，为均匀分布。

(2)种群空间分布格局分析：

①M^*-m回归分析法[16, 17]。M^*-m回归模型为$M^*=a+\beta m$，α为分布的基本成分的平均拥挤度，β为基本成分的空间分布型。当$\alpha=0$时，分布的基本成分是单个个体；$\alpha>0$时，个体间相互吸引，分布的基本成分为群体；当$\alpha<0$时，个体间相互排斥。当$\beta>1$时，为聚集分布；当$\beta<1$时，为均匀分布；当$\beta=1$时，为随机分布。

②Taylor幂法则[18]。回归模型为$\lg s^2=\lg a+b\lg m$，当$\lg a=0$，$b=1$时，种群此时为随机分布；当$\lg a>0$，$b=1$时，种群此时为聚集分布，此时b的值恒定，分布不具种群

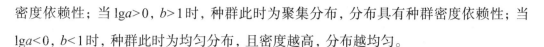

密度依赖性；当 lg$a$>0，b>1时，种群此时为聚集分布，分布具有种群密度依赖性；当 lg$a$<0，b<1时，种群此时为均匀分布，且密度越高，分布越均匀。

（3）聚集原因分析：利用聚集均数（λ）[19]分析该害虫的聚集原因，聚集均数公式为：$\lambda=m\gamma/2k$，m 为平均密度，k 为负二项分布 k 值，γ 为自由度等于 $2k$ 的 x^2（卡方）分布函数。当 λ<2时，造成聚集分布的主要原因由环境作用；当 $\lambda \geqslant 2$时，造成种群聚集分布的原因是种群生物学特性与环境共同作用。

3. 理论抽样数确定

采用 Iwao 的抽样公式[16, 17]，确定了 $M^*=\alpha+\beta m$ 的直线回归并确定了平均虫口密度 m 后，即可用公式 $N=t^2([\alpha+1]/m\beta-1]/D^2$ 计算梨木虱第1代卵在不同虫口密度下的理论抽样数，式中 N 为理论抽样数，D 为允许误差，t=1.96（保证可靠概率95% 条件下的正态离差值），m 为平均虫口密度，α、β 为聚集参数。

4. 抽样方法研究

参考赵飞等[20]的方法，设置株数为500株的标准地一块，样本树逐株详细调查梨木虱第1代卵数，绘出点位图，然后采用"Z"字形、五点式、棋盘式、平行线和对角线5种不同抽样方法在所在标准地点位图上取样，每种抽样方法抽样50株，计算平均数差值和变异系数。其中"Z"字形按照3-4-3布局使样点相对均匀分布于"Z"字上；五点抽样的5个点相对均匀分布；棋盘式10点抽样按照3-4-3布局使样点相对均匀分布；平行线10点抽样分为2条线，每条线上5点相对均匀分布；对角线法5个点相对均匀分布于对角线上。

二、结果与分析

1. 梨木虱第一代卵空间分布型分析

（1）聚集度指标分析：从表1可以看出，各块梨园梨木虱第1代卵的 C>1，I>0，K>0，C_A>0，M^*/m>1，均符合聚集分布的检验标准，说明梨木虱第1代卵在密植梨园为聚集分布格局。

（2）Iwao 的 M^*-m 回归分析：由表1中的平均拥挤度 M^* 与平均虫口密度 m，拟合得梨木虱第1代卵的回归直线方程为 $M^*=3.570\ 3+1.392\ 8m$（r=0.963 8）。其中 α=3.570 3>0，说明梨木虱个体间相互吸引，分布的基本成分是个体群；β=1.392 8>1，说明梨木虱卵个体群呈聚集分布。

表1　　　　　　　　　　　　梨木虱第一代卵空间分布型的聚集度分析

No.	m	s^2	C	I	K	C_A	M^*	M^*/m
1	31.08	400.79	12.90	11.90	2.61	0.38	42.97	1.38
2	27.68	243.71	8.81	7.81	3.55	0.28	35.48	1.28
3	29.18	344.40	11.80	10.80	2.70	0.37	39.98	1.37
4	61.68	1 266.64	20.54	19.54	3.16	0.32	81.21	1.32
5	56.90	2 198.91	38.65	37.65	1.51	0.66	94.55	1.66
6	26.05	625.00	23.99	22.99	1.13	0.88	49.04	1.88
7	4.50	31.42	6.98	5.98	0.75	1.33	10.48	2.33
8	18.90	253.75	13.43	12.43	1.52	0.66	31.33	1.66

（3）Taylor幂法则分析：根据表3数据，通过拟合得梨木虱卵 s^2 与 m 的关系为：$\lg s^2 = 0.464\ 1 + 1.501\ 9\ \lg m\ (r = 0.954\ 1)$。其中 $\lg a = 0.4641 > 0$，$b = 1.501\ 9 > 1$，说明梨木虱卵种群呈聚集分布，且具有密度依赖性，即种群密度越高，其聚集程度越高。

（4）聚集原因分析：应用Blackith种群聚集均数（λ）分析梨木虱卵聚集行为的原因，计算结果表明，梨木虱越冬卵在梨园的聚集均数 $\lambda = 26.37 > 2$，其聚集是由该虫本身的习性和某些环境因素共同引起的，特别是与果园密闭程度和成虫的产卵习性关系更密切。

2. 理论抽样量的确定

已知 $M^* - m$ 回归方程式为 $M^* = 3.570\ 3 + 1.392\ 8m\ (r = 0.907\ 4)$，应用1wao理论抽样数公式计算理论抽样数 N，则 $N = (1.96/D)^2 (4.570\ 39/m + 0.392\ 8)$。$D$ 取不同值（0.1、0.2、0.3、0.4、0.5），即在不同允许误差下，建立95%的概率保证（即 $t = 1.96$），田间梨木虱越冬卵不同密度时的理论抽样数见表4。在实际调查中，要根据人力与时间的情况选择相应的允许误差，并确定该调查地块的虫口密度，然后查表确定详细调查时的抽样数量。例如在该次调查中8块样地的 m 均值约为30，允许误差 D 取0.3时的理论抽样数为23株。

表2				不同虫口密度下梨木虱幼虫的理论抽样量					

允许误差（D）	虫口密度（m）/（头·株$^{-1}$）									
	5	10	15	20	25	30	35	40	45	50
0.1	502	326	268	239	221	209	201	195	190	186
0.2	126	82	67	60	55	52	50	49	47	47
0.3	56	36	30	27	25	23	22	22	21	21
0.4	31	20	17	15	14	13	13	12	12	12
0.5	20	13	11	10	9	8	8	8	8	7

3. 常用抽样方法比较

从表3可以看出，在梨木虱第1代卵田间抽样方法中，"Z"字形、棋盘式、平行线、对角线、五点式5种抽样方法均可采用。综合相对误差及变异系数结果，棋盘式与五点式相对较好。

表3	梨木虱第一代卵不同抽样方法的比较			
抽样方法	平均密度	平均数标准差	相对误差	变异系数
对照CK	34.96	1.94	24.49	5.55
Z字形	26.40	3.20	5.89	12.14
棋盘式	37.02	4.86	22.14	13.13
平行线	27.22	3.38	10.70	12.40
对角线式	31.98	3.91	8.52	12.52
五点式	164	3.63	28.1	11.36

4. 梨木虱第一代卵在梨树不同方位的发生情况

由图1可知，梨树树冠东方位梨木虱第1代卵数量均值最大（每10株有66.1头），其次为西、南、北方位；树冠下部第1代卵数量多于中部和上部，树冠上部第1代卵数量最少（每10株有30.7头）。梨木虱第一代卵方位分布与梨园环境条件与梨木虱产卵习性有关。

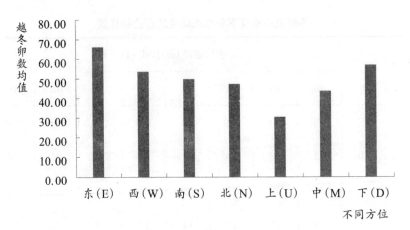

图1 梨树不同方位梨木虱越冬卵数量

三、讨论

本研究采用种群空间分布格局的分析方法,研究了自然条件下密植梨园梨木虱第1代卵的分布格局与抽样技术。结果表明,梨木虱第1代卵在梨园呈聚集分布格局,且具有种群密度依赖性。利用聚集均数(λ)值分析梨木虱第1代卵的聚集原因,表明其聚集是由该虫本身的习性和某些环境因素共同引起,这与赵飞等[20]认为枣瘿蚊在田间聚集主要由枣园环境及枣瘿蚊产卵习性引起的结果一致。运用Iwao的统计方法,计算梨木虱第1代卵在不同虫口密度下的理论抽样模型为$N=(1.96/D)^2(4.570\,3/m+0.392\,8)$。该结果显示,在允许误差一致的情况下,梨木虱第1代卵的理论抽样数量随虫口密度的增加逐渐减少[21~23]。不同抽样方法比较表明,棋盘式抽样方法抽样代表性较强。研究分析梨木虱第1代卵的空间分布格局对了解梨木虱种群的危害、扩散行为,制定梨木虱种群管理及持续控制对策具有重要意义。

参考文献

[1] 张勇,王宏伟,宫永铭,等.山东梨树病虫害发生动态及防治对策[J].山东农业科学,2010(3):77-80.

[2] 陈炳旭,董易之,陆恒.桃蛀螟幼虫在板栗上的空间分布型研究[J].环境昆虫学报,2008,30(4):301-304.

[3] 刘长仲,王刚,王万雄,等.苹果园二斑叶螨种群的空间格[J].应用生态学报,2002,13(8):993-996.

[4] 田瑞,胡红菊,王友平,等.梨瘿蚊幼虫的空间分布型及序贯抽样技术[J].华中农业大学学报,2008,27(6):728-731.

[5] 王利军,郭文超,徐建军,等.马铃薯甲虫空间分布型及抽样技术研究[J].环境昆虫学报,

2011, 33（2）：147–153.

［6］闫文涛, 仇贵生, 周玉书, 等. 苹果全爪螨的空间分布格局及时序动态［J］. 应用生态学报,
2011, 22（11）：3 053–3 059.

［7］张仁福, 于江南, 斯迪克·米吉提. 枣瘿蚊幼虫空间分布型及抽样技术研究［J］. 新疆农业
大学学报, 2010, 33（1）：23–26.

［8］周福才, 任顺祥, 杜予州, 等. 棉田烟粉虱种群的空间格局［J］. 应用生态学报, 2006, 17
（7）：1 239–1 244.

［9］邹运鼎, 毕守东, 周夏芝, 等. 桃一点叶蝉及草间小黑蛛空间格局的地学统计学研究［J］.
应用生态学报, 2002, 13（12）：1 645–1 648.

［10］王少敏. 梨木虱若虫空间分布型及抽样技术研究［J］. 河南林业科技, 2010, 30（4）：31–33.

［11］CASSIE R. M. Frequency distribution modes in the ecology of plankton and other organisms
［J］. Journal of Animal Ecology, 1962, 31：65–92.

［12］DAVID F N, MOORE P G. Notes on contagious distribution in plant populations［J］. Annals
of Botany（London）, 1954, 18：47–53.

［13］徐汝梅, 成新跃. 昆虫种群生态学［M］. 北京：科学出版社, 2005.

［14］LLOYD M. Mean crowding［J］. Journal of Animal Ecology, 1967, 36：1–30.

［15］IWAO S. A new regression method for analyzing the aggregation pattern of animalpopulations
［J］. Researches on Population Ecology, 1968, 10（1）：1–20.

［16］IWAO S. Application of the m*–m method to the analysis of spatial patterns by changing the
quadratic size［J］. Researches on Population Ecology, 1972, 14（1）：97–128.

［17］TAYLOR L R. Aggregation variance and the mean［J］. Nature, 1961, 189：732–735.

［18］丁岩钦. 昆虫数学生态学［M］. 北京：科学出版社, 1994.

［19］赵飞, 李捷, 贺润平, 等. 矮化密植枣园枣瘿蚊第一代幼虫空间分布型及抽样技术［J］.
山西农业大学学报, 2005, 26（4）：261–263.

［20］许向利, 成巨龙, 郭丽娜, 等. 烟田斑须蝽空间分布型格局及抽样技术研究［J］. 西北农林
科技大学学报：自然科学版, 2012, 40（6）：114–119.

［21］张锋, 陈志杰, 张淑莲, 等. 柳厚壁叶蜂幼虫空间格局及抽样技术［J］. 应用生态学报,
2006, 17（3）：477–482.

［22］张秀梅, 刘小京, 杨振江. 绿盲蝽越冬卵卵在枣树上的空间分布型研究［J］. 中国生态农业
学报, 2006, 14（3）：157–159.

（果树学报2014, 31（5）：986–990）

梨树根腐病的发生与防治

张勇，王少敏，靳启伟，王宏伟，冉昆

梨树根腐病在山东省梨产区发生普遍，是一种危害比较严重的根部病害，可造成树体衰弱、根腐、黄叶、死树，被果农称为"癌症"。在山地梨园和平地梨园都有发生，尤以平地梨园和黏性较重的山地梨园发病较重。此病在圆黄梨、黄金梨、鸭梨、酥梨、丰水梨等品种上都有发生，有的梨园植株死亡率甚至高达20%以上。

一、梨树根腐病症状

地上部症状表现有4种形式：①萎蔫型。枝条生长衰弱，叶簇萎蔫，枝条失水，严重时皮层皱缩。②青干型。遇干热天气，叶片骤然失水青干，在青干处有红褐色晕带。③焦枯型。叶片尖端或边缘枯焦，中间部分正常。④枝枯型。枝条干枯，皮层坏死下陷，易剥离。如发现上述4种症状中的任何一种，可用手摇树干，有明显摇晃感，说明根系此时已经发病。根部症状表现，先是须根、细根变褐坏死，依次向支根、大根上蔓延。环绕着坏死的小根，在较大的根上形成圆形或椭圆形病斑。在病害发展过程中，病斑四周也可能形成愈伤组织和再生新根，以致病健组织交错，表面凹凸不平。病害由小根到大根逐渐向上发展，直至根系腐烂，植株死亡。

二、传播途径和发病条件

梨树根腐病是一种土壤习居性真菌病害，在梨园中地上部春梢萌发展叶时表现出来，在生长季4～10月均可发病，山东省4月下旬开始有病株死亡。病菌在土壤中大量存在并长期进行腐生生活，也可寄生于果树根部，表现弱寄生。当梨树根系生长衰弱时，病菌开始发病。土壤黏重板结通透性不良、盐碱过重，长期干旱缺肥，水土流失严重，大小年现象严重及管理不当的果园发病较重。土壤缺钾的果园树体不抗旱，容易发病。

三、梨树根腐病的防治方法

1.加强栽培管理，增强树势，提高抗病力

完善果园排灌设施，做到旱能浇，涝能排。尽量不大水漫灌或串灌，提倡滴灌或沟灌；清耕制果园进行深翻，改良土壤结构，防止水土流失，生长季及时中耕锄草和保墒；

合理修剪，通风透光，调节树体结果量，避免大小年现象出现，培养健壮的树体，增强抗病能力；肥力差的果园要多种绿肥，采用配方施肥技术，提倡果园行间生草，以培肥地力、疏松土壤，蓄水保墒；尽量避免使用除草剂。

2. 提高营养水平，合理负荷

当病害发生时，说明根系对养分和水分的吸收、转化和运输能力有所下降，此时应适当增加根外追肥次数，提高叶片的光合能力；进行疏花疏果，合理负载，减轻树体的负担，集中营养壮根抗病。

3. 药剂灌根

生长季的4~5月和9月份应用药物灌根，也可在休眠期进行。以树体为中心，视树体大小挖深70厘米、宽30~45厘米的辐射沟3~5条，长以树冠外围为准，浇灌50%甲基硫菌灵·硫磺悬浮剂1 000倍液或25%苯菌灵·环己锌乳油800倍液，施药后覆土。

4. 处理病树

春季、秋季扒土晾根7~10天，刮治病部或截除病根。刮除病斑后用波尔多液或波美度石硫合剂灌根，也可在伤口处涂抹50%多菌灵600倍液或50%立枯净可湿性粉剂300倍液。晾根期间避免树穴内灌入水或被雨淋。注意在处理病树前先在其周围开挖隔离沟，回填药土，防止病菌通过菌索蔓延扩展；处理病根开挖的病部土壤要运出园外集中处理，防止再次传播蔓延。

（落叶果树2014，46（3）：12-17）

套袋梨果病害发生与防治措施

张勇，王少敏，魏树伟

梨果套袋避免了果实与外界直接接触，降低了农药残留量，减轻了一般性果实病害，提高了果面光洁度及果实的商品价值。但果袋内的微域环境加重了某些病害的发生[1]，套袋引发的病害是影响套袋梨果品质的主要原因之一，袋内梨果一旦受到危害难以防治，所以防治套袋梨果病害应以预防为主。

1. 黑点病

黑点病只侵染套袋梨果，裸果上很少发生[2]，主要发生在套袋梨果的萼洼处及果柄附近。仅发生在果实表皮时，不引起果肉溃烂，果实贮藏期也不扩展和蔓延。黑点病发生初期为圆形或近圆形黑点，直径0.1～1.0毫米，1毫米以上呈不规则的圆形或椭圆形斑，稍凹陷。黑点后期木栓化，呈不同程度的龟裂状，果实采摘后黑点或黑斑不扩大，不腐烂。该病是由半知菌亚门的弱寄生菌粉红聚端孢菌和细交链孢菌侵染引起的，两者单独侵染或混合侵染均能引发套袋梨的黑点病[3]。该病病菌喜欢高温高湿的环境，梨果套袋后袋内湿度大，特别是果柄附近、萼洼处容易积水，加上果肉细嫩，容易引起病菌侵染。据调查，气温25℃以上、空气湿度80%时梨果就出现小黑点，雨水多的年份黑点病发生严重；通风条件差、土壤湿度大、排水不良的果园黑点病发生较重。果袋的透气性差是发生黑点病的根本原因，通透性差的药蜡袋黑点果率高达27.09%，通透性好的纸袋黑点果率仅1.48%[3,4]。

防治方法：①选用优质果袋。选择防水、隔热和透气性能好的优质复色纸袋，不用通透性差的塑膜袋或单色劣质纸袋。套袋时袋体要充分膨胀，避免纸袋紧贴果面。卡紧袋口，防止病菌、害虫或雨水侵入。②合理修剪。冬夏修剪，疏除交叉重叠的枝梢，回缩过密、冗长枝条，使树冠内通风透光良好，保证树势强壮。③加强管理。梨园排灌设施完善、土壤肥沃且通透性好，秋季增施有机肥，控制氮肥施用量。降雨量大时，注意及时排除积水和中耕散墒，降低梨园湿度。④套袋前喷布杀菌、杀虫剂。选用优质高效安全农药剂型，如大生M-45、易保、喷克、福星、甲基托布津、烯唑醇、多抗霉素、吡虫啉、阿维菌素等，使用雾化程度高的药械，待药液完全干后再套袋。

2. 褐斑病

俗称"鸡爪病"或"花斑病"，是套袋梨果表面发病率较高的一种缺钙性生理病害。从病斑部位的解析结构可以看出，病部微凹陷，在皮层的木栓形成层外部形成了较致密的一层组织，发病后不腐烂，病斑不扩展。该病围绕果实气孔周围发病，初现褐色斑点，随后形成中心颜色浅淡、四周浓重的不规则褐色斑，多个病斑连成不规则大斑块，颜色由浅变深，病斑轻微凹陷。病斑大小1～2毫米，灰褐色，多呈纵条形或带状排列，少数呈多点聚合片状[5]。梨品种不同发病程度不同，黄冠梨发病重，大果水晶、绿宝石等绿皮梨发病相对较轻，皮糙而厚的褐皮梨不感病[6]；土壤有机质含量低、过量施用氮肥会加重病害的发生；幼旺树发病重，成龄树、弱树发病轻；果个越大发病越重，套袋果发病重。

防治方法：①套袋前，幼果喷施硝酸钙、瑞恩钙或氯化钙等外源钙盐，提高果皮钙素含量，可降低褐斑病的发病率，以喷硝酸钙效果最好，连喷2～3次，隔7～10天一次。②加强肥水管理。增施有机肥并注意平衡施肥，避免过量施氮肥。果实发育后期不要施速效肥，如树势较弱，可于发育前期追施氮、磷复合肥。③合理修剪。选择高光效树形，冬剪注意枝组合理分布，保证树冠通风透光。④选择优质纸袋，适度灌水；控制产量，适时采收。

3. 日灼与蜡害

日灼是由温度过高而引起的生理病害，与干旱和高温关系密切。温度过高时，水分供应不足，影响蒸腾作用，造成果实表面局部温度过高而遭到灼伤，致使局部组织死亡，从而形成"日灼"。初期果实阳面叶绿素减少，局部变白，继而出现水烫状的浅褐色或黑色斑块，以后病斑扩大形成黑褐色凹陷，随之干枯甚至开裂。发病处易受病菌侵染而引起果实腐烂。日灼的发生与结果部位有关，树冠外围日灼率多于内膛，树冠南部和西部日灼率大于树冠北部和东部；树势过弱或虚旺、贮藏营养不足易受到日灼伤害；日灼病的发生还与果袋等有关，塑膜袋果实日灼率较高，单层袋日灼率大于双层袋。套袋果蜡害是涂蜡纸袋在强日光照射下，纸袋内外温差5～10℃，袋内最高温可达55℃以上，内袋出现蜡化，灼烧幼果表面，表现为褐色烫伤，最后变成黑膏药状，幼果干缩。

防治方法：①加强肥水管理，促进树体健壮生长。叶面喷布磷酸二氢钾及其他光合微肥等提高叶片质量，促进有机物合成、运输和转化，进而提高植物体的抗日灼性能。②干旱年份推迟套袋时间，避开初夏高温；套袋前浇足水，以降低地温，改善果实供水状况；有条件果园，中午12～14时进行喷雾降温；树冠上部和枝干背上暴露面大的果实不套袋。③选择优质纸袋，避免套劣质袋和塑膜袋。

4. 顶腐病

又名梨蒂腐病或梨"铁头病"，主要危害西洋梨及砂梨系统的黄金梨、水晶梨等，但近年也有白梨系统的黄冠、鸭梨发病的报道。梨顶腐病致病机理目前尚不清楚，但一般认为是生理性病害，套袋是该病的重要诱因，可能与套袋后钙等微量元素的吸收、代谢紊乱有关。砧木因素如砧穗亲和力不良，树势衰弱导致顶腐病发生；土壤因素，如土壤营养元素失衡、酸性土壤等发病较重；不良环境刺激，如果实生长期土壤干燥而突然降雨使该病发生增多，造成果皮老化，角质、蜡质及表皮层破裂坏死，或幼果期果实表皮细胞受伤而停止发育易导致顶腐病的发生。梨果套袋后幼果期就开始发病，发病初期果实萼洼周围出现淡褐色稍湿润晕圈，并且逐渐扩大，颜色加深。发病后期病斑可蔓延至果顶的大半部，病部黑点质地坚硬，中央灰褐色。此时可受到细交链孢菌和粉红单端孢菌真菌侵染。因此，梨顶腐病到后期，发病症状又与黑点病的发生症状相似。

防治方法：①增施硅钙镁肥。成龄巴梨树株施硅钙镁肥（硅35%、钙20%、镁10%）2千克，对顶腐病的防治效果可达80%以上[7]。②加强果园肥水管理。合理调控水分，防止旱灾涝害。均衡施肥，多施有机肥，提高树体抗病力。③郁闭果园疏间过密枝，改善通风透光条件。④合理花果管理。顶腐病重的梨园套袋时间可比正常推迟3~5天[8]，幼果期严禁喷乳油、杀虫剂等，以免形成药害，幼果期喷布一次50毫升/千克的细胞分裂素可较好地防止该病的发生[9]。

5. 水锈

锈斑是由于外部不良环境条件刺激，使梨果表皮细胞老化、坏死或内部生理原因引起表皮与果肉增大不一致而造成表皮破损，表皮下的薄壁细胞经过细胞壁加厚和栓化后，在角质层、蜡质层及表皮层破裂处露出果面而形成的。锈斑的发生经过薄壁细胞期、厚壁细胞期、木栓形成期和锈斑形成期四个阶段。水锈病主要在雨水多的年份发生严重，通风条件差、土壤湿度大、果园排水不良以及果袋通透性差时水锈发生重。套袋梨果易生水锈。

防治方法：①梨果套袋应选择透气性良好的纸袋，首先选择树冠通风透光良好的部位进行果实套袋，梨园整体通风透光良好，果园覆盖率严格掌握在75%左右。合理负载，保证树势健壮。②在套袋前全面均匀喷布2~3遍杀虫杀菌剂，防止病虫在袋内滋生、蔓延危害。③套袋前应进行疏花疏果，一般每隔20~25厘米留1个果，不留双果，疏除顶果、畸形果和病虫果。

参考文献

[1] 王少敏，高华君，张骁兵.梨果实套袋研究进展[J].中国果树，2002(6)47-50.

[2] 常玉金，韩秀凤，金彦文，等.套袋黄金梨黑点病的发生状况及预防措施[J].中国果树，2005(4).

[3] 徐劢，齐志红，剧慧存，等.套袋鸭梨黑点病病原诊断及致病毒素研究[J].中国果树，1999(1)：19-22.

[4] 徐劢，齐志红，剧慧存，等.杀菌剂对套袋鸭梨黑点病的毒力测定及防治[J].中国果树，1999(4)：40-41.

［5］ Udagawa Hideo，et al. Alternaria pistil ifection related to the outbreak of black spot disease in Japanese pear pecies growing in protective paper bags［J］. Annals of the Phytological Society of Japan，1986，52（5）：779–78.

［6］ 赵少波，王玉华，韩振庭，等.皇冠梨鸡爪病发病规律及预防措施浅析［J］.河北果树，2005（3）：17–18.

［7］ 孔娣，李康，曲文超等.硅钙镁肥防治梨顶腐病试验［J］.烟台果树，2005（1）：33.

［8］ 郭贞，戚翠果，高立欣.梨顶腐病防治方法［J］.河北果树，2012.

［9］ 王少敏，王江勇，王之涵，等.套袋梨病虫害研究综述与展望［J］.西北农林科技大学学报（自然科学版），2007（9）：141–146.

（落叶果树2014，46（4）：34–36）

套袋梨果害虫的发生与防治

王少敏，张勇

梨套袋已成为当前生产优质梨的一项主要技术措施之一。梨套袋后避免了与外界直接接触，提高了果实的商品价值。套袋一方面通过物理隔绝和化学防除作用，减轻一般性果实害虫；另一方面，纸袋提供的微域环境加重了具有喜温、趋阴习性害虫的发生[1,2]。作者简述了目前套袋梨果实主要害虫的发生及防治措施，为套袋梨果生产提供参考。

1. 梨木虱

梨木虱属同翅目木虱科。20世纪80年代以后，随着梨园害虫抗药性的产生和气候因素的影响，梨木虱发生逐年严重，主要刺吸新梢、叶片、叶柄及果实汁液，目前已成为危害套袋梨的主要害虫。在山东梨木虱1年发生4～6代，以成虫在树皮裂缝、杂草、落叶及土壤缝隙内越冬。危害盛期为6～7月，7～8月雨季引起早期落叶，干旱季节发生严重。梨木虱对套袋梨的危害分直接危害和间接危害，直接危害指梨木虱若虫入袋内刺吸果面并分泌黏液，形成中间浅褐色、外围黑褐色、大小不同的斑点；间接危害是指梨木虱分泌的黏液经雨水冲刷流至袋内果实上，被链格孢菌附生造成袋内果面黑斑。鸭梨对梨木虱黏液非常敏感，若被害叶片紧贴果袋，黏液渗入袋内，果实将形成凹陷黑斑，其危害程度大于直接危害[3]。另外，梨木虱是火疫病和梨衰弱病两种传染性极强的病菌的传播者，在危害梨果时，携带病菌传染给受害植株，致整个梨园感病[4]。

防治方法：①冬季清除梨园中的杂草、落叶，刮除树干老翘皮，集中烧毁，消灭越冬成虫。②于越冬成虫出蛰期(3月份)，清晨气温较低时，在树下铺设床单，利用梨木虱的假死性振落越冬成虫，收集捕杀。于第2代若虫期(5月底至6月初)，集中3～4天时间，对树头、背上枝、外围枝等未停止生长的新梢进行摘心，此期35.2%～98.7%未停止生长的新梢上有梨木虱。6～7月注意保护天敌，选择对天敌杀伤力小的药物，充分发挥天敌的自然控制作用。③于越冬成虫出蛰盛期、谢花后第1代若虫孵化盛期、盛花后30天第1代成虫羽化盛期分别喷药，可用2.5%溴氰菊酯乳油2 000倍液、1.8%阿维菌素乳油2 000倍液或10%吡虫啉乳油2 000倍液。

2. 黄粉蚜

梨黄粉蚜是套袋梨的主要害虫之一。在中国梨主产区黄粉蚜1年发生8～10代，以卵在果台、枝干裂缝以及秋梢芽鳞上越冬。梨果套袋后果台残橛处越冬的卵量明显高于不套袋果园。3月中旬卵开始孵化为干母若虫，梨树开花期达孵化高峰。4月中旬羽化的成虫开始产卵，以后卵、虫均有，世代重叠。5月下旬梨黄粉蚜爬到梨果上进行危害，因此5月中下旬套袋时已有部分黄粉蚜在果实上栖息，在果实萼洼处取食。另外，梨黄粉蚜还可以从扎口不严的果袋口进入，在果柄基部、果肩部等处取食。采收过早的梨果常带黄粉蚜，在贮藏、运输、销售期间可继续繁殖危害，引起梨果腐烂[5]。黄粉蚜危害初期在袋口扎丝及果肩附近可见大量黄粉状物质(即各龄蚜虫及卵)，梨受害初期果面呈现黄色稍凹陷的小斑，后变黑向四周扩大呈轮纹状，组织坏死，易感染病菌而腐烂，促使果柄形成离层导致落果。

防治方法：越冬卵孵化为若虫的爬行期是防治关键期，控制和降低黄粉蚜虫口基数可杜绝黄粉蚜进入果袋危害梨果。①梨果实采收后，全园细致喷一次50%硫悬浮剂300倍液或0.5～0.8波美度石硫合剂，消灭即将越冬的黄粉蚜；越冬期间，及时清扫落叶，树干刮粗皮，清理贮果场附近的杂草，剪除秋梢和干枯枝，树干刷白。3月中旬喷5波美度石硫合剂，花序分离期喷0.5波美度石硫合剂或10%吡虫啉2 000倍液，谢花后和套袋前各喷一次10%吡虫啉2 000倍液。②套袋时袋口浸药。袋口用6%林丹杀虫粉60倍液浸湿1/3后套袋，扎紧扎严袋口，可有效阻止黄粉蚜入袋危害。③套袋后加强检查。发现袋内有黄粉蚜时，及时喷10%增效烟碱1 000倍液，将果袋喷湿，利用药物的熏蒸作用杀死袋内蚜虫。梨黄粉蚜危害率达20%以上的园要解袋喷药，可选用10%吡虫啉2 000倍液、2.5%溴氰菊酯乳油2 000倍液、20%杀灭菊酯乳油2 000倍液。

3. 康氏粉蚧

康氏粉蚧在中国北方梨产区1年发生3代,以卵和少量若虫、成虫在被害树枝干、粗皮裂缝、剪锯口或土块、石缝中越冬,翌春梨树发芽时,越冬卵孵化成若虫食害幼嫩部分。第1代若虫发生盛期在5月中下旬,第2代若虫7月中下旬,第3代若虫8月下旬。9月产生越冬卵,雌雄成虫交尾后,雌虫爬到枝干、粗皮裂缝或袋内果实的萼洼、梗洼处产卵,分泌大量棉絮状蜡质卵囊,将卵产于囊内,一头雌成虫产卵200~400粒。第1代若虫孵化后,主要危害树体,第2~3代若虫孵化后进入果袋危害梨果,集中在萼洼、梗洼处刺吸汁液。轻者有针尖大小的黑点,重则为直径1~5毫米的黑斑,有时其上覆有白色粉沫状物。虫体呈粉红色,着白色蜡粉,聚成群落,降雨多、湿度大、温度高时,分泌物呈灰黑色霉斑,严重影响果实的商品价值。除萼洼部位外,梗洼、果实阴面有时也有黑点产生[6]。

防治方法:①人工防治。冬春季结合清园,细致刮树皮或用硬毛刷刷除越冬卵,集中烧毁;9月份在树干上绑缚草把,翌年3月解下草把烧毁;11月上旬用10%吡虫啉1 500倍液在根颈处灌根,杀死于树盘内越冬的若虫、成虫。②化学防治。喷药要抓住3个关键时期,一是3月上旬萌芽前,喷80倍机油乳剂加35%硫丹600倍液或喷3~5波美度石硫合剂,减少越冬害虫的基数。二是5月下旬至6月上旬第1代若虫盛发期及7月下旬至8月上旬第2代若虫盛发期,可选喷25%扑虱灵粉剂2 000倍液、20%氰戊菊酯乳油2 000倍液、75%阿克泰水分散颗粒剂5 000倍液、48%毒死蜱乳油1 200倍液、52.25%农地乐乳油1 500倍液、99.1%加德士敌死虫500倍液。三是果实采收后的10月下旬,在树盘距干50厘米半径内喷52.25%农地乐乳油1 000倍液。喷药要求细致均匀,连树干、根颈一起"喷淋式"喷布。

4. 梨小食心虫

梨小食心虫幼虫危害新梢,近年来在纸袋质量差及套袋技术不规范的梨园常有发生。果实被蛀初期在果面现一黑点,之后蛀孔四周变黑腐烂,形成黑疤,无虫粪,果内有大量虫粪。华北地区1年发生3~4代,以老熟幼虫在果树枝干和根颈裂缝处及土中结灰白色薄茧越冬。翌春4月上中旬开始化蛹,蛹期15~20天,4月中旬至6月中旬成虫发生,发生期不整齐,致世代重叠。各虫态历期为卵期5~6天,非越冬幼虫期25~30天,蛹期7~10天,成虫寿命4~15天。除最后1代幼虫越冬外,完成1代需40~50天。该害虫有转移危害习性,第1、2代主要危害桃、李、杏的新梢,第3、4代危害梨、桃、苹果的果实。在梨、苹果和桃树混栽或邻栽的果园,梨小食心虫发生重。

防治方法：①农业防治。幼虫脱果越冬前树干束草诱集越冬幼虫，翌春出蛰前取下束草烧毁；休眠期刮除翘皮，消灭越冬幼虫；春夏季及时剪除被蛀新梢。②生物防治。在第1～2代卵期，释放松毛虫赤眼蜂，每5天放一次，连续释放4次，每亩总蜂量8万～10万头，可有效控制该害虫危害；成虫羽化期，在虫口密度较低的梨园每隔50米挂一个含梨小食心虫性诱剂200微克的诱芯水碗诱捕器诱杀成虫，或利用黑光灯、糖醋液（红糖1份、醋3份、水10份）诱杀成虫。③药剂防治。当田间卵果率达0.5%～1%时，进行喷药防治，可选用25%灭幼脲3号胶悬剂1 000倍液、20%杀铃脲6 000～8 000倍液、48%毒死蜱乳油1 200倍液、35%氯虫苯甲酰胺7 000倍液。

5. 椿象

椿象类害虫主要包括茶翅蝽、麻皮蝽和斑须蝽，以卵在杂草、树皮裂缝及浅层土壤中越冬，翌年3～4月份，平均气温达10℃以上，相对湿度70%左右时开始孵化，而后转移至树体上危害。椿象种类不同，发生期不尽相同，即使同一类亦是世代重叠或发育进度不整齐，发生期时间长，成虫活跃，白天潜伏，夜间活动取食，受惊时速迁，药剂防治难以达到理想的效果，以致椿象类害虫常年危害成灾。椿象不仅危害新梢、叶片，还危害果面，特别是套袋前幼果果面受害最重。套袋后，该虫除了可入袋危害外，还可以刺吸紧贴袋体的果实。在梨树与柿树、苹果树或杏树混栽类园中，茶翅蝽和斑须蝽发生最为严重，距村庄较近的梨园或山区梨园常造成梨幼果脱落和大量缩果，严重降低梨果品质和产量。

防治方法：①人工防治。利用梨园椿象成虫假死的特性，在其越冬场所人工捕杀，或在早晨气温低时振树捕杀。利用椿象成虫喜爱吸食向日葵汁液的特性，在梨园周围种植向日葵进行诱杀。②药剂防治。若虫期喷药效果最好，越冬成虫出蛰和若虫孵化盛期喷药，要特别重视6月上中旬及采收前后的防治。使用的药剂有2.5%溴氰菊酯乳油2 000倍液、10%吡虫啉2 000倍液、50%杀螟硫磷乳油1 000～1 500倍液、48%毒死蜱乳油1 000～1 500倍液。

6. 鸟害

危害梨果的鸟类主要有麻雀、灰喜鹊、喜鹊、大山雀等。主要取食成熟果实的向阳面，影响产量和质量，造成经济损失。群鸟从6～7月份开始进入梨园，当梨散出芳香风味时即遭啄食，至果实成熟。一天中清晨、中午、黄昏3个时段害鸟活动最频繁。喜鹊早晨活动较多，灰喜鹊在傍晚前活动猖獗。

防治方法：梨园采用人工、声音、视觉、物理、化学等方法防治鸟害，驱鸟方法要综合运用，不宜固定化。目前比较有效的方法有防鸟网、化学驱逐剂和人工驱逐等，另有声音驱鸟（电子、鞭炮）、视觉驱鸟（铺设反光膜）等[7,8]。①防鸟网既是保护鸟类又能防止鸟害最好的方法，于果实开始成熟时（鸟类危害前），在果园上方75～100厘米处增设由8～10号铁丝纵横交织的网架，网架上铺设用尼龙或塑料丝制作的专用防鸟网，网目以4厘米×4厘米或7厘米×7厘米为好。网的周边垂至地面用土压实，防止鸟类从底部飞入。②释放某种化学药剂防鸟，鸟闻到化学气体后感到不适而迅速离开。将驱鸟灵水剂稀释5～7倍，用150毫升左右的玻璃瓶盛装稀释后的药剂70毫升，吊在梨树遮阴处。每亩吊瓶8～10个，10天换药一次，一般应用4～5次。

参考文献

［1］王少敏，高华君，张骁兵.梨果实套袋研究进展［J］.中国果树，2002，6：47-50.

［2］王少敏，高华君，赵红军.苹果梨葡萄套袋技术［M］.北京：中国农业出版社，1999：2.

［3］李大乱，王鹏，张翠瞳.中国梨木虱的研究现状和防治综述［J］.山西果树，2003，4：30-31.

［4］Elkins，R.B.，R.A.Van Steenwyk，L.G.Varela，et al. UCIPM Pest Management Guidelines：Pear Psylla［J］. UC DAN R Publication 3339. Accessed August 2002.

［5］巩传银，卢京国，靳更喜，等.套袋梨果梨黄粉蚜的危害与防治［J］.植物保护，2002，6：42.

［6］高九思，杨松方，高国峰，等.康氏粉蚧在套袋苹果上发生规律及防治技术研究［J］.河南职业技术师范学院学报，2003，31（2）：24-26.

［7］薛晓敏，王金政，宋青芳，等.苹果鸟害及防控研究［J］.北方园艺，2010，9：228-229.

［8］孙蕊，蒋品，郭记迎，等.梨园鸟害的发生与综合防治措施［J］.果农之友.

（落叶果树2014，46（5）：01-03）

套袋梨黄粉蚜的发生规律与防治技术研究进展

张勇，李哲，王宏伟，冉昆，王少敏

梨果实套袋后避免了与外界直接接触，对果实病虫害的发生产生了双重影响，一方面纸袋通过物理隔绝和化学防除作用减轻了一般性果实病虫害，如裂果、轮纹病、炭疤病及梨食心类害虫；另一方面，纸袋提供的微域环境加重了具有喜温、趋阴习性的害虫及某些病害的发生[1]。黄粉蚜是套袋梨果上的主要害虫之一，目前对套袋梨黄粉蚜的研究报道较少，已见焦瑞莲[2]对酥梨套袋黄粉蚜的发生及防治技术的报道；王高民[3]对山西酥梨套袋黄粉蚜大发生的原因与综合治理措施的报道；王书焕[4]对鸭梨套袋黄粉蚜防治的试验研究。本文综述了套袋梨果黄粉蚜的发生规律与防治技术研究进展，以期为梨果的优质安全生产奠定基础。

梨黄粉蚜属同翅目根瘤蚜科，在中国主要分布于北京、辽宁、河北、山东、安徽、江苏、河南、陕西、四川等地；在国外，主要分布于朝鲜、日本。此虫食性单一，据调查，目前只危害梨，如新疆香梨、鸭梨、砀山梨、慈梨、雪花梨、京白梨、丰水梨、巴梨等，尚未发现有其他寄主植物。

一、黄粉蚜的发生规律

1. 形态特征

成虫为多型性蚜虫，有干母、普通型、性母和有性型4种。干母、普通型、性母均为雌性，孤雌胎生，形态相似。雌蚜体呈倒卵圆形，长0.7~0.8毫米，全体鲜黄色，有光泽，触角3节，喙发达，足短小，无翅，体上有蜡腺，腹部无腹管及尾片。有性型成蚜有雌雄两性，长椭圆形，鲜黄色，雌虫体长约0.47毫米，雄虫体长0.35毫米左右，无翅及腹管，口器退化。

卵有4种类型，均为椭圆形，极小。越冬卵即产生干母的卵，长0.25~0.40毫米，淡黄色，表面光滑，常成堆，似一团黄粉；产生普通型和性母的两类卵长0.26~0.30毫米，初产淡黄绿，渐变为黄绿色；产生有性型的卵，雌卵长0.40毫米，雄卵长0.36毫米，黄绿色。若虫形态与成虫相似，体形较小，淡黄色[5]。

2. 越冬场所及发生规律

黄粉蚜在中国1年发生8~10代，以卵在果台、枝干裂缝、秋梢芽鳞上、疤痕隐蔽处越冬，一至三年生枝条上越冬较多。在枝干翘皮缝中越冬卵量占96.7%~97.8%，果台裂缝内越冬卵量占74.9%，这些部位为主要虫源地。梨树开花时越冬卵孵化为若虫，5月下旬爬到梨果上危害，在果实上栖息，取食以萼洼处为主[6]。梨黄粉蚜可从未扎紧的果袋口进入，并在果柄基部、果肩部等处取食越冬[7]。

据河北省报道，梨黄粉蚜转移危害分为转枝转果期（5月上旬至6月上旬）、果间扩散期（6月中旬至8月中旬）和越冬转移期（8月下旬至越冬卵越冬）[7]。若虫孵化后便逐渐向周围翘皮缝、枝条、果台枝、叶丛枝基部残留的芽鳞处、果柄、叶腋、果实等处转移扩散。于8月下旬,1龄若虫离开梨果向枝干翘皮缝转移,发育为成虫,产雌、雄卵(大小卵),最早一部分卵于9月开始孵化,之后交尾产越冬卵后死亡,11月中旬以后越冬卵不再增加。入果袋危害者,6月上旬开始入袋,6月中旬至7月转向果柄和果实。

张青瑞[8]等调查,梨果套袋后果台残橛处越冬的卵量明显高于不套袋果园。5月中旬果台残橛处的成虫陆续出蛰转枝危害,5月下旬树皮裂缝中的成虫出蛰转枝危害,发生严重的梨园6月上旬入袋率20%,6月中旬入袋率达58%,果台残橛有虫的高达82%。6月有一个明显的入袋小高峰,7月下旬至8月中旬又有一个入袋小高峰。

3. 生活习性

梨黄粉蚜喜温暖干燥的环境。气温19.5~23.0℃、相对湿度68%~78%对其发生有利,高温低湿和低温高湿的环境均对其发生不利。梨果套袋后,黄粉蚜喜在袋口折叠缝内大量繁殖。在梨树上树冠下部虫数量最多,占总虫数的36.03%~52.7%,中部次之,顶部最少[9]。梨果生长期内,植株不同部位受害有显著差异,其中果实受害重,次为果台帽和枝干裂缝,叶腋最轻。

梨黄粉蚜成蚜无翅,不能飞行,且爬行较慢,只能借助于风力和鸟类及昆虫向四周扩展蔓延。在梨黄粉蚜危害的梨园育苗或采接穗是加速该虫传播的主要途径。昆虫如金龟子、蜻蜓可将一园内的梨黄粉蚜传至另一园。田间观察看出,梨幼果期至成熟期均可受梨黄粉蚜危害,果实急剧膨大期和成熟期虫量最大,受害最重,幼果期受害最轻[13]。孙朝晖[14]研究表明,梨黄粉蚜1龄若虫一小时可爬行约1米,照此速度可很快从主干、主侧枝等翘皮裂缝中爬到梨树上部浅缝、残留芽鳞下、嫩枝、叶腋、梨果萼洼等处。

4. 对套袋果的危害

黄粉蚜危害套袋梨果时,果面刺吸处初期形成环形、半圆形或圆形褐色晕圈,圆圈逐渐形成黑点,直径约1毫米。若及时控制危害,晕圈形成圆形或月牙形直径1毫米左右的红褐色点,其周围果面不同程度凹陷,不翘起,不脱落,果实不腐烂;若不能及时控制,则数个或数十个黑点集中成腐烂块,梗洼处被害2/3面积以上的果实脱落,果实其他部位受害采摘后斑点继续扩大、腐烂[10]。采收过早的梨果常带黄粉蚜,在贮藏、运输和销售期间可继续繁殖危害,引起梨果腐烂[11]。尼群周[12]调查了引起套袋梨果黑点的因素,发现黄粉蚜所致黑点果率可达60%以上,是造成果面黑点的主要因素。观察指出,5月中下旬所套果实袋内,已有部分黄粉蚜在果实上栖息,取食部位以萼洼处为主,并且还从未扎紧的袋口入内,在果柄基部、果肩部等处取食。对套袋与不套袋梨果黄粉蚜发生危害情况进行比较[15]发现，入袋危害具有以下特点：一是入袋上果时间提前；二是虫量增加，套袋果年平均每果11.6头，不套袋果仅为2.77头，前者为后者的4.2倍。该虫危害套袋与不套袋梨果也具有特点，一是危害梨果的部位不同，96.32%的虫在梗洼和果肩部繁殖危害。不套袋果该虫开始在萼洼处，以后分散到果面上繁殖危害。二是危害症状发生了变化，该虫入袋危害，果面被害处开始为半环形，后为环形，边缘有宽约1毫米的黄褐色晕圈，以后变褐，成虫、若虫在其中间。随着危害加重，数个虫斑连接成片，腐烂变成黑褐色，梨果脱落。不套袋梨果受害后，萼洼处变黑褐色，腐烂成膏药状或龟裂，严重时全果腐烂脱落。分析梨黄粉蚜猖獗危害的因素[16]认为，一是套袋因素，黄粉蚜忌光钻袋，入袋后药剂难以触及，给防治带来困难。未套袋年份黄粉蚜基本造不成危害，套透光塑膜袋的雪花梨也基本上不受害。套袋时期黄粉蚜多躲在梨萼洼处，若纸袋质量不过关或扎口不紧，便为黄粉蚜钻袋提供了有利条件。二是气候因素，夏天果园气候干燥、高温有利于黄粉蚜发生。三是天敌少，20世纪80年代以来，为了控制食心虫等害虫，果园大量使用有机磷、菊酯类等高毒、广谱杀虫剂，大量杀伤瓢虫、草蛉、蜘蛛等天敌，加之清耕作业，没有给天敌留下一个"缓冲地带"，导致果园自然调控能力十分薄弱。

二、黄粉蚜防治技术

1. 农业防治

黄粉蚜无翅，迁移范围窄，刮老皮防治效果明显，梨黄粉蚜的越冬卵有96%～98%在枝干翘皮裂缝中[17]。以历年套袋多的树为重点防治对象，细致刮掉树干老皮、翘皮，不仅可以大量消灭越冬卵，还可减少生长季黄粉蚜的栖息地点。经调查，该虫的卵在树皮缝内及袋内越冬，在袋内的越冬卵翌年孵化率高达85.20%，所以应在冬季及早春刮树皮，及时处理果园落袋，以消灭越冬卵[16]。根据梨黄粉蚜通过枝干向上爬行转移的规律进行主干、主枝上涂胶环黏虫试验[18]，5月上旬在主干上部或各主枝上涂宽约1厘米的黏虫胶环10天后调查，平均每株黏杀梨黄粉蚜600余头。黏虫胶环能截杀转移的1龄若虫，较化学防治操作简单，不污染环境，成本低廉。

2. 果实套袋

套袋前利用化学药剂彻底杀除已经危害果实的黄粉蚜。选用防虫效果好的双层果袋，套袋后用捆扎带紧扎袋口，可有效阻止黄粉蚜入袋[12]。试验表明，套不同的纸袋防治梨黄粉蚜的效果不同。丰水梨套不同种类果袋的虫果率及果实外观差异很大，小林袋效果最好，但成本较高；爱农袋、龙口产单层和双层袋虽成本较低，但虫果率高、易破损污染、果实外观差；白色塑料袋成本最低，虫果率也较低，但果实色泽差且日灼严重；台湾产佳田双层袋价格较低，效果与小林袋基本无差别[17]。酥梨套海河牌单层防虫袋和佳田单层、双层防虫袋的防虫效果明显高于其他纸袋[10]。经试验，几种袋口处理（加防虫夹、加药棉、加香烟过滤嘴、加海绵）方法不同，防治黄粉蚜入袋效果不同。同是新闻纸单袋，袋口处理方式以防虫夹阻止黄粉蚜入袋效果最好，虫果率仅4.87%，平均提高防效38.81%。

3. 生物防治

根据梨黄粉蚜和梨园天敌的活动规律，防治时尽量不要在麦收期间喷施杀虫剂，此时黄粉蚜仍在树皮缝里取食尚未大量向果实转移危害，喷的药物接触不到虫体起不到应发挥的效力；而此时麦地里的瓢虫、草蛉等天敌向梨园迁飞，可以控制黄粉蚜的危害。据调查，每年麦收期间梨园打高毒广谱性杀虫剂后，平均每株三十年生梨树下面死亡天敌约400头[16]。黄粉蚜的天敌已发现的捕食性天敌有10余种，包括异色瓢虫、多异瓢虫、七星瓢虫、深点颊瓢虫、七点草蛉、中华草蛉、小花蝽、捕食螨、寄生菌。其中异色瓢虫数量最大，据室内食量测定，4龄幼虫每小时平均捕食梨黄粉蚜成虫45头以上，对梨黄粉蚜的危害有一定的控制作用[13]。梨园间作芳香植物改变了梨园生态环境中蚜虫与天敌类群数量和组成，害虫种群数量明显减少，益害比（1：1）明显大于自然生草区和清耕区[19]。

4. 化学防治技术

调查了梨树萌芽前刮树皮、喷石硫合剂的园片，黄粉蚜的入袋危害率均在0.9%以下，而不刮树皮、不喷石硫合剂的树黄粉蚜入袋危害率达10%～56%[10]。不同药剂不同温度对梨黄粉蚜的室内毒力，啶虫脒乳油影响较大，其毒力随着温度的升高逐渐增强。因此，高温时防治黄粉蚜推荐使用啶虫脒，低温时使用吡虫啉[20]。采用室内毒力与田间试验相结合的方法研究梨黄粉蚜的防治表明，室内毒力试验，供试药剂浓度与梨黄粉蚜死亡率存在高度的正相关。建议防治梨黄粉蚜首先选用25%噻虫嗪水分散粒剂、96%烯啶虫胺原药、3%啶虫脒乳油，其次选用10%吡虫啉可湿性粉剂[21]。不同药剂不同施药方式对黄粉蚜防治效果不同，50%抗蚜威超微可湿性粉剂3 000倍液防治梨黄粉蚜效果显著，宜于套袋前3天、套袋后25天左右、套袋后48天左右喷药防治3次，全株均匀喷洒，不能漏喷。35%赛丹乳油具有触杀、胃毒和熏蒸作用，在气温较高的情况下，能充分发挥其熏蒸杀虫作用。70%艾美乐水分散粒剂对刺吸式口器害虫防效较好，低毒低残留，使用安全[22]。套袋果需加入敌敌畏等熏蒸杀虫剂方能彻底消灭袋中的梨黄粉蚜。同一果园喷药次数不同防治效果不同，5月底至9月中旬，隔10天喷一次药，发生高峰期7天喷一次药，梨黄粉蚜危害率0.3%；而间隔15天喷一次药，梨黄粉蚜危害率20.4%。同一时期同种类农药喷药质量不同防治效果不同，十二年生梨树，每亩枝量6.3万个，药液使用量500千克左右，梨黄粉蚜危害率0.2%；药液使用量350千克左右，危害率20.5%。

参考文献

［1］ 王少敏，高华君，张骁兵.梨果实套袋研究进展［J］.中国果树，2002，6：47-50.

［2］ 焦瑞莲.套袋酥梨黄粉蚜的发生及防治技术［J］.北京农业，2006，8：116-118.

［3］ 王高民.山西套袋酥梨黄粉虫大发生的原因分析与综合治理措施［J］.科技之友，2007，7：163-164.

［4］ 王书焕.套袋鸭梨黄粉蚜防治试验［J］.河北林果研究，1999，14（2）：168-170.

［5］ 朱晶磊，蔡莹.辽宁省海城地区南果梨黄粉蚜病的发生与防治［J］.北京农业，2013，15：130.

［6］ 沈宝云，范学颜，宋国忠，等.梨黄粉蚜生物学特性的研究［J］.甘肃农业大学学报，1996（4）：380-383.

［7］ 杜玉虎，楚明，鲁凤宇，等.套袋梨黄粉蚜的发生危害及防治措施［J］.辽宁农业职业技术学院学报，2003（3）：8-9.

［8］ 张青瑞，郑建伏，张跃增，等.套袋梨黄粉蚜的发生规律及防治［J］.河北果树，1999（1）：20.

［9］ 蔡如希，刘绍斌.四川西部梨黄粉蚜的生活史及发生规律的研究［J］.四川农学院学报，1983，2：209-218.

［10］ 韦士成，岳兰菊.砀山酥梨黄粉蚜的发生与防治技术研究［J］.安徽农业科学，2003，4：660-661.

［11］ 巩传银，卢京国，靳更喜，等.套袋梨果梨黄粉蚜的危害与防治［J］.植物保护，2002，6：42.

［12］ 尼群周，冯社章.套袋鸭梨果面黑点的成因及其防治方法［J］.河北林果研究，2002，17（4）.

［13］ 毛启才，邓大林，廖素均.梨黄粉蚜生物学与防治研究［J］.昆虫知识，1985：72-76.

［14］ 孙朝晖，孙士学，赵志芬.梨黄粉蚜生物学特性的研究［J］.河北林业科技，1989：32-36.

［15］ 马文会，孙立祥，陈江玉，等.套袋梨黄粉蚜发生危害特点及综合防治技术研究［J］.河北农业科学，2008，12（3）：63-65.

［16］ 杜相革，董民.套袋梨黄粉蚜的防治［J］.北方果树，2003，2：21

［17］ 孙腾飞，李勇，巩传银.套袋对梨黄粉蚜发生和危害的影响［J］.落叶果树，2002，34（1）：7-8.

［18］孙朝晖，孙士学.梨黄粉蚜生物学特性及防治技术的研究［J］.森林病虫通讯，1995，2：11-14.

［19］魏巍，孔云，张玉萍.梨园芳香植物间作区蚜虫与天敌类群的相互关系［J］.生态学报，2010，11：2 899-2 908.

［20］刘颖超，庞民好，张利辉，等.四种药剂不同温度下对梨黄粉蚜的室内毒力测定［J］.华北农学报，2006（增刊）：144-146.

［21］李新江，白云.不同杀虫剂对梨黄粉蚜防治试验［J］.江苏农业科学，2010，6：201-202.

［22］费芳，王春梅.套袋翠冠梨黄粉蚜的防治试验［J］.中国农学通报，2009，16：187-189.

（落叶果树2015，47（1）：17-20）

鸭梨生态友好型病虫害综合治理技术

张勇，王少敏，王宏伟，魏树伟

传统的梨园病虫害防治主要以化学防治为主，普遍存在滥用高毒、高残留化学农药的问题，治虫的同时也大量杀伤了天敌，不仅污染了环境、破坏了生态平衡，也增加了害虫的抗药性。未来果品安全生产追求的目标是果园综合管理（IFM或IPM），即综合应用栽培手段，物理、生物和化学方法将病虫害控制在经济可以承受的范围之内，从而有效地减少化学农药的用量。

目前鸭梨的主要病害有：梨黑星病、腐烂病、干腐病、梨锈病、梨轮纹病、褐斑病、白粉病、炭疽病等，主要虫害有：梨木虱、梨黄粉虫、梨二叉蚜、康氏粉蚧、梨小食心虫、梨茎蜂、山楂叶螨、绿盲蝽、茶翅蝽等。针对鸭梨病虫害的发生动态和防治现状，通过维护和修复梨园优良生态环境，增强果园生态控制能力，减少农药用量和果园管理工作量，降低果品农药残留，改善品质，最终实现安全、高效、优质生产。

一、加强栽培管理，实行健身栽培

1.合理建园

生产中在保证优质的基础上，尽量选用抗逆性强的品种和无病毒苗木建园，并避免多树种、品种混栽。

2. 加强栽培管理

加强肥水管理,合理负载、疏花疏果可提高果树抗虫抗病能力;适当修剪可以改善果园通风条件,减轻病虫害的发生;果实套袋可以减少病虫对果实的危害,也可减少农药残留。

3. 清理果园

果园一年四季都要清理,发现病虫果、枝叶虫苞要随时清除;果树树皮裂缝中隐藏着多种害虫和病菌,及时刮除粗老翘皮是消灭病虫的有效措施;对果树主干主枝进行涂白,既可以杀死隐藏在树缝中的越冬害虫虫卵及病菌,又可以防止冻害、日灼,延迟果树萌芽和开花,使其免遭春季晚霜的危害。

4. 提高采果质量

果实采收要轻采轻放,避免机械损害,采后必须进行商品化处理,防止有害物质对果实污染;贮藏保鲜和运输销售过程中保持清洁卫生,减少病虫侵染。

二、积极开展物理防治、生物防治

利用害虫的趋光性和趋化性,设置黑光灯、频振式杀虫灯和糖醋液、性诱剂等进行诱杀,设置黄板诱蚜等。早春铺设反光膜或树干覆草,防止病原菌和害虫上树侵染,有利于将病虫集中诱杀。也可人工捕捉成虫,深挖幼虫或种植寄生植物诱集。天敌的保护与利用是生物防治的重要内容,梨园天敌资源十分丰富,尤其是草蛉、瓢虫、食虫蝽和捕食螨类天敌种群量大,控制害虫作用明显,应积极保护、利用。

一是在天敌发生盛期应避免使用广谱性杀虫剂,以防止杀伤天敌,选用对天敌影响较小的农药品种,大力提倡应用生物农药。二是梨园实行生草制,为天敌昆虫提供适宜的生存环境,充分发挥天敌的自控作用。三是人工释放天敌,增加果园天敌数量,如释放捕食螨防治果树害螨等。

三、科学开展化学防治

1. 提倡协同作战,联防联治,切实提高防控效果。

2. 做好病虫测报,掌握防治的有利时机,按防治指标进行防治,避免盲目用药,延缓病虫抗药性的产生。在防治策略上,狠抓前期防治,压低虫口基数,夺取全年防治主动权。

3. 合理选择化学农药,保证喷药质量

提倡应用生物源农药、矿物源农药以及高效、低毒、低残留的化学农药;限制使用中等毒性化学农药；禁止使用高毒、高残留和三致（致癌、致畸、致突变）农药，如甲胺磷、甲基对硫磷、氧化乐果、杀虫脒、三氯杀螨醇、涕灭威、甲基异柳磷、久效磷、林丹、福美砷及其含砷制剂等。喷药要周到细致，药液浓度和施药量要适宜，不可随意增加。强调农药轮换使用，以延缓抗药性的产生。

4.抓住关键时期，科学用药

休眠期用药遵循稳、准、狠的原则，彻底清园，压低病虫基数；花前防治宜用安全高效药剂；花后至幼果期（套袋前）用药以安全保险为主，做到优、稀、勤，选药宜优，用药宜稀，喷药宜勤（10~15天）；果实生长期（套袋后）用药以保护性、耐雨水冲刷、持效期长的农药为主，交替使用高效内吸性杀菌剂；采果后为防止早期落叶，适当喷施杀菌剂混加叶面肥保叶。

（科技致富向导2010（11）：22）

梨果采后病虫害防治技术

张勇，王少敏

调查发现，不少果园采收后处于一种失管状态。梨树采摘后到落叶进入休眠这段时期，是梨树花芽分化和贮藏养分的关键阶段，是翌年产量的基础。梨树经过一个生长季的营养消耗，树体已逐渐衰弱，由于果园采后失管，造成病虫害大量发生，导致采后大量落叶，随后造成梨树开花、萌发新梢，进而造成树体养分的消耗，不利于树体养分的积累，从而影响第二年梨树开花长叶。因此，要想来年还能丰产丰收，采后病虫防治很重要。

采果后通过对梨树地上部分科学合理的管理，铲除果园杂草，清除干净果园的病虫害，防止病虫对树体造成危害，减少来年初侵染源。这段时间主要是做好保叶工作，保叶好坏是衡量秋季管理水平的主要标志。秋季落叶严重，会造成花芽开放，翌年的产量浪费在秋冬期。从近几年来看，造成梨树采后落叶的主要病害有黑斑病、褐斑病、黑星病等。主要的症状是叶片上有很多黑色、褐色的斑点，严重的联结成片导致落叶。主要虫害有梨木虱、梨网蝽、红蜘蛛、食叶毛虫等。因此要加强采后的病虫害防治，做到集中喷药，及时喷药。在药剂的选用上，要使用高效低毒低残留农药，避免因施药不当造成药害或农药残留超标。施药时，要根据病虫害发生情况，选择不同的药剂组合；

药剂喷洒时，要叶片上下、树冠内外均匀周到，还要注意天气情况。在加强梨树病虫害防治的同时，应叶面喷肥，以保持叶片浓绿，提高叶片制造光合产物的能力，可加入0.2%磷酸二氢钾+0.2%尿素。

1. 主要病害

梨黑星病：在整个生长季节均可发生，7~8月份危害严重。发生重的应在采收后再喷药1~2次，防止造成落叶，减少来年初侵染源。此时应以高效内吸性杀菌剂为主，如10%世高4 000~6 000倍液、40%氟硅唑（福星）5 000倍液、70%甲基托布津800倍液、25%戊唑醇2 000倍液。

梨黑斑病、褐斑病：借风雨传播引起侵染，在适合的温湿度条件下多次再侵染，防治不及时容易造成大量落叶。有效防治药剂有40%氟硅唑（福星）5 000倍液、25%戊唑醇2 000倍液、80%大生M-45 800倍液、50%异菌脲（扑海因）可湿性粉剂1 000~1 500倍液。一般视天气情况，15天左右喷药一次，交替用药。

梨干枯病、腐烂病：主要危害枝、干（主枝及侧枝），病菌具有潜伏侵染特性，当侵染部位的组织衰弱或近死亡时才易感病。一般晚秋是一次发病高峰。发现病斑及时刮治，烂至木质部的病斑应刮净、刮平，或者用刀顺病斑纵向划割，间隔5毫米左右，然后涂抹843康复剂原液、5%安素菌毒清100~200倍液、10~30倍2%农抗120或腐必清原液等药剂，以防止复发。

2. 主要虫害

梨木虱：前期防治不力，此时造成世代重叠，特别干旱季节梨木虱发生严重，造成大量落叶。要及时喷药防治，药剂可选用10%吡虫啉可湿性粉剂3 000倍液、25%阿克泰5 000倍液、1.8%阿维菌素乳油4 000倍液、35%赛丹1 500~2 000倍液、2.5%敌杀死2 500倍液。

梨花网蝽：1年发生4~5代，世代重叠，7~9月危害最严重。防治方法：9月份成虫下树越冬前，在树干上绑草把，诱集成虫越冬，然后解下草把集中烧毁；可选用80%敌敌畏乳油1 000倍液、48%乐斯本乳油1 500~2 000倍液、20%氰戊菊酯乳油2 000倍液喷药防治，还可兼治其他食叶害虫。

梨采收后做好病虫害防治工作，确保梨树正常落叶，正常进入休眠期，可以使梨树尽快恢复树势，增加养分的积累，为来年丰产丰收奠定基础。

（梨产业技术体系技术简报第四期）

山东中西部冬季梨园病虫害防治技术要点

王少敏

冬季正是果树病虫害潜伏越冬的时期，位置相对固定，是杀灭病虫害，有效压低翌年病虫发生程度的好时机。冬季多出力、春季少花钱、秋季收好果。果农朋友可根据梨腐烂病、黑星病、轮纹病、梨木虱、梨小食心虫、红蜘蛛、黄粉蚜等主要病虫害发生情况，采取以下技术措施：

1. 清理梨园。许多危害梨树的病菌、害虫均在枯枝落叶、残果及荒草中越冬，成为第二年的病虫源。因此，冬初至萌芽前，应将梨园及其附近的枯枝落叶、僵果、杂草清扫干净，集中起来沤肥或烧毁。

2. 及时冬灌。冬灌时间以果实采收后到土壤封冻前为最佳。冬灌的水量，以灌水后当天全部渗入地下20～30厘米为宜。水源充足、设备齐全的果园可采用畦灌或环状沟灌，设备差些的果园可绕树根外围打堰灌水。浇冻水对在树盘越冬的梨木虱成虫、红蜘蛛等效果较好。

3. 秋冬深翻。结合施肥进行树盘秋冬深翻，一方面将准备越冬的害虫翻出地面，让鸟类啄食或冻死；另一方面将地面上的病叶、僵果及躲在枯草中的害虫深埋地下消灭。

4. 树干涂白。树干涂白能减少日灼病及冻害的发生，消灭树干和树缝中越冬的梨星毛虫、红蜘蛛等。涂白剂的配制比例为生石灰10～12份、黏土2份、石硫合剂原液2份、食盐1～2份、水36～40份，可加点杀虫剂。用水化开石灰，滤去灰渣，倒入已溶化的食盐，再倒入石硫合剂和黏土，搅拌均匀即可。涂白在落叶后至土壤解冻前进行，以涂时不流失和干后不翘、不脱落为宜。

5. 刮粗皮及剪除病残枝。由于许多病菌、虫源潜伏在梨树粗皮裂缝、翘皮等处越冬，冬季用刮刀把梨树的粗老皮轻轻刮掉（注意不要刮伤里面的嫩皮），从而破坏梨星毛虫、梨小食心虫、黄粉蚜、红蜘蛛等害虫的越冬场所，可以消灭大部分害虫，从而降低当年虫口基数。同时结合冬剪，将带有刺蛾硬茧、天幕毛虫卵块等的病虫枝、芽及干枯枝条剪掉并集中烧毁。

6. 物理诱杀。根据梨星毛虫、梨小食心虫等害虫秋后爬至树干粗皮、翘皮内越冬的习性，可在幼虫大量吐丝下垂作茧越冬前，在枝干上预先绑草把诱集越冬害虫，入冬后解下草把集中烧毁。

7. 药剂防治。在清园、修剪、刮皮后，全园普遍喷洒含油量为3%～5%的柴油乳剂或5波美度的石硫合剂，对梨圆蚧、红蜘蛛、梨黑星病等防治效果明显。

（梨产业技术体系技术简报第五期）

绿色鸭梨冬春病虫害防控技术

张勇，王少敏

冬春正是鸭梨越冬病虫由潜伏休眠状态转向出蛰活跃状态的关键时期，此时活动性差，位置相对固定，而且对药剂的耐受能力降低，是杀灭病虫害、有效压低病虫发生程度的好时机。根据这个时期病虫发生特点，重点采取以下技术措施进行防治。

一、休眠期（11月至3月初）

1. 病虫害发生特点

进入12月份以后，气温逐渐降低，叶片脱落，树体进入休眠期。果园内的害虫和病原菌停止活动，进入越冬状态，便于集中消灭。同时休眠期的梨树抗药性较强，可施用高浓度药剂进行防治，可收到事半功倍的效果。

2. 重点防治对象为腐烂病、轮纹病、黑星病、干腐病；梨木虱、黄粉虫、梨二叉蚜、红蜘蛛、介壳虫等。

3. 主要防治措施

（1）人工防治：

①清理果园。待树上叶片脱落以后，彻底清扫落叶、病果和杂草，摘除僵果，集中烧毁或深埋，以消灭在其越冬的病虫。结合冬剪，剪除树上病枝（因腐烂病、轮纹病、干腐病及其他原因致死的枯枝）和虫枝（可剪除梨大食心虫（梨云翅斑螟）、梨瘿华蛾、黄褐天幕毛虫、中国梨木虱、黄刺蛾茧、蚱蝉卵以及越冬黑星病、褐斑病）。将剪下的病虫枝梢和清扫的落叶、落果集中后带出园外烧毁，切勿堆积在园内或作果园屏障，以防病虫再次向果园扩散。

②刮树皮。梨树树皮裂缝中隐藏着多种害虫和病菌，山楂叶螨、二斑叶螨、梨小食

心虫、卷叶蛾等害虫大多在粗皮、翘皮及裂缝处越冬。刮树皮是消灭病虫的有效措施；及时刮除老翘皮，刮皮前在树下铺塑料布，将刮除物集中烧毁。刮皮秋末、初冬效果最好，最好选无风天气，以免风大把刮下的病虫吹散。刮皮的程度应掌握小树和弱树宜轻，大树和旺树宜重的原则，轻者刮去枯死的粗皮，重者应刮至皮层微露黄绿色为宜。刮皮要彻底，但在刮皮的同时要注意保护天敌。或者改冬天刮为早春刮，将刮下的树皮放在粗纱网内，待天敌出蛰后，再将树皮烧掉。

③树干涂白。对梨树主干主枝进行涂白，既可以杀死隐藏在树缝中的越冬害虫虫卵及病菌，又可以防止冻害、日灼，延迟果树萌芽和开花，使果树免遭春季晚霜的危害。涂白剂的配制：生石灰10份，石硫合剂原液2份，水40份，黏土2份，食盐1~2份，加入适量杀虫剂，将以上物质溶化混匀后，倒入石硫合剂和黏土，搅拌均匀涂抹树干，涂白次数以2次为宜。第1次在落叶后到土壤封冻前，第2次在早春。涂白部位以主干基部为主，直到主侧枝的分权处，树干南面及树权向阳处重点涂，涂抹时要由上而下，力求均匀，勿烧伤芽体。

④果园深翻。利用冬季低温和冬灌的自然条件，通过深翻果园，将在土壤中越冬的害虫如蝼蛄、蛴螬、金针虫、地老虎、食心虫、红蜘蛛、舟形毛虫、铜绿金龟子、棉铃虫等的蛹及成虫，翻于土壤表面冻死或被有益动物捕食。深翻果园还可以改善土壤理化性质，增强土壤冬季保水能力。深翻时一定要将下层土翻至上层效果才好。

（2）药剂防治：

①病害防治。梨树腐烂病和枝干轮纹病主要采用初冬或早春刮除病斑或病瘤后涂药的方法进行防治。刮治腐烂病，刮治的病斑呈梭形，边缘要齐，以利愈合。刮病斑的宽度应比原病斑宽出1厘米左右，深达木质部，将病皮彻底清除。刮治前后所用工具要消毒，刮下的病皮带出果园烧毁。病斑刮除后要用药剂涂抹进行消毒，消毒药剂可采用腐必清2~3倍液，或2%农抗12 010~20倍液，或5%菌毒清30~50倍液。半月后再用上述药剂涂抹1次，同时每年早春还要对刮治后3年以内的原病斑用上述药剂涂抹1次。对枝干轮纹病要彻底刮治病瘤，并用上述药剂进行消毒。对腐烂病、枝干轮纹病和炭疽病发生不太严重的果园，可在冬前或早春采用树体喷药的方法防治。喷药时要注意树干和主枝上要适当多喷一些药液，以利药液渗透表皮。药剂可选用：①腐必清或2%农抗120或5%菌毒清100倍液；②5波美度石硫合剂；③40%氟硅唑乳油5 000倍液。

②虫害防治。在花芽萌动前，防治蚜虫越冬卵和初卵若虫、山楂叶螨越冬雌成螨和介壳虫等害虫，可喷95%机油乳油50~80倍液或5波美度石硫合剂。

二、芽萌动至开花期（3~4月）

1.病虫害发生特点

进入3月份以后，气温逐渐回升，叶芽萌动，花芽逐渐露绿开绽、吐红、开花。同时越冬的病菌也开始传播，特别是老病斑中的潜伏菌丝逐渐向四周扩散蔓延。经休眠期后的树体消耗了大量养分，树势较弱，抗病力减低，因此春季是腐烂病的发病高峰，枝干上的轮纹病、冬芽上的白粉病、根系上的根腐病以及各种蚜虫、螨类和金龟甲都开始活动。

2.重点防治对象为腐烂病、轮纹病、干腐病、黑星病、白粉病、锈病；梨木虱、黄粉虫、梨二叉蚜、红蜘蛛、介壳虫、金龟甲等。

3.主要防治措施

（1）病害防治：

①腐烂病、枝干轮纹病。3~4月份是腐烂病、轮纹病的发病高峰，亦是防治的关键期，应抓紧防治。刮治方法同休眠期。

②白粉病。发芽前（芽萌动时）喷5波美度石硫合剂；发芽后药剂可选用0.3~0.5波美度石硫合剂、40%福星6 000~8 000倍液、15%粉锈宁1 500倍液、50%硫悬浮剂200~400倍液。同时还要及时剪除病梢，以减少病菌侵染来源，剪除的病梢集中烧毁或深埋，防止扩散传播。

③黑星病。发芽前全树喷一次5波美度石硫合剂或45%施纳宁水剂150~200倍液，铲除树体上的病菌。发芽后开花前，喷施12%烯唑醇2 000倍液，或40%腈菌唑3 000倍液，或50%多菌灵600倍液，或40%福星6 000~8 000倍液，杀灭在芽内越冬的黑星病菌。盛花期可喷1%中生菌素300倍液（该药剂对花安全）。

④根部病害。发现重病树后要在病树周围挖封锁沟（深50~60厘米，宽40~50厘米），防止病区扩大。随后扒出树根晾晒，刮除病腐皮，涂抹2~3波美度石硫合剂消毒，并要更换土壤。根朽病轻的病树，可在树冠下的土壤中直接打孔，每隔20厘米打一个孔（孔径3厘米，深30~50厘米），每孔灌入200倍福尔马林100毫升，随后封孔熏蒸。紫（白）纹羽病可用70%甲基托布津1 000倍液，白绢病用50%代森铵500~800倍液，园斑根腐病用硫酸铜100倍液，每株树按树龄大小浇灌药液50~300千克。亦可用80%五氯酚钠30~50倍药土处理树穴或病树周围，每株用15~25千克。病树治疗后，要加强栽培管理，如加施磷钾肥和叶面追肥，根部桥接，嫁接新根等措施，以促进树势恢复。

（2）虫害防治：

①梨木虱。梨木虱成虫分为冬型和夏型两种，以冬型成虫在树皮裂缝内、杂草、落叶及土壤空隙中越冬，在山东一年发生 4～6 代。越冬成虫于梨树花芽膨大时（3 月上旬）出蛰，梨树花芽鳞片露白期（3 月中旬）为出蛰盛期，出蛰期长达 1 个月。3 月上中旬喷 4.5% 高效氯氰菊酯 2 000 倍液或 5% 高氯·吡 1 500 倍液＋增效剂，杀灭越冬代梨木虱成虫。

②防治其他害虫。如有几种害虫同时发生，可喷 1.8% 阿维菌素 4 000 倍液一并兼治。如防治蚜虫可用 10% 吡虫啉 3 000 倍液，或 0.3% 苦参碱 800～1 000 倍液，或 50% 抗蚜威 1 500～2 000 倍液。防治红蜘蛛可选用 50% 硫悬浮剂 200～400 倍液、20% 螨死净悬浮剂 2 000～2 500 倍液、5% 尼索郎乳油 2 000 倍液、15% 哒螨灵乳油 2 000～2 500 倍液、25% 三唑锡可湿性粉剂 1 500 倍液。若往年康氏粉蚧发生较重，可在萌芽前喷一次机油乳剂 100 倍液或 3～5 波美度石硫合剂。

4. 注意事项

①开花前防治是全年的关键，既安全又经济。②发芽后开花前用药必须选用安全农药，以免发生药害。③3 月上中旬，梨木虱越冬成虫在气候温暖时出蛰、交尾、产卵，要根据天气变化，在温暖无风天喷药才会有较好的防治效果。此期是梨木虱防治的第 1 个关键时期。

（梨产业技术体系技术简报第十期）

鲁西北鸭梨套袋前病虫害防控关键技术

张勇，王少敏

一、病虫害发生特点

套袋前（幼果期）是梨叶部病害和果实病害的初侵染期和发病期，枝干病害减轻，黑点病、轮纹病、炭疽病和叶部病害等进入重点危害期。病害的防治重点是控制病菌的初侵染源。此期的害虫如叶螨、蚜虫、卷叶蛾等已进入猖獗危害期，食心虫等陆续出土，做茧羽化。黑点病、康氏粉蚧等也是主要防治时期。根据这个时期病虫发生特点，重点采取以下技术措施进行防治。

二、重点防治对象

黑星病、轮纹病、炭疽病、套袋果黑点病、叶部病害等；梨木虱、黄粉虫、康氏粉蚧、食心虫、红蜘蛛、梨二叉蚜、蛴象等。

三、主要防治措施

1. 病害防治

（1）梨黑星病：5～6月份是黑星病病菌侵染危害关键期。①4月下旬至5月下旬，人工摘除黑星病梢，7～8天巡回检查摘除一次，深埋或带出园外；②应在发病初期喷药防治，药剂可选用50%多菌灵600倍液、80%代森锰锌800倍液、12.5%烯唑醇2 000倍液、10%苯醚甲环唑8 000～10 000倍液或40%氟硅唑5 000倍液，视天气情况，10～15天一次。

（2）叶部病害、轮纹病、炭疽病：谢花后10天左右开始喷药，以后10～15天喷一次，可兼治多种病害。用药要注意药剂交替轮换使用，以免病菌产生抗性。①1%中生菌素300～400倍液和40%氟硅唑8 000倍液（或代森锰锌800倍液）混用，有明显的增效作用；②50%异菌脲1 000～1 500倍液；③1.5%多氧霉素200～300倍液；④40%氟硅唑6 000～8 000倍液；⑤70%乙磷铝锰锌500～600倍液；⑥70%甲基托布津800～1 000倍液或50%多菌灵600～800倍液；⑦80%代森锰锌800倍液。

（3）黑点病：此时是防治黑点病关键时期，特别是花后至套袋前的3遍药尤为重要。①选用优质袋、合理修剪，保证通风透光良好。②规范操作。宜选择外围果实套袋，封堵严袋口。③加强管理。及时排水和中耕散墒，降低果园湿度。④套袋前选用优质高效安全剂型，如大生、易保、氟硅唑、甲基托布津、烯唑醇、多抗霉素、吡虫啉、阿维菌素等，并注意选用雾化程度高的药械，待药液完全干后再套袋。

2. 虫害防治

（1）害螨：山楂叶螨在盛花期前后为产卵盛期，落花后10～15天为第1代卵孵化盛期，花后1个月左右是危害高峰期，因此应抓住谢花后7～10天和花后1个月这两个关键期进行防治。防治指标（平均单叶成螨数）为山楂叶螨2～3头。二斑叶螨早期多在杂草上活动，6月上中旬开始上树危害，7～8月份是危害高峰期。防治叶螨可选用1.8%阿维菌素5 000倍液、20%螨死净（阿波罗）2 000倍液、5%尼索郎2 000倍液、15%哒螨酮2 000倍液。

（2）蚜虫：5～6月份是蚜虫猖獗危害期，如果蚜量较大，麦收前应及时进行防治，麦收后要根据天敌数量决定是否防治。如梨园周围有大片麦田，麦收后田间有大批瓢虫等捕食性天敌迁入果园取食蚜虫，可不用喷药防治，应对天敌加以保护利用。药剂可选用10%吡虫啉3 000倍液、0.3%苦参碱800～1 000倍液、3%啶虫脒2 000倍液或25%阿克泰（噻虫嗪）水分散粒剂5 000～10 000倍液。

（3）梨木虱：落花后第1代若虫发生期或盛花后1个月左右第2代若虫发生期是防治第1、2代梨木虱若虫关键时期，药剂可选用10%吡虫啉可湿性粉剂3 000倍液、1.8%阿维菌素乳油4 000倍液、35%赛丹1 500～2 000倍液、4.5%高效氯氰菊酯2 000倍液，兼治蚜虫及红蜘蛛等。

（4）其他害虫：①及时喷药防治黄粉虫，有效药剂有35%硕丹2 000倍液、3%啶虫脒2 000倍液、10%吡虫啉3 000倍液等。②防治蝽象，50%杀螟松乳剂1 000倍液、48%毒死蜱乳剂1 500倍液或20%氰戊菊酯乳油2 000倍液效果好。③5月中旬注意防治第2代梨木虱若虫及康氏粉蚧，最佳药剂组合为1.8%阿维菌素乳油4 000～5 000倍液或10%吡虫啉可湿性粉剂2 000～3 000倍液+48%毒死蜱乳油1 000～1 500倍液+助杀1 000倍液，并可兼治绿盲蝽、黄粉蚜及各种螨类等。④6月份梨小食心虫成虫开始陆续产卵，当田间卵果率达1%时进行喷药防治，药剂可选用35%氯虫苯甲酰胺10 000倍液、30%桃小灵1 500～2 000倍液、20%速灭杀丁1 000～2 000倍液、2.5%功夫菊酯2 000～2 500倍液、48%乐斯本乳油1 000～1 500倍液、25%灭幼脲3号1 500～2 000倍液、35%赛丹1 500～2 000倍液、20%除虫脲2 000～3 000倍液。如虫口数量较大，隔7～10天再喷一次。

四、注意事项

花后至套袋前是防治各类病虫害的关键，必须按时、周到喷药，此时防治黄粉虫应注意细喷枝干，防止黄粉虫上果危害。套袋前用药不当最易造成药害，影响果品质量，所以此期用药必须选药宜优、用药宜稀、喷药宜勤。防治梨木虱及黄粉虫时，若在药液中加入农药增效剂可显著提高防效。不同果园病虫发生种类不同，应根据具体情况灵活选用相应措施。

（梨产业技术体系技术简报第十一期）

鸭梨秋季病虫害防控技术

张勇，王少敏

一、秋季鸭梨病虫害的发生特点及重点防治对象

秋季是高温、潮湿、多雨季节，既有利丁果实膨大发育，也有利于多种病虫害发生危害。褐斑病等叶部病害进入发病盛期，如不及时防治，既会引起大量落叶，减弱树势，又会促进腐烂病等枝干病害严重发生。黑星病、轮纹病、炭疽等果实病害开始流行，有的品种出现烂果。此期多种害虫同时发生，食心虫开始大量蛀果，黄粉蚜、康氏粉蚧等防治不及时会造成大量套袋梨果受害。

黑星病、轮纹病、炭疽病、褐腐、白粉病、褐斑病等；梨木虱、黄粉虫、康氏粉蚧、蝽象、食心虫等是秋季鸭梨病虫防治重点对象。

二、主要防治措施与有关注意事项

1. 病害防治

主要防治各类叶、果病害。降雨是促进病菌孢子释放的首要条件，雨后及时喷药是提高防治效果的技术关键。一般药剂的田间持效期有机杀菌剂为 10～15 天，波尔多液 15～20 天。根据此时气候特点，用药以保护性、耐雨水冲刷、持效期长的农药（例如波尔多液或易保 1 200 倍液、代森锰锌 800 倍液）为主，中间穿插内吸性杀菌剂（15～20天），如渗透性较强的 80% 三乙磷酸铝 600～700 倍液、50% 苯菌灵 800 倍液（或 50% 多菌灵 600～800 倍液）、40% 氟硅唑 6 000～8 000 倍液或 25% 戊唑醇 2 000 倍液。另外，亦可在有机杀菌剂中加入少量黏着剂如害立平或助杀 1 000 倍液，可显著提高药剂耐雨水冲刷能力。

2. 虫害防治

（1）梨木虱需防治 1～2 次，有效药剂有 4.5% 高效氯氰菊酯 2 000 倍液、1.8% 阿维菌素 4 000 倍液、10% 吡虫啉 2 000 倍、48% 乐斯本 1 500 倍液等，兼治食心虫、蝽象、介壳虫等。

（2）此时特别注意套袋果实黄粉虫发生情况，药剂选用 80% 敌敌畏 800～1 000 倍液、10% 吡虫啉 3 000 倍液、35% 赛丹 1 500～2 000 倍液、20% 速灭杀丁 1 000～2 000

倍液、10%氯氰菊酯1 500～2 000倍液。套袋后要加强检查，发现黄粉虫危害，及时喷50%敌敌畏乳油600～800倍液，将果袋喷湿，利用药物的熏蒸作用杀死袋内蚜虫。危害率达20%以上的梨园要解袋喷药。

（3）蟒象危害重的梨园，7月初要重点监控，及时喷药防治。药剂可选用杀螟松、乐斯本、氰戊菊酯，连喷2～3次。同时注意群防群治。

（4）7月上中旬至8月上旬需喷药防治康氏粉蚧第1代成虫和第2代若虫，常用药剂有40%速扑杀乳油1 000～1 500倍液、25%扑虱灵粉剂2 000倍液、50%敌敌畏乳油800～1 000倍液、20%氰戊菊酯乳油2 000倍液、48%乐斯本乳油1 200倍液、52.25%农地乐乳油1 500倍液等，喷药均匀，连树干、根茎一起"淋洗式"喷布。

（5）及时喷药防治梨小食心虫，药剂可用40%毒死蜱1 000～1 500倍液、2.5%功夫或20%灭扫利2 000倍液。若发现金龟甲或舟形毛虫等食叶害虫，可在杀菌剂（波尔多液除外）中混加2.5%功夫3 000倍液或48%乐斯本1 000倍液等杀虫剂进行防治。

3. 注意事项

（1）此期为雨季，最好选用耐雨水冲刷药剂，或在药剂中加入农药黏着剂、增效剂等。

（2）喷药时加入0.3%尿素及0.3%磷酸二氢钾，可增强树势，提高果品质量。

（3）雨季要慎用波尔多液及其他铜制剂，以免发生药害。

（梨产业技术体系技术简报第十六期）

梨园虫害生态调控技术

张勇，王少敏

梨园中发生的害虫和广泛存在的害虫天敌，在长期的进化过程中逐步形成了相互依存、相互制约的生态平衡关系。当前梨树生产中化学防治是防治害虫的主要手段，然而在农药防治害虫过程中如不注重维护害虫与天敌之间的生态平衡，则防治不仅不会收到良好的效果，反而会导致害虫危害加剧。

一、梨树害虫天敌的种类

梨树害虫天敌主要分为捕食性和寄生性两大类，捕食性天敌主要有捕食性瓢虫、草蛉、小花蝽、蓟马、食蚜蝇、捕食螨和蜘蛛等；寄生性天敌包括各种寄生蜂、寄生蝇、寄生菌等。在梨园农药应用中，应充分利用和保护好天敌，做到害虫防治与天敌保护利用同时兼顾，注重维护好生态平衡。

二、梨园虫害生态调控技术

1.抓好休眠期防治。梨树休眠后期，尤其是发芽之前，正值越冬害虫大量出蛰时，由于此时其抗性最弱，更重要的是害虫天敌尚未出蛰，防治时机最佳。此时，充分剪、刮藏有害虫成虫、蛹、卵的枝条、粗老树皮并集中烧毁后，丁芽萌动期（3月中旬）全园喷布5波美度石硫合剂，作为枝干铲除剂。初花期前（4月初），根据虫情监测结果，利用害虫出蛰期抗性较弱的特性，及时喷布一次针对性药剂，可起到事半功倍的效果，尤其是对蚜虫、食叶类害虫。

2.不用或少用广谱性杀虫剂。随着树体发芽、展叶、开花，害虫天敌陆续出蛰，其出蛰总是迟于其对应性害虫（天敌跟随现象）。梨木虱的天敌有数十种，通过有效的保护利用，对梨木虱有很好的控制作用。所以在药剂选择上，要忌用或少用广谱性农药，避免害虫、天敌一块杀。

3.使用选择性农药。许多药剂在防治害虫的同时，对天敌的影响不大，这类药剂被称为选择性农药，在天敌大发生期应多采用此类药剂。灭幼脲、杀铃脲、吡虫啉、啶虫脒、扑虱灵、苏云金杆菌、白僵菌、螨死净、浏阳霉素等均属此类药剂。

4.梨园行间生草。梨园生草有利于天敌繁衍和活动，保护天敌，天敌数量明显增多，能有效地维持梨园生态平衡。梨园行间生草一般以豆科牧草为主，如紫花苜蓿、三叶草等。

5.调整施药技术，改进施药方式，按照防治指标，合理用药。蚜虫防治，可将树体喷雾改为树干涂药包扎，对天敌基本无害；梨园中天敌与害螨比例在1∶30以下时可不用药防治；为避免害虫产生抗药性，应进行药剂轮换使用。

只有从生态平衡的角度出发，对病虫害实施全面管理，才能有效地维持梨园生态平衡，起到事半功倍的控制效果。

（梨产业技术体系技术简报第十九期）

鸭梨采果后病虫害防治技术

王少敏，张勇

1.病虫发生特点

鸭梨采果后，病虫防治很重要。采果后这段时间主要是做好保叶工作，保叶好坏是衡量秋季管理水平的主要标志。经调查，造成鸭梨树采后落叶的主要病害有黑星病、褐斑病等；主要虫害有梨木虱、梨网蝽、红蜘蛛、食叶毛虫等；9月份以后腐烂病进入秋季发生高峰，亦需防治。

2.主要防治措施

（1）黑星病：发生重的梨园应在采收后再喷药1～2次，防止造成落叶并减少来年初侵染源。此时应以高效内吸性杀菌剂为主，如10%世高4 000～6 000倍液、40%氟硅唑（福星）5 000倍液、25%戊唑醇2 000倍液。

（2）梨褐斑病、黑斑病：防治不及时容易造成大量落叶，有效防治药剂有40%氟硅唑（福星）5 000倍液、25%戊唑醇2 000倍液、50%异菌脲（扑海因）可湿性粉剂1 000～1 500倍液。

（3）梨木虱前期防治不力，此时发生严重，造成大量落叶。要及时喷药防治，药剂可选用10%吡虫啉可湿性粉剂3 000倍液、25%阿克泰5 000倍液、1.8%阿维菌素乳油4 000倍液。

（4）秋天树干上绑草把或诱虫带，可诱杀梨木虱、螨类、康氏粉蚧、食心虫、卷叶蛾等越冬害虫。可在害虫进入越冬期前，把草把或诱虫带绑扎固定在害虫寻找越冬场所的分枝下部，将树干绑扎一周，不留空隙，诱集其潜藏越冬，待害虫完全越冬后到出蛰前解下集中烧毁，切勿胡乱丢弃或下年重复使用。

（5）幼树枝条、树干涂白防止大青叶蝉产卵：于10月上、中旬成虫产卵前，在幼树枝干上涂刷白涂剂，重点涂刷一至二年生的枝条基部，阻止成虫产卵。涂白液要稠稀适中，以涂刷时不流为好，涂白剂配方为生石灰100份、硫磺粉10份、食盐10份、植物油1份、清水200份或生石灰10份、硫磺粉1份、水40份。如虫量较大，可喷药防治，选用10%吡虫啉3 000倍液或20%杀灭菊酯2 500倍液。

3. 注意事项

在加强梨树病虫害防治的同时，应叶面喷肥，以保持叶片浓绿，提高叶片光合能力。可施用0.2%磷酸二氢钾和0.2%尿素，增强树势，提高果品质量。

鸭梨采收后做好病虫害防治工作，确保梨树正常落叶，正常进入休眠期，可以使梨树增加养分的积累，尽快恢复树势，降低病虫害越冬基数、控制病虫种群数量，减轻来年病虫害危害程度，提高树体对不良环境的抵抗力，促进花芽分化，为来年优质丰产奠定基础。

(梨产业技术体系技术简报第二十一期)

秀丰梨干腐病防治技术

王少敏，张勇

秀丰梨是一个早熟西洋梨品种，早熟、优质、经济效益高，首批果7月上中旬可成熟上市，平均价格4元/千克。在示范地山东省济南市历城区深受果农欢迎。当前生产上存在主要问题是高接树树势易衰弱，导致干腐病发生较重，是制约秀丰梨发展的主要障碍因素。据调查，发病重的病株率在70%以上。针对秀丰梨干腐病发生现状，我们积极研究推广干腐病综合防控技术，取得了较好的效果。

1. 危害症状

一般危害主干和主枝，也侵染较小的枝组，多发生于嫁接口附近。首先表现为红褐色病斑，随病斑扩大，枝干开始干枯凹陷，病健交界处裂开，病斑也形成纵裂，最后枝干枯死，其上的花、叶、果也随之萎蔫并干枯。病斑上形成的黑色突起为病原菌的分生孢子器或子囊壳。

2. 发生规律

病菌以菌丝体或分生孢子、子囊壳在病组织上越冬，翌年春天病斑上形成分生孢子，借风雨传播，一般是从剪锯口等伤口侵入，也能直接侵染芽体。生长势衰弱的树发病较重。各种导致树势衰弱的因素（例如立地条件不好或土壤管理差而造成根系生长不良，施肥不足、干旱，结果过多或大小年现象严重，病虫害、冻害严重，修剪不良或过重以及大伤口太多等）都可诱发该病。水肥管理得当，生长势旺盛，结构良好的树发病轻。

3. 防治方法

（1）加强栽培管理，增强树势：科学管理，加强土肥水管理，合理负载，增强树势，提高树体抗病能力，是防治干腐病的关键措施。山地果园积极推广穴贮肥水技术，增强树势。同时对树势衰弱的树，采取回缩更新复壮措施。

（2）加强树体保护，减少伤口：对修剪后的大伤口，及时涂抹油漆或动物油，以防止伤口水分散发过快而影响愈合。

（3）从幼树期开始，坚持每年树干涂白，防止冻伤和日灼。

（4）清除病源：春季发芽前刮除病瘤，全树喷洒40%氟硅唑乳剂2 000～3 000倍液或3～5波美度石硫合剂，可铲除树体上的越冬菌源。生长期喷施杀菌剂时要注意全树各枝上均匀着药。

（5）及时刮治病斑：从3月开始及时刮治病斑，刮后用1%硫酸铜消毒伤口，然后用波尔多浆保护。生长季节（5～7月）对病树可施行"重刮皮"，除掉病组织，除病疤后用戊唑醇加植物油涂抹，效果较好。刮掉的树皮都要集中烧毁或深埋。

（梨产业技术体系技术简报第二十二期）

密植梨园梨茎蜂幼虫空间分布格局及抽样技术

张勇，王少敏

近年来随着密植丰产梨园的发展，梨园的生态条件较传统园片发生了较大改变，郁闭度增大，为梨茎蜂发生创造了有利的条件，致使梨茎蜂危害逐年加重。一般梨园虫梢率达30%～40%，严重园片高达80%。了解梨茎蜂的分布格局，不仅有助于对其生物学特性深入研究，而且是制定科学抽样技术及对其种群动态进行准确测报的基础。选取8块密植梨园，研究了梨茎蜂幼虫在密植梨园的空间分布格局及抽样技术，以期为该虫的田间调查和防治提供技术支持。

1. 调查方法

选择十至十五年生2米×4米、2米×3米密植梨园8块，每块梨园随机调查200株树，于4月下旬统计各株的断梢数（梨茎蜂产卵时锯断新梢，幼虫在梢内危害）即为各株幼虫总数。

2. 梨茎蜂幼虫空间分布型分析

表1 梨茎蜂幼虫空间分布型的聚集度分析

梨园编号	m	s^2	C	I	K	C_A	M^*	M^*/m
1	5.54	31.22	5.63	4.63	1.20	0.84	10.17	1.84
2	5.44	25.66	4.72	3.72	1.46	0.68	9.16	1.68
3	1.38	2.71	1.96	0.96	1.44	0.69	2.34	1.69
4	2.46	6.74	2.74	1.74	1.41	0.71	4.20	1.71
5	2.56	5.78	2.26	1.26	2.03	0.49	3.82	1.49
6	1.95	4.98	2.56	1.56	1.25	0.80	3.50	1.80
7	3.11	9.08	2.92	1.92	1.62	0.62	5.03	1.62
8	2.27	13.17	5.81	4.81	0.47	2.12	7.08	3.12

(1)聚集度指标分析：计算每块梨园梨茎蜂的平均虫口密度 m（头／株）和样本方差 s^2。采用扩散系数（C）、丛生指标（I）、负二项参数（K）、Cassie 指标（C_A）、平均拥挤度（M^*）和聚集度指标（M^*/m）分析梨茎蜂幼虫在密植梨园的聚集强度。从表1可以看出，各块梨园梨茎蜂幼虫的 C>1，I>0，K>0，C_A>0，M^*/m>1，均符合聚集分布的检验标准，说明梨茎蜂幼虫在密植梨园为聚集分布格局。

(2)Iwao 的 M^*–m 回归分析：M^*–m 回归模型为 $M^*=\alpha+\beta m$，α 为分布的基本成分的平均拥挤度，β 为基本成分的空间分布型。由表1中的平均拥挤度 M^* 与平均虫口密度 m，可得梨茎蜂幼虫的回归直线方程为 $M^*=0.584\,1+1.644\,5m$（r=0.907 4），其中 α=0.584 1>0，说明梨茎蜂个体间相互吸引，分布的基本成分是个体群；β=1.644 5>0，说明梨茎蜂个体群呈聚集分布。

(3)Taylor 幂法则分析：回归模型为 $\lg s^2=\lg a+b\lg m$。根据表1数据，通过拟合得梨茎蜂 s^2 与 m 的关系为 $\lg s^2=0.246\,1+1.612\,0\lg m$（$r$=0.929 7），$\lg a$=0.246 1>0，$b$=1.612 0>1，说明梨茎蜂幼虫种群呈聚集分布，且具有密度依赖性，即种群密度越高，其聚集程度越高。

(4)聚集原因分析：应用 Blackith 种群聚集均数（λ）分析聚集行为的原因，聚集均数公式为 $\lambda=m\gamma/2k$。计算结果表明，梨茎蜂幼虫在密植梨园的聚集均数 λ=2.35>2，其聚集是由该虫本身的习性和某些环境因素共同引起。

3. 理论抽样量的确定

应用 Iwao 理论抽样数公式 $N=t^2[(\alpha+1)/m+\beta-1]/D^2$ 计算理论抽样数 N，已知

M^*-m 回归方程式为 $M^*=0.584\ 1+1.644\ 5m$ ($r=0.907\ 4$)，则 $N=(1.96/D)^2(1.584\ 1/m+0.644\ 5)$。$D$ 取不同值（0.3、0.4、0.5），梨茎蜂幼虫不同密度时的理论抽样数见表2。由表2可知，在一定范围内虫口密度越高，梨茎蜂的理论抽样数越少；允许误差越大，梨茎蜂的理论抽样数越少。例如在该次调查中8块样地的 m 均值为3.0，允许误差 D 取0.3时的理论抽样数为50株。

表2　　　　　　　　　　不同虫口密度下梨茎蜂幼虫的理论抽样量

允许误差（D）	虫口密度(m)/(头·株⁻¹)							
	0.5	1.0	1.5	2.0	2.5	3.0	3.5	4.0
0.3	163	95	73	61	55	50	47	44
0.4	92	54	41	34	31	28	26	25
0.5	59	34	26	22	20	18	17	16

4. 结论及防治建议

采用种群空间分布格局的分析方法，研究了自然条件下密植梨园梨茎蜂幼虫的分布格局与抽样技术。结果表明，梨茎蜂幼虫在梨园呈聚集分布格局，且具有种群密度依赖性，即种群密度越高，其聚集程度越高，其聚集是由该虫本身的习性和某些环境因素共同引起。根据梨茎蜂幼虫聚集分布的特性，田间要加强监测，在花前就要挂黄板诱杀，并适当增加黄板的数量，及时剪除受害梢，降低虫口基数。

（梨产业技术体系技术简报第二十三期）

梨园科学用药技术

王少敏，张勇

化学农药防治梨树病虫害是一种高效和速效的防治技术，但存在副作用，如病虫易产生抗性、对人畜不安全、杀伤天敌等。因此，使用化学农药只能作为病虫害发生严重时的应急措施，在农业、物理、生物等防治效果不明显时才采用。在使用化学农药防治时必须严格执行农药安全使用标准，减少化学农药的使用量，合理使用农药增效剂，适时打药，均匀喷药，轮换用药，安全施药。

1. 正确选用农药

全面了解农药性能、保护对象、防治对象、施用范围，正确选用农药品种、浓度和用药量，避免盲目用药。

(1)禁止使用剧毒、高毒、高残留农药和致畸、致癌、致突变农药。国家明令禁止使用六六六、滴滴涕、毒杀芬、二溴氯丙烷、二溴乙烷、杀虫脒、除草醚、艾氏剂、狄氏剂、甘氟、毒鼠强、氟乙酸钠、毒鼠硅、砷类、铅类等18种农药，并规定甲胺磷、甲基对硫磷、对硫磷、氧化乐果、三氯杀螨醇、久效磷、磷胺、甲拌磷、甲基异柳磷、特丁硫磷、甲基硫环磷、治螟磷、内吸磷、克百威、涕灭威、灭线磷、硫环磷、蝇毒磷、地虫硫磷、氯唑磷、苯线磷、福美砷等农药不得在果树上使用。

(2)允许使用生物源农药、矿物源农药及低毒、低残留的化学农药。允许使用的杀虫杀螨剂有 Bt 制剂(苏云金杆菌)、白僵菌制剂、烟碱、苦参碱、阿维菌素、浏阳霉素、敌百虫、辛硫磷、螨死净、吡虫啉、啶虫脒、灭幼脲3号、抑太保、杀铃脲、扑虱灵、卡死克、加德士敌死虫、马拉硫磷、尼索朗等;允许使用的杀菌剂有中生菌素、多氧霉素、农用链霉素、波尔多液、石硫合剂、菌毒清、腐必清、农抗120、甲基托布津、多菌灵、扑海因(异菌脲)、粉锈宁、代森锰锌类(大生 M-45、喷克)、百菌清、氟硅唑、乙磷铝、易保、戊唑醇、苯醚甲环唑、腈菌唑等。

(3)限制使用的中等毒性农药品种有氯氟氰菊酯、甲氰菊酯、溴氰菊酯、氰戊菊酯、氯氰菊酯、敌敌畏、哒螨灵、抗蚜威、毒死蜱(乐斯本)、杀螟硫磷等。限制使用的农药每品种每年最多使用一次，与其他农药的安全间隔期在30天以上。

2. 适时用药

正确选择用药时机可以既有效地防治病虫害，又不杀伤或少杀伤天敌。梨树病虫害化学防治的最佳时期如下:

(1)病虫害发生初期:化学防治应在病虫害初发阶段或尚未蔓延流行之前;害虫发生量小，尚未开始大量取食危害之前。此时防治对压低病虫基数、提高防治效果有事半功倍的效果。

(2)病虫生命活动最弱期:3龄前的害虫处于幼龄阶段，虫体小、体壁薄、食量小、活动比较集中、抗药性差。如防治介壳虫，可在幼虫分泌蜡质前防治。于芽鳞片内越冬的梨黑星病菌，随鳞片开张而散发进行初侵染。

(3)害虫隐蔽危害前:在一些钻蛀性害虫尚未钻蛀之前进行防治。如卷叶蛾类害虫应在卷叶之前，食心虫类应在入果之前，蛀干害虫应在蛀干之前或刚蛀干时为最佳防治期等。

（4）树体抗药性较强期：梨树在花期、萌芽期、幼果期最易产生药害，应尽量不施药或少施药。应在生长停止期和休眠期防治，尤其是病虫越冬期，其潜伏场所比较集中，虫龄也比较一致，有利于集中消灭，且树体抗药性强。

（5）避开天敌高峰期：利用天敌防治害虫是经济有效的方法，因此在喷药时应尽量避开天敌发生高峰期，以免伤害害虫天敌。

（6）选好天气和时间：防治病虫害，不宜在大风天气喷药，也不能在雨天喷药，以免影响药效。同时也不应在晴天中午用药，以免温度过高产生药害灼伤叶片。

3. 用药方法

（1）使用浓度：用液剂喷雾时，往往需用水将药剂配成或稀释成适当的浓度，浓度过高会造成药害和浪费，浓度过低则无效。有些非可湿性或难于湿润的粉剂，应先加入少许水，将药粉调成糊状，然后再加水配制。

（2）喷药时间：喷药时间过早会造成浪费或降低防效，过迟则大量病原物已经侵入寄主，即使喷内吸治疗剂，也收获不大，应根据发病规律和或短期预测及时在没有发病或刚刚发病时就喷药保护。

（3）喷药次数：喷药次数主要根据药剂残效期的长短和果园病虫害数量来确定，如果一次用药后显著减轻了危害水平，可以继续监测，半个月内不进行防治，应考虑成本，尽量节约用药。

（4）喷药质量：采用先进的施药技术及高效喷药器械，防止跑冒滴漏，提高雾化效果，实行精准施药，逐渐培训农民从高容量、大雾滴喷洒改为低容量、细雾滴喷洒，提高防治效果和农药利用率，防止药剂浪费和对生态环境的污染。

（5）药害问题：梨树不同品种对药剂的敏感性不同，不同发育阶段对药剂的反应也不同，一般幼果和花期容易产生药害。另外与气象条件也有关系，高温、日照强烈或雾重、高湿容易引起药害。如果施药浓度过高造成药害，可喷清水，以冲去残留在叶片表面的农药；喷高锰酸钾6 000倍液能有效地缓解药害；结合浇水，补施一些速效化肥，同时中耕松土，能有效地促进果树尽快恢复生长发育。在药害未完全解除之前，尽量减少使用农药次数。

（6）抗药性问题：抗药性是指由于长期使用单一农药，导致病虫具有耐受一定农药剂量的能力。为避免抗药性的产生，一是在防治过程中采取综合防治，不要单纯依靠化学农药，应采取农业、物理、生物等综合防治措施，使其相互配合，取长补短。尽量减少化学农药的使用量和使用次数，降低对害虫的选择压力。二是要科学使用农药，首先加强预测预报工作，选好对口农药，抓住关键时期用药。同时采取隐蔽施药、局部施药、挑治等施药方式，保护天敌和小量敏感害虫，使抗性种群不易形成。三是选用不同作用机制的药剂交替使用、轮换用药，避免单一药剂连续使用。四是不同作用机制的药剂混合使用，或现混现用，或加工成制剂使用。另外注意增效剂的利用。

（梨产业技术体系技术简报第二十七期）

附录Ⅰ：梨园主要病虫害防治历

费县丰水梨园防治历

时期（物候期）	管理目标	管理措施	注意事项
休眠期（11~2月）	施肥 清园 各种越冬的病虫	1. 彻底清扫落叶、病果和杂草，集中烧毁或深埋，以消灭在其内越冬的病虫。 2. 对梨树主干、主枝进行涂白。 3. 利用冬季低温和冬灌的自然条件，深翻果园。 4. 彻底刮除粗老翘皮	涂白剂的配制：生石灰10份，石硫合剂原液2份，水40份，黏土2份，食盐1~2份，加入适量杀虫剂，将以上物质溶化混匀后，倒入石硫合剂和黏土，搅拌均匀涂抹树干，涂白次数以两次为宜
芽萌动至开花前（3月上旬~4月初）	喷干枝	1. 5波美度石硫合剂或福星5 000倍液。 2. 及时检查刮治枝干病害（腐烂病、轮纹病、干腐病）	1. 发芽后开花前用药，必须选用安全农药，以免发生药害。 2. 3月上中旬，梨木虱越冬成虫在气候温暖时出蛰、交尾、产卵，此期是防治梨木虱的第1个关键时期，选择温暖无风天喷药
4月花序分离期	各种越冬的病虫	福星8 000倍液+高效氯氰菊酯1 500倍液+吡虫啉3 000倍液+优质硼肥	
花期	提高坐果率 金龟子、梨茎蜂、根部病害等	人工授粉、壁蜂授粉。 悬挂黄板，诱杀梨茎蜂。 开花前后及时检查根病，发现病树及时挖沟封锁，灌根消毒	1. 盛花期前后不要喷药。 2. 黄板每亩悬挂30片左右。 3. 根病病害在树冠外围挖深50厘米沟，将病根去除，晾根3~5天覆土灌药
花后7~10天（4月下旬~5月初）	防治梨锈病、黑斑病、烂果病、梨木虱、蚜虫、红蜘蛛	多菌灵600倍液+高效氯氰菊酯2 000倍液+吡虫啉2 000倍液	坐果40天之内不要施用波尔多液，以防发生果锈
麦收前（5月下旬~6月初）	防治梨锈病、黑斑病、烂果病、黄粉虫、梨木虱、蚜虫、红蜘蛛等	1. 结合摘心，人工摘除病虫梢、果等。 2. 进行果实套袋。 3. 悬挂性诱芯诱杀、监测梨小食心虫、桃小食心虫等，采用糖醋液、电子杀虫灯等诱杀多种害虫。 4. 70%甲基硫菌灵800倍液+易保1 200倍液+吡虫啉2 000倍液+阿维菌素2 000倍液	1. 麦收前是防治轮纹烂果病、梨木虱及黄粉虫的关键，必须按时、周到喷药，最好采用淋洗式喷雾。 2. 麦收前用药不当最易造成药害，影响果品质量。所以此期用药必须选用安全农药
麦收后（6月中旬）	防治轮纹病、炭疽病、食心虫、梨木虱、蝽象、红蜘蛛等	多宁+吡虫啉2 000倍液+高效氯氰菊酯2 000倍液	

（续表）

时期（物候期）	管理目标	管理措施	注意事项
7月上旬	防治轮纹病、叶斑病、梨木虱、食心虫、蟓象、康氏粉蚧、黄粉虫	戊唑醇悬浮剂2 000倍液＋桃小灵2 000倍液＋阿维菌素3 000倍液	1. 雨季喷药可加入黏着剂。 2. 雨季慎用波尔多液或其他铜制剂，以免产生药害。 3. 黄粉虫及梨木虱防治，以淋洗式喷雾效果最好
7月中下旬	防治轮纹病、炭疽病、叶斑病、梨木虱、食心虫、康氏粉蚧、蟓象等	易保1 200倍液＋毒死蜱1 500倍液	喷药时加入300倍尿素和300倍磷酸二氢钾，可增强树势，提高果品质量
8月上中旬	防治轮纹病、炭疽病、叶斑病、梨木虱、食心虫等	氟硅唑（福星）6 000倍液＋高效氟氯氰2 000倍液	
8月中下旬	防治黑斑病、轮纹烂果病、黄粉虫、梨木虱	10%苯醚甲环唑（世高）2 000倍液＋高效氯氰菊酯2 000倍液	
采收后	施基肥	以土杂肥为主，配施复合肥	

冠县刘屯示范园梨防治历

时期（物候期）	管理目标	管理措施	注意事项
休眠期（11~2月）	施肥 清园 各种越冬的病虫	1. 彻底清扫落叶、病果和杂草，集中烧毁或深埋，以消灭在其内越冬的病虫。 2. 对梨树主干、主枝进行涂白。 3. 利用冬季低温和冬灌的自然条件，深翻果园。 4. 彻底刮除粗老翘皮	涂白剂的配制：生石灰10份，石硫合剂原液2份，水40份，黏土2份，食盐1~2份，加入适量杀虫剂，将以上物质溶化混匀后，倒入石硫合剂和黏土，搅拌均匀涂抹树干，涂白次数以2次为宜
萌芽期	喷干枝	1. 5波美度石硫合剂或福星5 000倍液。 2. 及时检查刮治枝干病害（腐烂病、轮纹病、干腐病）	
4月花序分离期	各种越冬的病虫	福星8 000倍液＋螺虫乙酯2 000倍液＋吡虫啉3 000倍液＋优质硼肥	梨木虱越冬成虫在气候温暖时出蛰、交尾、产卵，在温暖无风天喷药
花期	提高坐果率 金龟子、梨茎蜂、根部病害等	1. 人工授粉、壁蜂授粉。 2. 树干下部捆绑"塑料裙"，防止金龟子上树危害。 3. 悬挂黄板，诱杀梨茎蜂。 4. 开花前后及时检查根病，发现病树及时挖沟灌根消毒	1. 盛花期前后不要喷药。 2. 黄板每亩悬挂30片左右。 3. 根病害在树冠外围挖深50厘米沟，将病根去除，晾根3~5天覆土灌药

（续表）

时期（物候期）	管理目标	管理措施	注意事项
花后7~10天（4月下旬~5月初）	防治梨锈病、黑斑病、烂果病、梨木虱、蚜虫、红蜘蛛	多菌灵600倍液+百泰（较国产代森锰锌安全）+高效氯氰菊酯2 000倍液+啶虫咪2 000倍液	坐果40天之内不要用波尔多液，以防出现果锈
花后20天左右	防治梨锈病、黑斑病、烂果病、黄粉虫、梨木虱、蚜虫、红蜘蛛等	易保1 200倍液+吡虫啉3 000倍液+阿维菌素4 000倍液	
麦收前（5月下旬~6月初）	防治梨锈病、黑斑病、烂果病、黄粉虫、梨木虱、蚜虫、红蜘蛛等	1. 结合摘心，人工摘除病虫梢果。 2. 进行果实套袋。 3. 悬挂性诱芯诱杀、监测梨小食心虫、桃小食心虫等，采用糖醋液、杀虫灯等诱杀多种害虫。 4. 70%甲基硫菌灵800倍液+大生800倍液+吡虫啉3 000倍液+阿维菌素3 000倍液	糖醋液配方：红糖6份，醋3份，酒1份，水10份，适量杀虫剂
麦收后（6月中旬）	防治轮纹病、炭疽病、食心虫、梨木虱、蛴象、红蜘蛛等	多宁+阿维菌素4 000倍液+高效氯氰菊酯2 000倍液	
7月上旬	防治轮纹病、炭疽病、叶斑病、梨木虱、食心虫、蛴象康氏粉蚧	戊唑醇悬浮剂2 000倍液+桃小灵1 200倍液+吡虫啉3 000倍液	1. 雨季喷药，可加入黏着剂。 2. 雨季慎用波尔多液或其他铜制剂，以免产生药害
7月中下旬	防治轮纹病、炭疽病、叶斑病、梨木虱、食心虫、蛴象等	易保1 200倍液+甲维盐3 000倍液	喷药时可加入300倍的磷酸二氢钾，以增强树势，提高果品质量
8月上中旬	防治轮纹病、炭疽病、叶斑病、梨木虱、食心虫等	10%苯醚甲环唑2 000倍液+高效氟氯氰2 000倍液	果实生长后期不要喷波尔多液，以免污染果面
8月中下旬	防治轮纹病、炭疽病、梨木虱、食心虫等	高效氯氰菊酯2 000倍液+40%氟硅唑6 000倍液	
采收后	施基肥	以土杂肥为主，配施复合肥	

冠县苗圃丰水梨防治历

时期（物候期）	管理目标	管理措施	注意事项
休眠期（11～2月）	施肥 清园 各种越冬的病虫	1. 彻底清扫落叶、病果和杂草，集中烧毁或深埋，以消灭在其内越冬的病虫。 2. 对梨树主干、主枝进行涂白。 3. 利用冬季低温和冬灌的自然条件，深翻果园。 4. 彻底刮除粗老翘皮	涂白剂的配制：生石灰10份，石硫合剂原液2份，水40份，黏土2份，食盐1～2份，加入适量杀虫剂，将以上物质溶化混匀后，倒入石硫合剂和黏土，搅拌均匀涂抹树干，涂白次数以2次为宜
萌芽期	喷干枝	1. 5波美度石硫合剂或福星5 000倍液。 2. 及时检查刮治枝干病害（腐烂病、轮纹病、干腐病）	
花期	提高坐果率 金龟子、梨茎蜂、根部病害等	1. 人工授粉、壁蜂授粉。 2. 树干下部捆绑"塑料裙"，防止金龟子上树危害。 3. 悬挂黄板，诱杀梨茎蜂。 4. 开花前后及时检查根病，发现病树及时挖沟灌根消毒	1. 盛花期前后不要喷药。 2. 黄板每亩悬挂30片左右。 3. 初花期喷施一次300倍硼砂或1 000倍硼酸，可显著提高坐果率
花后10～20天（4月下旬～5月初）	防治梨锈病、黑斑病、烂果病、梨木虱、蚜虫、红蜘蛛	多菌灵600倍液＋百泰（较国产代森锰锌安全）＋吡虫啉2 000倍液＋螺虫乙酯2 000倍液	
麦收前（5月下旬～6月初）	褐斑病、轮纹病、炭疽病、白粉病、锈病、梨木虱、康氏粉蚧、红蜘蛛、蚜虫、食心虫类、蛴象类	1. 果实套袋。 2. 悬挂性诱芯诱杀、监测梨小食心虫、桃小食心虫等，采用糖醋液、电子杀虫灯等诱杀多种害虫。 3. 70%甲基硫菌灵800倍液＋易保800倍液（大生）＋吡虫啉3 000倍液＋螺虫乙酯2 000倍液	1. 麦收前是防治轮纹烂果病、梨木虱及黄粉虫的关键，必须按时、周到喷药，最好采用淋洗式喷雾。 2. 麦收前用药不当最易造成药害，影响果品质量。所以此期用药必须选用安全农药
麦收后（6月中旬）	褐斑病、轮纹病、炭疽病、食心虫、梨木虱、红蜘蛛、康氏粉蚧、黄粉蚜	多宁600倍液＋阿维菌素3 000倍液＋高效氯氰菊酯2 000倍液或波尔多液	此时防治黄粉虫应注意仔细喷布枝干，防止黄粉虫上果危害。淋洗式喷雾效果最好
7月上旬	防治轮纹病、炭疽病、叶斑病、梨木虱、食心虫、蛴象康氏粉蚧	戊唑醇悬浮剂2 000倍液＋氯虫苯甲酰胺5 000倍液＋吡虫啉3 000倍液	雨季喷药，可加入黏着剂
7月中下旬	防治褐斑病、轮纹病、炭疽病、食心虫、黄粉蚜、红蜘蛛、康氏粉蚧	易保1 200倍液＋毒死蜱1 500倍液＋吡虫啉2 000倍液或倍量波尔多液	喷药时可加入300倍的磷酸二氢钾，以增强树势，提高果品质量

（续表）

时期（物候期）	管理目标	管理措施	注意事项
8月上中旬	褐斑病、轮纹病、炭疽病、食心虫、蝽象类、金龟子	80%代森锰锌（大生 M-45）可湿性粉剂 800 倍液 +10% 苯醚甲环唑（世高）2 000 倍液 + 氯虫苯甲酰胺 5 000 倍液	果实生长后期不要喷波尔多液以免污染果面
8月中下旬	防治轮纹病、炭疽病、梨木虱、食心虫等	10% 吡虫啉 3 000 倍液 +40% 氟硅唑 6 000 倍液	
采收后	施基肥	以土杂肥为主，配施复合肥	

冠县新高梨防治历

时期（物候期）	管理目标	管理措施	注意事项
休眠期（11~2月）	施肥 清园 各种越冬的病虫	1. 彻底清扫落叶、病果和杂草，集中烧毁或深埋，以消灭在其越冬的病虫。 2. 对梨树主干主枝进行涂白。 3. 利用冬季低温和冬灌的自然条件，深翻果园。 4. 彻底刮除粗老翘皮	涂白剂的配制：生石灰 10 份，石硫合剂原液 2 份，水 40 份，黏土 2 份，食盐 1~2 份，加入适量杀虫剂，将以上物质溶化混匀后，倒入石硫合剂和黏土，搅拌均匀涂抹树干，涂白次数以两次为宜
芽萌动至开花前（3月上旬~4月初）	喷干枝	1. 5 波美度石硫合剂或丙环唑 2 000 倍液（福星 5 000 倍液）+ 毒死蜱 1 200 倍液。 2. 及时检查刮治枝干病害（腐烂病、轮纹病、干腐病）	1. 发芽后开花前用药，必须选用安全农药，以免发生药害。 2. 3 月上中旬，梨木虱越冬成虫在气候温暖时出蛰、交尾、产卵，此期是防治梨木虱的第 1 个关键时期，选择温暖无风天喷药
4月花序分离期	各种越冬的病虫	多抗霉素 500 倍液 + 吡虫啉 2 000 倍液 + 亩旺特 4 000 倍液	
花期	提高坐果率 金龟子、梨茎蜂、根部病害等	1. 人工授粉、壁蜂授粉。 2. 悬挂黄板，诱杀梨茎蜂。 3. 开花前后及时检查根病，发现病树及时挖沟封锁，灌根消毒	1. 盛花期前后不要喷药。 2. 黄板每亩悬挂 30 片左右。 3. 根病病害在树冠外围挖深 50 厘米沟，将病根去除，晾根 3~5 天覆土灌药
花后 7~10 天（4月下旬~5月初）	防治梨锈病、黑斑病、烂果病、梨木虱、蚜虫、红蜘蛛	甲基托布津 800 倍液 + 百泰（较国产代森锰锌安全）+ 高效氯氰菊酯 2 000 倍液 + 啶虫脒 2 000 倍液	坐果 40 天之内不要施用波尔多液，以防发生果锈
麦收前（5月下旬~6月初）	防治梨锈病、黑斑病、烂果病、黄粉虫、梨木虱、蚜虫、红蜘蛛等	1. 进行果实套袋。 2. 悬挂性诱芯诱杀、监测梨小食心虫、桃小食心虫等，采用糖醋液、电子杀虫灯等诱杀多种害虫。 3. 70% 甲基硫菌灵 800 倍液 + 易保 800 倍液（大生）+ 吡虫啉 3 000 倍液 + 毒死蜱 1 200 倍液	1. 麦收前是防治轮纹烂果病、梨木虱及黄粉虫的关键，必须按时、周到喷药，最好采用淋洗式喷雾。 2. 麦收前用药不当最易造成药害，影响果品质量。所以此期用药必须选用安全农药

（续表）

时期（物候期）	管理目标	管理措施	注意事项
麦收后（6月中旬）	防治轮纹病、炭疽病、食心虫、梨木虱、蟠象、红蜘蛛	甲基托布津800倍液 + 毒死蜱1 200倍液	
7月上旬	防治轮纹病、叶斑病、梨木虱、食心虫、蟠象、康氏粉蚧、黄粉虫	戊唑醇悬浮剂2 000倍液 + 毒死蜱1 200倍液 + 吡虫啉3 000倍液	1. 雨季喷药，可加入黏着剂。2. 雨季慎用波尔多液或其他铜制剂，以免产生药害。3. 黄粉虫及梨木虱防治，以淋洗式喷雾效果最好
7月中下旬	防治轮纹病、炭疽病、叶斑病、梨木虱、食心虫、康氏粉蚧、蟠象等	甲基托布津800倍液 + 毒死蜱1 200倍液	喷药时加入300倍尿素和300倍磷酸二氢钾，可增强树势，提高果品质量
8月上中旬	防治轮纹病、炭疽病、叶斑病、梨木虱、食心虫等	氟硅唑（福星）6 000倍液 + 高效氯氰菊酯2 000倍液	
8月中下旬	防治黑斑病、轮纹烂果病、黄粉虫、梨木虱	80%代森锰锌（大生M-45）可湿性粉剂800倍液 + 功夫2 000倍液	
9月上旬		10%苯醚甲环唑（世高）2 000倍液 + 高效氯氰菊酯2 000倍液	
采收后	施基肥	以土杂肥为主，配施复合肥	

核心示范园防治历

时期（物候期）	防治对象	管理措施	注意事项
休眠期（11~2月）	腐烂病、轮纹病、干腐病、梨小、叶螨、蚜虫、梨木虱、黄粉虫	1. 冬季防止冻害诱发腐烂病，进行树干涂白；深翻果园。2. 彻底清除枯枝、落叶、烂果，集中烧毁或深埋，以消灭在其内越冬的病虫。3. 彻底刮除枝干上粗老翘皮	涂白剂的配制：生石灰10份，石硫合剂原液2份，水40份，黏土2份，食盐1~2份，加入适量杀虫剂，将以上物质溶化混匀后，倒入石硫合剂和黏土，搅拌均匀涂抹树干
萌芽期	喷干枝	1. 5波美度石硫合剂或福星5 000倍液。2. 及时检查刮治枝干病害（腐烂病、轮纹病、干腐病）	刮治轮纹病时不要刮的太深，尽量不伤及好皮

（续表）

时期（物候期）	防治对象	管理措施	注意事项
花期	提高坐果率 金龟子、梨茎蜂、根部病害等	1.人工授粉。 2.利用金龟子假死性，人工振落捕杀。 3.悬挂黄板，诱杀梨茎蜂。 4.开花前后及时检查根病，发现病树及时挖沟封锁，灌根消毒	盛花期前后不用喷药。 黄板每亩悬挂30片左右。 根病病害在树冠外围挖深50厘米沟，将病根去除，晾根3~5天覆土灌药
花后7~10天（4月下旬~5月初）	防治梨锈病、黑星病、烂果病、梨木虱、蚜虫、红蜘蛛	多菌灵600倍液+吡虫啉2 000倍液+高效氯氰菊酯2 000倍液	
麦收前（5月下旬~6月初）	防治梨锈病、黑星病、烂果病、潜叶蛾、梨木虱、蚜虫、红蜘蛛等	1.结合摘心，人工摘除病虫梢、果等。 2.悬挂性诱芯诱杀、监测梨小食心虫、桃小食心虫等，利用糖醋液及杀虫灯诱杀害虫。 3.70%甲基硫菌灵800倍液+百泰800倍液+吡虫啉2 000倍液+螺虫乙酯2 000倍液	部分梨对波尔多液敏感，慎用。 糖醋液配方：红糖6份，醋3份，酒1份，水10份，适量杀虫剂
麦收后（6月中旬）	防治黑星病、炭疽病、食心虫、梨木虱、蝽象、红蜘蛛、黄粉虫等	多宁600倍液+阿维菌素3 000倍液+高效氯氰菊酯2 000倍液	
7月上旬	防治黑星病、炭疽病、叶斑病、梨木虱、食心虫、蝽象、康氏粉蚧等	戊唑醇悬浮剂2 000倍液+氯虫苯甲酰胺5 000倍液+吡虫啉3 000倍液	雨季喷药，可加入黏着剂
7月中下旬	防治黑星病、炭疽病、叶斑病、梨木虱、食心虫、蝽象等	易保1 200倍液+毒死蜱1 500倍液+吡虫啉2 000倍液	病虫害进入猖獗危害期，保叶、保果成为重点
8月上中旬	防治黑星病、炭疽病、叶斑病、梨木虱、食心虫等	80%代森锰锌（大生M-45）可湿性粉剂800倍液+10%苯醚甲环唑（世高）2 000倍液+氯虫苯甲酰胺5 000倍液	
8月中下旬	防治黑星病、炭疽病、梨木虱、食心虫等	10%吡虫啉3 000倍液+40%氟硅唑6 000倍液	
采收后	施基肥	以土杂肥为主，配施复合肥	梨木虱较重时，采收后还应防治1~2次

历城河务局示范园防治历

时期（物候期）	管理目标	管理措施	注意事项
休眠期（11~2月）	清园 防治各种越冬的病虫	1. 清扫落叶、剪除病虫枝、刮老粗皮，树干涂白。 2. 冬季修剪注意结果枝的更新复壮	涂白剂的配制：生石灰10份，石硫合剂原液2份，水40份，黏土2份，食盐1~2份，加入适量杀虫剂，将以上物质溶化混匀后，倒入石硫合剂和黏土，搅拌均匀涂抹树干，涂白次数以2次为宜
萌芽期	喷干枝	1. 全园喷3~5波美度石硫合剂。 2. 及时检查刮治枝干病害（腐烂病、轮纹病、干腐病），涂药保护	
4月花序分离期	各种越冬的病虫	多菌灵600倍液＋吡虫啉2 000倍液＋高效氯氰菊酯2 000倍液	
花期	提高坐果率 金龟子、梨茎蜂、根部病害等	1. 人工授粉。 2. 悬挂黄板，诱杀梨茎蜂。 3. 开花前后及时检查根病，发现病树及时挖沟灌根消毒	1. 盛花期前后不要喷药。 2. 黄板每亩挂30片左右。 3. 根病害在树冠外围挖深50厘米的沟，将病根去除，晾根3~5天覆土灌药
花后7~10天（4月下旬~5月初）	防治梨锈病、黑斑病、烂果病、梨木虱、蚜虫、红蜘蛛	易保1 000倍液＋吡虫啉2 000倍液＋阿维菌素3 000倍液	坐果40天之内不要用波尔多液，以防发生果锈
花后20天左右	防治梨锈病、黑斑病、烂果病、黄粉虫、梨木虱、蚜虫、红蜘蛛等	氟硅唑7 000倍液＋溴氰菊酯2 000倍液	
麦收前（5月下旬~6月初）	防治梨锈病、黑斑病、烂果病、黄粉虫、梨木虱、蚜虫、红蜘蛛等	1. 结合摘心，人工摘除病虫梢、果。 2. 进行果实套袋。 3. 采用性诱芯、糖醋液、杀虫灯等诱杀多种害虫。 4. 甲基托布津800倍液＋毒死蜱1200倍液＋吡虫啉2 000倍液	糖醋液配方：红糖6份，醋3份，酒1份，水10份，适量杀虫剂
麦收后（6月中旬）	防治轮纹病、炭疽病、食心虫、梨木虱、蟓象、红蜘蛛、黄粉虫等	大生800倍液＋阿维菌素3 000倍液或1∶2∶200波尔多液	
7月上旬	防治轮纹病、炭疽病、叶斑病、梨木虱、食心虫、蟓象康氏粉蚧	戊唑醇悬浮剂2 000倍液＋桃小灵1 200倍液＋阿维菌素3 000倍液	雨季喷药，可加入黏着剂

（续表）

时期（物候期）	管理目标	管理措施	注意事项
7月中下旬	防治轮纹病、炭疽病、叶斑病、梨木虱、食心虫、蝽象等	易保1 200倍液＋高效氯氰菊酯2 000倍液＋吡虫啉2 000倍液或1∶2∶200波尔多液	喷药时可加入300倍的磷酸二氢钾，以增强树势，提高果品质量
8月上中旬	防治轮纹病、炭疽病、叶斑病、梨木虱、食心虫、黄粉蚜等	氟硅唑（福星）6 000倍液＋毒死蜱1 200倍液	果实生长后期不要喷波尔多液，以免污染果面
8月中下旬	防治轮纹病、炭疽病、梨木虱、食心虫等	10%苯醚甲环唑（世高）2 000倍液＋高效氯氰菊酯1 500倍液	
采收后	施基肥	以土杂肥为主，配施复合肥	

刘村酥梨防治历

时期（物候期）	管理目标	管理措施	注意事项
休眠期（11～2月）	施肥 清园 各种越冬的病虫	1. 彻底清扫落叶、病果和杂草，集中烧毁或深埋，以消灭在其内越冬的病虫。 2. 对梨树主干主枝进行涂白。 3. 利用冬季低温和冬灌的自然条件，深翻果园。 4. 彻底刮除粗老翘皮	涂白剂的配制：生石灰10份，石硫合剂原液2份，水40份，黏土2份，食盐1～2份，加入适量杀虫剂，将以上物质溶化混匀后，倒入石硫合剂和黏土，搅拌均匀涂抹树干，涂白次数以2次为宜
萌芽期	喷干枝	1. 5波美度石硫合剂或福星5 000倍液。 2. 及时检查刮治枝干病害（腐烂病、轮纹病、干腐病）	
花期	提高坐果率 金龟子、梨茎蜂、根部病害等	1. 人工授粉、壁蜂授粉。 2. 利用金龟子假死性，人工振落捕杀。 3. 悬挂黄板，诱杀梨茎蜂。 4. 开花前后及时检查根病，发现病树及时挖沟封锁，灌根消毒	1. 盛花期前后不用喷药。 2. 黄板每亩悬挂30片左右。 3. 根病病害在树冠外围挖深50厘米沟，将病根去除，晾根3～5天覆土灌药
花后7～10天（4月下旬～5月初）	防治梨锈病、黑星病、烂果病、梨木虱、蚜虫、红蜘蛛	高效氯氰菊酯2 000倍液＋10%吡虫啉3 000倍液＋80%代森锰锌800倍液	
麦收前（5月下旬～6月初）	防治梨锈病、黑星病、烂果病、潜叶蛾、梨木虱、蚜虫、红蜘蛛等	1. 易保1200倍液＋70%甲基托布津800倍液＋灭多威2 000倍液＋哒螨灵1 500倍液。 2. 结合摘心，人工摘除病虫梢、果等。 3. 悬挂性诱芯诱杀、监测梨小食心虫、桃小食心虫等	1. 酥梨对波尔多液敏感，慎用。 2. 糖醋液配方：红糖6份，醋3份，酒1份，水10份，适量杀虫剂

（续表）

时期（物候期）	管理目标	管理措施	注意事项
麦收后（6月中旬）	防治黑星病、炭疽病、食心虫、梨木虱、蝽象、红蜘蛛等	1.8%阿维菌素4 000倍液+10%吡虫啉3 000倍液+10%苯醚甲环唑4 000倍液	
7月上旬	防治黑星病、炭疽病、叶斑病、梨木虱、食心虫、蝽象等	1.8%阿维菌素4 000倍液+桃小灵1 200倍液+10%苯醚甲环唑4 000倍液	雨季喷药，可加入黏着剂
7月中下旬	防治黑星病、炭疽病、叶斑病、梨木虱、食心虫、蝽象等	1.8%阿维菌素4 000倍液+10%吡虫啉3 000倍液+10%苯醚甲环唑4 000倍液	
8月上中旬	防治黑星病、炭疽病、叶斑病、梨木虱、食心虫等	高效氯氰菊酯2 000倍液+3%啶虫咪2 000倍液+20%戊唑醇2 000倍液	
8月中下旬	防治黑星病、炭疽病、梨木虱、食心虫等	10%吡虫啉3 000倍液+40%氟硅唑6 000倍液	
采收后	施基肥	以土杂肥为主，配施复合肥	

阳信黄金梨防治历

时期（物候期）	管理目标	管理措施	注意事项
休眠期（11～2月）	施肥 清园 各种越冬的病虫	1.彻底清扫落叶、病果和杂草，集中烧毁或深埋，以消灭在其内越冬的病虫。 2.对梨树主干主枝进行涂白。 3.利用冬季低温和冬灌的自然条件，深翻果园。 4.彻底刮除粗老翘皮	涂白剂的配制：生石灰10份，石硫合剂原液2份，水40份，黏土2份，食盐1～2份，加入适量杀虫剂，将以上物质溶化混匀后，倒入石硫合剂和黏土，搅拌均匀涂抹树干，涂白次数以2次为宜
萌芽期	喷干枝	1.5波美度石硫合剂或福星5 000倍液。 2.及时检查刮治枝干病害（腐烂病、轮纹病、干腐病）	
4月花序分离期	各种越冬的病虫	福星8 000倍液+高效氯氰菊酯1 500倍液+吡虫啉3 000倍液+优质硼肥	1.梨木虱越冬成虫在气候温暖时出蛰、交尾、产卵，在温暖无风天喷药。 2.开花前防治，以处理各种病虫越冬场所、清除各种病残体为主

（续表）

时期（物候期）	管理目标	管理措施	注意事项
花期	提高坐果率 金龟子、梨茎蜂、根部病害等	1. 人工授粉、壁蜂授粉。 2. 树干下部捆绑"塑料裙"，防止金龟子上树危害。 3. 悬挂黄板，诱杀梨茎蜂。 4. 开花前后及时检查根病，发现病树及时挖沟封锁，灌根消毒	1. 盛花期前后不要喷药。 2. 黄板每亩悬挂30片左右。 3. 根病病害在树冠外围挖深50厘米沟，将病根去除，晾根3~5天覆土灌药
花后10~20天（4月下旬~5月初）	防治梨锈病、黑斑病、烂果病、梨木虱、蚜虫、红蜘蛛	多菌灵600倍液+百泰+亩旺特5 000倍液+尼索朗2 000倍液	坐果40天之内不要施用波尔多液，以防发生果锈
麦收前（5月下旬~6月初）	防治梨锈病、黑斑病、烂果病、黄粉虫、梨木虱、蚜虫、红蜘蛛等	1. 70%甲基硫菌灵800倍液+易保1 200倍液+吡虫啉2 000倍液+毒死蜱1 200倍液。 2. 结合摘心，人工摘除病虫梢、果等。 3. 进行果实套袋。 4. 悬挂性诱芯诱杀、监测梨小食心虫、桃小食心虫等，采用糖醋液、电子杀虫灯等诱杀多种害虫	糖醋液配方：红糖6份，醋3份，酒1份，水10份，适量杀虫剂
麦收后（6月中旬）	防治轮纹病、炭疽病、食心虫、梨木虱、蟠象、红蜘蛛等	大生800倍液+阿维菌素3 000倍液+高效氯氰菊酯2 000倍液或波尔多液	
7月上旬	防治轮纹病、炭疽病、叶斑病、梨木虱、食心虫、蟠象康氏粉蚧	戊唑醇悬浮剂2 000倍液+桃小灵1 200倍液+吡虫啉3 000倍液	1. 雨季喷药，可加入黏着剂。 2. 雨季慎用波尔多液或其他铜制剂，以免产生药害
7月中下旬	防治轮纹病、炭疽病、叶斑病、梨木虱、食心虫、蟠象等	易保1 200倍液+毒死蜱1 500倍液+阿维菌素3 000倍液	喷药时可加入300倍的磷酸二氢钾，以增强树势，提高果品质量
8月上中旬	防治轮纹病、炭疽病、叶斑病、梨木虱、食心虫等	10%苯醚甲环唑2 000倍液+高效氯氰菊酯2 000倍液	果实生长后期不要喷波尔多液，以免污染果面
8月中下旬	防治轮纹病、炭疽病、梨木虱、食心虫等	10%吡虫啉3 000倍液+40%氟硅唑6 000倍液	
采收后	施基肥	以土杂肥为主，配施复合肥	

阳信鸭梨防治历

时期（物候期）	管理目标	管理措施	注意事项
休眠期（11~2月）	施肥 清园 各种越冬的病虫	1. 彻底清扫落叶、病果和杂草，集中烧毁或深埋，以消灭在其内越冬的病虫。 2. 对梨树主干主枝进行涂白。 3. 利用冬季低温和冬灌的自然条件，深翻果园。 4. 彻底刮除粗老翘皮	涂白剂的配制：生石灰10份，石硫合剂原液2份，水40份，黏土2份，食盐1~2份，加入适量杀虫剂，将以上物质溶化混匀后，倒入石硫合剂和黏土，搅拌均匀涂抹树干，涂白次数以2次为宜
芽萌动至开花前（3月上旬~4月初）	喷干枝	1. 5波美度石硫合剂或福星5 000倍液。 2. 及时检查刮治枝干病害（腐烂病、轮纹病、干腐病）	1. 发芽后开花前用药，必须选用安全农药，以免发生药害。 2. 3月上中旬，梨木虱越冬成虫在气候温暖时出蛰、交尾、产卵，此期是防治梨木虱的第1个关键时期，选择温暖无风天喷药
4月花序分离期	各种越冬的病虫	福星8 000倍液+高效氯氰菊酯1 500倍液+吡虫啉3 000倍液+优质硼肥	1. 梨木虱越冬成虫在气候温暖时出蛰、交尾、产卵，在温暖无风天喷药。 2. 开花前防治，以处理各种病虫越冬场所、清除各种病残体为主
花期	提高坐果率 金龟子、梨茎蜂、根部病害等	1. 人工授粉、壁蜂授粉。 2. 树干下部捆绑"塑料裙"，防止金龟子上树危害。 3. 悬挂黄板，诱杀梨茎蜂。 4. 开花前后及时检查根病，发现病树及时挖沟封锁，灌根消毒	1. 盛花期前后不要喷药。 2. 黄板每亩悬挂30片左右。 3. 根病病害在树冠外围挖深50厘米沟，将病根去除，晾根3~5天覆土灌药
花后7~10天（4月下旬~5月初）	防治黑星病、梨锈病、黑斑病、烂果病、梨木虱、蚜虫、红蜘蛛	1. 梨树谢花后，在树干分枝以下缠一圈3厘米×5厘米宽的胶带（光滑的树干可以不缠胶带），然后在胶带上涂抹果树黏虫胶，涂抹宽度2~3厘米，防治黄粉蚜、康氏粉蚧等。 2. 螺虫乙酯5 000倍液+10%吡虫啉3 000倍液+甲基托布津800倍液	坐果40天之内不要施用波尔多液，以防发生果锈

时期（物候期）	管理目标	管理措施	注意事项
麦收前（5月下旬~6月初）	防治黑星病、梨锈病、黑斑病、烂果病、黄粉虫、梨木虱、蚜虫、红蜘蛛等	1. 结合摘心，人工摘除病虫梢、果等。 2. 进行果实套袋。 3. 悬挂性诱芯诱杀、监测梨小食心虫、桃小食心虫等，采用糖醋液、电子杀虫灯等诱杀多种害虫。 4. 氯虫苯甲酰胺7 000倍液＋嘧菌酯600倍液＋功夫乳液2 000倍液＋吡虫啉2 000倍液	1. 麦收前是防治黑星病、轮纹烂果病、梨木虱及黄粉虫的关键，必须按时、周到喷药，最好采用淋洗式喷雾。 2. 麦收前用药不当最易造成药害，影响果品质量。所以此期用药必须选用安全农药。 3. 人工摘除黑星病梢时，要注意病梢的收集处理，避免造成人为传播病害。 4. 此时黄粉虫主要在枝干皮缝及果苔环痕处危害。此时防治黄粉虫应注意仔细喷布枝干，淋洗式喷雾效果最好，防止黄粉虫上果危害
麦收后（6月中旬）	防治黑星病、轮纹病、炭疽病、食心虫、梨木虱、蟓象、红蜘蛛等	1.8%阿维菌素3 000倍液＋25%灭幼脲1 500倍液＋10%苯醚甲环唑4 000倍液	
7月上旬	防治黑星病、轮纹病、叶斑病、梨木虱、食心虫、蟓象、康氏粉蚧、黄粉虫	戊唑醇悬浮剂2 000倍液＋桃小灵1 200倍液＋吡虫啉3 000倍液	1. 雨季喷药，可加入黏着剂。 2. 雨季慎用波尔多液或其他铜制剂，以免产生药害。 3. 黄粉虫及梨木虱防治，以淋洗式喷雾效果最好
7月中下旬	防治黑星病、轮纹病、炭疽病、叶斑病、梨木虱、食心虫、康氏粉蚧、蟓象等	1∶2∶200波尔多液	
8月上中旬	防治黑星病、轮纹病、炭疽病、叶斑病、梨木虱、食心虫等	48%毒死蜱1 500倍液＋3%啶虫咪2 000倍液＋10%苯醚甲环唑4 000倍液	
8月中下旬	防治黑星病、黑斑病、轮纹烂果病、黄粉虫、梨木虱、梨圆介壳虫	10%吡虫啉3 000倍液＋10%苯醚甲环唑4 000倍液	1. 喷药时加入300倍尿素和300倍磷酸二氢钾，可增强树势、提高果品质量。 2. 不再使用波尔多液，以免污染果面
采收后	施基肥	以土杂肥为主，配施复合肥；每年每亩秋施腐熟有机肥3 000~4 000千克	

附录Ⅱ：
成果简介

一、山东省科技进步二等奖（2013年）

项目名称：梨优质高效关键技术研究与应用

完成单位：山东省果树研究所莱阳市农业局

完成人：王少敏，王淑贞，张勇，王宏伟，魏树伟，苏胜茂，彭波，宋建忠，劳建中，王小阳，沈孝武，韩义洲

学科领域：果树栽培技术、果树保护技术

我国是世界梨第一生产大国。目前梨生产中存在树体结构不合理、施肥不科学、农药用量大、管理用工多、品质差、效益低等问题，制约了梨产业的可持续发展。山东省果树研究所在国家科技支撑计划、国家梨产业技术体系等项目的支持下，连续十余年系统开展了梨优质高效关键技术研究，建立了标准化生产技术体系，实现了省工节本、提质增效的目标。

1.研究了梨树树形对光能利用、果实品质、产量的影响，明确了水平网架形、Y形、盘状形、开心形4种高光效树形，其中水平网架形光能利用效率最高，提出了优质高产梨园的树体结构参数和轻简化修剪技术。水平网架栽培比传统栽培模式可减少用工20%，比日韩网架栽培模式降低成本30%。推广应用的高光效树形梨园商品果率达到90%以上，优质果率65%以上。

2.研究提出省工套袋技术。明确了梨不同品种最佳套袋时期和套袋方法及适宜纸袋类型。提出了黄金梨一次性套三层纸袋省工套袋技术，代替两次分别套小袋和双层袋技术，降低纸袋成本40%左右，减少用工，达到了省工高效目的。

3.研究了梨园主要病虫害发生规律，明确了关键防治时期，综合应用杀虫灯、黏虫板、性诱剂防治害虫，利用性诱剂预测预报害虫发生动态，抓住防治关键时期，筛选使用高效低毒低残留药剂，有效保护天敌，减少喷药次数，降低农药使用量，提出了农药减量防控技术。采用农药减量技术的梨园天敌数量比常规生产园高1.7倍，梨木虱、梨小等主要害虫比常规生产园发生量减少3.5%～19.2%，全年喷药次数由12次以上减少到8次以内，用药量减少30%左右，成本降低。

4.研制出一种高效广谱、安全生态、使用方便的树干病害治疗剂，获得了国家发明专利（专利号ZL201010192781.0），以25～50倍稀释液涂抹伤口或枝干，对梨树枝干病害腐烂病、轮纹病的防治效果达到84%～90%，比常规防效提高20%～30%，是传统防治药剂的新型替代产品。

5.开展了山东省中西部梨主产区土壤养分含量分析和施肥提高果实品质研究，明确了优质高产梨园土壤养分状况，为配方高效施肥提供了参考和科学依据。提出了以配方高效施肥、梨园生草和小沟灌溉为主要内容的梨园优质高效省工节本土肥水综合管理技术，比传统管理用工减少了26%，小沟灌溉比漫灌节水45%。

6.集成单项关键技术，建立了"树体优化、合理施肥、轻简化管理和病虫害综合调控"为主要内容的梨优质高效栽培技术体系。成果技术在山东莱阳、阳信、冠县、费县、莱西及河北、江苏、河南等地累计推广51.0万亩，已获经济效益4.6亿元，经济、社会和生态效益显著。

7. 发表相关论文42篇，主编科技著作6部，制订地方标准2个，举办培训班100余次，培训技术人员和果农12 000余人次。

本项目成果经专家鉴定委员会鉴定，在树形评价、农药减量等关键技术研究及标准化生产技术集成方面有创新，总体居国际先进水平。

二、山东省农科院科技进步一等奖（2014年）

项目名称：红色西洋梨新品种引选研究

完成单位：山东省果树研究所

主要完成人：王少敏、魏树伟、李国田、张勇、王宏伟、冉昆

技术领域：农业科学技术领域

我省是梨果生产大省，但存在品种良种化程度低、栽培技术落后和商品性差等问题，严重制约着梨产业的健康可持续发展。本课题组自1999年开始在山东省农业良种产业化开发项目和国家梨产业技术体系建设项目的支持下，以优质高档红色西洋梨为研究目标，开展了红色西洋梨新品种的引选和配套栽培技术研究，对优化我国梨品种结构，推动我国梨产业的健康发展具有重要意义。

1. 主要内容及技术经济指标

（1）对已引进8个西洋梨品种资源进行观察、评价，初选优系作进一步的性状鉴定；开展生物学特性、农业性状、果实性状等研究；收集各区引种反映信息和安排区域试验，研究示范开发的新品种对当地气候、土壤的适应表现，明确适栽地区；进行栽培技术研究，总结出优选品种的配套栽培技术规程；在省内建立4～5处新品种丰产示范园。应用选育出的新品种进行示范推广。

（2）引选早果、丰产、优质的西洋梨红色品种2～3个；建立新品种区试园10亩，示范园50亩；制定了新品种丰产栽培配套技术规程，在示范基地推广应用。

2. 关键技术及创新点

（1）引进红色西洋梨良种8个，研究筛选出了适于我省发展的3个果实色泽浓红、早果、丰产、稳产且品质优良的西洋梨新品种超红、红考密斯和凯斯凯德，2013年均已通过山东省林木品种审定委员会审定。超红梨：树冠高大，树姿开张，果实葫芦形，中大，平均单果重200克；果面紫红色，果肉黄白色，质地细腻，具芳香，风味酸甜，果心小，可溶性固形物含量为12.4%，品质上等。果实发育期97天，泰安地区果实7月下旬成熟，早熟、丰产、抗逆性强；凯斯凯德梨：树冠中大，树姿半开张；果实短葫芦形，个大，平均单果重410克，果面深红色，果肉雪白色，肉质细，味甜，香气浓，可溶性固形物含量为15.0%，品质极上。果实发育期140天左右，泰安地区9月上旬成熟。早实，坐果率高，丰产稳产，抗逆性强；红考密斯梨：树冠中大，树势弱，半开张，果实短葫芦形，中大，平均单果重220克，果面紫红色，光滑，果肉乳白色，汁液多，味酸甜，芳香浓郁，可溶性固形物含量13%，品质上等。果实发育期140天左右，泰安地区9月上

旬成熟。早实、丰产、抗逆性强。

（2）研究了优选红色西洋梨品种优质高效栽培技术。明确了红色西洋梨套袋的适宜纸袋类型和摘袋时期，适宜摘袋时期以采前25天（天）效果较好；筛选出了梨轮纹病防治的高效药剂为氟硅唑500倍液＋伤口愈合剂、紫药水＋多菌灵50倍液＋伤口愈合剂、3%甲基硫菌灵糊剂，确定了轮纹病防治的关键时期；探明了不同土壤管理模式对梨园土壤养分的影响。

（3）研制出用于果树幼苗的保护装置，获国家实用新型专利1项（ZL 201320133418.0）。建立了红色西洋梨丰产栽培技术规程。

3. 应用效益及对行业的促进作用

项目自1999年以来已在山东泰安、历城、齐河、山亭等地建立了新品种区域试验园和丰产示范园5处，推广应用1 650亩，辐射带动1.3万亩，已获经济效益4 873.06万元，培训果农6 000余人次，发放技术资料0.6万份。推动了我省梨产业的发展，取得了良好的经济和社会效益。本研究成果已发表论文5篇；出版著作3部；授权专利1项，3个新品种通过山东省林木品种审定委员会审定。

三、山东省农科院科技进步二等奖（2015年）

项目名称：梨优质安全省力化技术研究与应用

完成单位：山东省果树研究所

完成人：张勇，冉昆，王少敏，魏树伟，王宏伟，尹燕雷，李晓军

学科领域：果树栽培技术

我国是世界梨第一生产大国。目前梨生产中存在树体结构不合理、施肥不科学、农药用量大、管理用工多、品质差、效益低等问题，制约了梨产业的可持续发展。在本项目的支持下，开展了梨优质安全省力技术研究，建立了标准化生产技术体系，实现了省工节本、提质增效的目标。

1. 研究了梨树树形、通透性、枝类组成对光能利用、果实品质、产量及病虫发生危害的影响，提出了减少病虫危害的树形结构和简化修剪技术，研发了适用于密植梨园的喷药管支架、搬运装置及拉枝整形装置，推广应用的高光效树形梨园优质果率达到85%以上，省工20%以上。

2. 研究了生草梨园主要病虫及天敌的消长规律，提出了行间生草行内覆盖的绿色防控技术，增加土壤有机质，有效保护天敌，增强果园生物多样性及自然调控作用。研究了梨园梨木虱、梨小、梨茎蜂等主要病虫害发生规律，明确了关键防治时期，综合应用杀虫灯、黏虫板、性诱剂防治害虫，筛选使用高效低毒低残留药剂，有效保护天敌，减少喷药次数，提出了农药节药防控技术，降低农药用量30%以上，提高了防治效果。

3. 研究了套袋技术对果实品质及病虫发生的影响，明确了套袋病虫种类及防控技术；研究了高效授粉技术，提出了壁蜂授粉与人工授粉相结合的省工授粉技术；研究试验了果园高效省工机械—果树修皮机和果树烟雾机及配套高效使用技术，提高了病虫防控效率，达到省工高效目的。

4. 集成单项关键技术，建立了梨优质安全省力化技术体系和梨安全生产量化评价技术体系。成果技术在山东泰安、费县、滕州、历城等等地累计推广3.2万亩，辐射带动周边8万余亩，取得显著的经济、社会和生态效益。

5. 获得国家专利3项，发表相关论文29篇，编著科技著作2部，举办培训班30余次，培训技术人员和果农3 000余人次。

本项目成果经专家鉴定委员会鉴定，总体居国内领先水平。

四、山东省农科院科技进步一等奖（2015年）

项目名称：梨新品种引选与配套技术研究

完成单位：山东省果树研究所

完成人：魏树伟、冉昆、王少敏、王宏伟、张勇、徐月华、王杰军

学科领域：果树栽培技术、果树育种与良种繁育技术

山东是梨果生产大省，但品种良种化程度低、栽培技术落后和商品性差等问题严重制约着我省梨产业的健康可持续发展。针对以上问题，本课题组自2008年开始在国家梨产业技术体系建设项目的支持下，开展了梨新品种的引进、选优和配套栽培技术研究，筛选出了适于我省发展的梨新品种6个，建立了梨新品种配套栽培技术规程。

1. 从国内引入梨新品种18个，研究筛选出了适于我省发展的综合性状优良的梨品种6个黄冠、翠冠、中梨一号、秋洋梨、历城木梨和费县红梨，2015年已通过山东省农业厅组织的专家验收。

黄冠梨：平均单果重246.1克，果实椭圆形，果皮黄色，可溶性固形物含量11.5%，品质上等，五年生树折合1 536.89千克/亩；翠冠梨：平均单果重240.6克，果实近圆形，果皮绿色，可溶性固形物含量12.8%，品质上等，五年生树折合1 610.5千克/亩；中梨一号（山东又称绿宝石）：平均单果重221.2克，果实近圆形，果皮绿色，可溶性固形物含量14.5%，品质上，折合1 568.2千克/亩；秋洋梨：平均单果重262.03克，果实长瓢形，果面鲜黄绿色，可溶性固形物13.5%～14.8%，品质上，四年生树折合2 801.1千克/亩；历城木梨：平均单果重253.9克，果实扁圆形，果皮黄绿色，可溶性固形物含量11.8%，4年树折合3 782.8千克/亩；费县红梨：平均单果重240.63克，果实近圆形，果面浅黄棕色，可溶性固形物含量12.6%，极耐贮运，嫁接第5年树折合3 786.4千克/亩。

新品种具有今后成为我省主栽品种的潜质和广阔的市场发展前景，对梨品种更新换代，品种结构优化，提高产量、质量，增加农民收入，提高经济效益具有重要意义。

2. 研究了梨新品种优质高效栽培技术。研究了矮化密植梨园整形修剪技术，对矮冠开心形与大冠开心形梨园的成本效益进行了比较分析。明确了梨园生草、覆盖等不同土壤管理方式对梨园土壤有机质、矿质元素、微生物及酶活性、果实风味品质间的影响及相关关系。筛选了梨新品种适宜纸袋，翠冠梨适宜的果袋为内黑外浅黄褐色双层袋和内黄外浅黄褐色双层袋，黄冠

梨适宜的纸袋为内黑外浅黄褐色双层袋和内黄外黑双层袋,绿宝石梨果套袋宜使用双层袋。研究了套袋梨果实病虫害及梨树根腐病的发生规律与防治措施。

3. 研发了多项梨花果、土肥水管理技术和装置,获国家发明专利2项,实用新型专利4项,软件著作权4项。通过多点大量试验观察,总结建立了梨新品种配套栽培技术规程。

4. 新品种已在泰安、济南、聊城、临沂、滨州、烟台等地建立了新品种区域试验园和丰产示范园7处,共计1 650亩,累计辐射推广29 000亩,已获经济效益8 367.60万元,社会效益和经济效益显著。

5. 发表相关论文10篇,在示范推广基地及周边累计培训技术人员100余人次,果农5 000余人次。

本项目主要成果已经通过2015年山东省农业厅组织的专家验收。

五、泰安市科学技术进步三奖

项目名称:梨新品种引选与配套技术研究

完成单位:山东省果树研究所

完成人:张勇,王少敏,李国田,王宏伟,魏树伟,尹燕雷,李晓军,范昆,冉昆

学科领域:果树栽培技术

我国是世界梨第一生产大国。泰安是梨树适宜栽培区,全市梨树总面积约2.7万亩,目前梨生产中存在树体结构不合理、施肥不科学、农药用量大、管理用工多、品质差、效益低等问题,制约了梨产业的可持续发展。在本项目的支持下,开展了梨优质安全高效关键技术研究,建立了标准化生产技术体系,实现了省工节本、提质增效的目标。

1. 研究了梨树树形、通透性、枝类组成对光能利用、果实品质、产量及病虫发生危害的影响,提出了减少病虫危害的树形结构和简化修剪技术,推广应用的高光效树形梨园优质果率达到85%以上,省工20%以上。

2. 研究了生草梨园主要病虫及天敌的消长规律,提出了行间生草行内覆盖的绿色防控技术,增加土壤有机质,有效保护天敌,增强果园生物多样性及自然调控作用。

3. 研究了梨园腐烂病、梨木虱、梨茎蜂等主要病虫害发生规律,明确了关键防治时期,综合应用杀虫灯、黏虫板、性诱剂防治害虫,利用性诱剂预测预报害虫发生动态,抓住防治关键时期,筛选使用高效低毒低残留药剂,有效保护天敌,减少喷药次数,降低农药使用量,提出了农药节药防控技术,降低了成本,提高了防治效果。

4. 研究试验了果园高效省工机械-果树修皮机和果树烟雾机及配套高效使用技术,提高了病虫防控效率,达到省工高效目的;研究了套袋技术对果实品质及病虫发生的影响,明确了套袋病虫种类及防控技术;研究了高效授粉技术,提出了壁蜂授粉与人工授粉相结合的省工授粉技术。

5. 集成单项关键技术,建立了梨优质安全生产技术体系和梨安全生产量化评价技术体系。

成果技术在泰安市岱岳区、新泰、宁阳及周边山东费县、滕州、历城等等地累计推广2.7万亩，辐射带动周边5万余亩，取得显著的经济、社会和生态效益。

6.发表相关论文19篇，主编科技著作1部，举办培训班20余次，培训技术人员和果农2 000余人次。

本项目成果经专家鉴定委员会鉴定，总体居国内领先水平。

六、泰安市科学技术进步三奖（2004年）

项目名称：梨新品种引选与配套技术研究

完成单位：山东省果树研究所

完成人：王少敏，李长华，高华君，孙丰金

学科领域：果树栽培技术

1.丰富了我区梨良种资源，缩短了与先进地区的差距。在泰安地区首次集中引进了大量良种，从省内外引进梨新品种26个，极大地丰富了我区梨良种资源，推动了我区老品种的更新换代，使我区品种老化局面得以改观，缩短了与先进地区的差距。

2.研究筛选了适于岱岳区发展的早、中、晚熟品种9个。其中早熟品种2个：绿宝石、黄冠；中熟品种4个：紫巴梨、早红考蜜斯、新世纪、丰水；中晚品种3个：黄金梨、新高和大果水晶。以上品种质优、丰产、抗性强、果实采收期互相衔接，为泰安地区果树生产发展提供了配套品种。

3.通过大量试验，观察研究，摸清了9个梨新品种园艺性状，确定的9个品种可以作为岱岳区及泰安地区发展推广良种，为果树生产发展提供了较为可靠资源，并提出了今后发展建议。同时，总结提出了良种梨配套栽培技术。

4.首次对绿宝石梨进行了套袋和贮藏保鲜研究。绿宝石套袋后可以明显改善果实外观品质，大大增强果实商品价值，提高商品果率，适合绿宝石梨纸袋种类为遮光性强的优质双层袋和纸质柔软的单层袋；绿宝石梨在常温下只能贮存20天左右，通过实行生理小包装简单气调贮藏，采用厚0.03毫米无毒聚氯乙烯保鲜袋，温度在±1℃，CO_2浓度1%~3%，商业保鲜期为4~6个月。

5.建立了无公害梨生产技术规程。通过梨新品种的引进与示范推广，已在全市推广良种苗20万株，良种接穗5万余条。在岱岳区推广良种梨面积3 270亩，在其他县市辐射推广2 000亩。已获经济效益2 063.8万元。有力地推动了泰安地区梨新品种的更新换代，改善了品种结构。该项目主要在岱岳区完成，推广可在全市范围及其他同类果区发展，前景十分广阔。

图书在版编目 (CIP) 数据

梨科研与生产研究进展 / 王少敏主编 . —济南：山东科学技术出版社，2018.5
ISBN 978-7-5331-9514-4

Ⅰ.①梨… Ⅱ.①王… Ⅲ.①梨－果树园艺－研究
Ⅳ.① S661.2

中国版本图书馆 CIP 数据核字（2018）第 085076 号

梨科研与生产研究进展

王少敏　主编

主管单位: 山东出版传媒股份有限公司
出　版　者: 山东科学技术出版社
　　　　　地址：济南市玉函路16号
　　　　　邮编：250002　电话：(0531)82098088
　　　　　网址：www.lkj.com.cn
　　　　　电子邮件：sdkj@sdpress.com.cn
发　行　者: 山东科学技术出版社
　　　　　地址：济南市玉函路16号
　　　　　邮编：250002　电话：(0531)82098071
印　刷　者: 山东新华印刷厂潍坊厂
　　　　　地址：潍坊市潍州路753号
　　　　　邮编：261008　电话：(0536)2116806

开本：787mm×1092mm　1/16
印张：22
彩页：4
字数：400 千
印数：1~1000
版次：2018 年 5 月第 1 版　2018 年 5 月第 1 次印刷

ISBN 978-7-5331-9514-4
定价: 80.00 元

超红梨

红考密斯

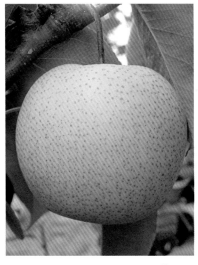

▲ 黄冠梨　　　　　　　▲ 黄金梨套袋与不套袋对照

凯斯凯德

▼ 秋洋梨

◀▲ Y 形

▲ 盘形

◀ 自由纺锤形

▶ 蜜蜂授粉

◀ 粘虫板

▶ 微喷

▲ 网架栽培

▲ 大树改接良种网架栽培

▲ 大树改良网架栽培

▲ 树盘覆盖

▲ 行间种草

▲ 自然生草

▲ 自然生草园